"十四五"职业教育国家规划教材

"十三五"职业教育国家规划教材
高等职业教育机械类专业系列教材

UG NX10.0 注塑模具设计实例教程

朱光力　周建安　洪建明　周旭光　编著

机械工业出版社

全书共9章，前8章讲解了8套完整的注塑模具设计实例过程（包含分型设计、加入标准件、嵌件设计、浇注系统设计、冷却系统设计、电极设计、零件二维工程图绘制、模具二维总装配图绘制等步骤）。8套模具的结构包含单分型面、双分型面、侧抽芯（有滑块和斜顶）机构，模具浇注系统包含大水口（直浇口、侧浇口、潜伏浇口）、小水口（点浇口）。第9章介绍了5个注塑模具分型设计实例。此外，第8章和第9章还分别提供了2017年江西省模具数字化设计与制造工艺技能大赛4个竞赛样题及10个注塑模具分型设计练习题。

本书所有教学实例、竞赛样题和练习题都配有教学视频（含语音解说），可通过扫描对应的二维码进行观看，便于老师教学和学生自学。

本书配套有所有实例及习题涉及的零件素材文件，以及教学视频。凡使用本书作为教材的教师可登录机械工业出版社教育服务网（http://www.cmpedu.com）注册后免费下载，咨询电话：010-88379375。

图书在版编目（CIP）数据

UG NX10.0注塑模具设计实例教程/朱光力等编著. —北京：机械工业出版社，2018.7（2024.1重印）

高等职业教育机械类专业系列教材

ISBN 978-7-111-59970-8

Ⅰ.①U… Ⅱ.①朱… Ⅲ.①注塑-塑料模具-计算机辅助设计-应用软件-高等职业教育-教材 Ⅳ.①TQ320.66-39

中国版本图书馆CIP数据核字（2018）第137101号

机械工业出版社（北京市百万庄大街22号 邮政编码100037）
策划编辑：于奇慧 责任编辑：于奇慧 责任校对：郑 婕
封面设计：马精明 责任印制：常天培
北京机工印刷厂有限公司印刷
2024年1月第1版第14次印刷
184mm×260mm · 18印张 · 441千字
标准书号：ISBN 978-7-111-59970-8
定价：49.80元

电话服务 网络服务
客服电话：010-88361066 机 工 官 网：www.cmpbook.com
010-88379833 机 工 官 博：weibo.com/cmp1952
010-68326294 金 书 网：www.golden-book.com
封底无防伪标均为盗版 机工教育服务网：www.cmpedu.com

关于“十四五”职业教育
国家规划教材的出版说明

为贯彻落实《中共中央关于认真学习宣传贯彻党的二十大精神的决定》《习近平新时代中国特色社会主义思想进课程教材指南》《职业院校教材管理办法》等文件精神，机械工业出版社与教材编写团队一道，认真执行思政内容进教材、进课堂、进头脑要求，尊重教育规律，遵循学科特点，对教材内容进行了更新，着力落实以下要求：

1. 提升教材铸魂育人功能，培育、践行社会主义核心价值观，教育引导学生树立共产主义远大理想和中国特色社会主义共同理想，坚定“四个自信”，厚植爱国主义情怀，把爱国情、强国志、报国行自觉融入建设社会主义现代化强国、实现中华民族伟大复兴的奋斗之中。同时，弘扬中华优秀传统文化，深入开展宪法法治教育。

2. 注重科学思维方法训练和科学伦理教育，培养学生探索未知、追求真理、勇攀科学高峰的责任感和使命感；强化学生工程伦理教育，培养学生精益求精的大国工匠精神，激发学生科技报国的家国情怀和使命担当。加快构建中国特色哲学社会科学学科体系、学术体系、话语体系。帮助学生了解相关专业和行业领域的国家战略、法律法规和相关政策，引导学生深入社会实践、关注现实问题，培育学生经世济民、诚信服务、德法兼修的职业素养。

3. 教育引导学生深刻理解并自觉实践各行业的职业精神、职业规范，增强职业责任感，培养遵纪守法、爱岗敬业、无私奉献、诚实守信、公道办事、开拓创新的职业品格和行为习惯。

在此基础上，及时更新教材知识内容，体现产业发展的新技术、新工艺、新规范、新标准。加强教材数字化建设，丰富配套资源，形成可听、可视、可练、可互动的融媒体教材。

教材建设需要各方的共同努力，也欢迎相关教材使用院校的师生及时反馈意见和建议，我们将认真组织力量进行研究，在后续重印及再版时吸纳改进，不断推动高质量教材出版。

机械工业出版社

前 言

近二十年来，我国模具工业有了飞速的发展和进步，很多方面已达到或接近世界先进水平。在我国的模具企业中，数字化设备比较齐全，计算机辅助模具设计已经得到广泛应用。

为贯彻落实党的二十大报告中“推动制造业高端化、智能化、绿色化发展”“深入实施科教兴国战略、人才强国战略”部署，本书根据模具技术的发展趋势及模具设计与制造专业人才的培养目标，在产教融合、科教融汇教育理念的基础上，由双师型教师编写而成。

本书的作者都有在企业从事模具设计工作的经历，且都能熟练使用 UG NX 软件，各位作者根据自身企业实际工作经验及学校的教学经验编写了本书。全书采用案例讲解式编写结构，基于具体实例一步步讲述 UG NX10.0 注塑模具设计的全过程。本书可作为高职高专院校相关专业的教材，也适合企业人员自学。另外，还可用作高职院校模具数字化设计与制造大赛短期集中培训教材。

本书的特点包括：

1. 所选实例涉及知识点全面，适合指导学生训练。所选实例中模具结构包含单分型面、双分型面、滑块侧抽芯、斜顶侧抽芯；浇口形式包含大水口（直浇口、侧浇口、潜伏浇口）、小水口（点浇口）；分型设计包含简单的平面分型及曲面分型。UG NX 注塑模具设计包括分型设计、加入标准件、嵌件设计、浇注系统设计、冷却系统设计、电极设计、零件二维工程图绘制、模具二维总装配图绘制等步骤。

2. 通过实例讲解和训练培养学生精益求精的工匠精神，激发学生技术报国的家国情怀。

3. 本书第 8 章和第 9 章附有模具竞赛样题及模具分型设计练习题，这些样题及习题可作为学生毕业设计的选题素材，且相关样题及习题都配有视频解答，可通过扫描对应的二维码进行观看。

4. 本书提供了所有的实例教学视频（除习题外均含语音解说），全过程演示各套模具整体设计、模具分型设计的操作过程。

全书共 9 章，深圳职业技术学院朱光力负责全书的总体规划、所有选题素材以及教学视频的制作；深圳职业技术学院周建安编写第 2、5、6、7 章；深圳职业技术学院洪建明编写第 3、4、8 章；深圳职业技术学院周旭光编写第 1、9 章。

在本书的编写过程中，深圳康佳精密模具制造有限公司总工程师向天顺、深圳爱义模具设计制造有限公司（中美合资）技术部莫守彤等工程技术人员对书中的一些具体技术问题给予了帮助，并提供了部分技术资料和诸多宝贵建议；江西吉安职业技术学院学生周健为本书绘制了部分插图，在此表示衷心的感谢！

由于篇幅和编者水平所限，纰漏甚至错误之处在所难免，欢迎广大读者批评指正。

编　者

目　录

第1章 点浇口手动脱浇口模具设计

本章将结合具体的实例来介绍UG软件（UG NX10.0）在注塑模具设计中的应用。主要内容包括小水口一模一腔模具结构设计、平面分型设计、小嵌件的构建、冷却水道的建立、电极的生成以及零件二维工程图和模具二维总装配图的构建，通过本章的学习能基本掌握MoldWizard模块的使用方法。

1.1 基本思路

如图1-1所示为注塑成型基座产品模型及浇注系统。产品成型模具采用点浇口进料，一模一腔，三板式结构，选用小水口模架。

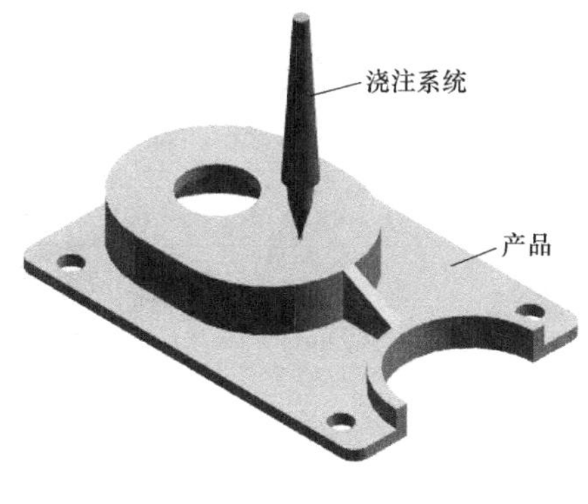

图1-1

1.2 模具分型设计

启动UG NX10.0，进入软件操作界面，单击屏幕上方菜单条（图1-2）中的黑圈所示下拉箭头，单击“添加或移除按钮”→“标准”→ 启动，“启动”图标即出现在菜单条中。

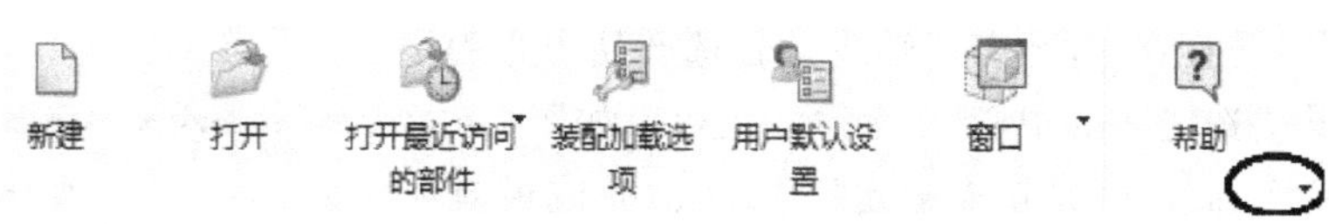

图1-2

单击启动→“所有应用模块”→“注塑模向导”，在视窗上方出现图 1-3 所示的注塑模向导菜单条。

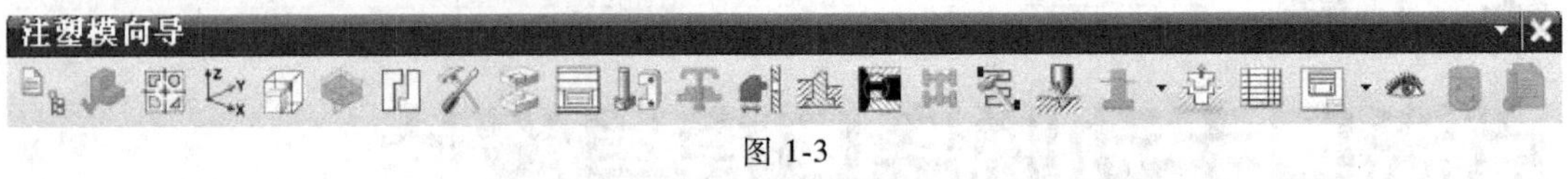

图 1-3

1. 加载产品

首先新建一个文件夹，命名为“基座模具”，将基座产品模型文件复制到该文件夹内。

单击注塑模向导菜单条中的小图标，弹出“打开”对话框，在“基座模具”文件夹里选择需要加载的产品零件文件“基座 . prt”，出现图 1-4 所示对话框，存放“路径”可改。对话框的“材料”项下拉选“ABS”，“收缩”项（材料收缩率）的数值根据所选材料自动默认为“1. 006”，然后单击“确定”按钮，视窗中出现图 1-5 所示产品模型。

为防止计算机故障造成损失，需及时存盘。存盘时，单击“文件”→“全部保存”。

图 1-4

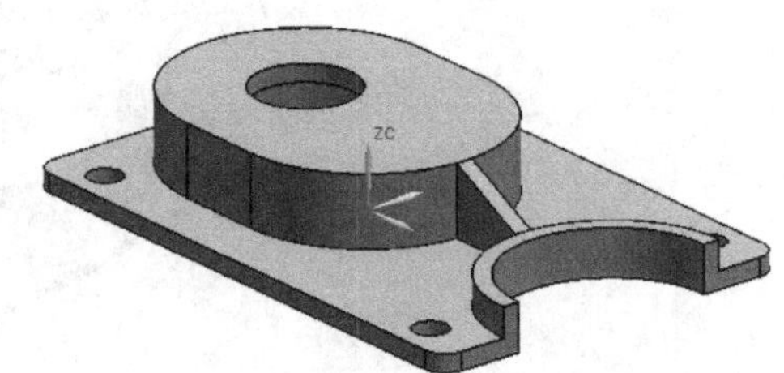

图 1-5

2. 定义模具坐标系

模具坐标系定义为：XC-YC 基准面在分型面上，ZC 基准轴指向注塑浇口方向。若建模时的坐标系不符合模具坐标系标准，则要通过移动、旋转坐标系的命令使得坐标系符合模具设计要求，再进行下面的步骤。

单击注塑模向导菜单条中的小图标，出现“模具 CSYS”对话框，由于基座建模坐标符合模具坐标要求，即 XY 基准面为模具的分型面，Z 轴指向注射机注射喷嘴的方向。但是 Z 轴还要对准浇口轴线，若选产品中心为浇口点，则需要“选定面的中心”（底面中心），如图 1-6 所示，点选产品底面后再单击“确定”按钮，完成模具坐标的设定。

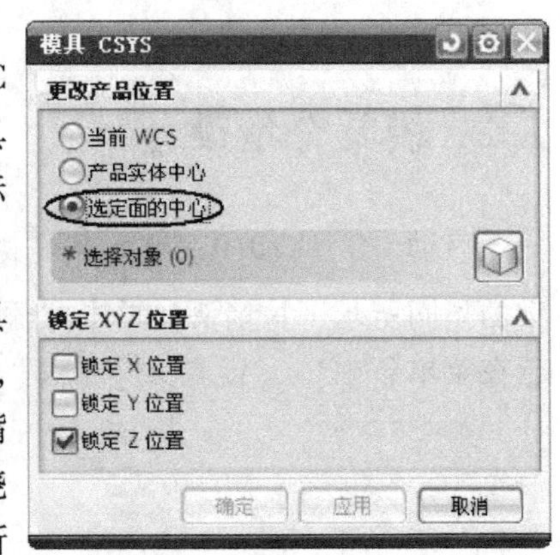

图 1-6

3. 定义成型镶件（模仁）

单击注塑模向导菜单条中的小图标，出现“工件”对话框及视窗中的图形，如图 1-7所示。可以根据需要修改镶件的尺寸，若无特殊要求可默认这些尺寸，单击“确定”按钮，完成单型腔镶件的加入，线框化图形如图 1-8 所示。

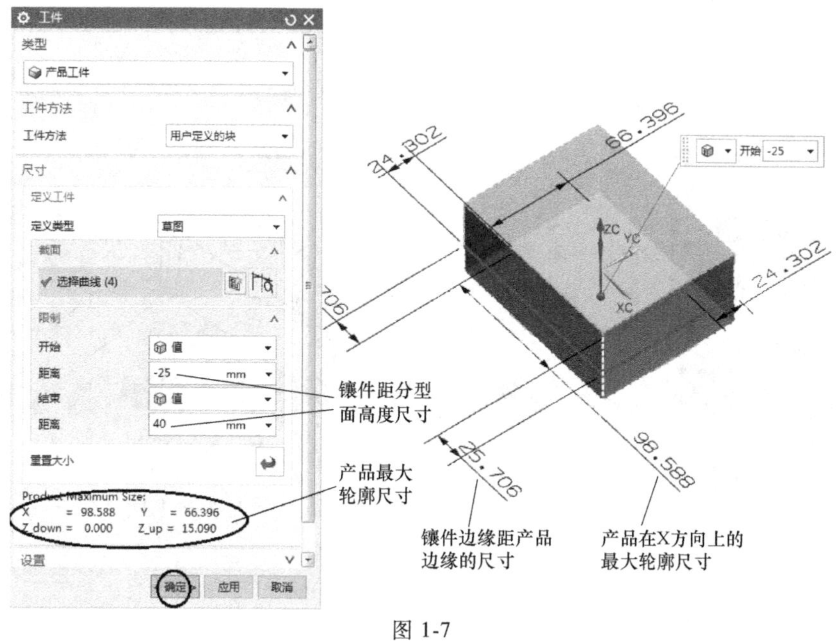

图 1-7

4. 插入开腔体

单击注塑模向导菜单条中的小图标，出现图 1-9 所示对话框，单击对话框中“编辑插入腔”图标，弹出图1-10所示对话框，输入相关数据，然后单击“确定”→“关闭”（关闭

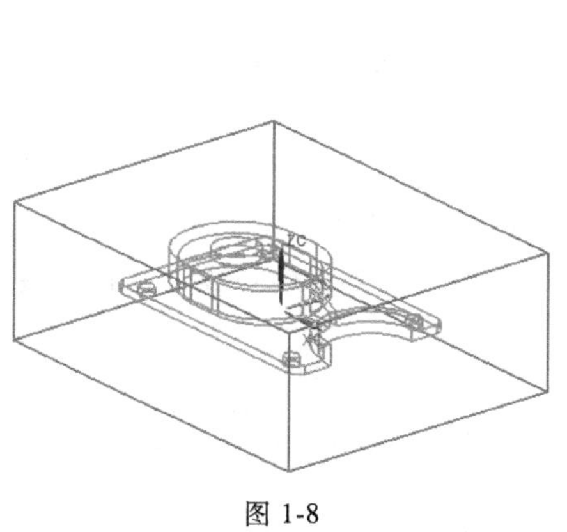

图 1-8

图 1-9

对话框)，完成开腔体的插入。如图 1-11 所示，该开腔体为模架 A、B 板的开腔工具。

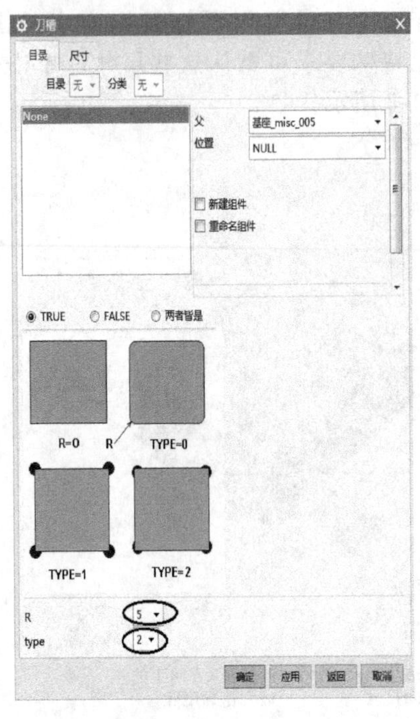

图 1-10

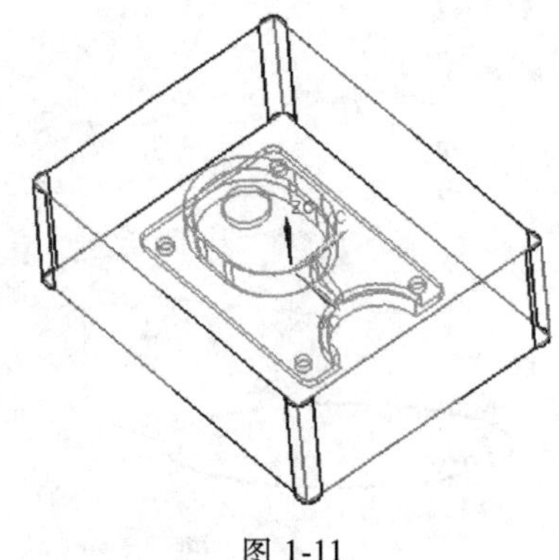

图 1-11

在“装配导航器”里关闭（去掉勾选）misc 节点下的 pocket 节点，即可隐去插入的腔体。

5. 模具分型

单击注塑模向导菜单条中的小图标，弹出图 1-12 所示模具分型工具条。

图 1-12

1）单击模具分型工具条中的第 1 个小图标，弹出“检查区域”对话框，如图 1-13 所示，单击“计算”选项卡中的“计算”图标，完成区域的计算。

单击“区域”选项卡，对话框如图 1-14 所示，然后单击“设置区域颜色”图标，此时基座图形呈现橙、蓝、青三种颜色，型腔区域为橙色，型芯区域为蓝色，未定义区域为青色。

点选“型腔区域”选项，并点选产品外侧所有的青色区域，除孔（包括半圆孔）外，然后单击“应用”按钮，此时所选部分转变成了橙色。再点选“型芯区域”，并点选孔（包括半圆孔）的青色面，然后单击“应用”按钮，此时所选部分转变成了蓝色，最后单击对话框的“确定”按钮。

2）单击模具分型工具条中的第 2 个小图标（曲面补片），弹出图 1-15 所示对话框，“类型”项下拉选“体”，然后点选产品实体，单击“确定”按钮，完成基座零件孔的补片。

3）单击模具分型工具条中的第 3 个小图标（定义区域），弹出图 1-16 所示对话框，勾选目标选项后，单击“确定”按钮。

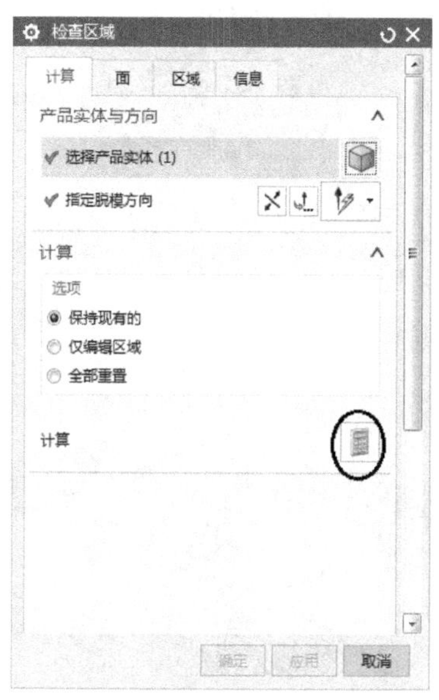

图 1-13

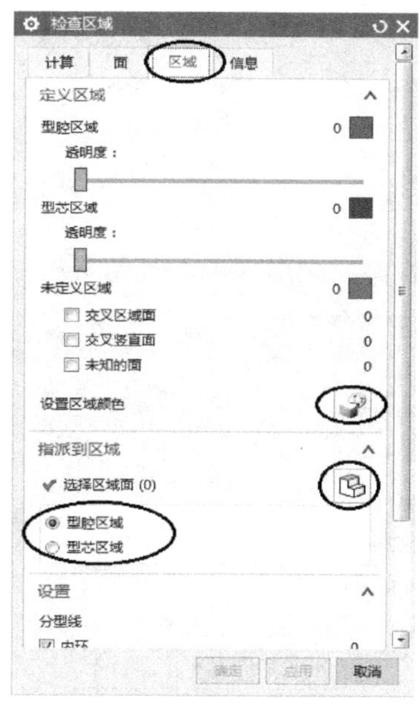

图 1-14

图 1-15

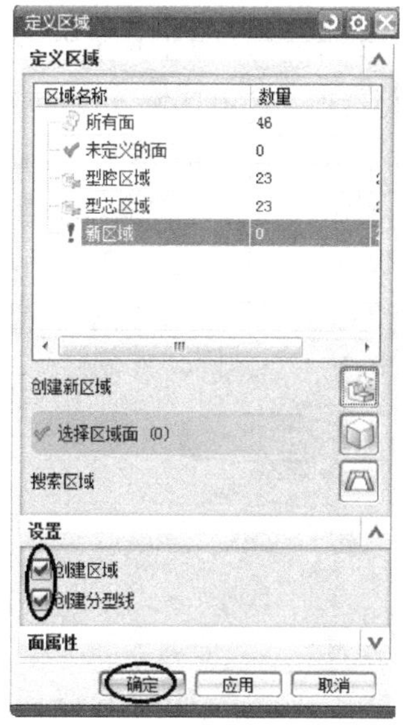

图 1-16

4）单击模具分型工具条中的第 4 个小图标（设计分型面），弹出图 1-17 所示对话框，单击“选择分型或引导线”图标，弹出相应对话框后，点选图 1-18 所示两点，然后单击对话框中“应用”→“应用”→“应用”→“取消”，完成分型面的创建，如图 1-19所示。

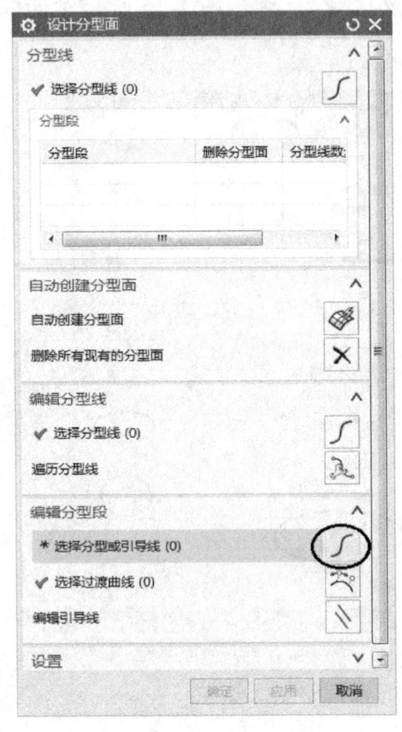

图 1-17

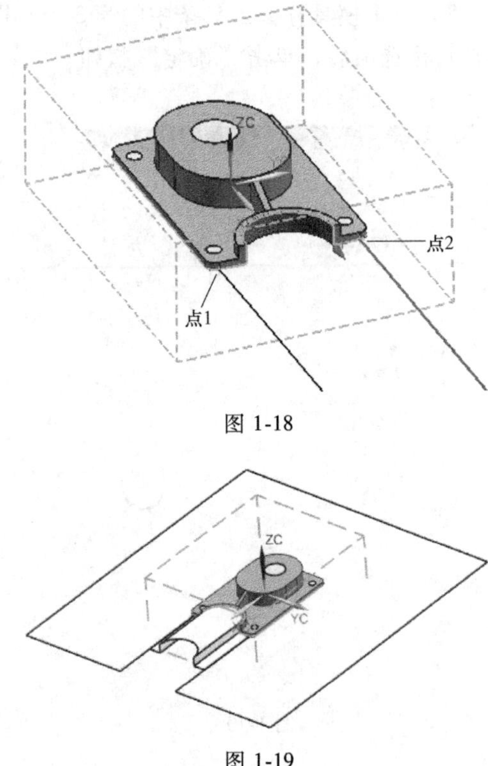

图 1-18

图 1-19

5）单击模具分型工具条的第 6 个小图标（定义型腔和型芯），弹出图 1-20 所示对话框，选定目标选项"所有区域"后单击"确定"→"确定"→"确定"，完成型芯、型腔的创建。

6）关闭图 1-21 所示"分型导航器"，然后单击视窗顶部"窗口"→勾选 top 节点，如图 1-22 所示；再打开"装配导航器"，双击 top 节点使之成为工作部件，并将 pocket 节点前面的勾选框点暗，如图 1-23 所示。

图 1-20

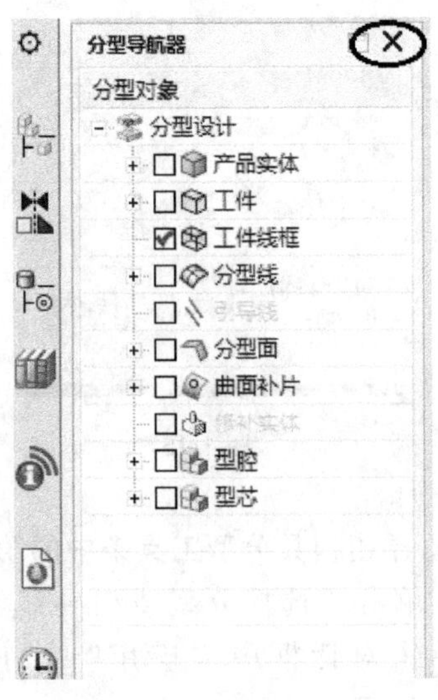

图 1-21

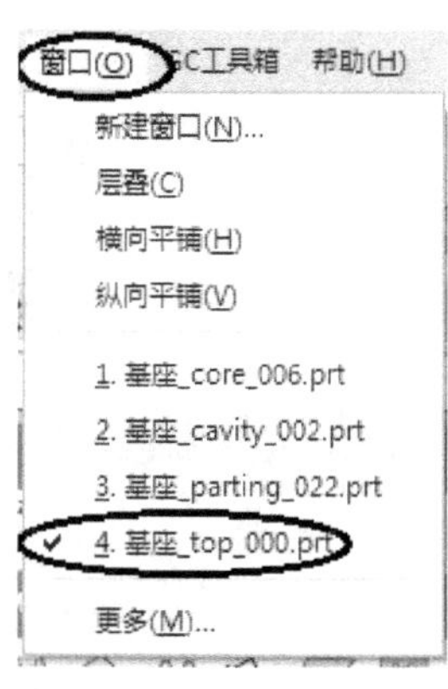

图 1-22

图 1-23

双击 top 节点，使最高节点成为工作部件，视窗中图形的静态线框显示如图1-24所示。

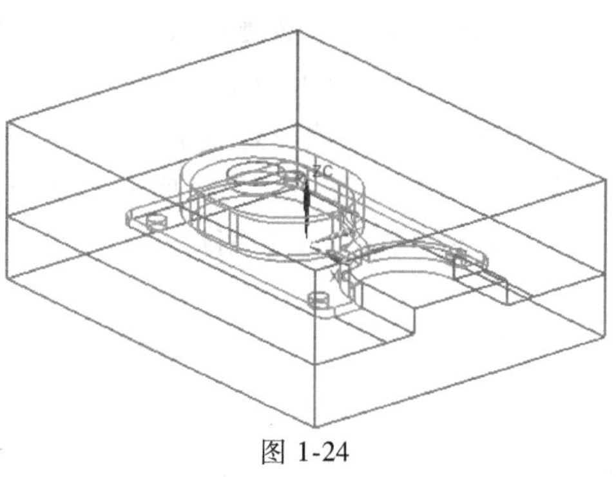

图 1-24

“装配导航器”里 layout 节点下面有 prod 节点，表示成型镶件的节点，展开该节点，可见很多文件，“cavity”表示型腔（或凹模）零件，“core”表示型芯（或凸模）零件。将某节点前的勾选框点暗，可关闭该部件，使之在屏幕上隐藏；将某节点前的勾选框点亮可显示该部件的图形。如图 1-25 所示，表示分型成功，然后再将节点全部打开（点亮）。

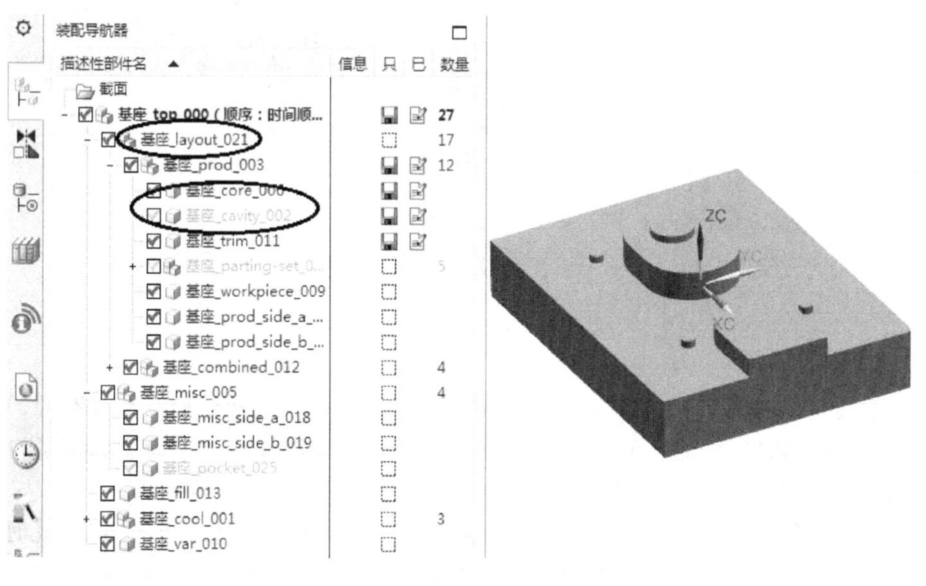

图 1-25

为了使塑料件脱模方便，设计模具时，通常将型芯（Core）安装在模具的动模部分（Movehalf），而将型腔（Cavity）安装在模具的定模部分（Fixhalf）。Mold Wizard 模块的一些名称遵循这一规律。

1.3 加入标准件

1. 加载标准模架

单击注塑模向导菜单条中的小图标，出现图 1-26 所示对话框。

单击左侧资源工具条中的小图标，弹出选择框，选项设定如图 1-27 所示，表示选用的模架为龙记小水口模架（LKM_ PP），EC 类型（结构简单的手动脱浇口类型），工字边，基本尺寸为：230mm×250mm，A 板厚度 60mm，B 板厚度 50mm，托铁（C 板）厚度为 80mm。然后单击“确定”按钮，稍后完成标准模架的加载，出现图 1-28 所示的图形。

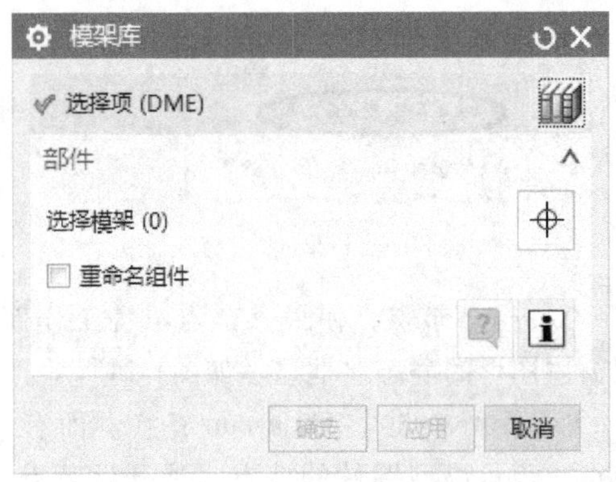

图 1-26

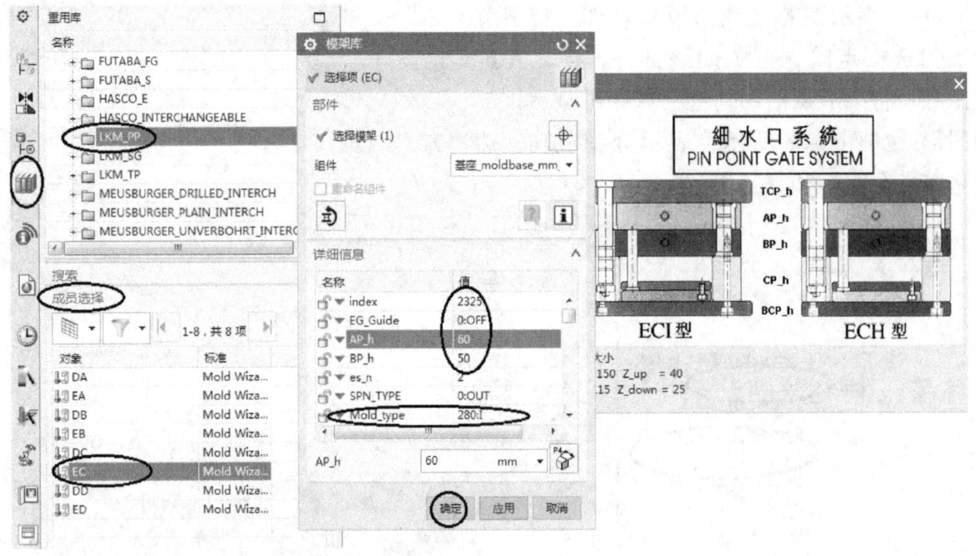

图 1-27

需注意的是，图 1-28 中模架 T 板（顶面板）上的六个紧固螺钉应该是没有的，图 1-27 所示的模架剖面图是正确的，但是调出来的模架却在 T 板和 A 板之间设有紧固螺钉，可能 UG_ MOLD WIZARD 模架库有问题，最后在绘制二维总装配工程图时去掉。

在“装配导航器”里，关闭模架的定模部件（moldbase 节点/fixhalf 节点），此时图形如图 1-29 所示，成型镶件的长度在模具的宽度方向上，可能使得模架宽度不够，而长度有余，此时必须将模架旋转 90°。

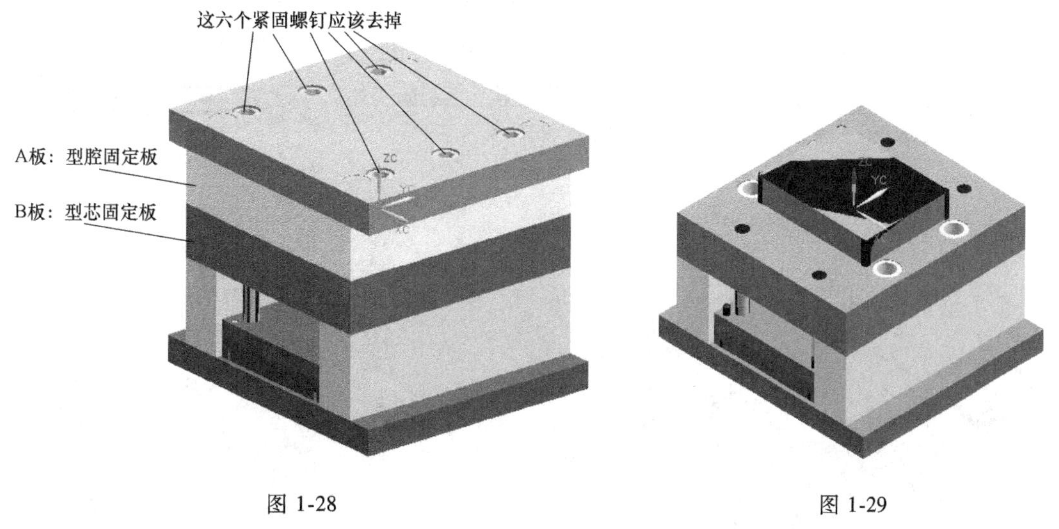

图 1-28　　　　图 1-29

重新显示定模部件，再单击注塑模向导菜单条中的小图标，弹出图 1-30 所示对话框，单击对话框中部的小图标（注意只单击 1 次），然后单击“取消”按钮关闭对话框，完成模架 90°旋转。

单击注塑模向导菜单条中的小图标（开腔），弹出图 1-31 所示对话框，根据提示，在视图中点选 A 板、B 板为目标体，单击鼠标中键，再点选 A、B 板中的方块（注意在“装配导航器”中勾选如图 1-32 所示的 pocket 节点）为工具，如图 1-33 所示，然后单击“确定”按钮，完成模架 A、B 板的开腔操作。

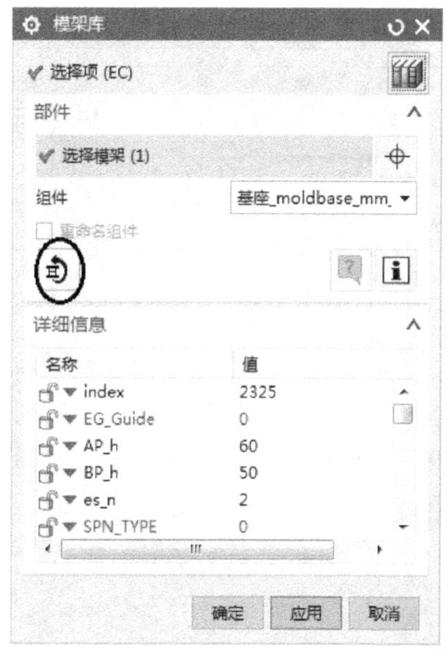

图 1-30

图 1-31

另外，为了读图方便，可将开腔体暂时消除，即“抑制”开腔体。如图 1-34 所示，在“装配导航器”里右击 pocket 节点，然后单击“抑制”，弹出图 1-35 所示对话框，点选“始终抑制”，再单击“确定”按钮，开腔体暂时消除。

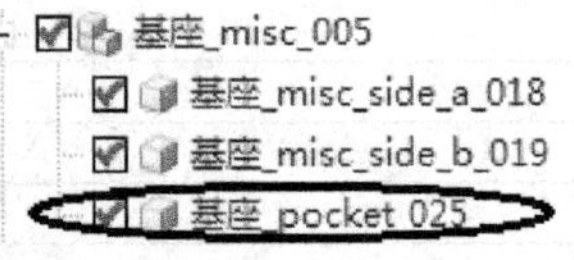

图 1-32

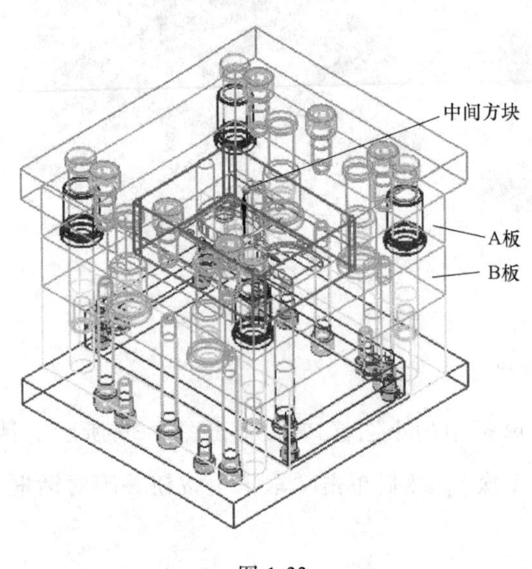

图 1-33

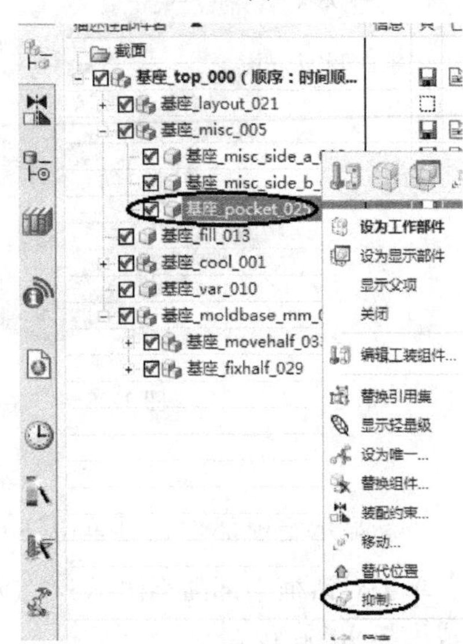

图 1-34

需要再次使用开腔体时，可单击“装配”→“取消抑制组件”，在弹出的对话框中点选 pocket 节点，单击“确定”按钮后即可再现开腔体。

2. 加入定位环

单击注塑模向导菜单条中的小图标，弹出“标准件管理”对话框，如图 1-36 所示。

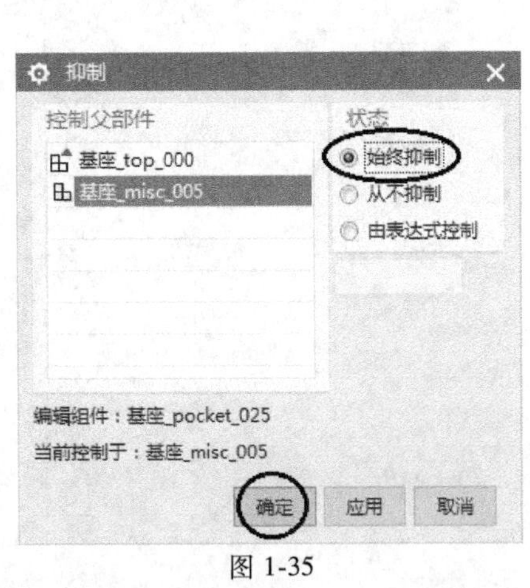

图 1-35

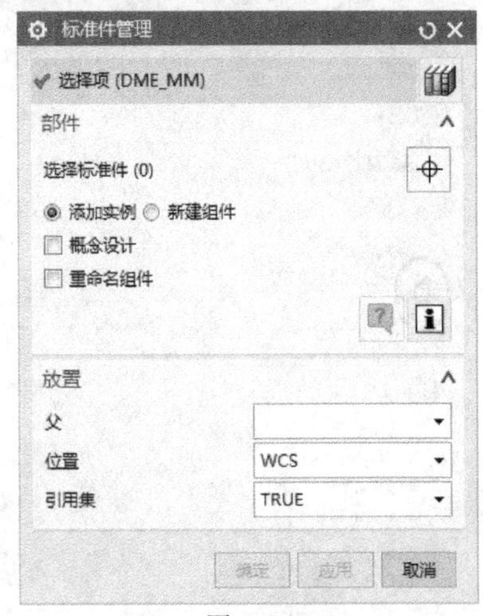

图 1-36

单击左侧资源工具条中的小图标，弹出选择框，选项设定如图 1-37 所示，然后单击“确定”按钮，在模架顶部加入 ϕ120mm 的定位环。

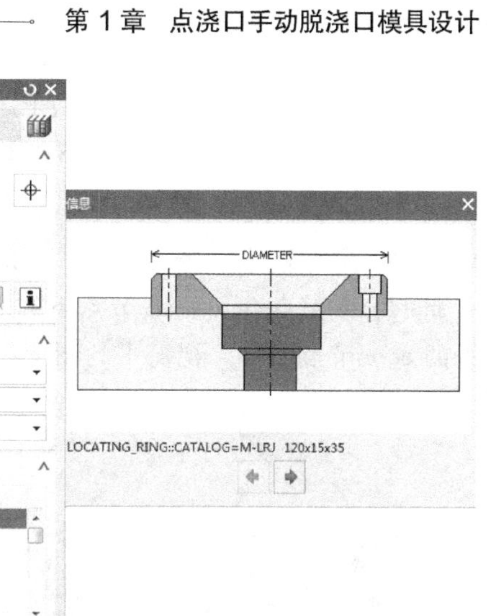

图 1-37

3. 加入浇口套

单击注塑模向导菜单条中的小图标，出现“标准件管理”对话框；再单击左侧资源工具条中的小图标，弹出选择框，选项设定如图 1-38 所示，然后单击“确定”按钮，在模架顶部加入浇口套。由于浇口套被模架包围，所以渲染的情况下只是隐约可见，要将浇口套在模架中开腔才能看到清晰结构。

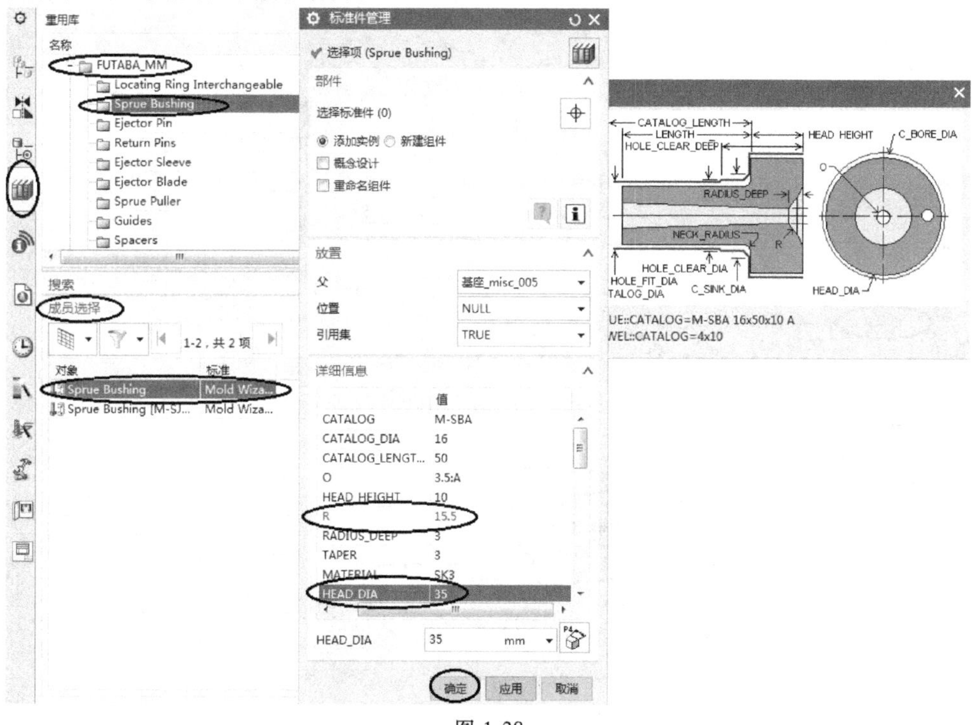

图 1-38

单击“注塑模向导”菜单条中的小图标，弹出“腔体”对话框，点选模具的定模座板、A 板及型腔零件为目标体，点选定位环和浇口套为工具，进行开腔，结果如图 1-39 所示。

4. 加入紧固螺钉

单击“装配导航器”图标，关闭“装配导航器”里所有的文件，然后打开 moldbase 节点/movehalf 节点下的 b_ plate 节点组件和 layout 节点/prod 节点下的 core 节点组件，视窗中的图形如图 1-40 所示。

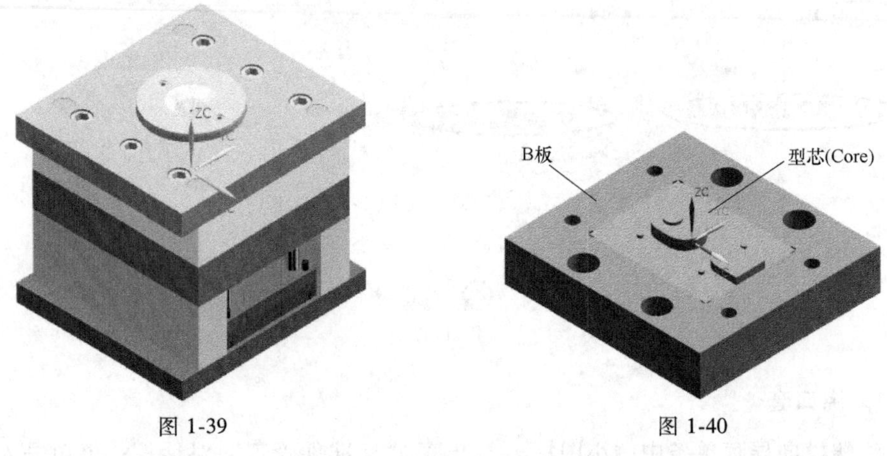

图 1-39　　图 1-40

单击注塑模向导菜单条中的小图标，出现“标准件管理”对话框；再单击左侧资源工具条中的小图标，弹出选择框，选项设定顺序及参数如图 1-41 所示，然后点选 B 板

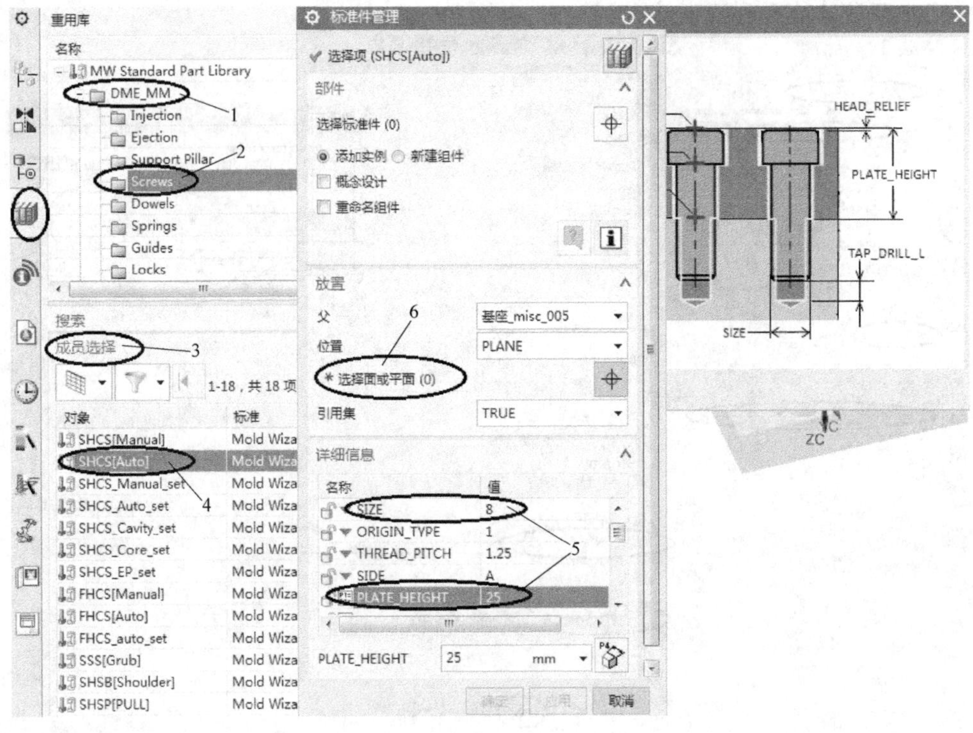

图 1-41

的背面，再单击“应用”按钮，弹出图 1-42a 所示对话框；如图 1-42 所示设置 X 偏置、Y 偏置数据，单击“应用”按钮，此时在视窗图形上 B 板的点坐标（45，56）处出现了螺钉；然后在图 1-42b 所示的坐标数据框里修改位置坐标（-45，56），再单击“应用”按钮；重复以上步骤，在（-45，-56）、（45，-56）的坐标位置处也加入螺钉，最后单击“取消”→“取消”，垫板上出现 4 个紧固螺钉。将视图线框化，出现如图 1-43 所示的图形。

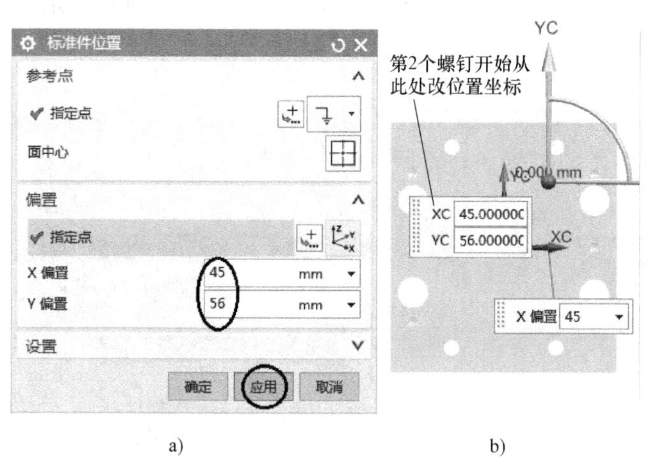

a)　　b)

图 1-42

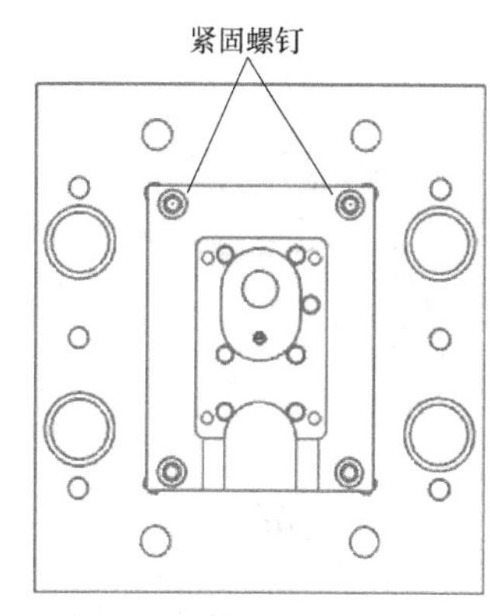

图 1-43

以同样的方法加入连接模具定模部分型腔件与定模部分 A 板的紧固螺钉。需要注意的是，型腔件厚度为 40mm，而定模 A 板厚度是 60mm，则螺钉通孔的厚度是 20mm，因此，将“标准件管理”对话框的“详细信息”栏中的“PLATE_ HEIGHT”尺寸数据改为“20”。

使用开腔命令，以型芯和型腔零件为目标体，以 8 个紧固螺钉为工具完成开腔操作。

5. 加入顶杆

单击“装配导航器”图标，如图 1-44a 所示，将 moldbase 节点/movehalf 节点组件和 layout 节点/prod 节点/core 节点组件打开，其他所有项目关闭，视窗图形如图 1-44b 所示。

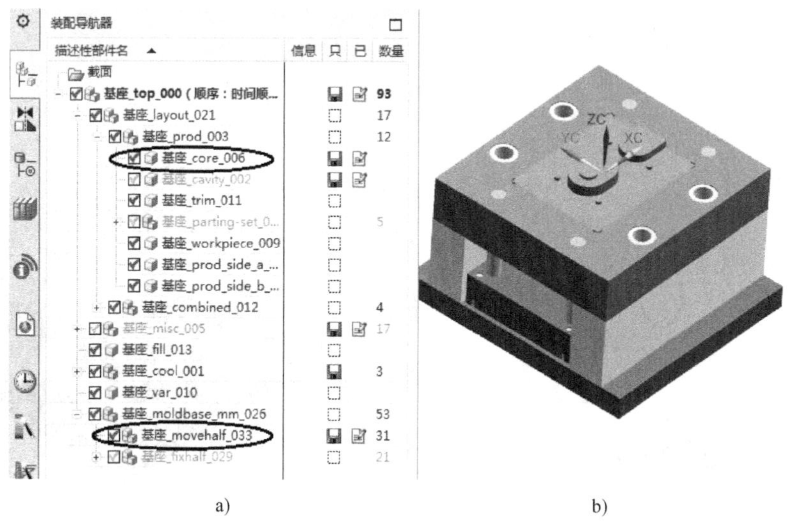

a)　　b)

图 1-44

单击注塑模向导菜单条中的小图标，出现“标准件管理”对话框；再单击左侧资源工具条中的小图标，弹出选择框，选项设定如图 1-45 所示，然后单击“确定”按钮，弹出图 1-46 所示对话框；输入坐标（-41，18），再单击“确定”按钮，完成 1 根顶杆的加入；重复以上步骤，在（-16.6，25）、（8，18）、（36，18）、（-41，-18）、（-16.6，-25）、（8，-18）、（36，-18）的位置上也加入顶杆，共计在 8 个点加入 8 根顶杆，最后单击“取消”按钮关闭对话框。完成后图形如图 1-47 所示。

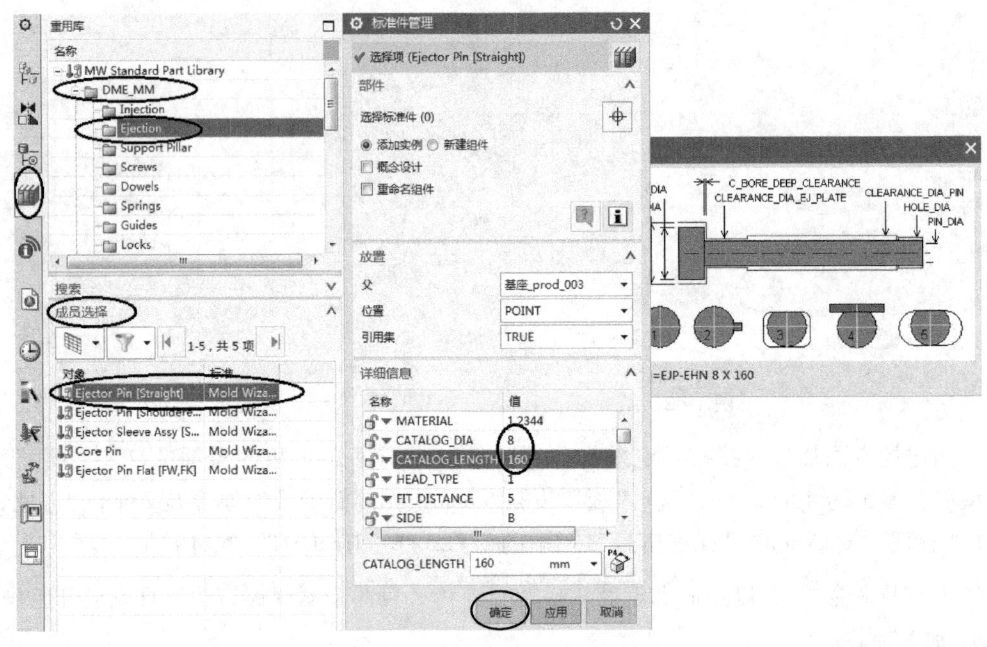

图 1-45

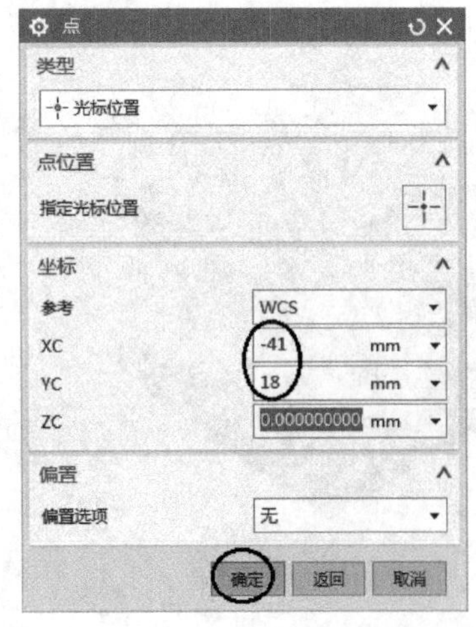

图 1-46

图 1-47

6. 修剪顶杆

单击注塑模向导菜单条中的小图标，出现“顶杆后处理”对话框，对话框的选项设定如图 1-48 所示，单击“确定”按钮，完成顶杆的修剪，此时，顶杆与分型面齐平。

由于型芯与这些顶杆同时显示，所以顶杆只能隐约可见，使用开腔命令，以型芯、模架 B 板以及 e 板（顶杆固定板）为目标体，以 8 根顶杆为工具进行开腔，结果如图 1-49 所示。

图 1-48

图 1-49

1.4　嵌件设计

型芯上有 4 个小凸台（用于成型 4 个 ϕ6mm 的孔），为便于加工，将这些凸台制成嵌件。

单击注塑模向导菜单条中的小图标，弹出图1-50所示对话框；再单击左侧资源工具条中的小图标，弹出选择框，选项设定如图 1-51 所示，单击“确定”按钮，弹出“点”对话框；如图 1-52 所示，“类型”选“圆弧中心/椭圆中心/球心”，在视窗上部工具条的选项过滤器里下拉选“整个装配”，即

；然后逐个点选模具图形中的 4 个小凸台边缘，捕捉到圆心坐标；最后单击“确定”按钮，这样共计加入了 4 个嵌件，如图 1-53 所示。

图 1-50

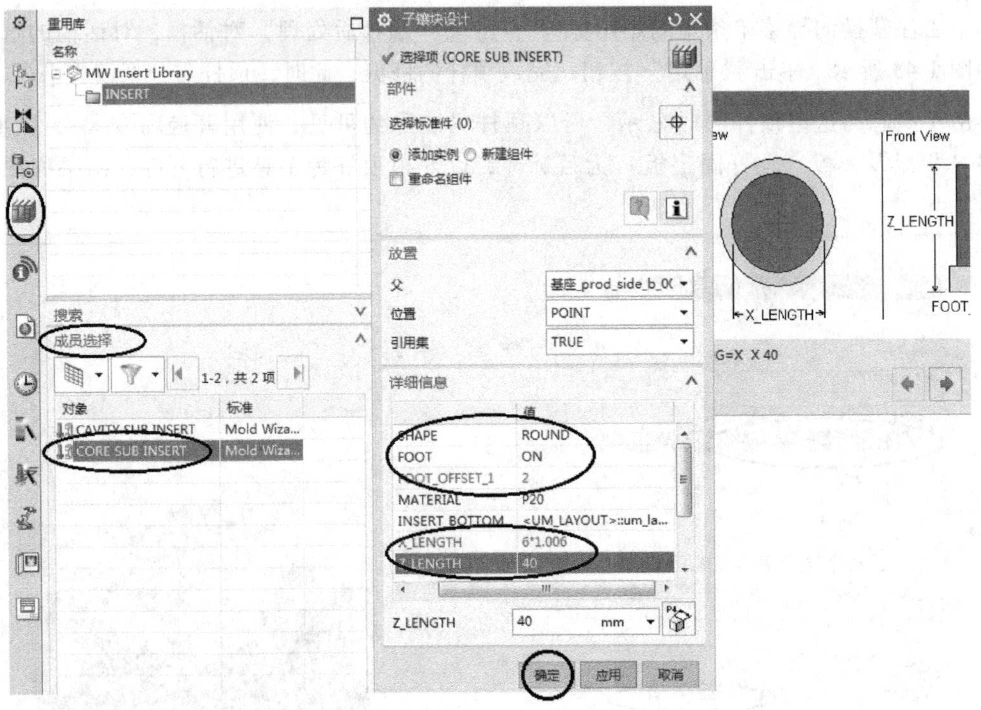

图 1-51

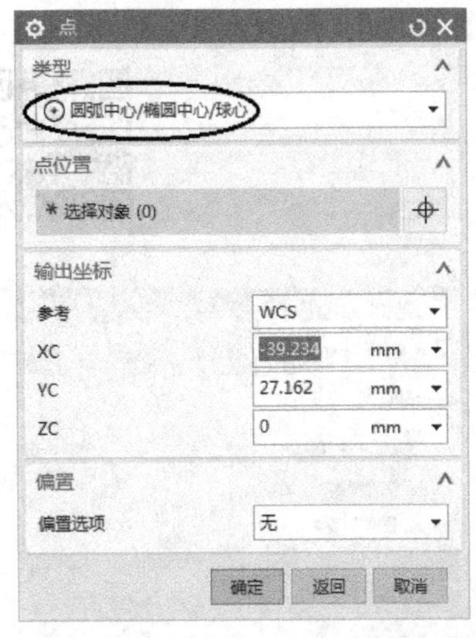

图 1-52

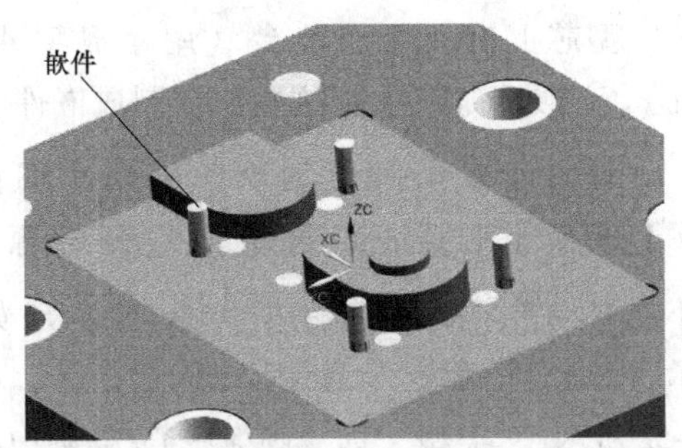

图 1-53

单击注塑模向导菜单条中的小图标，出现图 1-54 所示对话框，点选 4 个嵌件后单击“确定”按钮，完成型芯嵌件的修整。

再使用开腔命令，以型芯为目标体，以新加入的嵌件为工具，完成开腔操作。

图 1-54

1.5　浇注系统设计

勾选“装配导航器”中的 cavity 节点和 fill 节点，关闭所有其他节点，此时图形只显示型腔零件，线框图形如图 1-55 所示，使用“分析”→“测量距离”命令，测出零件顶面到型腔顶面距离为 24.91mm。

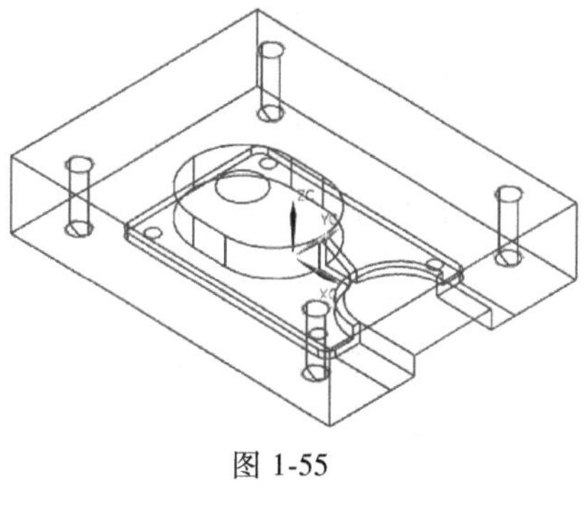

图 1-55

单击注塑模向导菜单条中的小图标，出现如图 1-56所示的“浇口设计”对话框，对话框中的“位置”选为“型腔”，“类型”选为“pin point”，浇口尺寸改为“d1=1”，浇口长度尺寸改为“BHT=24.91”，锥角改为“B=5”。单击“应用”按钮，出现图 1-57 所示对话框，

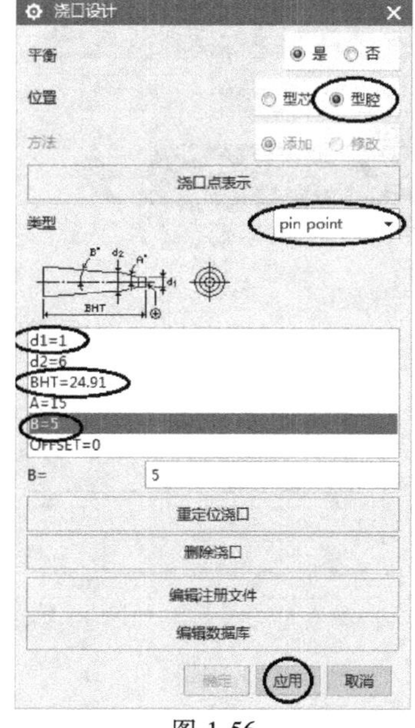

图 1-56

图 1-57

输入坐标值，单击“确定”按钮，弹出“矢量”对话框；如图 1-58 所示，“类型”项选“-ZC 轴”；单击“确定”→“取消”，完成点浇口的建立，如图 1-59 所示。

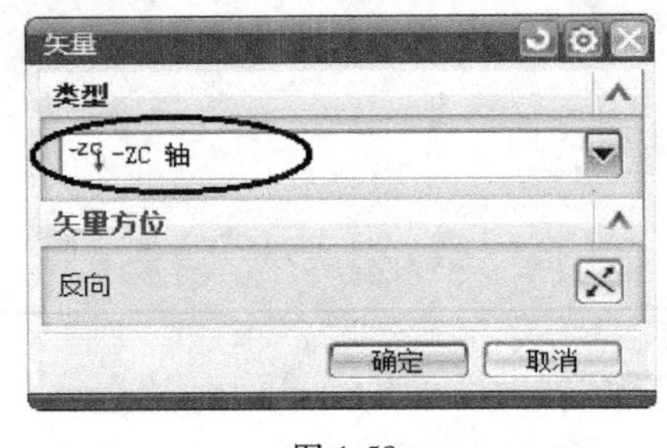

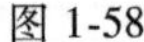
图 1-58

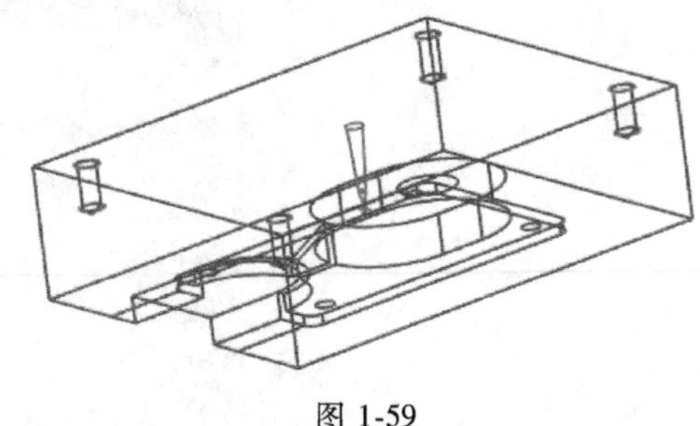
图 1-59

使用开腔命令将浇口镶件开腔。

1.6 冷却系统设计

本例只在定模部分的型腔件中建立简单的冷却系统，不一定很合理，主要目的是通过简单冷却系统的建立，介绍利用注塑模向导建立模具冷却系统的方法。

1. 建立水道

“装配导航器”中只勾选 cavity 节点，关闭无关的节点，将 cool 节点设置为工作部件。

单击注塑模向导菜单条中的小图标，出现模具冷却工具条，再单击冷却工具条的小图标，弹出“冷却组件设计”对话框；再单击左侧资源工具条中的小图标，出现选择框，选项设定顺序及参数如图 1-60 所示；随后点选图 1-61 所示型腔件安装水管接头的侧

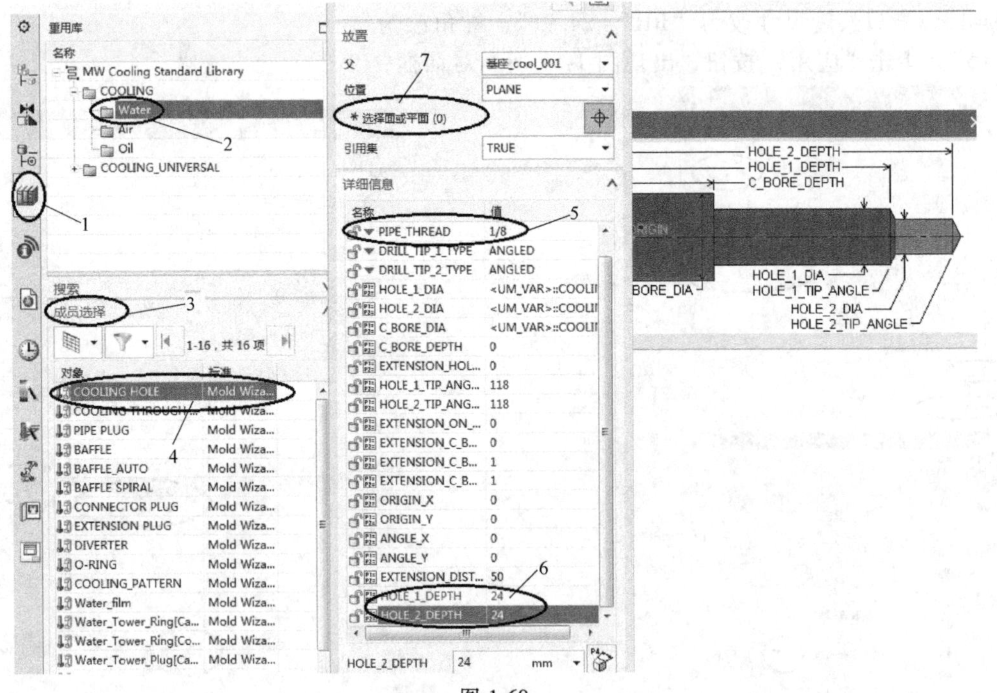

图 1-60

面，再单击“确定”按钮，弹出“标准件位置”对话框，数据输入如图 1-62 所示，单击“应用”按钮；再将图形数据框中的“XC”数据改为“-15”，单击“确定”，完成进、出水道的构建。将视图线框化，可见新建的深 24mm 的两条进、出水道，如图 1-63 所示。

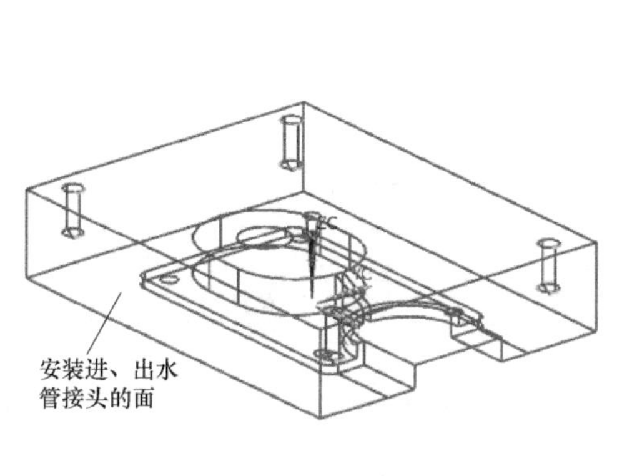

图 1-61

图 1-62

单击注塑模向导菜单条中的小图标 ，弹出“冷却组件设计”对话框，在对话框的“详细信息”栏进行如下改动：

“PIPE THREAD”选为“1/8”；

“HOLE_ 1_ DEPTH”为“70”；

“HOLE_ 2_ DEPTH”为“70”。

点选型腔件另一相邻的侧平面，然后单击“确定”按钮，出现“标准件位置”对话框；将对话框里的 X 偏置设为“-33.5”，Y 偏置设为“20”，然后单击“确定”。采用同样的方法在对面也建立一条相同的水道，如图 1-64 所示。

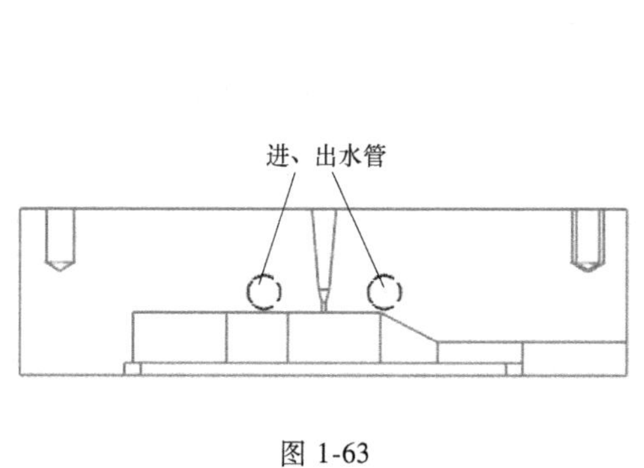

图 1-63

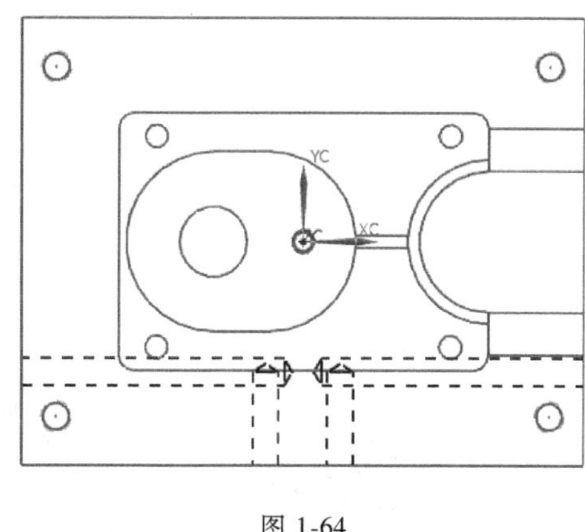

图 1-64

为了构成环形水道以及避开螺钉及型腔的位置，再增加三条水道，结果如图 1-65 所示。

2. 加入水管接头

为了防止 A 板与型腔件配合面漏水，所以接头应为加长接头，接头的接口在 A 板外，螺纹要拧入型腔件中。

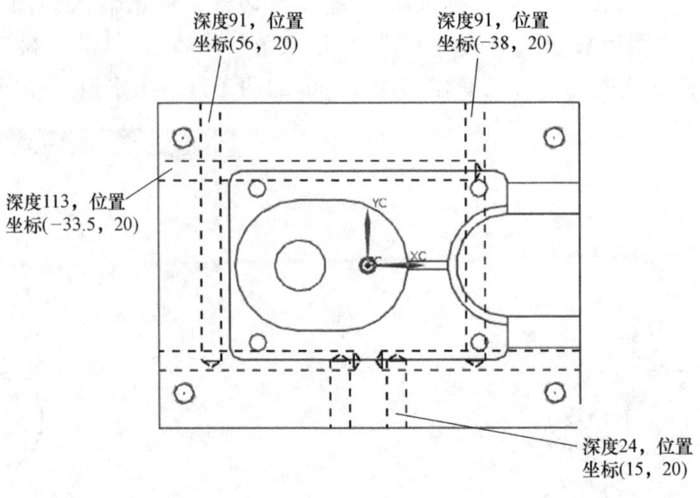

图 1-65

单击模具冷却工具条中的小图标，弹出“冷却组件设计”对话框；再单击左侧资源工具条中的小图标，出现选择框，选项设定顺序及参数如图 1-66 所示；点选有进、出水道的端面，单击“确定”按钮，弹出“标准件位置”对话框，再分别点选进、出水道的圆心（每点选一次圆心单击一次“应用”按钮），最后单击“确定”，完成进、出水道管接头的加入，如图 1-67 所示。

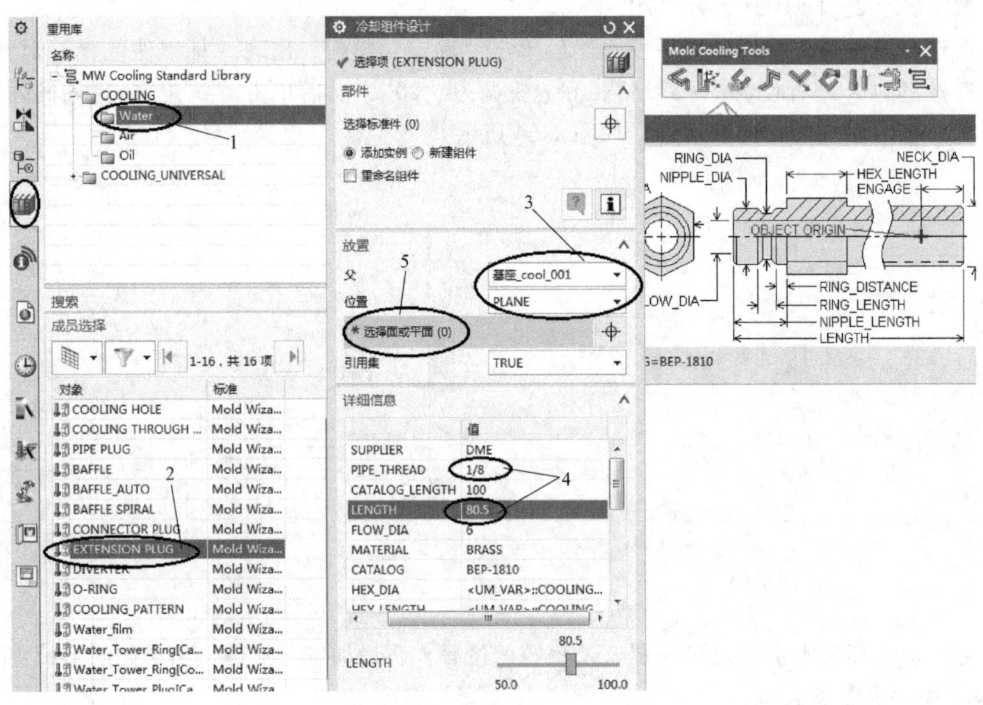

图 1-66

3. 加入堵头

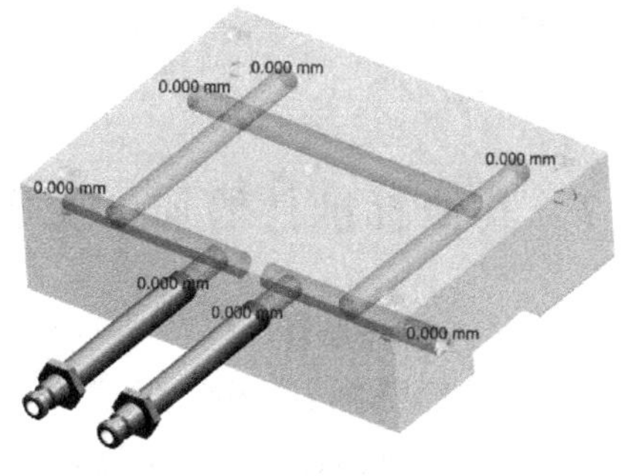

图 1-67

单击模具冷却工具条中的小图标，弹出“冷却组件设计”对话框；再单击左侧资源工具条中的小图标，出现选择框，选项设定顺序及参数如图 1-68所示；然后点选具有水道口的一个端面，然后单击“应用”按钮，弹出“标准件位置”对话框；点选端面上的水道口圆心，单击“确定”按钮，加入一个堵头；若另一个堵头在同一端面上，则继续点选另一个水道口圆心，单击“应用”按钮加入另一个堵头，如图 1-69 所示，最后单击“取消”按钮关闭对话框，完成一个端面的堵头加入。

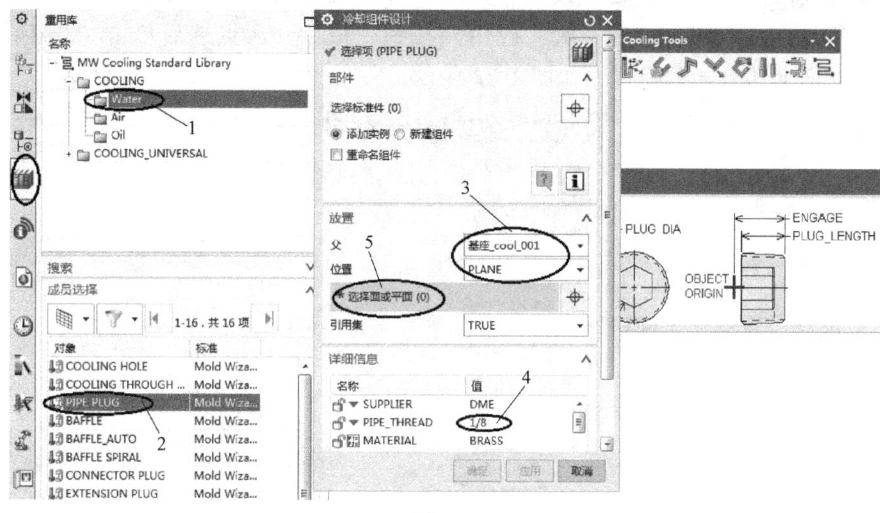

图 1-68

重复上述步骤完成各个端面的堵头加入，整个冷却系统的结构如图 1-70 所示。

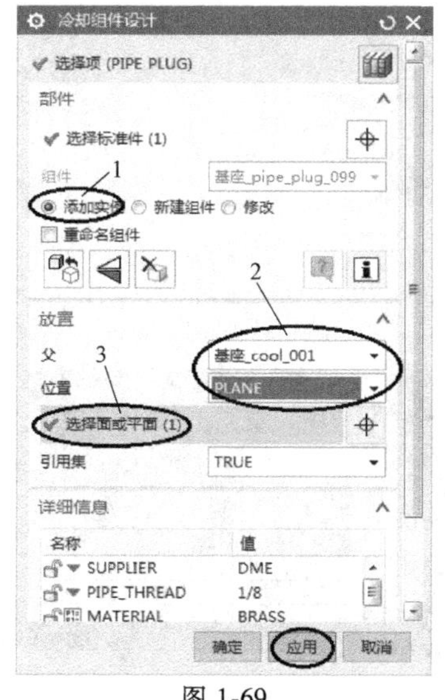

图 1-69

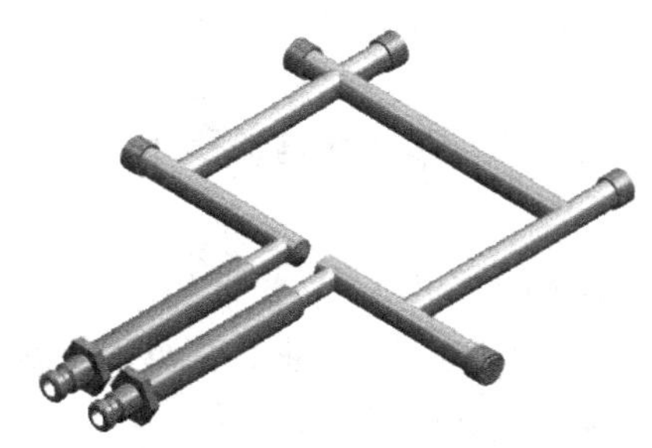

图 1-70

最后使用开腔命令，将冷却系统对型腔及模架的定模座板开腔，完成开腔后将水道全部“抑制”。

1.7 其他标准件的加入及零件修整

1. 加入回程弹簧

在“装配导航器”里打开模架的动模部分（moldbase 节点/movehalf 节点）。

单击注塑模向导菜单条中的小图标，出现“标准件管理”对话框；再单击左侧资源工具条中的小图标，弹出选择框，选项设定顺序及参数如图 1-71 所示；点选模架的 B 板底面为弹簧放置面，单击“确定”按钮，弹出“标准件位置”对话框，分别点选 4 个回程杆的圆心（每点选一个圆心单击一次“应用”按钮，最后一次点选后单击“确定”按钮），在这 4 根回程杆上加入 4 根弹簧，如图 1-72 所示。

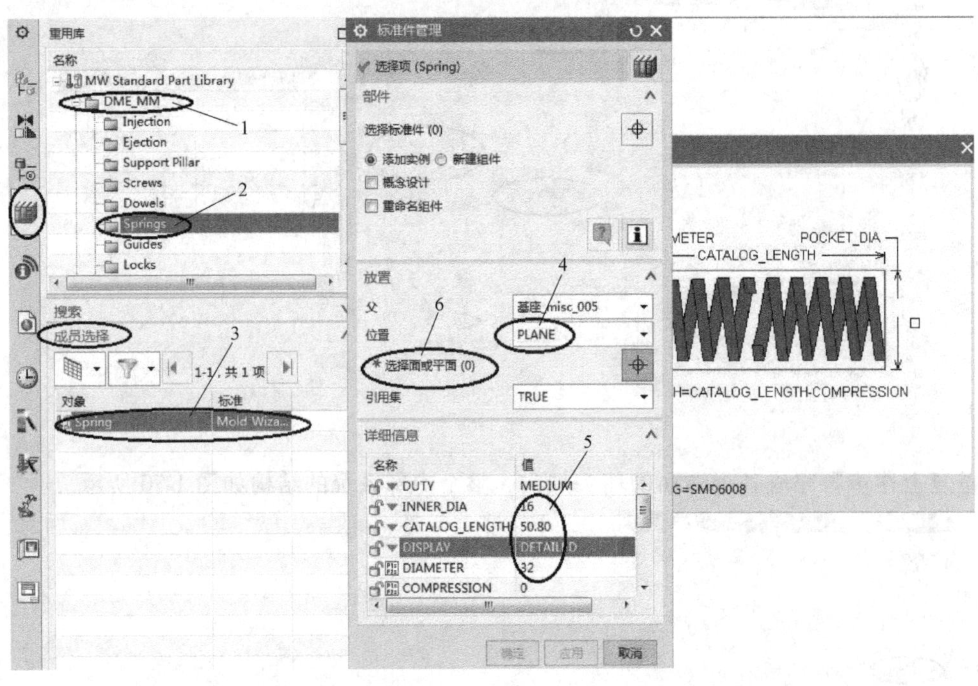

图 1-71

2. 加入拉销（树脂开闭器）

为确保开模时第一次分型是定模座板与 A 板分开，必须在定模 A 板与动模 B 板之间加入拉销。

单击注塑模向导菜单条中的小图标，出现“标准件管理”对话框；再单击左侧资源工具条中的小图标，弹出选择框，选项设定顺序及参数如图 1-73 所示；点选分型面（B

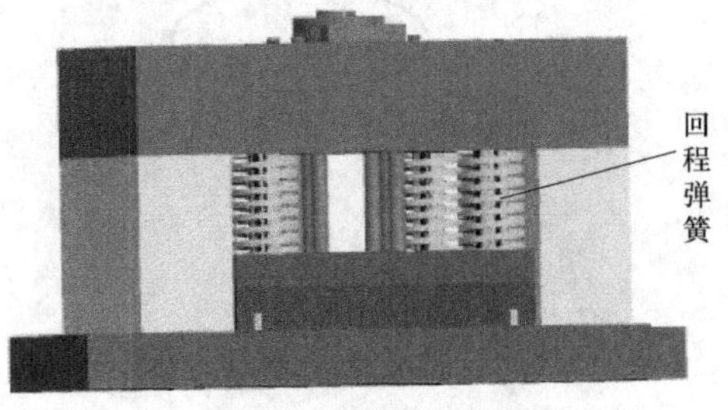

图 1-72

板上面)，单击“确定”按钮，弹出“标准件位置”对话框，数据输入如图 1-74 所示，单击“应用”按钮，完成 1 根拉销的加入；继续在图形数据框中输入数据（0，-78），单击“确定”按钮，完成拉销的加入。结果如图 1-75 所示。

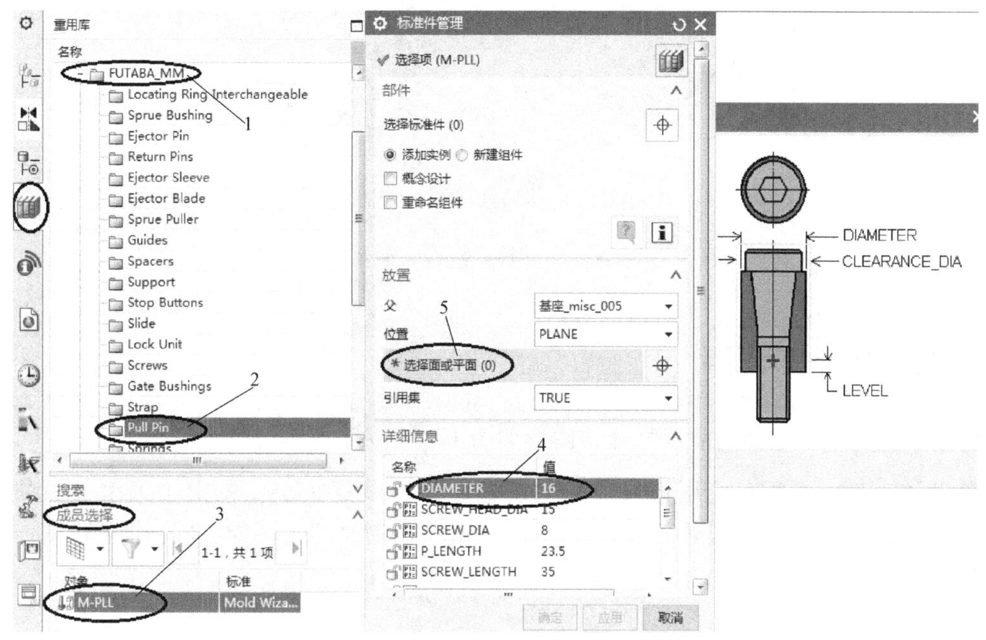

图 1-73

图 1-74

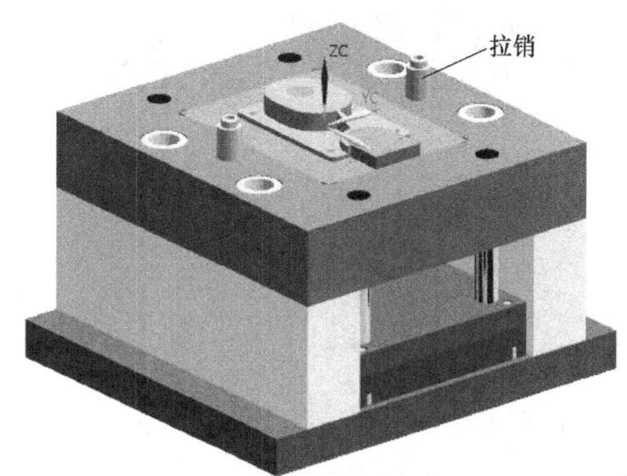

图 1-75

使用开腔命令，将拉销对模架 A 板、B 板开腔。

3. 修整模架底板

由于注射机顶杆要通过模架底板才能推动模具的顶出机构，所以要在模架底板打孔。

将 plate 节点设置为工作部件，利用“挖孔”命令在底板表面坐标值为（XC=0，YC=0）的位置开设直径为 30mm 的孔，如图 1-76 所示。

将所有非模具零件的节点（如流道、冷却水道）“抑制”，可使图形整洁清晰。

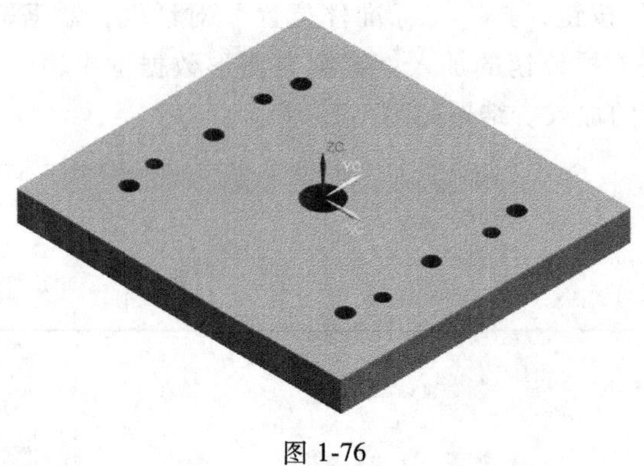

图 1-76

1.8 产生模具爆炸图

将整套模具所有零件的节点打开，图形如图 1-77 所示。

单击 启动 →“所有应用模块”→“装配”，打开装配模块。单击主菜单条中的“装配”→“爆炸图”→“新建爆炸图”，出现图 1-78 所示的对话框。输入“名称”后单击“确定”按钮完成创建。

图 1-77

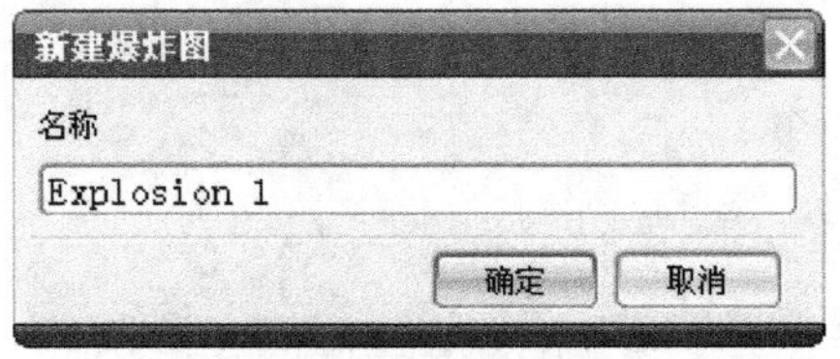

图 1-78

单击主菜单条中的“装配”→“爆炸图”→“编辑爆炸图”，出现图 1-79 所示的“编辑爆炸图”对话框。

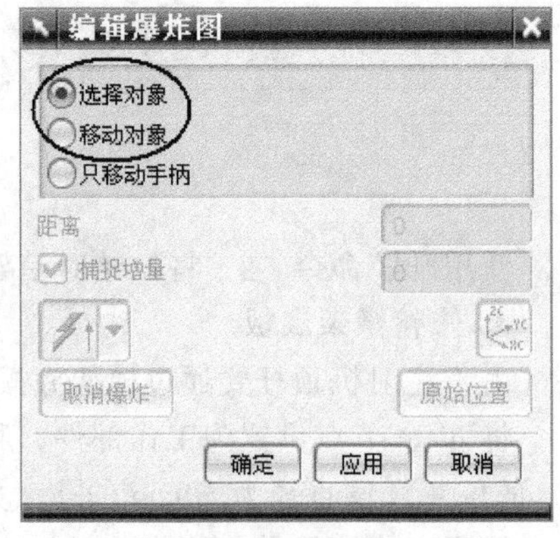

图 1-79

点选视图中的定位环及两个紧固螺钉，然后在对话框中点选“移动对象”，此时在浇口套中心出现带箭头的移动坐标，若鼠标点选 Z 坐标箭头不松开，则可手动移动到任意位置；也可单击箭头后，在对话框输入移动距离的数值。

如图 1-80 所示，单击 Z 坐标箭头后，在“距离”处输入“30”，再单击“应用”按钮，此时可见定位环及紧固螺钉上移了 30mm，如图 1-81 所示。

图 1-80

图 1-81

可按照上述方法将模具拆开，并移动模具的各个零件到适当的位置，形成的视图称为爆炸图，如图 1-82 所示。

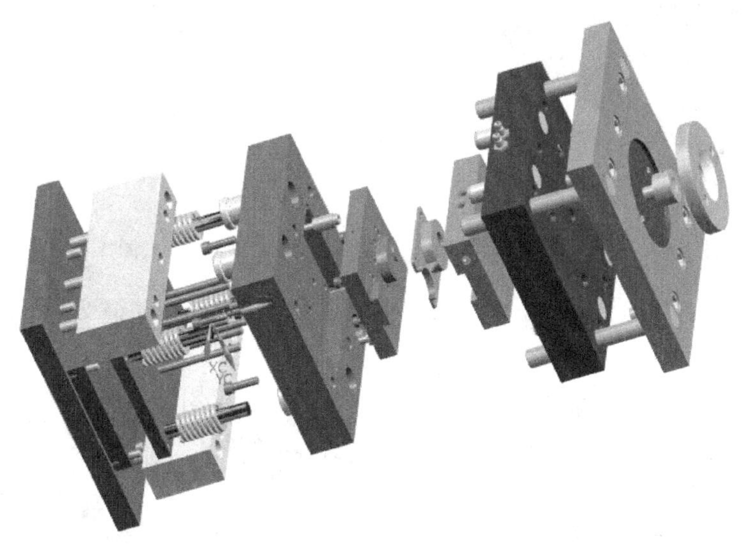

图 1-82

若要关闭爆炸图，则单击“装配”→“爆炸图”→“隐藏爆炸图”。若要打开爆炸图，则单击“装配”→“爆炸图”→“显示爆炸图”。

1.9　电极设计

由于型腔有个斜加强筋，尺寸小，难以精加工成形；另外，型腔有两个半圆尖角也难以精加工成形，可在粗加工后使用电极进行电火花精加工，因此需制作加工加强筋及半圆尖角的电极。

1. 制作电极

关闭所有的部件，“装配导航器”中只勾选 cavity 节点，结果如图 1-83 所示。

单击注塑模向导菜单条中的小图标，出现“电极设计”对话框，选项设定如图 1-84 所示，单击对话框“尺寸”选项卡，出现图1-85所示对话框。

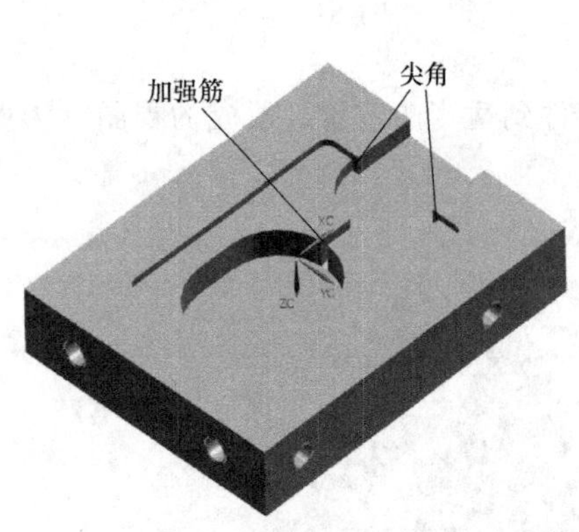

图 1-83

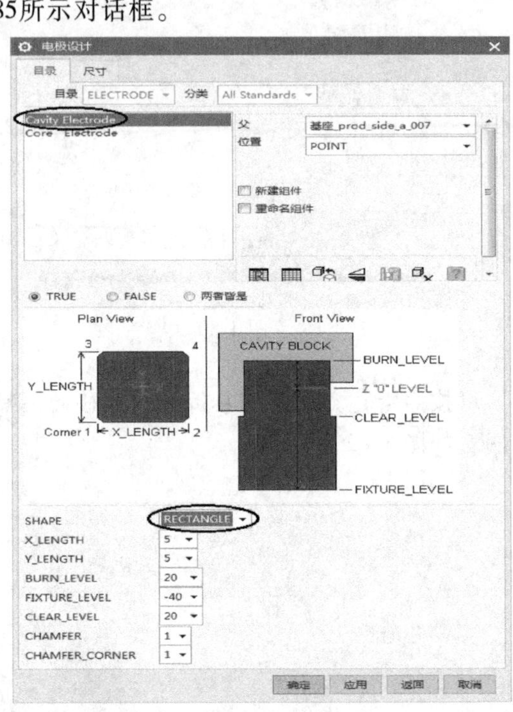

图 1-84

尺寸改动如图 1-85 所示，单击“确定”按钮，出现“点”对话框；数据输入如图 1-86 所示，单击“确定”按钮，即在型腔中出现了电极块。最后单击“取消”按钮关闭对话框。

单击注塑模向导菜单条中的小图标，出现图1-87所示对话框，先点选图形中的电极，选项设定如图 1-87 所示，注意可通过单击按钮使修剪方向符合要求，如图 1-88 所示，然后单击“确定”按钮完成电极的制作。

在“装配导航器”里关闭 cavity 节点，再旋转一下视图，即可显示图 1-89 所示的电极。

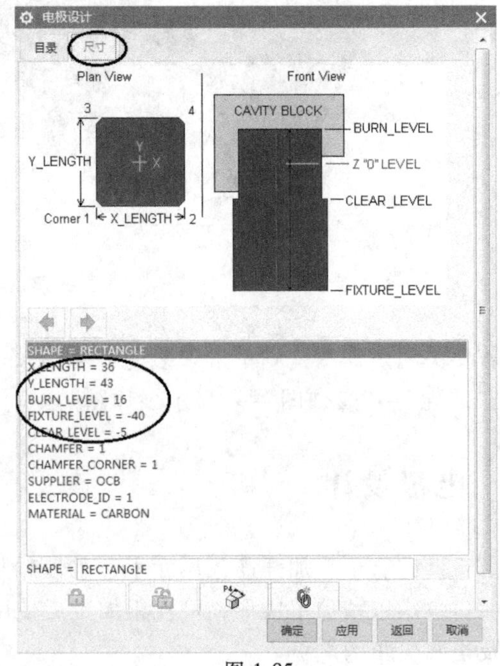

图 1-85

图 1-86

图 1-87

2. 修整电极

双击电极，将电极设为可修改的工作部件。

两次使用“插入”→“设计特征”→“拉伸”命令，去掉加强筋两边的毛刺，选项设定如图 1-90所示。

使用“插入”→“同步建模”→“替换面”命令，如图 1-91 所示进行面的修改，修改完成后如图 1-92 所示。

使用“拉伸”命令，在半圆顶面绘制如图 1-93 所示的矩形框草图，并将其拉伸成实体，与电极做“求差”处理，得出图 1-94 所示的最终电极图形。

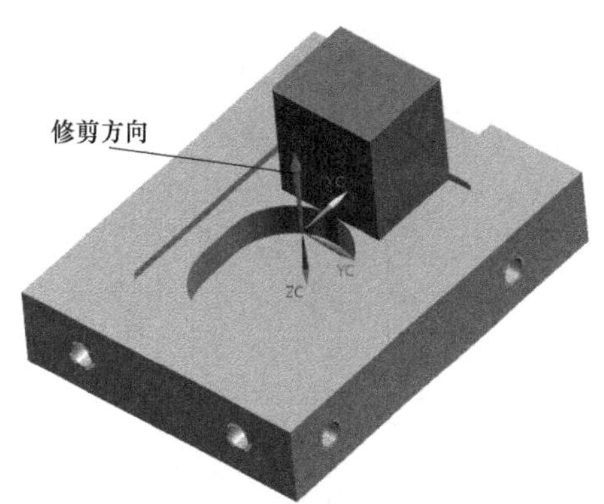

图 1-88

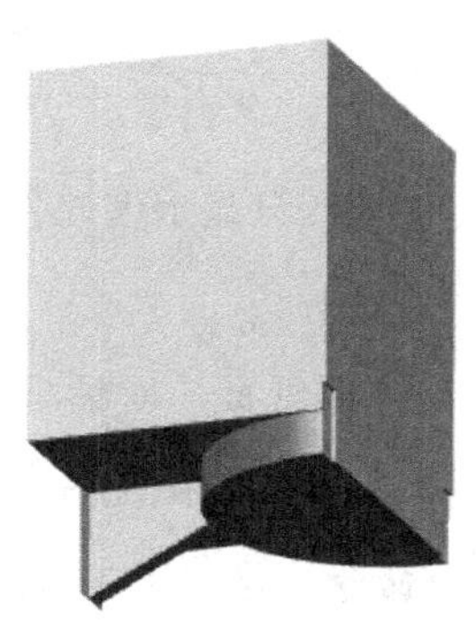

图 1-89

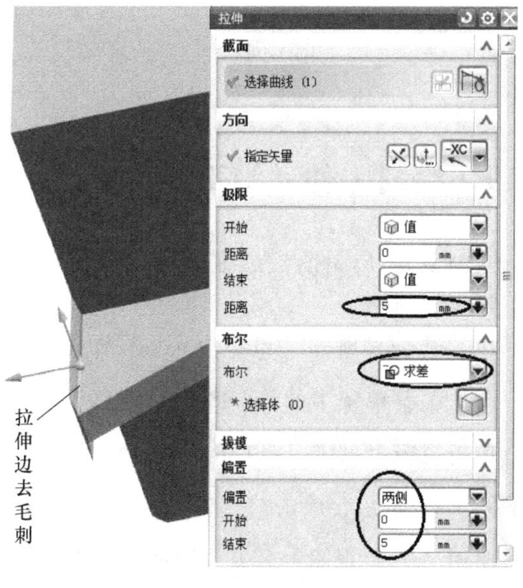

图 1-90

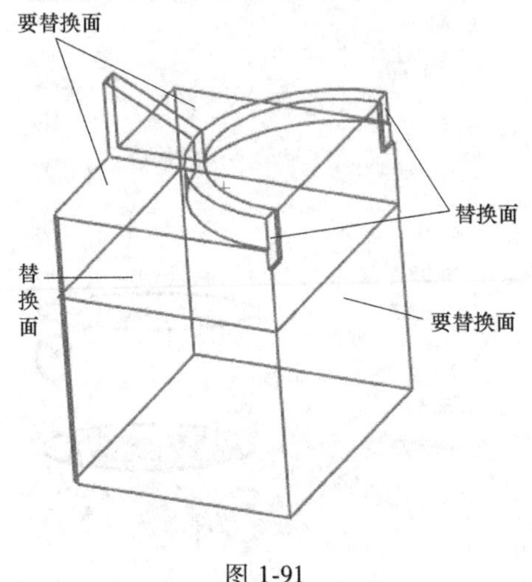

图 1-91

图 1-92

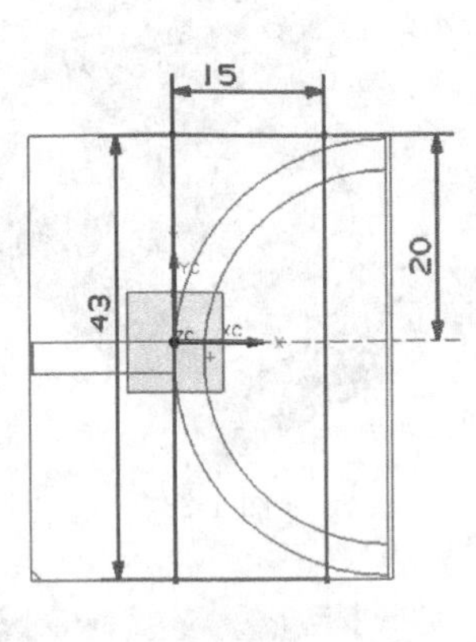

图 1-93

图 1-94

1.10 绘制零件二维工程图

绘制型腔（Cavity）二维工程图。

1. 建立视图

在“装配导航器”里右击 cavity 节点→“设为显示部件”，使视图只显示型腔件。

单击主菜单条中的 启动→“制图”，进入制图界面。

单击视窗上部工具条中的“新建图纸页”小图标，弹出“图纸页”对话框，选项设定如图 1-95 所示，单击“确定”按钮。单击小图标可在图幅上投影各种视图。

使用“投影视图”、“剖视图”、“局部放大”等命令构建如图 1-96 所示的二维工程图。

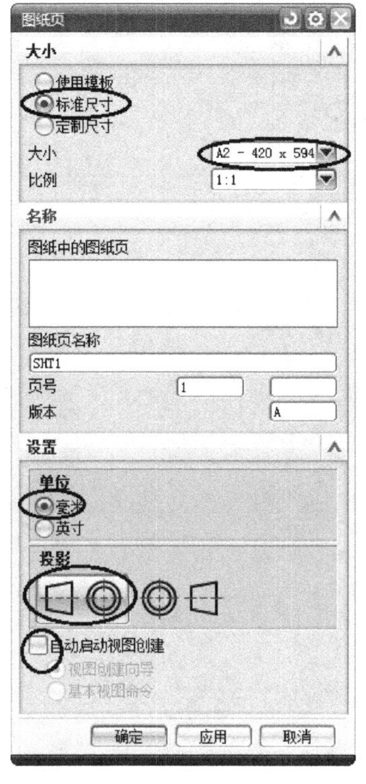

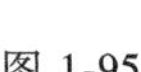

图 1-95

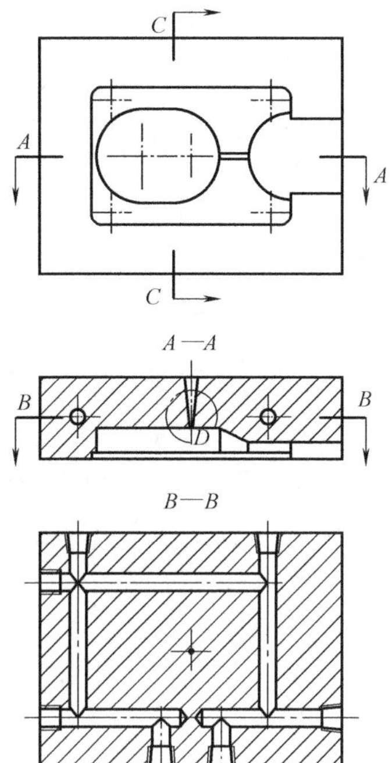

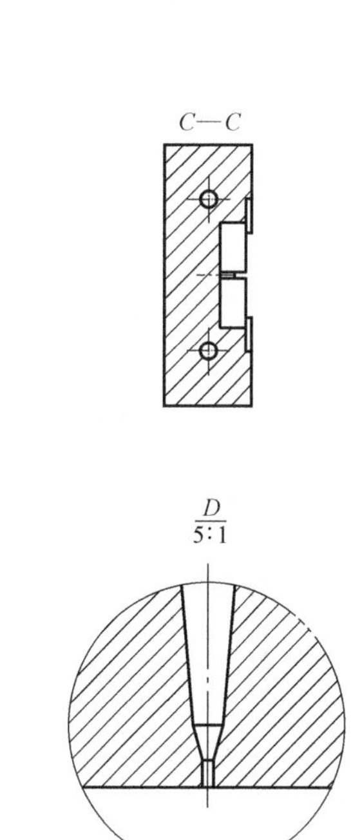

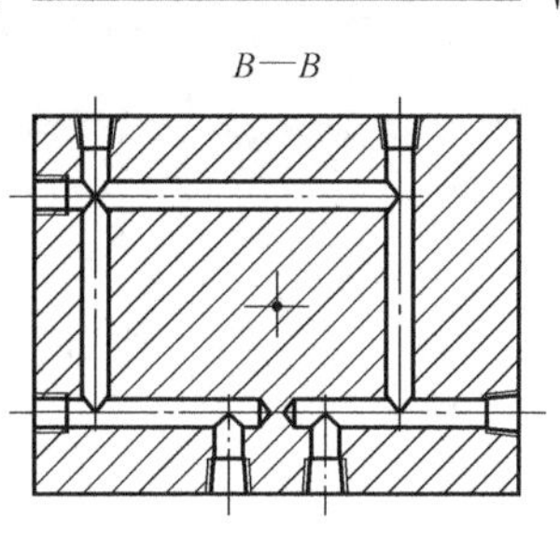

图 1-96

2. 标注尺寸

单击小图标，弹出图 1-97 所示对话框，“方法”项通过下拉符号可选择不同形式的尺寸标注。

单击图 1-97 对话框中的小图标，弹出“设置”对话框，可对尺寸的结构，类型，文字大小、内容等项目进行设置，如标注螺纹直径，选项设定如图 1-98 所示，单击“关闭”按钮，即可对螺纹尺寸进行标注。

单击“插入”→“注释”→“表面粗糙度符号”，标注零件上的表面粗糙度。

型腔零件最终的二维工程图如图 1-99 所示。

同样，将型芯零件设为显示部件，绘制的二维工程图如图 1-100 所示。

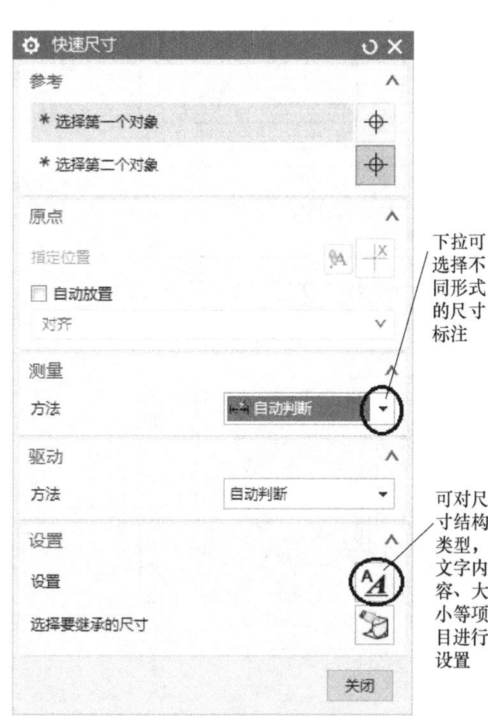

图 1-97

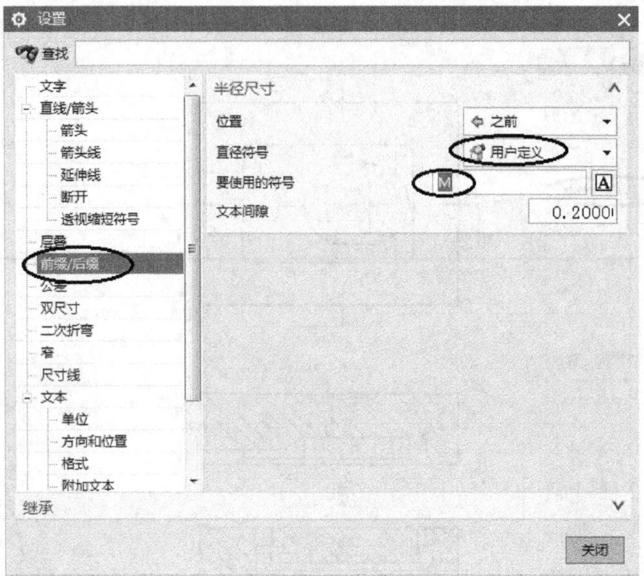
设置
查找
文字
直线/箭头
箭头
箭头线
延伸线
断开
透视缩短符号
层叠
前缀/后缀
公差
双尺寸
二次折弯
窄
尺寸线
文本
单位
方向和位置
格式
附加文本
继承
半径尺寸
位置
之前
直径符号
用户定义
要使用的符号
M
文本间隙
0.2000
关闭

图 1-98

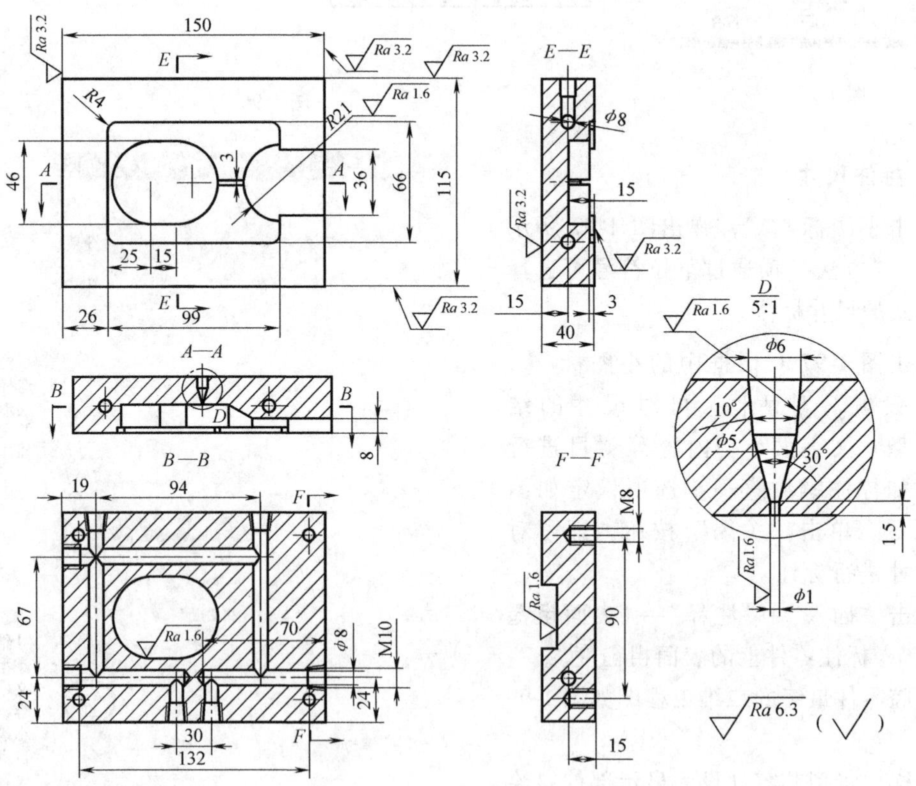
E—E
A—A
B—B
F—F
D
5:1
150
115
66
46
36
99
26
25
15
R4
R21
Ra 3.2
Ra 1.6
Ra 6.3
ϕ8
ϕ6
ϕ5
ϕ1
10°
30°
40
94
19
67
24
70
30
132
M8
M10
90

图 1-99

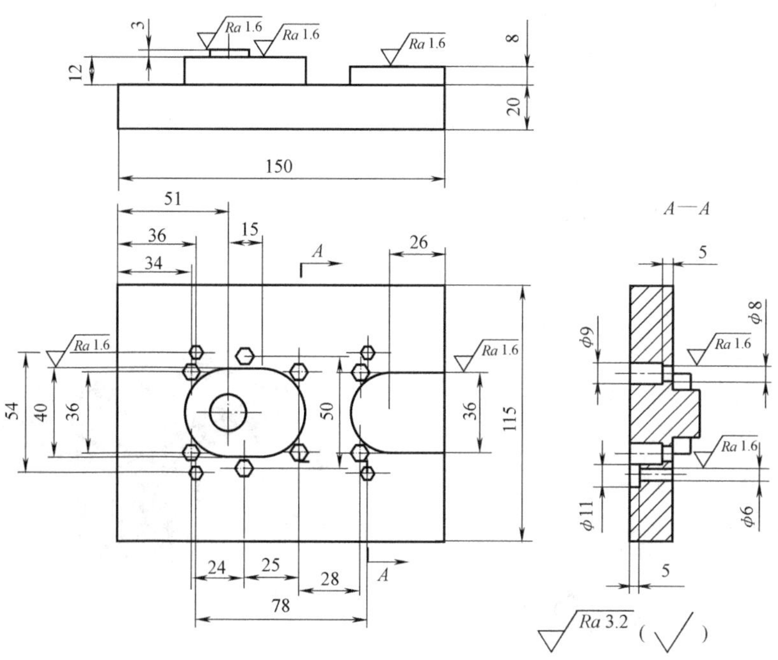

图 1-100

1.11　绘制模具二维总装配图

1. 三维模型转换为二维工程图

“抑制”所有非模具零件的节点，例如电极、水道、流道等，打开模具所有的零部件节点，并将最高一级 top 节点设为工作部件。模具图俯视图通常去掉定模部分，直接从动模部分画俯视图，有利于清楚地展示型腔及浇注系统。因此需要将动、定模组件分别显示。

图 1-101

首先，关闭模架以及动模上的所有组件节点，此时视窗中的图形如图 1-101所示。

单击注塑模向导菜单条中的小图标，弹出模具画图工具条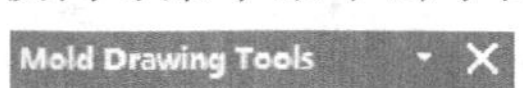

；单击工具条中的第一项小图标，弹出“装配图纸”对话框，选项设定如图 1-102 所示；然后框选图 1-101中的定模组件，单击“应用”→“取消”，将所有定模组件属性指派为“A”。

再关闭所有定模组件，打开动模组件，图形如图 1-103 所示；重复前述步骤，弹出“装配图纸”对话框，选项设定如图 1-104 所示，“属性值”为“B”；然后框选图 1-103 中的动模组件，单击“应用”→“取消”，将所有动模组件属性指派为“B”。

打开包括模架在内的所有模具组件的节点，图形如图 1-105 所示。

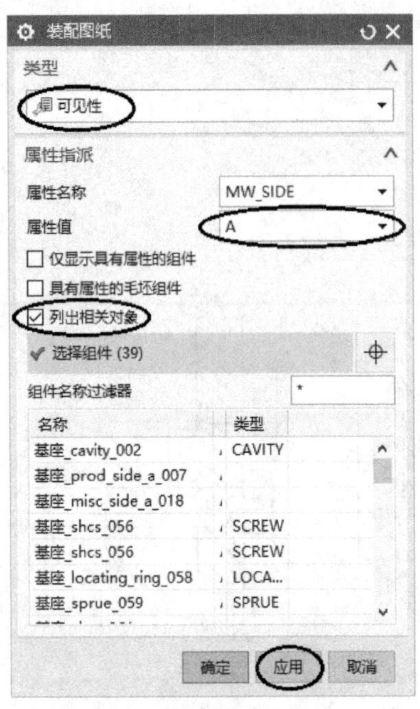

图 1-102

图 1-103

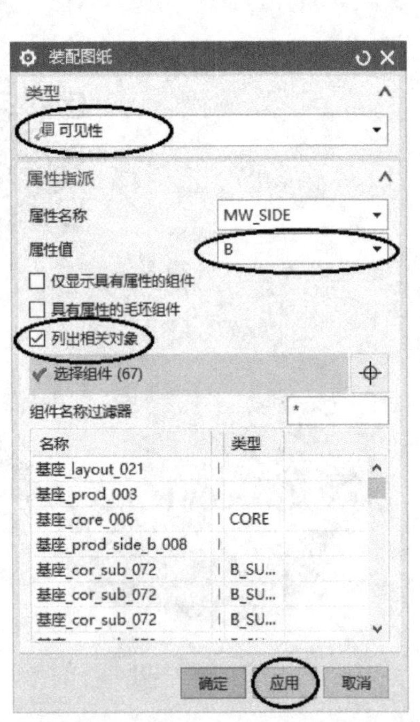

图 1-104

图 1-105

单击模具画图工具条中的第一项小图标，弹出“装配图纸”对话框，选项设定如图 1-106 所示，最后单击“应用”→“取消”，进入 A0 图纸界面，如图 1-107 所示。

单击主菜单条“启动”→“制图”，弹出视图创建向导对话框，单击“取消”按钮，进入制图模块。

图 1-106

图 1-107

单击小图标，首先添加左视图为主视图，再投影俯视图，如图 1-108 所示。

为了在主视图里反映模具的型芯、型腔、小嵌件、顶杆及模架特征，剖切位置必须经过导柱、成型零件、顶出杆等。

双击俯视图，弹出“设置”对话框，选项设定如图 1-109 所示，单击“确定”按钮，俯视图显示内部的零件轮廓，如图 1-110 所示。

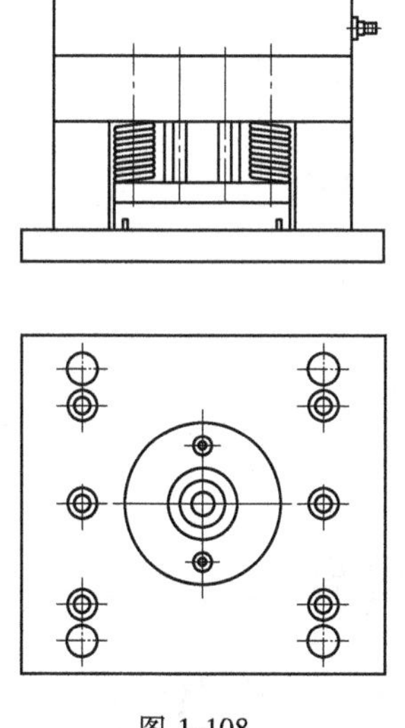

图 1-108

图 1-109

使用“剖视图”命令，剖切位置经过模架的拉杆、导柱、顶杆、成型零件、小嵌件、浇口等，如图1-110所示的 *A-A* 剖切线。投影出相应的主视图，并删除原主视图，如图 1-111 所示。

单击模具画图工具条中的第一项小图标，弹出“装配图纸”对话框，选项设定如图 1-112 所示，单击“确定”按钮，俯视图如图 1-113 所示。

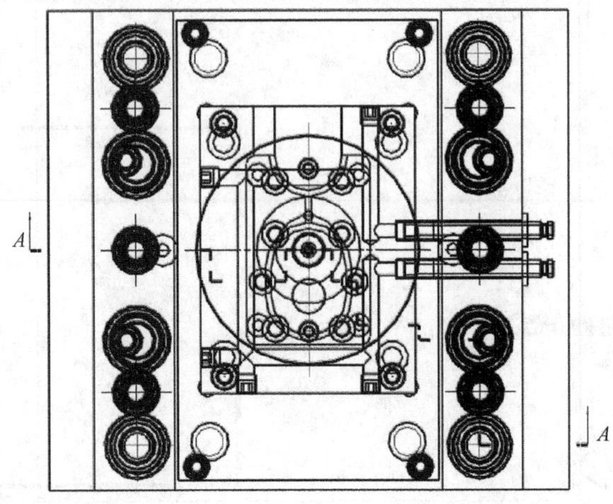

图 1-110

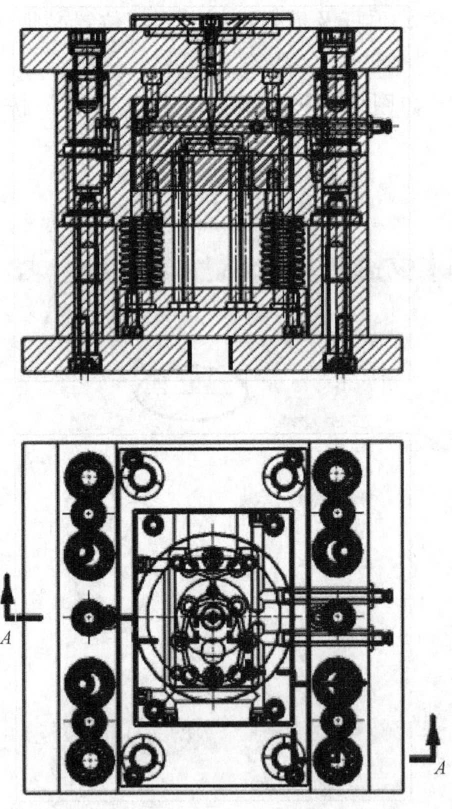

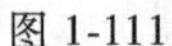

图 1-111

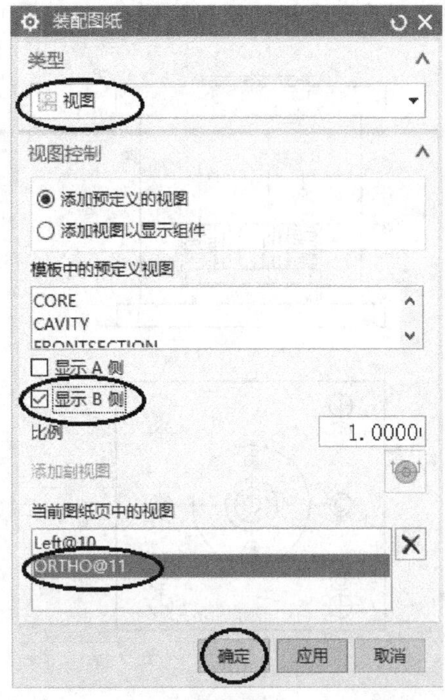

图 1-112

双击图 1-113 所示俯视图的边缘，弹出“设置”对话框，选项设定如图 1-114 所示，单击“应用”按钮；另一选项的设定如图 1-115 所示，单击“确定”按钮。采用同样方法修改图 1-111 所示的主视图，最终主、俯视图如图 1-116 所示。

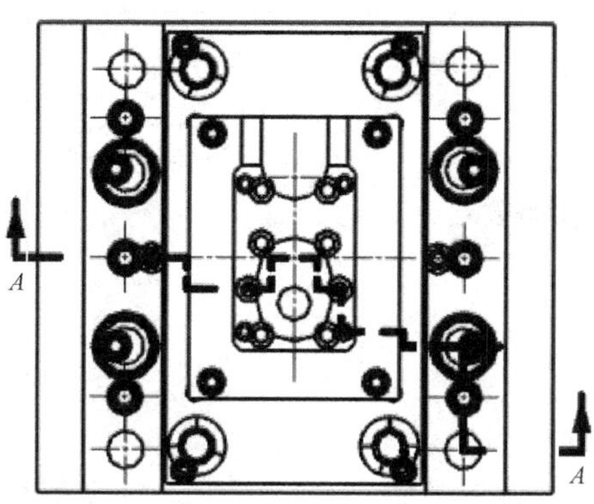

图 1-113

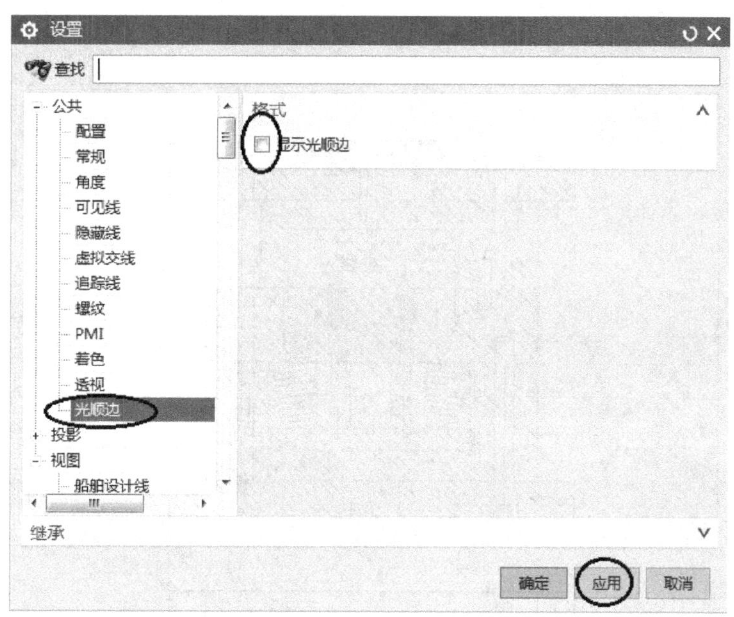

图 1-114

图 1-116 所示剖视图中各个零件的剖面线方向及间距都一样，需要修改，使得相邻零件的剖面线方向或间距不一致，修改的方法如下：

双击要修改的剖面线，弹出“剖面线”对话框，剖面线“距离”和“角度”的设定如图 1-117 所示。按需修改后单击“确定”按钮。

UG NX 制图模块绘制各个不同剖面的二维图还是不太方便，对于较复杂的图形，在生成各向视图后，可转换成 AutoCAD 文件，在 AutoCAD 软件下修改和标注尺寸比较方便。

2. UG 二维工程图转换为 AutoCAD 文件图

在 UG NX 制图模块中画好二维工程图后，单击主菜单条的“文件”→“导出”→“AutoCAD

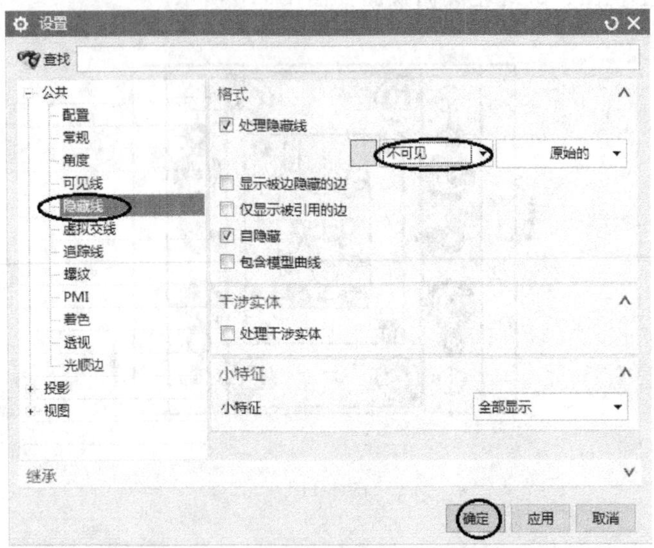
设置
查找
公共
配置
常规
角度
可见线
隐藏线
虚拟交线
追踪线
螺纹
PMI
着色
透视
光顺边
投影
视图
格式
处理隐藏线
不可见
原始的
显示被边隐藏的边
仅显示被引用的边
自隐藏
包含模型曲线
干涉实体
处理干涉实体
小特征
小特征
全部显示
继承
确定
应用
取消

图 1-115

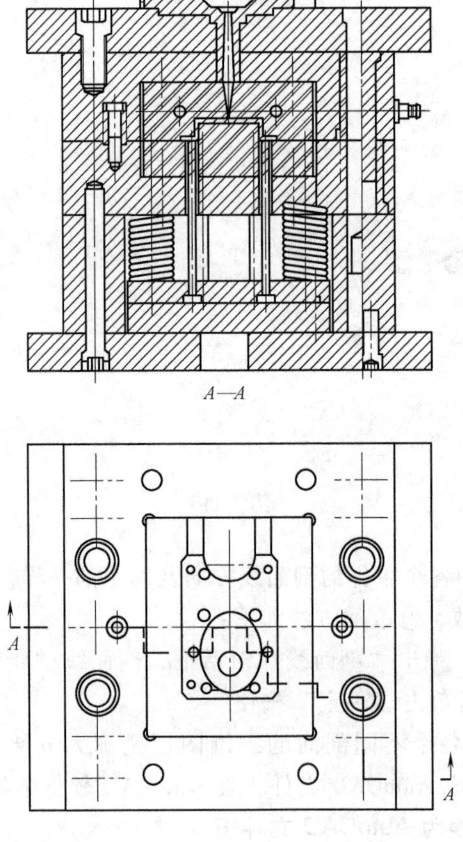
A—A
A
A

图 1-116

DXF/DWG..."，出现图 1-118 所示对话框，在对话框黑圈所示栏目里设置 AutoCAD 文件要存放的路径，单击“完成”按钮；稍后，出现“导出转换作业”对话框，再单击该对话框中的“是”按钮，将 UG 二维工程图转换成 AutoCAD 图形文件。

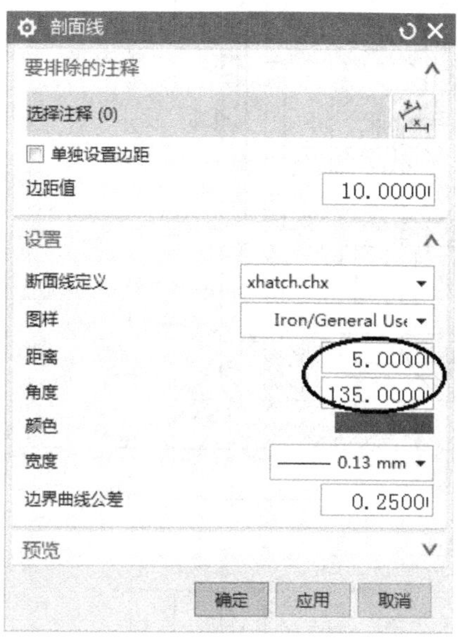

图 1-117

图 1-118

最后，根据我国的制图标准及简单清楚地呈现各个零部件装配关系的表达原则，在 AutoCAD 软件中将 UG 二维工程图转换的图绘制成如图 1-119 所示的模具二维总装配图。

注意：由于 UG NX10.0 模架库可能存在问题，在模具二维总装配图里要去掉模架 T 板和 A 板之间的 6 个紧固螺钉，还要增加 4 根拉杆末端的定位挡圈。

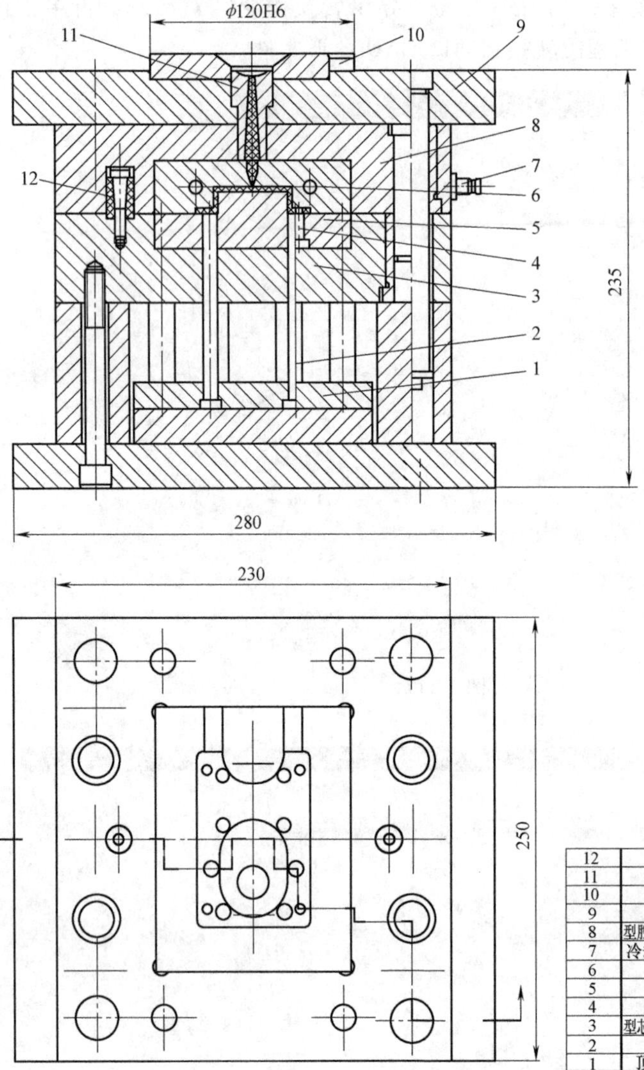

序号	名 称	数量	材 料	备 注
12	拉销	2	尼龙	
11	浇口套	1	T7A	淬火50HRC
10	定位环	1	45	淬火45HRC
9	定模座板	1	45	调质30HRC
8	型腔固定板(A板)	1	45	调质30HRC
7	冷却水管接头	2	黄铜	
6	型腔	1	P20	
5	型芯	1	P20	
4	小镶件	4	P20	
3	型芯固定板(B板)	1	45	调质30HRC
2	顶料杆	8	T10A	淬火50HRC
1	顶杆固定板	1	45	调质30HRC

基座注塑模具	数量	
	日期	
设计		
制造		
指导		

图 1-119　基座注塑模具总装配图

第 2 章 一模两腔侧浇口模具设计

本章选用的实例是一模两腔侧浇口模具，采用大水口模架（两板模结构）。模具设计的主要内容包括分型设计、模架和标准件加载、一模两腔侧浇口设计、冷却系统设计、电极设计、零件二维工程图以及模具二维总装配图的生成等。

2.1 基本思路

如图 2-1 所示为放大镜产品模型及浇注系统，其成型模具选用大水口模架，一模两腔结构，在放大镜中间面分型，浇口形式采用图 2-1 所示的侧浇口，顶出机构采用顶杆，顶杆兼作放大镜镜面成型零件。

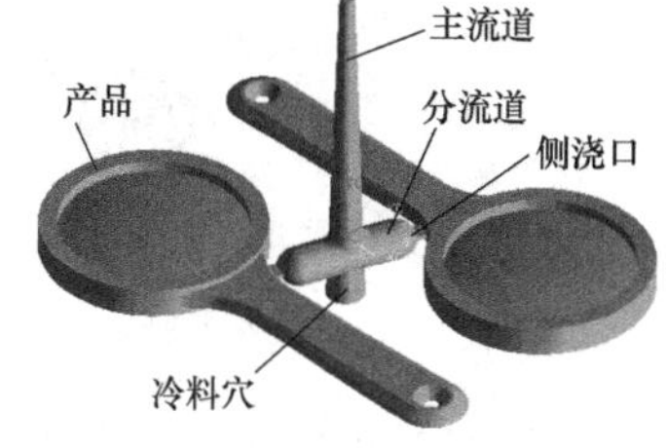

图 2-1

2.2 模具分型设计

单击启动→“所有应用模块”→“注塑模向导”，在视窗上方出现图 2-2 所示的注塑模向导菜单条。

图 2-2

1. 加载产品

首先新建一个文件夹，命名为“放大镜模具”，将放大镜产品模型文件复制到该文件夹内。

单击注塑模向导菜单条中的小图标，弹出“打开”对话框，在“放大镜模具”文件夹里选择需要加载的产品零件文件“放大镜 . prt”，出现图 2-3 所示对话框，对话框的“材料”项下拉选“PMMA”材料，“收缩”项（材料收缩率）的数值根据所选材料自动默认为“1.002”，然后单击“确定”按钮，视窗中出现图 2-4 所示产品模型。

2. 定义模具坐标系

单击注塑模向导菜单条中的小图标，出现“模具 CSYS”对话框，由于放大镜产品模型建模坐标符合模具坐标要求，选项设定如图 2-5 所示，单击“确定”按钮，完成模具坐标系的设定。

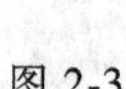
图 2-3

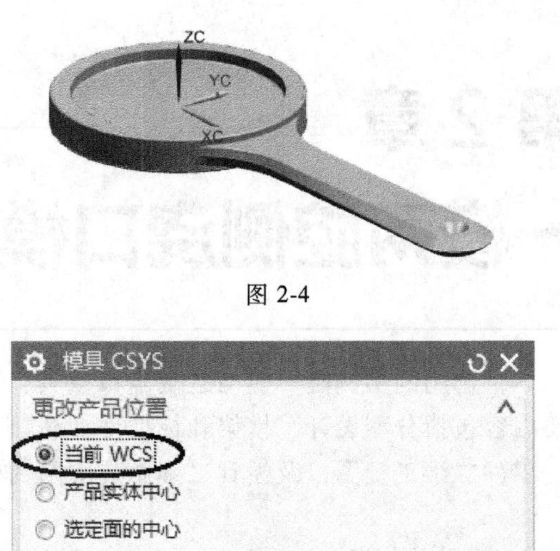

图 2-4

图 2-5

3. 定义成型镶件（模仁）

单击注塑模向导莱单条中的小图标，出现图 2-6 所示对话框。输入单个成型镶件（模仁）的厚度尺寸 60mm（以分型面为界，上下各 30mm），如图 2-6 所示；然后单击对话框中的图标，进入图 2-7 所示草图环境，修改模仁长、宽尺寸，如图 2-8 所示，单击图 2-6

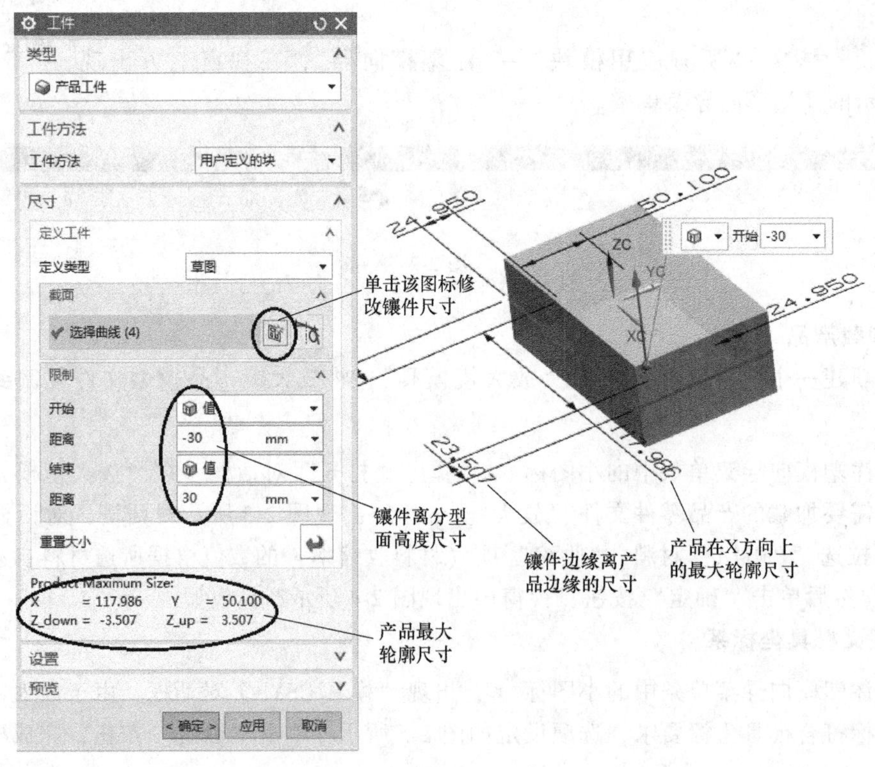

图 2-6

所示对话框中的“确定”按钮，完成单型腔镶件的加入，结果如图 2-9 所示。

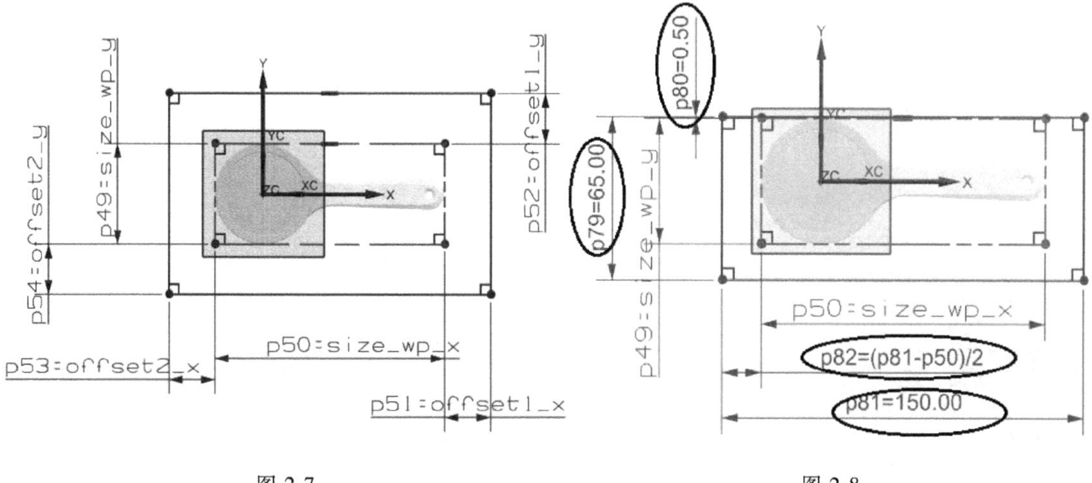

图 2-7　　　　　　　　　　图 2-8

4. 多型腔模布局

单击注塑模向导菜单条中的小图标，出现“型腔布局”对话框，如图 2-10 所示设置有关参数后，单击对话框中的“开始布局”图标；再单击对话框中“编辑插入腔”图标，弹出图 2-11 所示对话框，输入相关数据，然后单击“确定”按钮，回到图 2-10 所示对话框；单击“自动对准中心”图标，单击“关闭”按钮关闭对话框，完成一模两腔的布局操作，结果如图 2-12 所示。

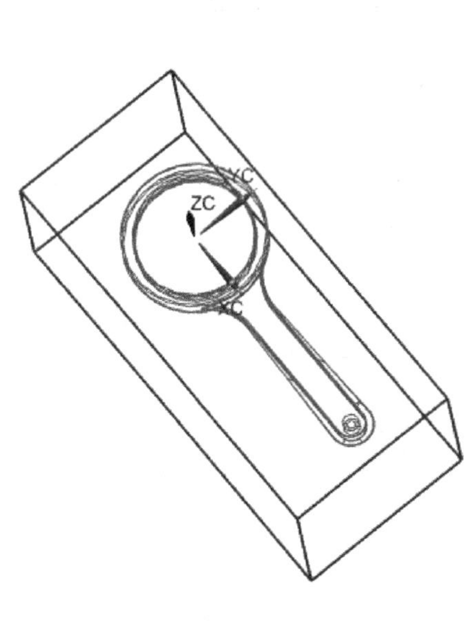

图 2-9

图 2-10

在“装配导航器”里关闭（去掉勾选）misc 节点下的 pocket 节点，即可隐去插入的腔体。

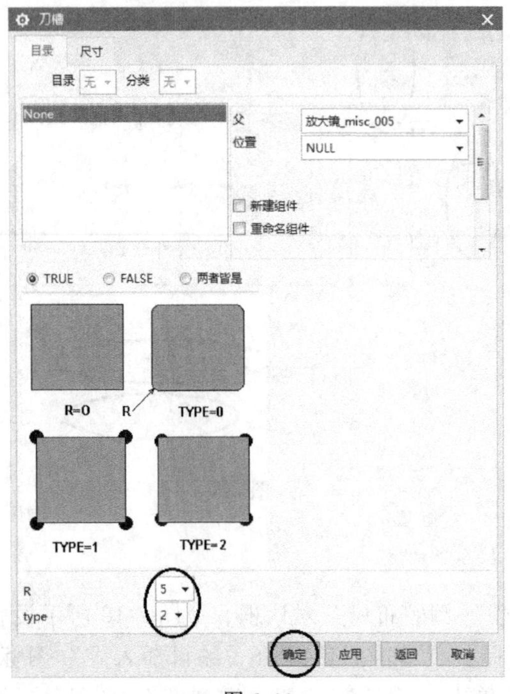

图 2-11

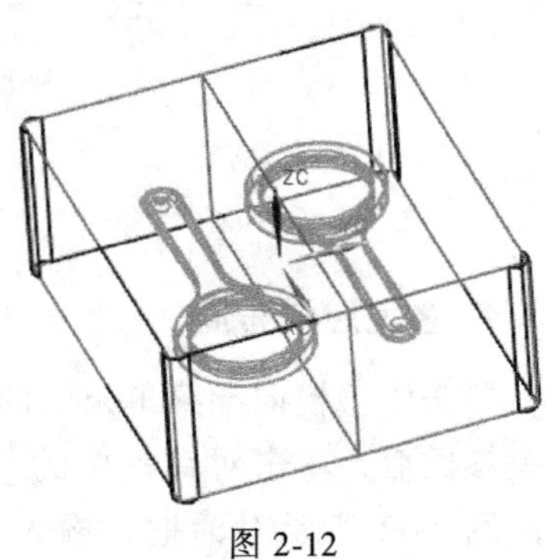

图 2-12

5. 模具分型设计

单击注塑模向导菜单条中的小图标，弹出图 2-13 所示模具分型工具条。

图 2-13

1）单击模具分型工具条中的第 1 个小图标，弹出“检查区域”对话框，如图 2-14所示；单击“面”选项卡，弹出图 2-15 所示对话框，再单击“面拆分”按钮，弹出“拆分面”对话框；如图 2-16 所示，“类型”项下拉选择“平面/面”，然后点选图 2-17 所示放大镜的周边面；再单击图 2-16 所示对话框中的“添加基准平面”图标，弹出图 2-18 所示对话框，“类型”项下拉选择“XC-YC 平面”，弹出图 2-19 所示对话框，然后单击“确定”→“确定”，回到图 2-15 所示对话框。如图 2-20 所示，此时放大镜模型中镜片部分有分割线，而手柄部分有可能没有分割线（这种现象在 NX 10.0 以前和以后版本不会出现）。

图 2-14

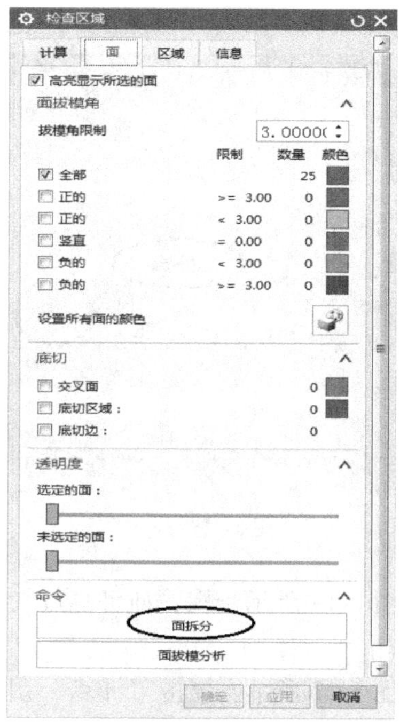

图 2-15

图 2-16

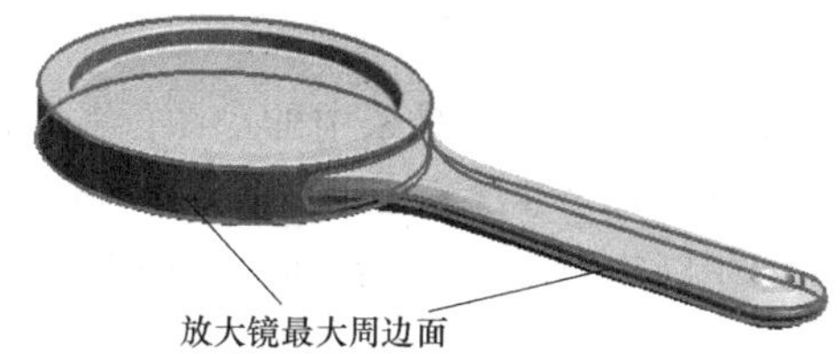

图 2-17

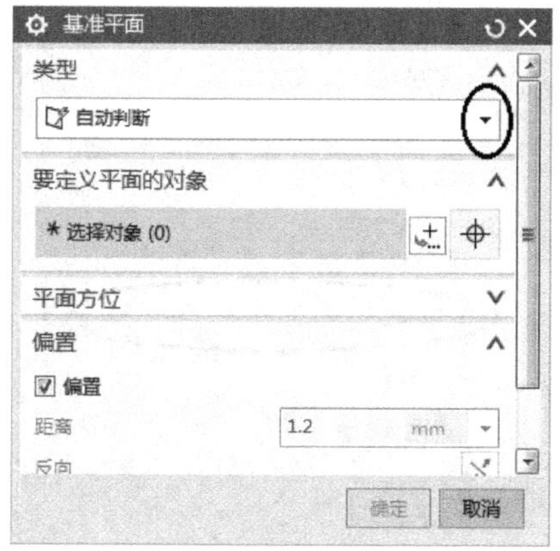

图 2-18

图 2-19

若出现图 2-20 所示结果，使用建模命令，单击“插入”→“修剪”→“拆分体”，弹出“拆分体”对话框，选项设定如图 2-21 所示，点选放大镜模型为目标，“指定平面”项下拉选“XC-YC 基准平面”，单击对话框“确定”按钮，完成对放大镜实体的对半切割，然后再使用“求和”命令，将分割后的两块模型合为一体。

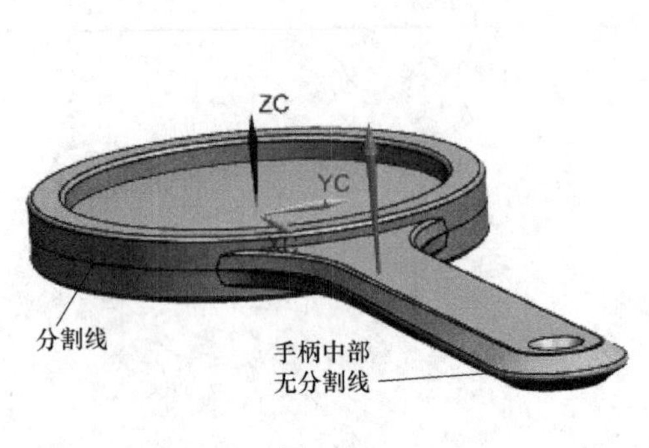

图 2-20

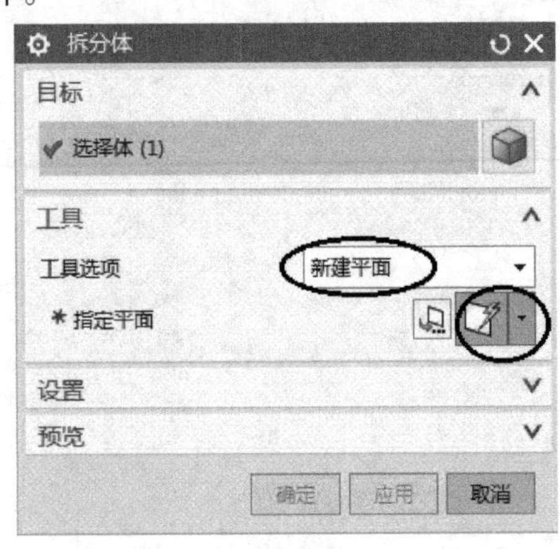

图 2-21

单击模具分型工具条中的小图标，重复图 2-14 至图 2-19 所示步骤，即可见放大镜实体中部全部产生了分割线。

单击图 2-15 所示对话框的“计算”选项卡，对话框如图 2-22 所示，单击“计算”图标。单击“区域”选项卡，对话框如图 2-23 所示，然后单击“设置区域颜色”图标，此时放大镜模型呈橙、蓝两种颜色，型腔区域为橙色，型芯区域为蓝色，单击“确定”按钮。

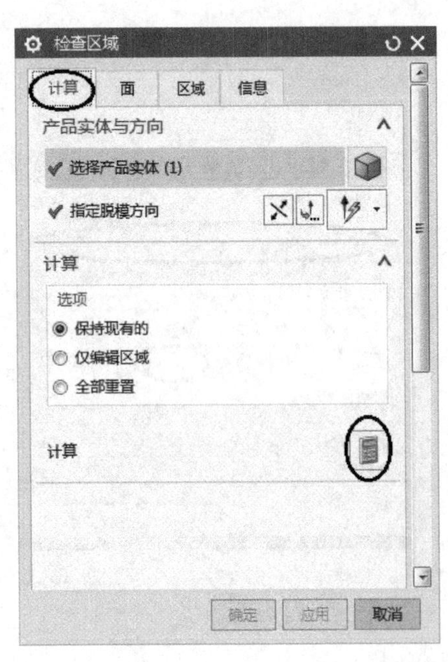

图 2-22

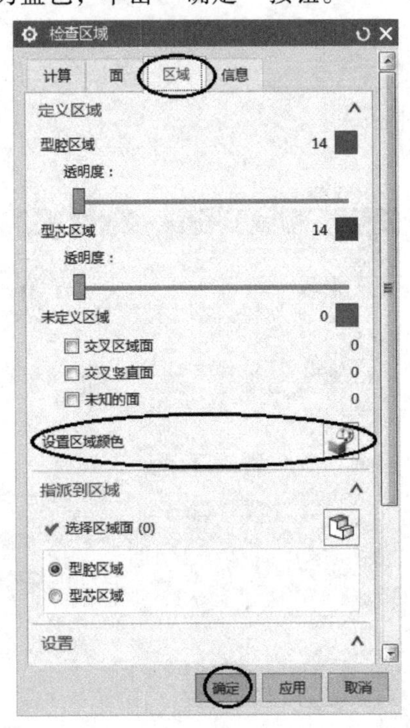

图 2-23

2）单击模具分型工具条中的第 2 个小图标，弹出图 2-24 所示对话框，“类型”下拉选“体”，然后点选放大镜模型，单击“确定”按钮，完成放大镜手柄孔的补片。

3）单击模具分型工具条中的第 3 个小图标，弹出图 2-25 所示对话框，勾选目标选项后，单击“确定”按钮。

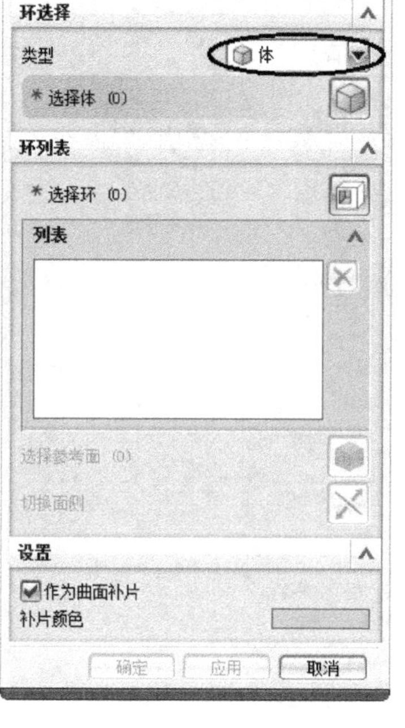

图 2-24

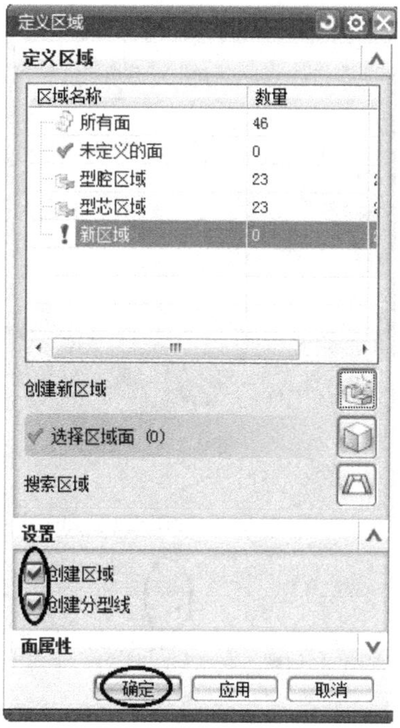

图 2-25

4）单击模具分型工具条上的第 4 个小图标，弹出“设计分型面”对话框，单击“确定”按钮，出现分型面的图形如图 2-26 所示。

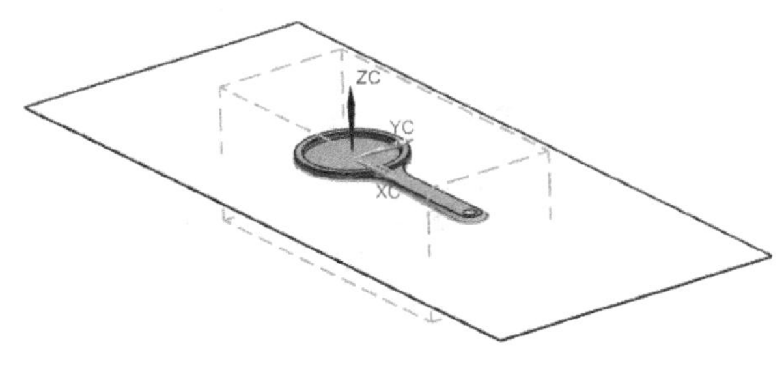

图 2-26

5）单击模具分型工具条的第 6 个小图标，弹出图 2-27 所示对话框，选定目标选项后单击“确定”→“确定”→“确定”，完成型芯、型腔的创建。

6）关闭图 2-28 所示“分型导航器”，然后单击视窗左侧“装配导航器”→右击 parting 节点→“显示父项”→选择 top 节点，如图 2-29 所示。

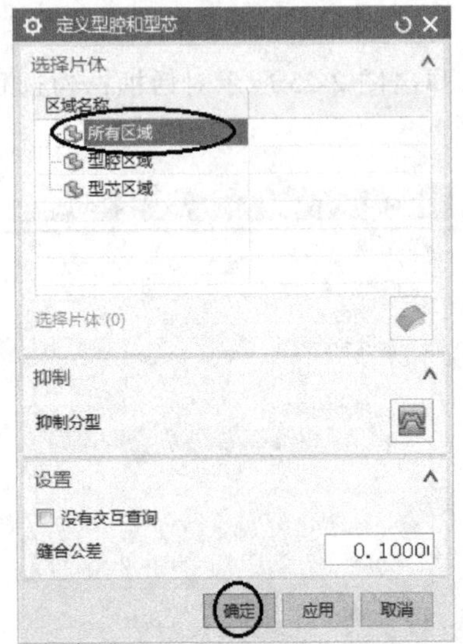

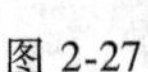

图 2-27

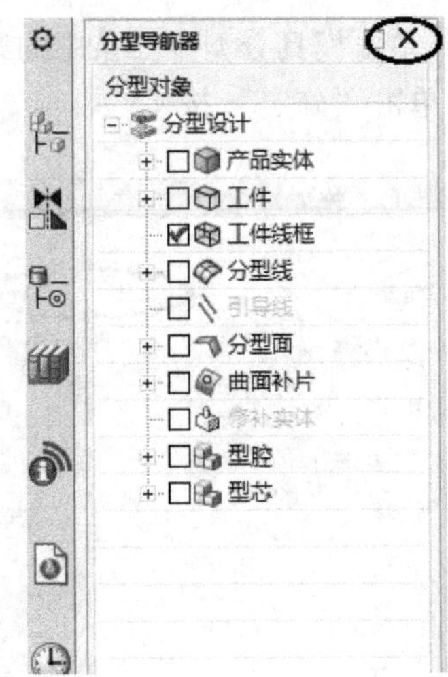

图 2-28

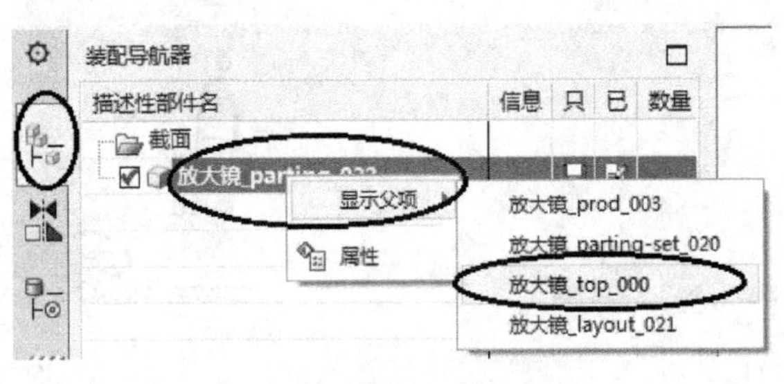

图 2-29

双击 top 节点，使最高节点成为工作部件，视窗中图形的静态线框显示如图 2-30 所示。

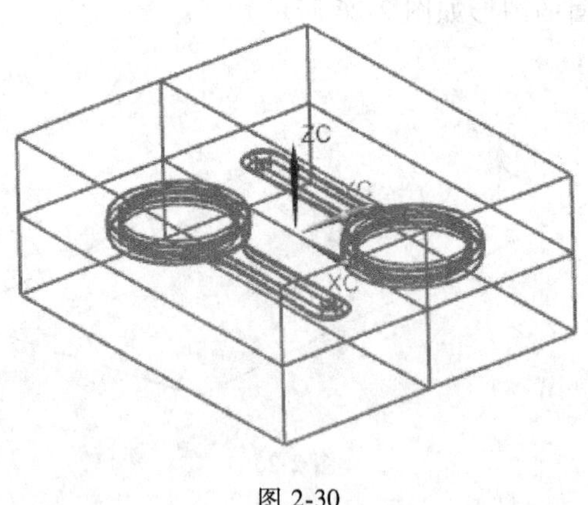

图 2-30

如图 2-31a 所示，关闭“装配导航器”里的型腔零件等节点，以便检查分型是否成功，此时视窗中的型芯零件图形如图 2-31b 所示。

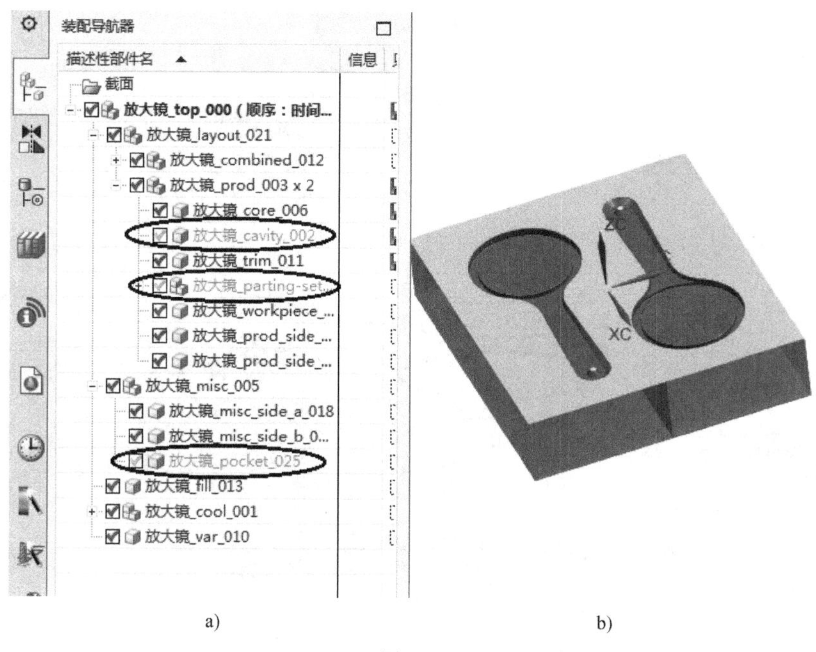

a)　　　　b)

图 2-31

最后打开（点亮勾选）所有节点，视窗中的图形如图 2-32 所示。

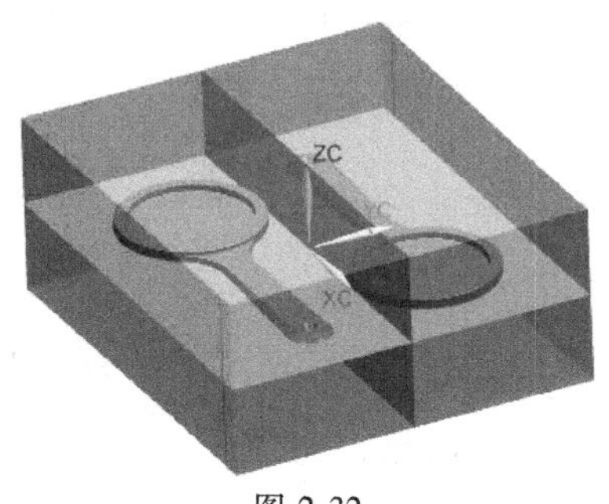

图 2-32

2.3　加入标准件

1. 加载标准模架

单击注塑模向导菜单条中的小图标，出现图 2-33 所示对话框。

单击左侧资源工具条中的小图标，弹出选择框，选项设定如图 2-34 所示，表示选用的模架为龙记大水口模架（LKM_ SG）；C 类型；工字边；基本尺寸为：200mm×250mm，A 板厚度 30mm，B 板厚度 50mm。然后单击“确定”按钮，稍后完成标准模架的加载，出现图 2-35所示图形。

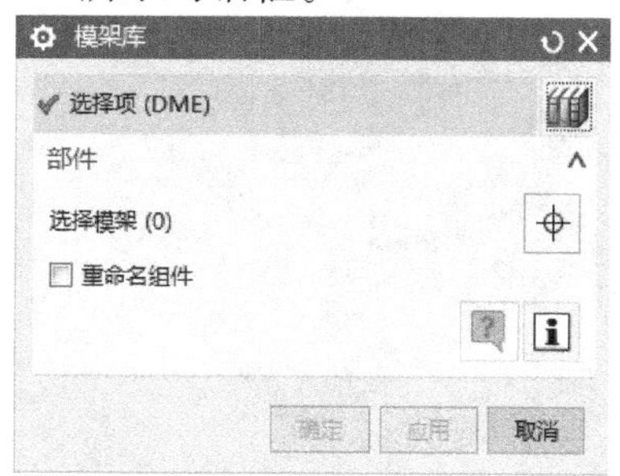

图 2-33

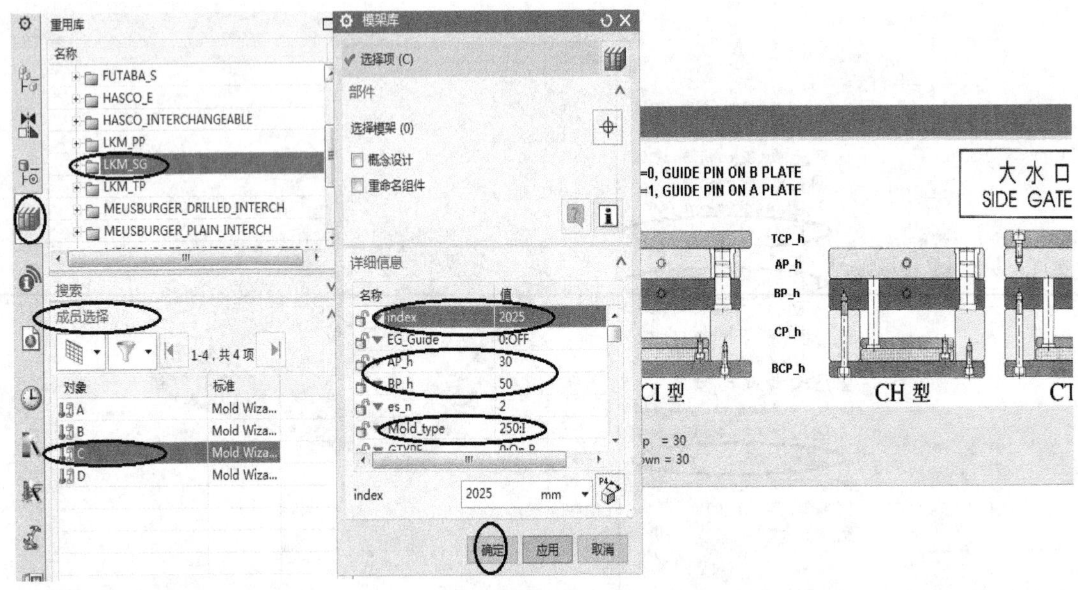

图 2-34

在“装配导航器”里，关闭模架的定模部件（moldbase 节点/fixhalf 节点），成型镶件的长度在模具的宽度方向上，如图 2-36 所示，可能使得模架宽度不够，而长度有余，此时必须将模架旋转 90°。

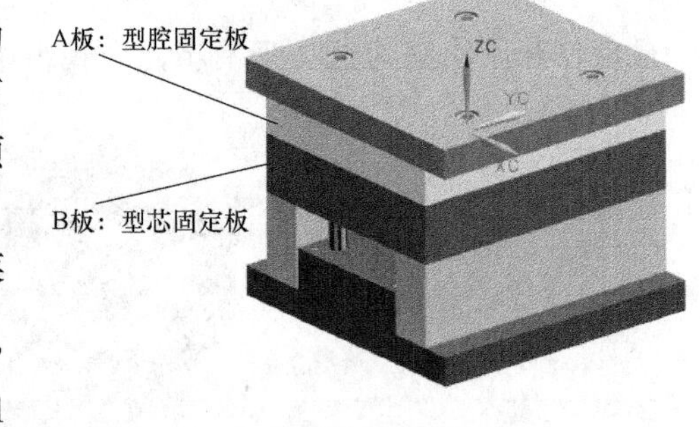

图 2-35

重新显示定模部件，再单击注塑模向导菜单条中的小图标，弹出图 2-37 所示对话框，单击对话框中部的小图标（注意只单击 1 次），然后单击“取消”按钮关闭对话框，完成模架 90°旋转。

图 2-36

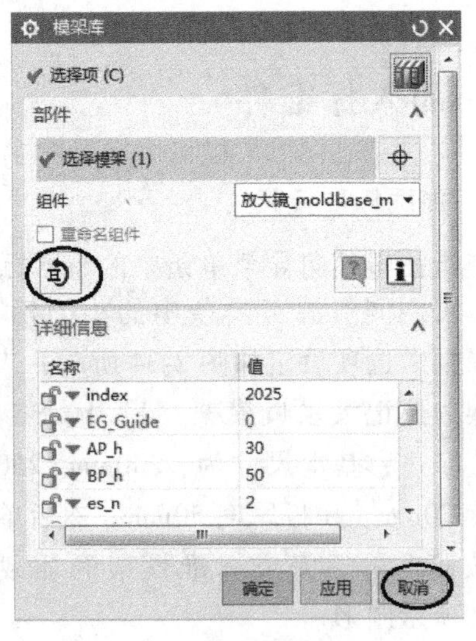

图 2-37

单击注塑模向导菜单条中的小图标，弹出图 2-38 所示对话框，根据提示，在视图中点选 A 板、B 板为目标体，单击鼠标中键，再点选 A、B 板中的方块（注意在“装配导航器”中勾选 pocket 节点）为工具，如图 2-39 所示，然后单击“确定”按钮，完成模架 A、B 板的开腔操作。

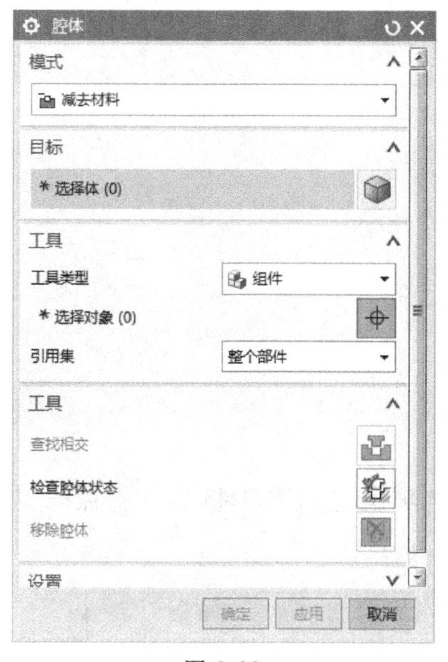

图 2-38

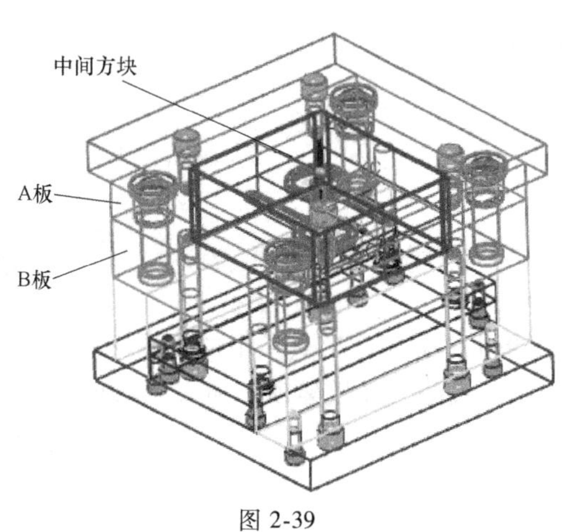

图 2-39

另外，为了读图方便，可将开腔体暂时消除，即“抑制”开腔体。如图 2-40 所示，在“装配导航器”里右击 pocket 节点，然后单击“抑制”，弹出图 2-41 所示对话框，点选“始终抑制”，再单击“确定”按钮，开腔体暂时消除。

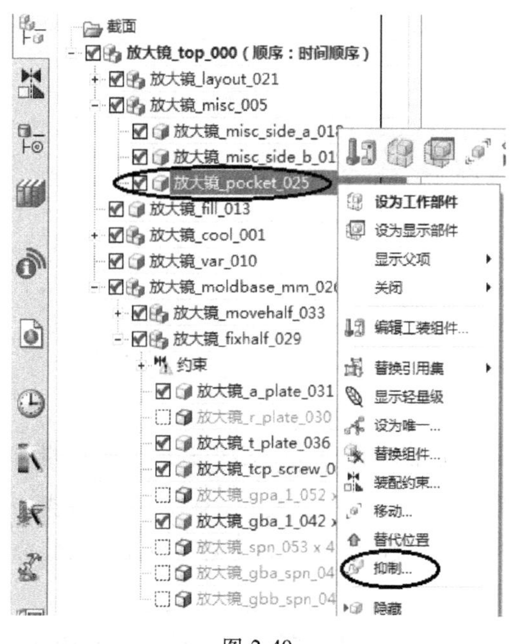

图 2-40

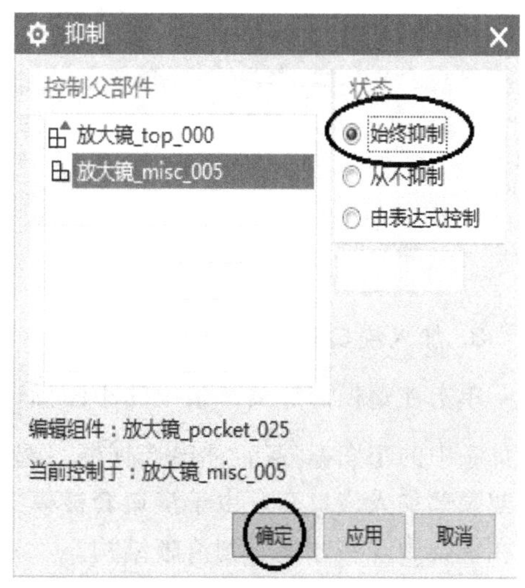

图 2-41

2. 加入定位环

单击注塑模向导菜单条中的小图标，弹出“标准件管理”对话框，如图 2-42 所示。

图 2-42

单击左侧资源工具条中的小图标，弹出选择框，选项设定如图 2-43 所示，然后单击“确定”按钮，在模架顶部加入 ϕ120mm 的定位环。

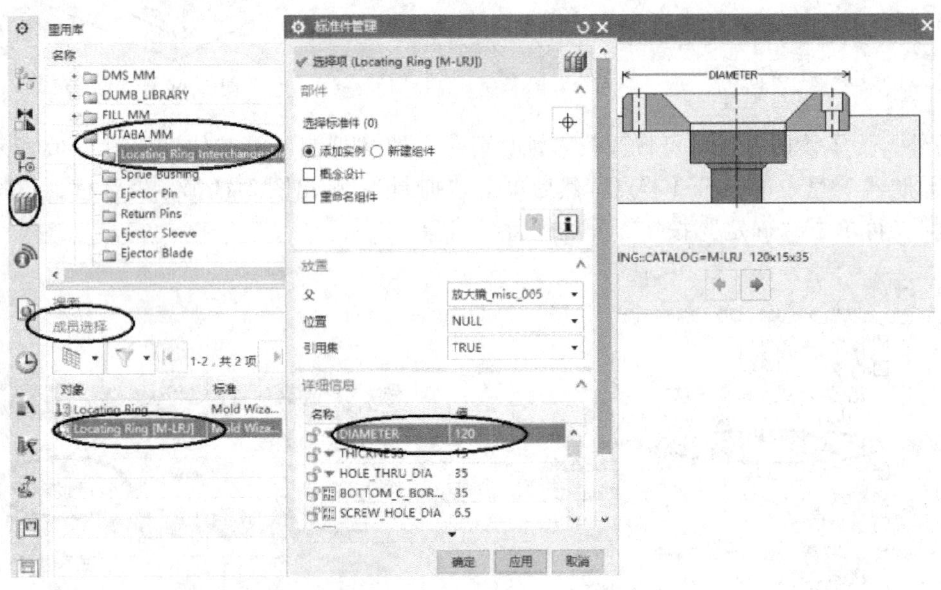

图 2-43

3. 加入浇口套

单击注塑模向导菜单条中的小图标，出现“标准件管理”对话框；再单击左侧资源工具条中的小图标，弹出选择框，选项设定如图 2-44 所示，然后单击“确定”按钮，在模架顶部加入浇口套。由于浇口套被模架包围，所以渲染的情况下只是隐约可见，要将浇口套在模架中开腔才能看到清晰结构。

单击注塑模向导菜单条中的小图标，弹出“腔体”对话框，点选模具的定模座板、

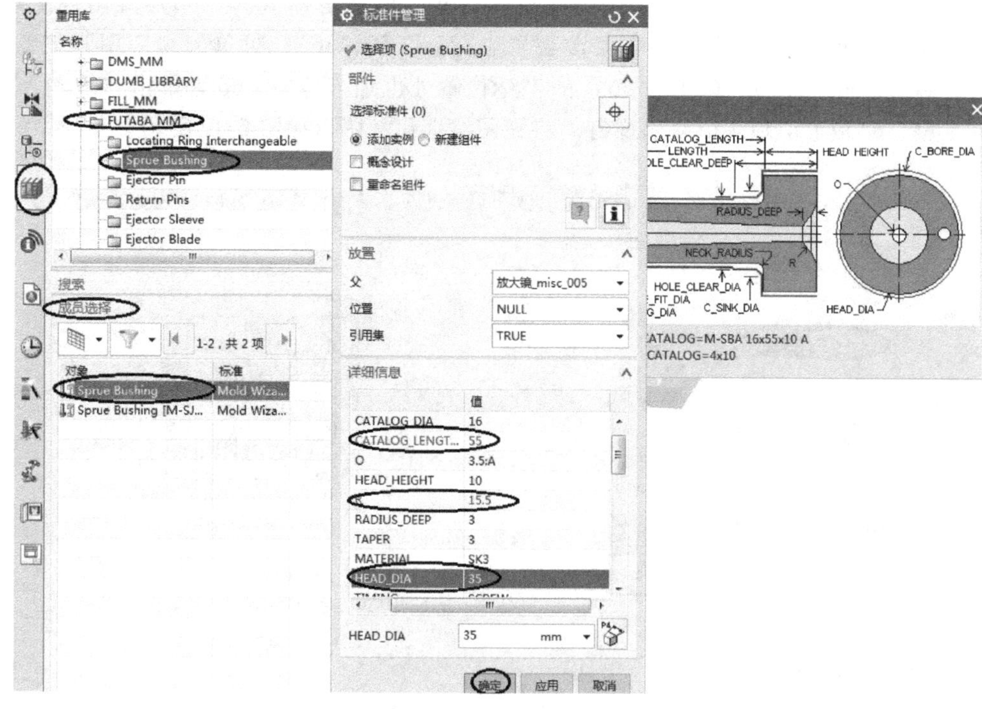

图 2-44

A 板及型腔零件为目标体，点选定位环和浇口套为工具，进行开腔，完成后图形如图 2-45 所示。

4. 加入紧固螺钉

单击“装配导航器”图标，关闭“装配导航器”里所有的文件，然后打开 moldbase 节点/movehalf 节点下的 b_ plate 节点组件和 layout 节点/prod 节点下的 core 节点组件，视窗中的图形如图 2-46 所示。

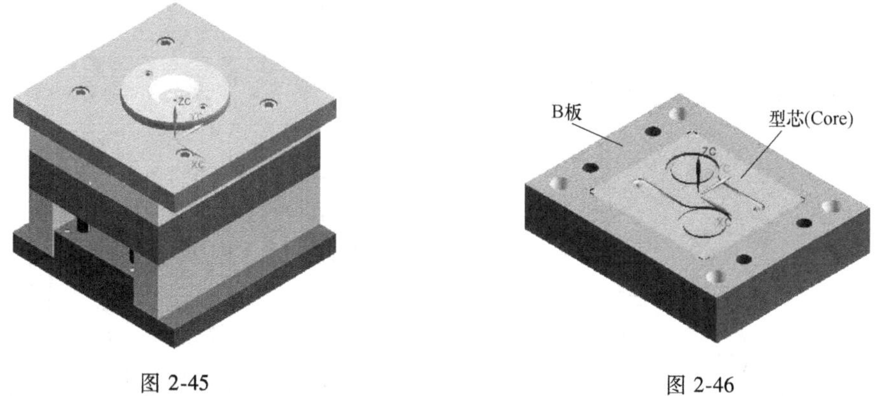

图 2-45　　　　图 2-46

单击注塑模向导菜单条中的小图标，出现“标准件管理”对话框；再单击左侧资源工具条中的小图标，弹出选择框，选项设定顺序及参数如图 2-47 所示，然后点选 B 板的背面，再单击“确定”按钮，弹出图 2-48a 所示对话框；如图 2-48 所示设置 X 偏置、Y 偏置数据，单击“应用”按钮，此时在视窗图形上 B 板的点坐标（50，56）处出现了螺钉；然后在图 2-48b 所示的坐标数据框里修改位置坐标，(-50，56)，再单击“应用”按钮；重复步骤，在（-50，-56）、(50，-56) 的坐标位置处也加入螺钉，最后单击“取消”按钮关闭对话框，垫板上出现 4 个紧固螺钉。将视图线框化，图形如图 2-49 所示。

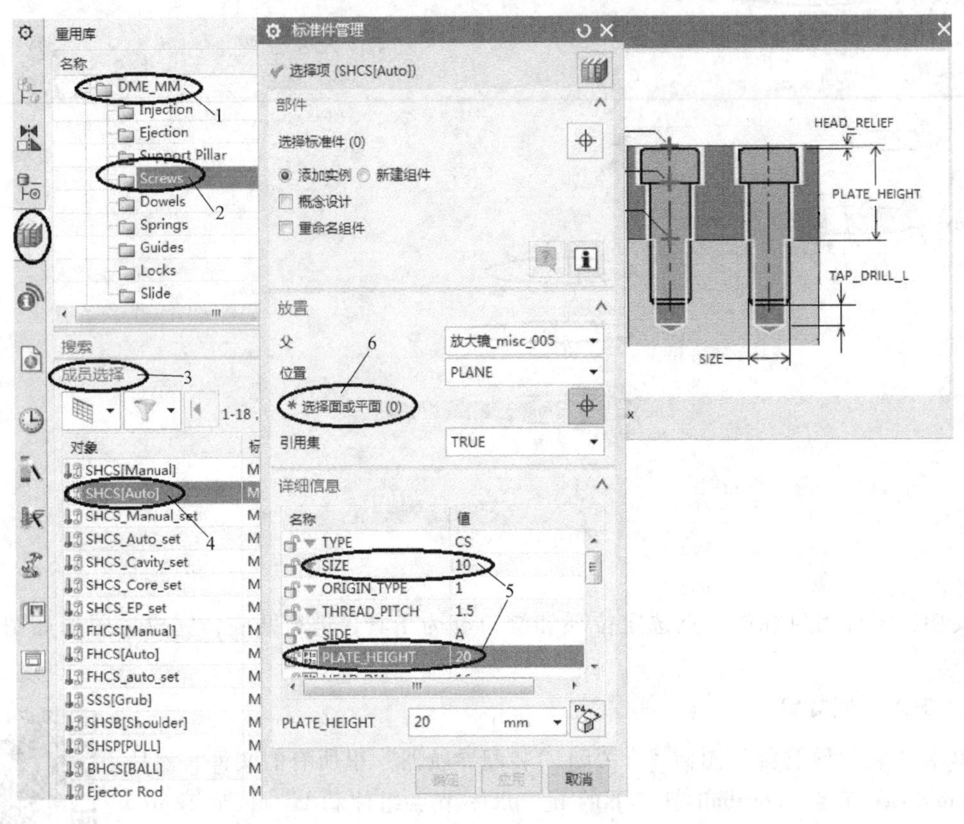

图 2-47

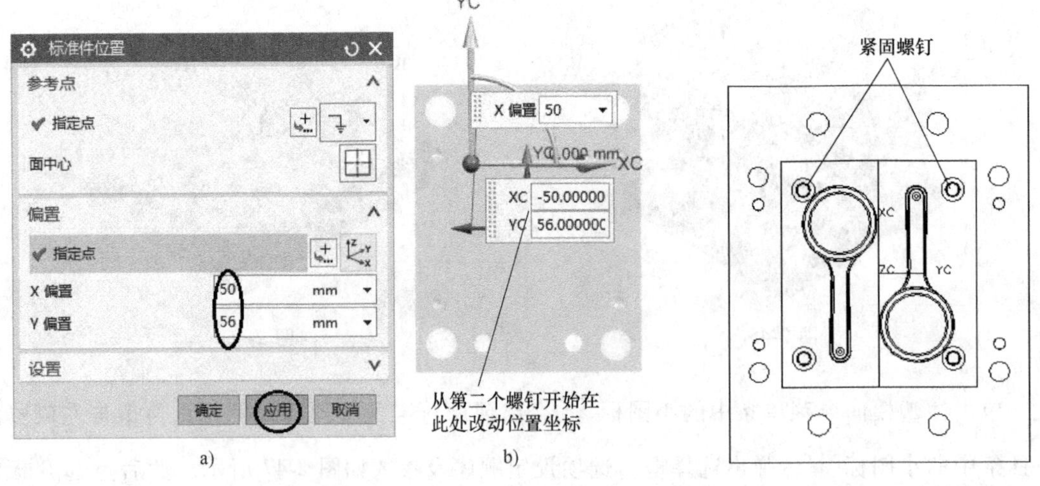

图 2-48

图 2-49

使用开腔命令，将螺钉在 B 板和型芯零件上开腔。

以同样的方法加入连接模具定模部分型腔件与定模部分 A 板的紧固螺钉。需要注意的是，A 板厚度是 25mm，比动模部分的 B 板厚度大 5mm，所以，将“标准件管理”对话框的“详细信息”栏中的“PLATE_ HEIGHT 值”改为“25”。

5. 加入型腔顶杆及中心顶杆

单击“装配导航器”图标，将 moldbase 节点/movehalf 节点组件打开，将 moldbase 节点下的 fixhalf 节点和 misc 节点下的所有项目关闭，另外，关闭 layout 节点/prod 节点中的 parting 节点和 cavity 节点，图形如图 2-50 所示。

图 2-50

单击注塑模向导菜单条中的小图标，出现“标准件管理”对话框；再单击左侧资源工具条中的小图标，弹出选择框，选项设定如图 2-51 所示，然后单击“确定”按钮，弹出“点”对话框；选项设定如图 2-52 所示，鼠标捕捉图 2-53 所示亮显的有“Work”标志的型芯镜面圆中心并单击，然后单击“取消”按钮关闭对话框，完成两根放大镜镜面型腔顶杆的加入。完成后图形如图 2-54所示。

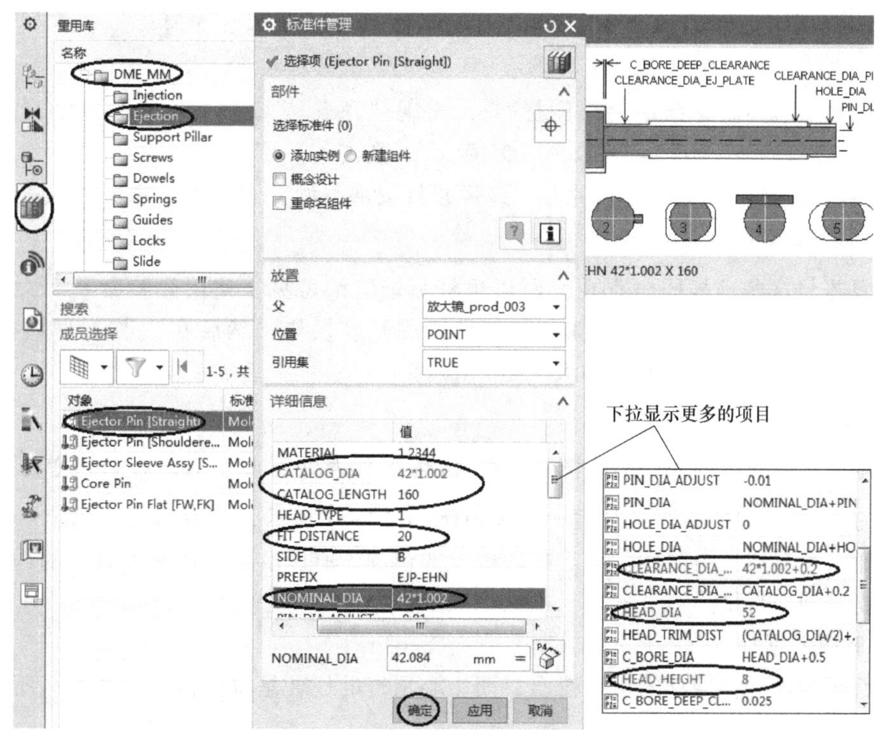

图 2-51

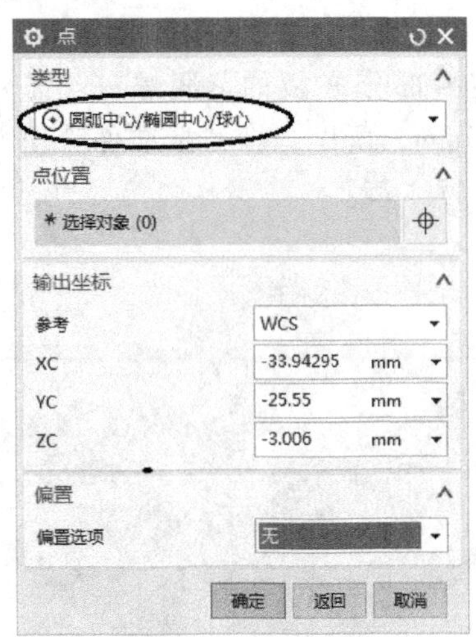

图 2-52

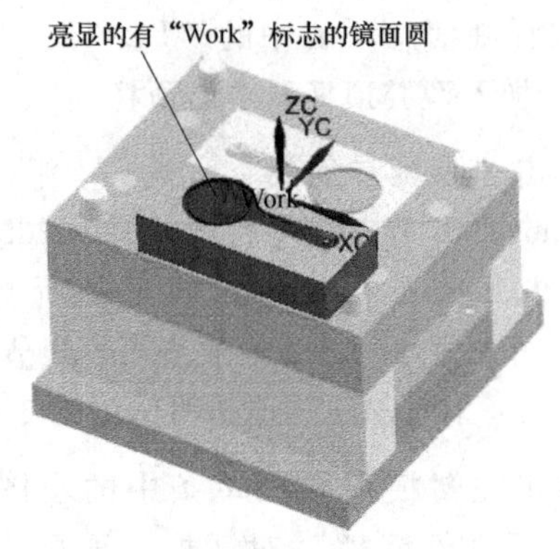

图 2-53

以同样的方法加入中心顶杆（用于顶出主流道凝料），将“标准件管理”对话框的“详细信息”栏中的“CATALOG_ DIA”尺寸数据改为“8”，“ CATALOG_ LENGTH”尺寸数据改为“125”，“FIT_ DISTANCE”尺寸数据改为“20”，再单击“确定”，在弹出的“点”对话框中将 XC、YC 坐标值设为 0，单击“确定”→“取消”，完成中心顶杆的加入。

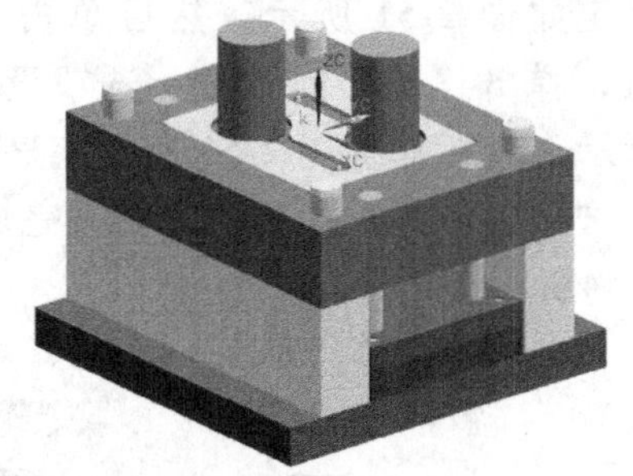

图 2-54

6. 修剪顶杆

单击注塑模向导菜单条中的小图标，出现“顶杆后处理”对话框，选项设定如图 2-55 所示，单击“确定”按钮，完成顶杆的修剪，此时，镜面顶杆上部与型腔面齐平、主流道顶杆与分型面齐平。

由于型芯与这些顶杆同时存在，所以顶杆只能隐约可见，使用开腔命令，以型芯、模架 B 板以及 e 板为目标体，以顶杆为工具完成开腔操作；然后在“装配导航器”中将最上层节点设为工作部件，图形如图 2-56 所示。

7. 加入主流道拉料镶件

单击注塑模向导菜单条中的小图标，出现“标准件管理”对话框；再单击左侧资源工具条中的小图标，弹出选择框，选项设定如图 2-57 所示，然后单击“确定”按钮，在模架顶部加入主流道拉料镶件。由于镶件被模架包围，所以渲染的情况下只是隐约可见，要开腔后才能看到清晰结构。

8. 修剪中心顶杆

主流道凝料由拉料镶件的锥孔拉出，而中心顶杆的任务是将凝料顶出锥孔，所以原中心顶杆应该缩短一个锥孔的长度。

单击 启动 →“所有应用模块”→“建模”，打开建模模块。

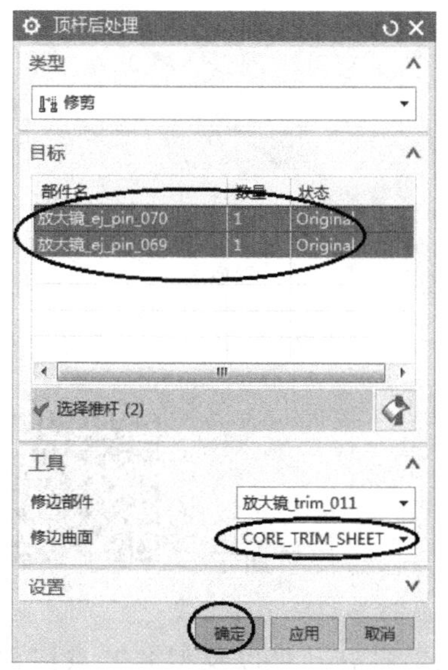

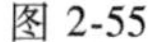
图 2-55

图 2-56

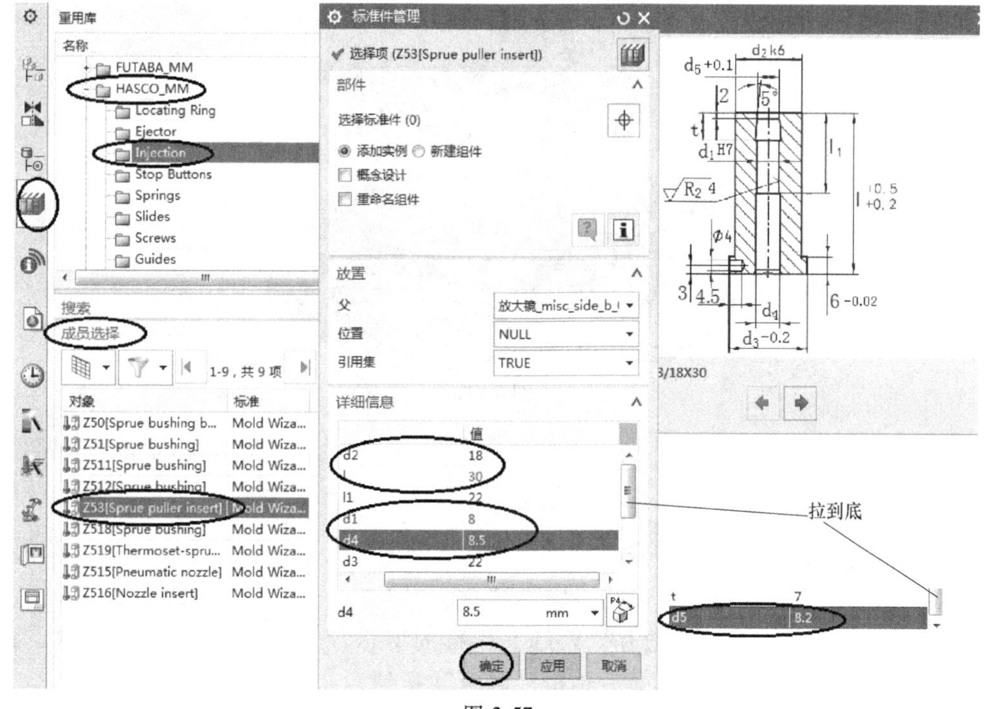

图 2-57

双击中心顶杆使之成为可编辑的工作部件，此时视窗中的中心顶杆有可能大大超出了实际长度，如图 2-58 所示。若出现该情况，则在“装配导航器”里右击该组件节点，打开快捷菜单，单击“替换引用集”→“TRUE”，将中心顶杆还原实际尺寸。

然后利用建模中的“偏置面”命令（单击菜单“插入”→“偏置/缩放”→“偏置面”），将中心顶杆的顶端面缩进 7mm，结果如图 2-59 所示。

图 2-58　　图 2-59

2.4　嵌件设计

型芯上有 1 个小凸台（用于成型放大镜手柄上的小孔），为便于加工，将该凸台制成嵌件。

在“装配导航器”里关闭定模以及定位环等无关节点，打开动模以及型芯节点组件，图形如图 2-60 所示。

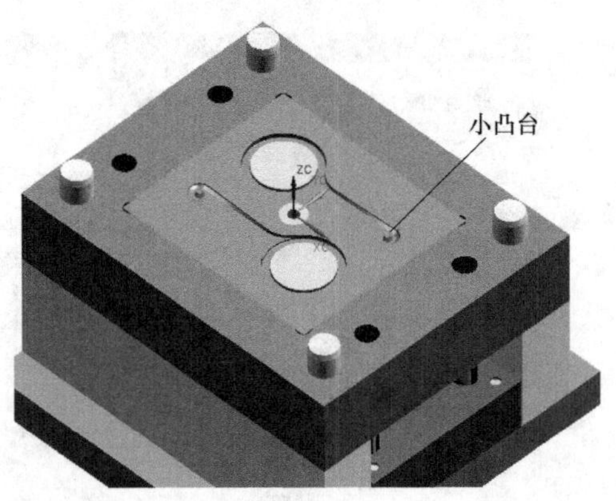

图 2-60

单击注塑模向导菜单条中的小图标，弹出图 2-61 所示对话框；再单击左侧资源工具条中的小图标，弹出选择框，选项设定如图 2-62 所示，单击“确定”按钮，弹出“点”对话框；如图 2-63 所示，“类型”选“圆弧中心/椭圆中心/球心”，然后点选有“Work”字样的型芯小凸台边缘，捕捉到圆心坐标，最后单击“取消”按钮，完成两个嵌件的加入，结果如图 2-64 所示。

图 2-61

单击注塑模向导菜单条中的小图标，出现图 2-65 所示对话框，点选亮显的嵌件后单击“确定”按钮，完成型芯嵌件的修整。

再使用开腔命令，以亮显的（有“Work”标记）型芯为目标体，以新加入的嵌件为工具，完成开腔操作。

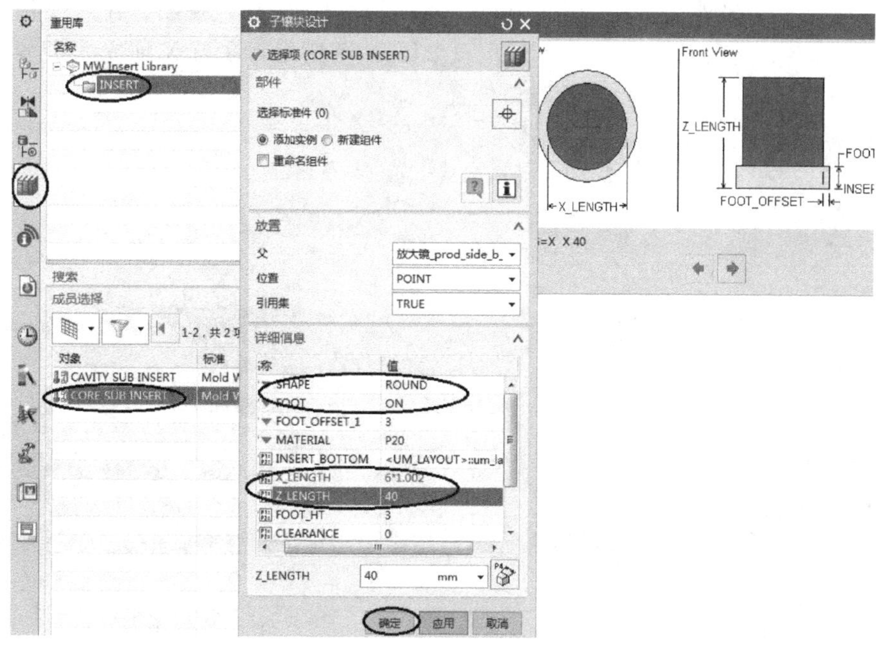

图 2-62

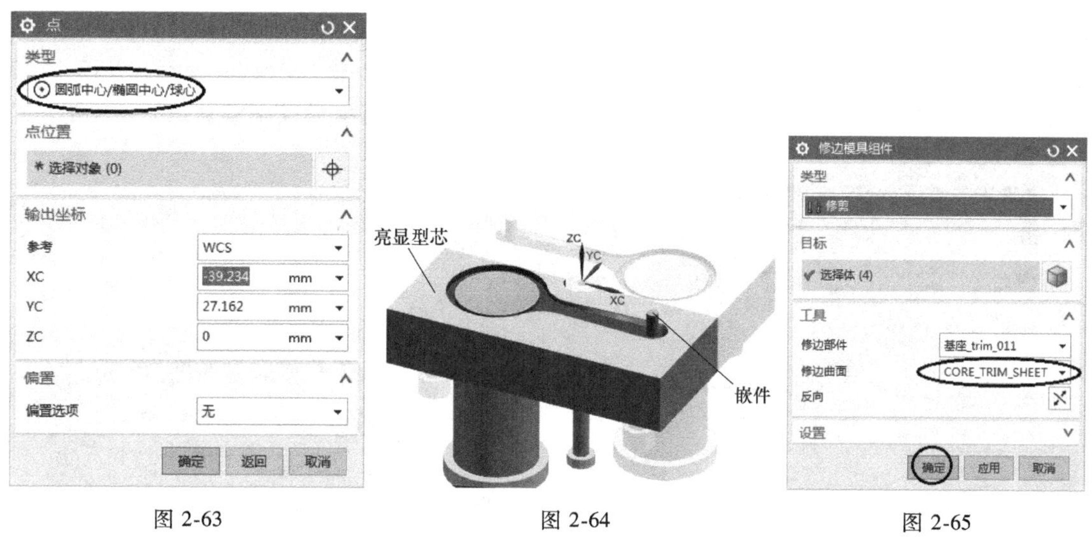

图 2-63　　　　　图 2-64　　　　　图 2-65

以同样的方法在型腔零件上加入两个同样的嵌件，需要注意的是，图 2-62 所示选择框“成员选择”项目要选“CAVITY SUB INSERT”；图 2-65 所示对话框里的“修边曲面”选“CAVITY_ TRIM_ SHEET”。

2.5　浇注系统设计

1. 添加浇口

在“装配导航器”中，除 core 节点外，关闭所有其他节点，并将 top 节点设置成工作部件，另外注意勾选 fill 节点，将图形旋转成 TOP 视图，在建模状态下使用“基本曲线”命令，选项设定如图 2-66 所示；如图 2-67 所示，在与 X 轴成 250°的方向画一条斜线，与手柄弧线相交，交点作为浇口位置。

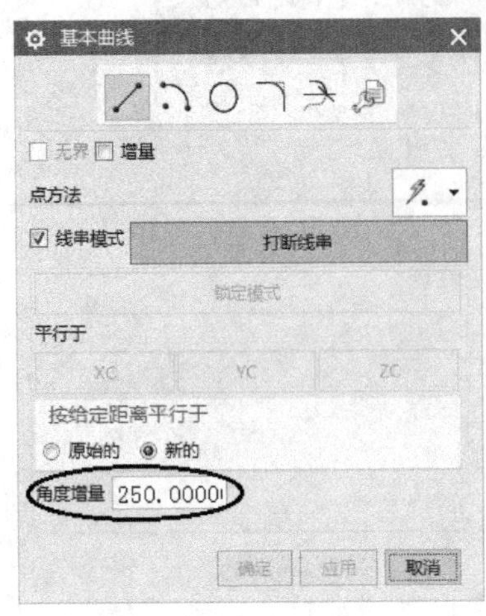

图 2-66

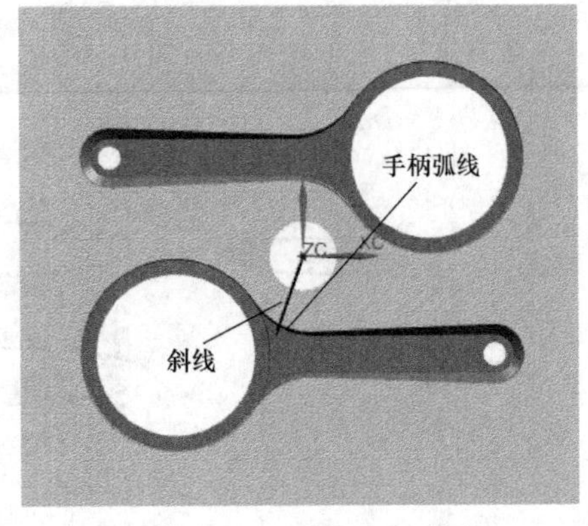

图 2-67

单击注塑模向导菜单条中的小图标，出现如图 2-68 所示的“浇口设计”对话框，对话框中的“类型”选为“rectangle”，浇口尺寸改为“L=6，H=0.4，B= 4，OFFSET=1”。单击“应用”按钮，出现图 2-69 所示对话框，“类型”项下拉选“交点”；然后以图 2-67 所示型芯块中的斜线和手柄弧线为对象分别选取（每选定一个对象后按中键确认），单击“确

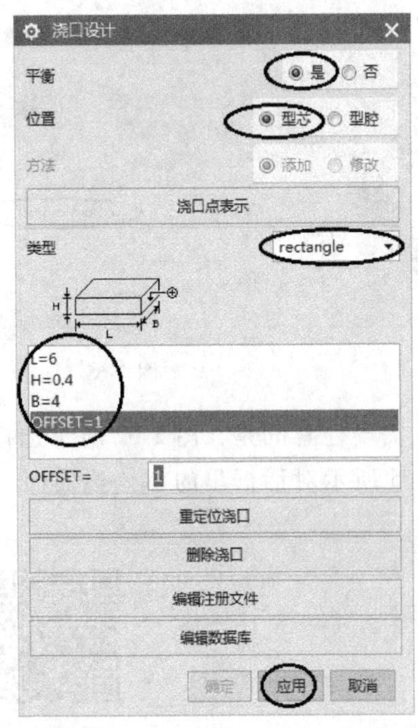

图 2-68

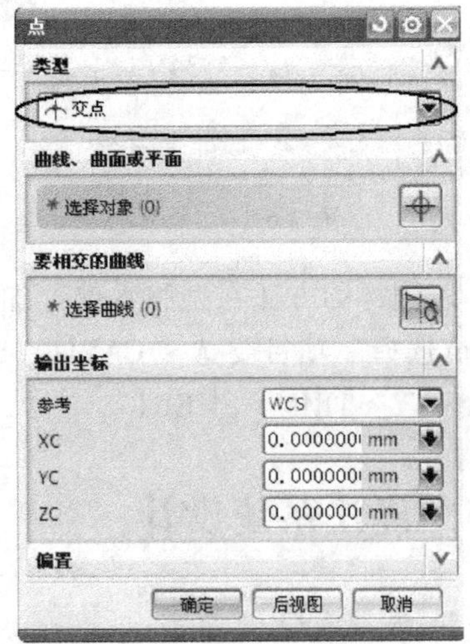

图 2-69

定”按钮，出现图 2-70 所示的“矢量”对话框；“矢量”对话框中“类型”项下拉选“曲线上矢量”，如图 2-71 所示，然后点选图 2-67 所示图形中的斜线（注意要靠近坐标中心选，使矢量方向朝向型腔内），单击“应用”按钮，在两个交点处出现矩形的浇口，如图 2-72 所示。

由于本模具设计的浇口相对分型面对称，分别开设在型腔、型芯零件上，所以需如图 2-73 所示设定“浇口设计”，单击“应用”按钮，再重复上述操作，完成型腔上浇口的添加。

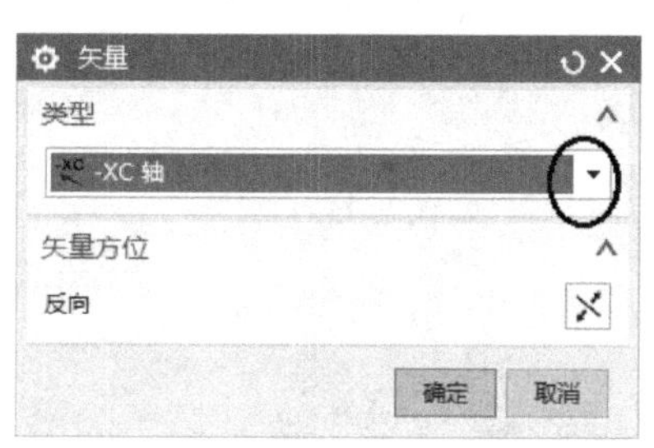

图 2-70

图 2-71

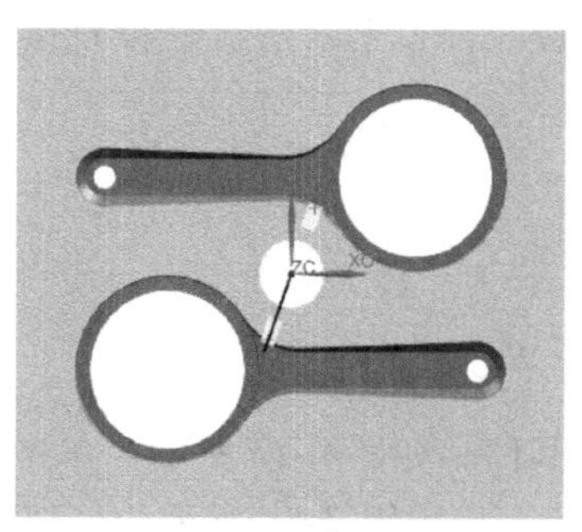

图 2-72

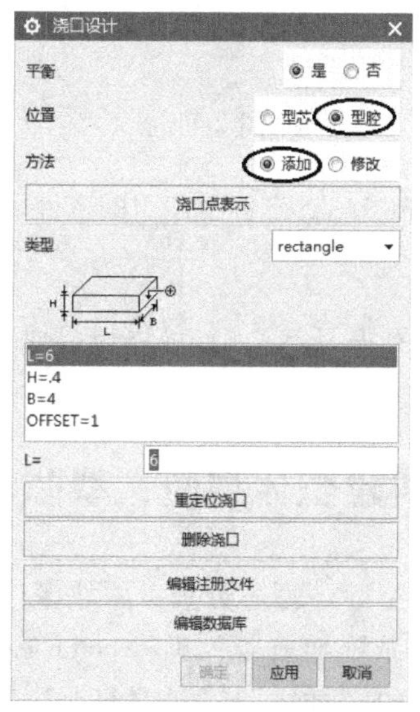

图 2-73

2. 添加流道

首先将直线隐藏，并在“装配导航器”中双击 fill 节点，使之成为工作部件（这样创建的流道就会在这个节点里)；再单击注塑模向导菜单条中的小图标，出现图2-74所示“流道”对话框，单击对话框“选择曲线”中的小图标，在XC-YC基准面绘制如图2-75所示的斜线草图；完成草图后回到图2-74所示对话框，将对话框中“详细信息”栏中的数据改为“10”，单击“确定”按钮，完成流道的构建，图形如图2-76所示。

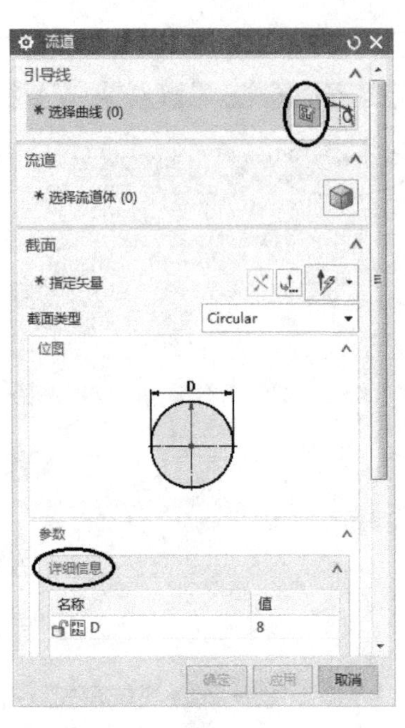

图 2-74

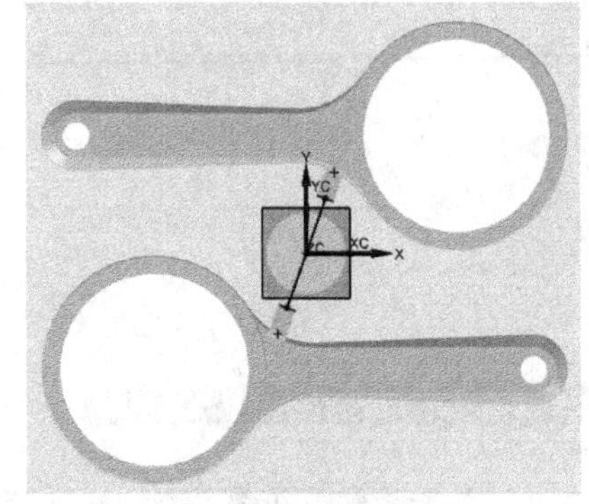

图 2-75

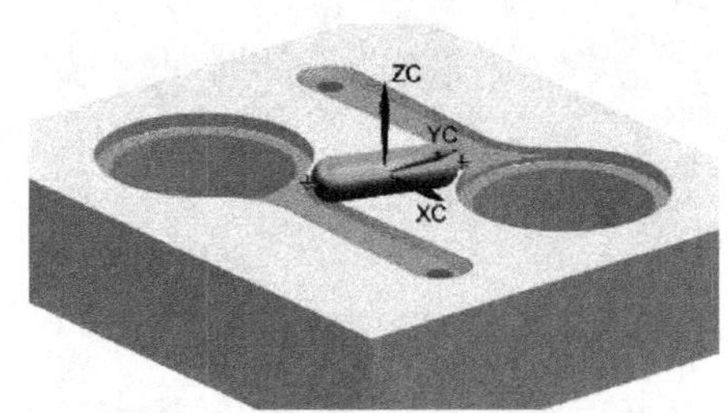

图 2-76

将top节点设置为工作部件，打开型芯、型腔、浇口套及主流道拉料镶件节点组件。

使用开腔命令，以浇口、流道为工具对型芯、型腔、浇口套及主流道拉料镶件进行开腔。

2.6 创建整体型腔、型芯

由于型腔、型芯分别由两块镶件组成，作为整体件应该将两块镶件合成一块。

在“装配导航器”里将comb-cavity节点设置为工作部件，如图2-77所示。单击UG主菜单条中的“插入”→“关联复制”→“WAVE几何链接器”，出现图2-78所示的“WAVE几何链接器”对话框，“类型”项下拉选择“体”，然后点选视窗中的两块cavity镶件，再单击对话框中的“确定”按钮，将两块cavity镶件链接到comb-cavity节点里；使用“求和”命令，将两块镶件合成一个整体。

以同样的方法将两块core镶件链接到comb-core节点里，并合成一个整体。

图 2-77

图 2-78

2.7　冷却系统设计

本例只在定模部分建立简单的冷却系统，不一定很合理，目的是通过简单冷却系统的建立，介绍通过注塑模向导建立模具冷却系统的方法。冷却水道建立的原则是要紧靠型腔但不能太近以免穿透，另外要注意避开零件上的一些孔。

1. 建立水道

“装配导航器”中只勾选 comb-cavity 节点，关闭无关的节点，视窗中的图形如图 2-79 所示。将 cool 节点设置为工作部件。

图 2-79

单击注塑模向导菜单条中的小图标，出现模具冷却工具条，再单击模具冷却工具条中的小图标，弹出图 2-80 所示的“冷却组件设计”对话框；再单击左侧资源工具条中的小图标，出现选择框，选项设定顺序及参数如图 2-81 所示；点选图 2-82 所示型腔件安装水管接头的侧面，再单击“确定”按钮，弹出“标准件位置”对话框，数据输入如图 2-83 所示，单击“确定”按钮，完成一条水道的构建。将视图线框化，可见新建的深 28mm 的一条水道，如图 2-84 所示。

用同样的方法在型腔件的 4 个侧面建立水道，以构成连通的水道，结果如图 2-85 所示。

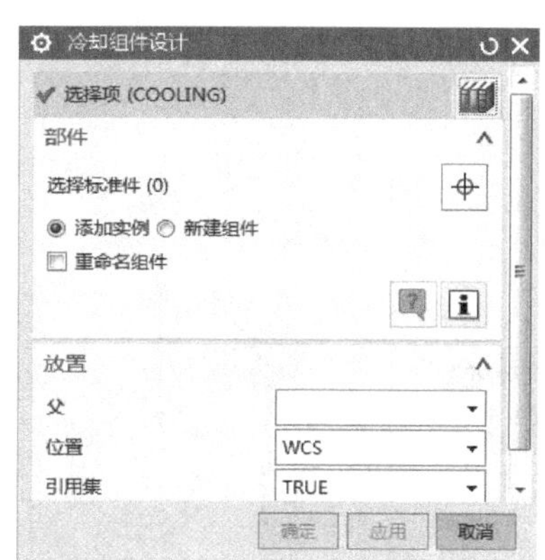

图 2-80

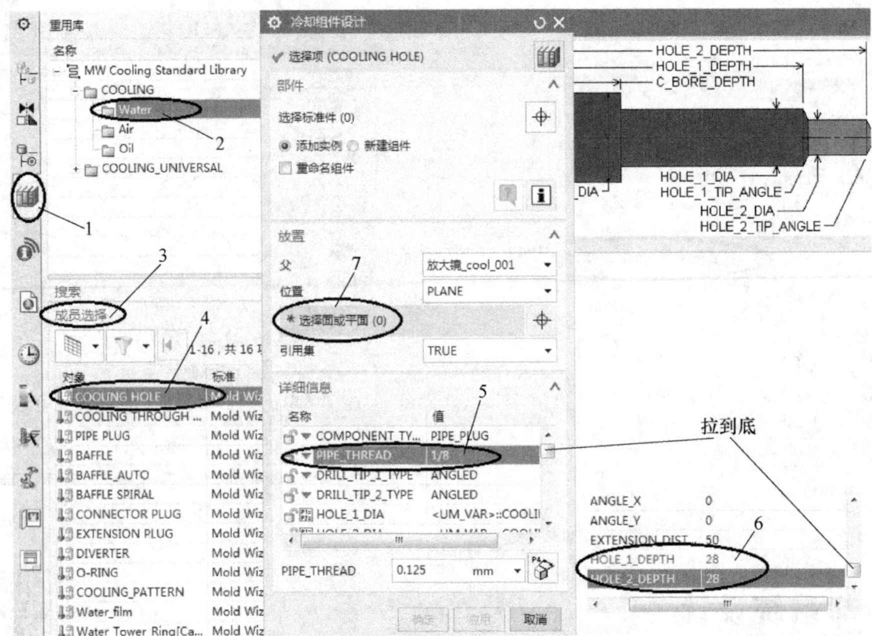

图 2-81

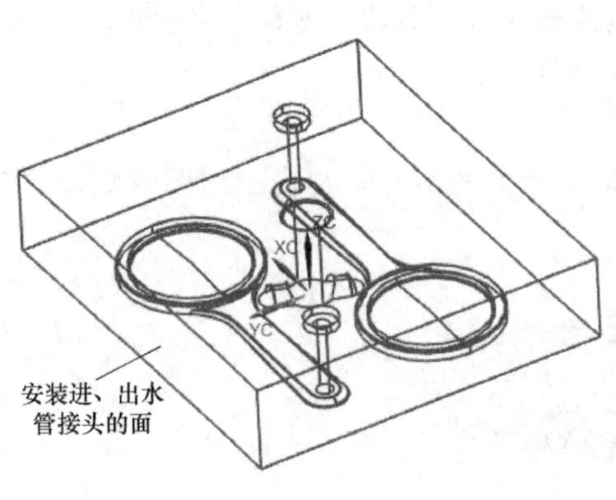

图 2-82

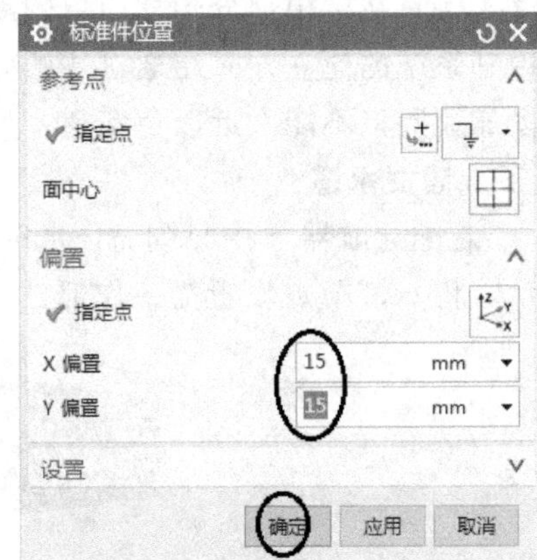

图 2-83

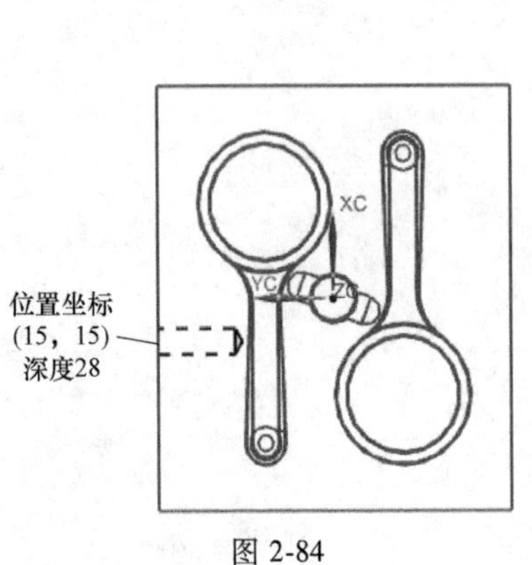

图 2-84

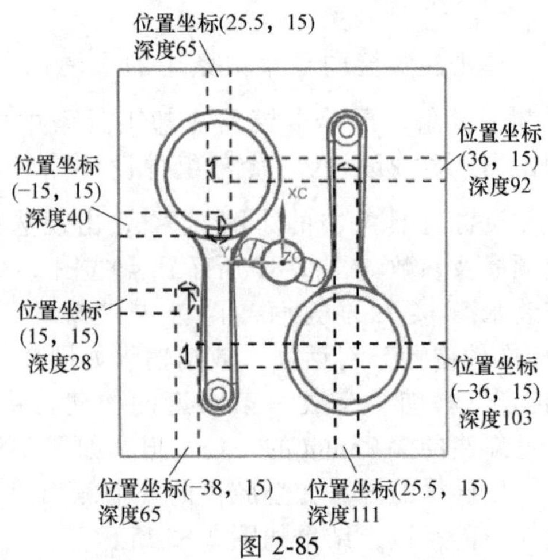

图 2-85

2. 加入水管接头

为了防止 A 板与型腔件配合面漏水，所以接头应为加长接头，接头的接口在 A 板外，螺纹要拧入型腔件。

单击模具冷却工具条中的小图标，弹出“冷却组件设计”对话框；再单击左侧资源工具条中的小图标，出现选择框，选项设定顺序及参数如图 2-86 所示；点选有进、出水道的端面，单击“确定”按钮，弹出“标准件位置”对话框；再分别点选进、出水道的圆心（每点选一次圆心单击一次“应用”按钮），最后单击“取消”按钮关闭对话框，完成进、出水道管接头的加入，如图 2-87 所示。

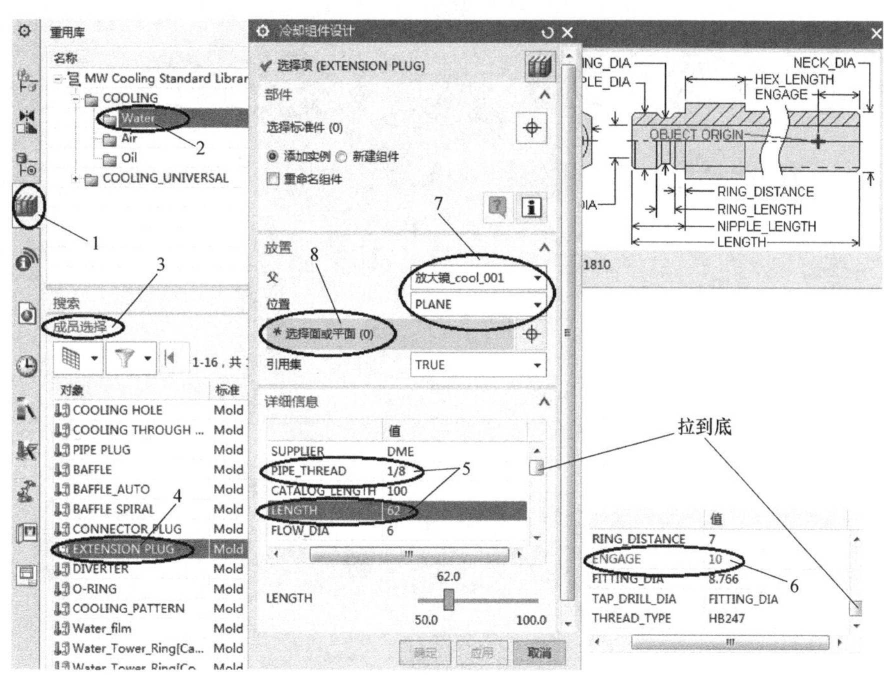

图 2-86

3. 加入堵头

单击模具冷却工具条中的小图标，弹出“冷却组件设计”对话框；再单击左侧资源工具条中的小图标，出现选择框，选项设定顺序及参数如图 2-88 所示；点选具有水道口的一个端面，然后单击“应用”按钮，弹出“标准件位置”对话框；点选端面上的水道口圆心，单击“应用”按钮，加入一个堵头；若另一个堵头在同一端面上，则继续点选另一个水道口圆心，单击“应用”按钮，加入另一个堵

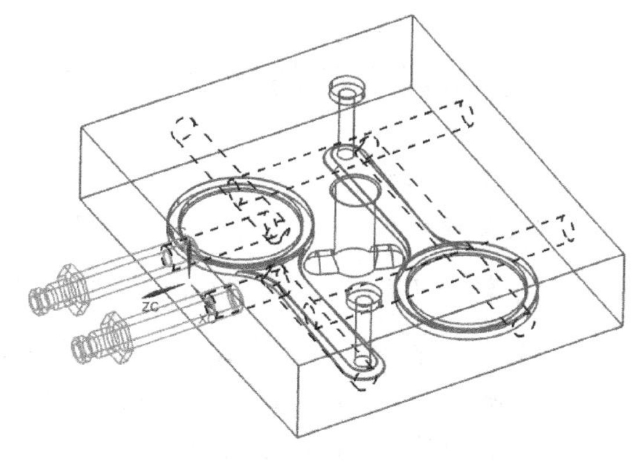

图 2-87

头，最后单击“取消”按钮关闭对话框，完成一个端面的堵头加入。

重复上述步骤完成各个端面的堵头加入。完整的冷却系统的结构如图 2-89 所示。

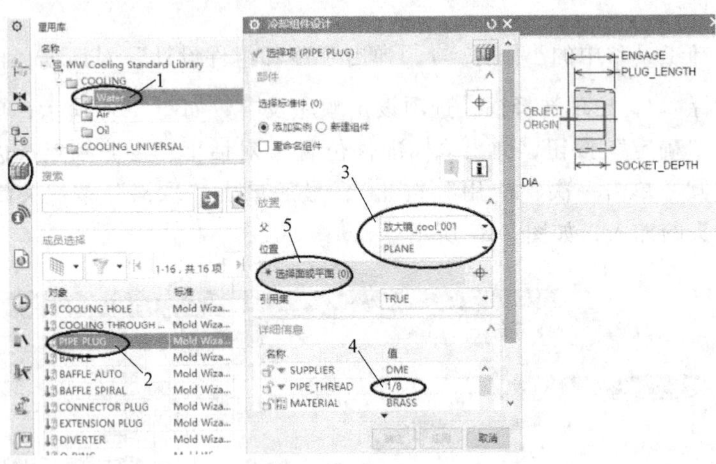

图 2-88

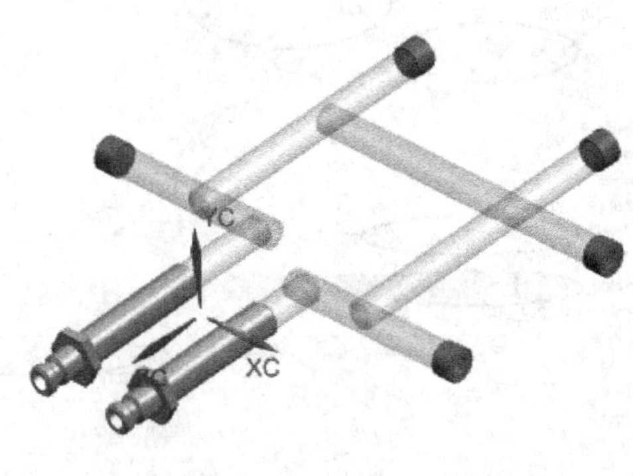

图 2-89

最后使用开腔命令，以浇注系统为工具对型腔件及模架的定模座板开腔；完成开腔后将水道全部“抑制”。

2.8 其他标准件的加入及零件修整

1. 加入回程弹簧

在“装配导航器”里打开模架的动模部分（moldbase 节点/movehalf 节点）。

单击注塑模向导菜单条中的小图标，出现“标准件管理”对话框；再单击左侧资源工具条中的小图标，弹出选择框，选项设定顺序及参数如图 2-90 所示；点选模架的 B 板底面为弹簧放置面，单击“确定”按钮，弹出“标准件位置”对话框；分别点选 4 个回程杆的圆心（每点选一个圆心单击一次“应用”按钮），最后单击“取消”按钮关闭对话框，在这 4 根回程杆上即加入 4 根弹簧，如图 2-91 所示。

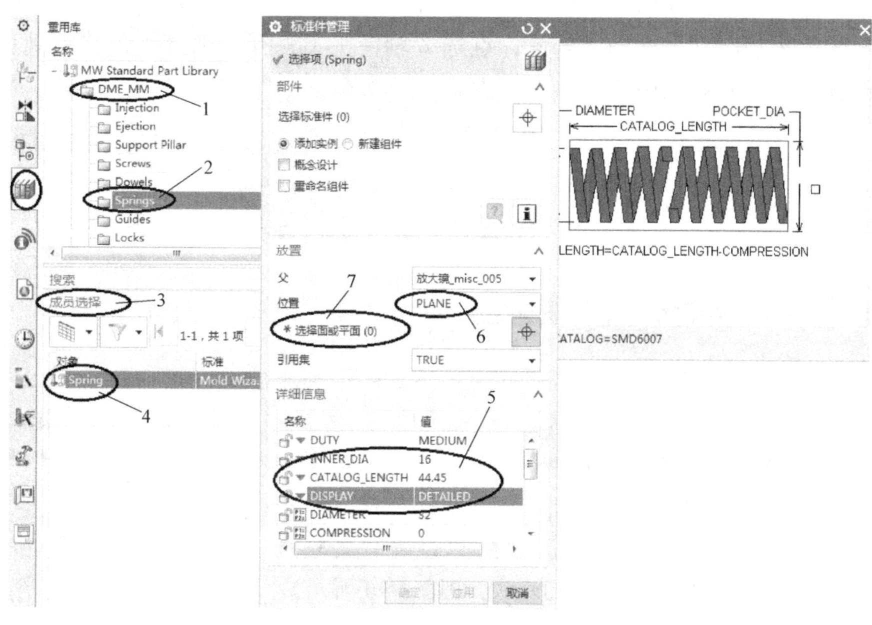

图 2-90

2. 修整模架底板

由于注塑机顶杆要通过模架底板才能推动模具的顶出机构，所以要在模架底板打孔。

将 plate 节点设置为工作部件，利用“挖孔”命令在坐标值为（0，0）的位置开设直径为 30mm 的孔，如图 2-92 所示。

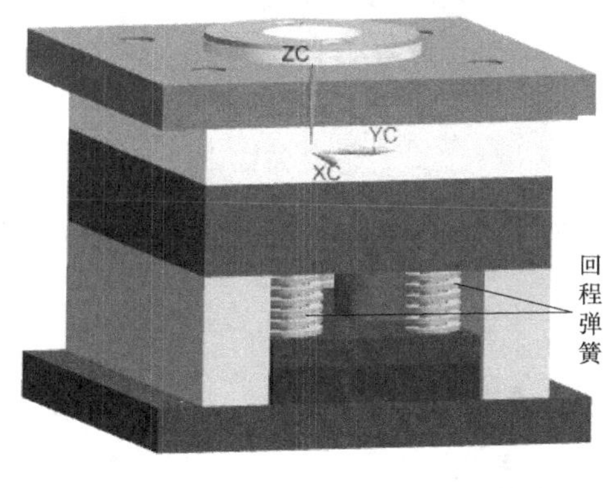

图 2-91

图 2-92

3. 产生模具爆炸图

将整套模具所有零件的节点打开，并“抑制”如浇注系统、冷却水道等非模具零件的节点，视窗中出现整套模具图形。

单击 启动 →“所有应用模块”→“装配”，打开装配模块。单击主菜单条中的“装配”→“爆炸图”→“新建爆炸图”，出现图 2-93 所示的对话框。输入“名称”后单击“确定”按钮，完成创建。

单击主菜单条中的“装配”→“爆炸图”→“编辑爆炸图”，出现图 2-94 所示的对话框。

点选视图中的定位环及两个紧固螺钉，然后在对话框中点选“移动对象”，此时在浇口套中心出现带箭头的移动坐标轴，若鼠标点选Z轴箭头不松开，则可手动移动到任意位置；也可单击箭头后，在对话框中输入移动“距离”的数值。

图 2-93

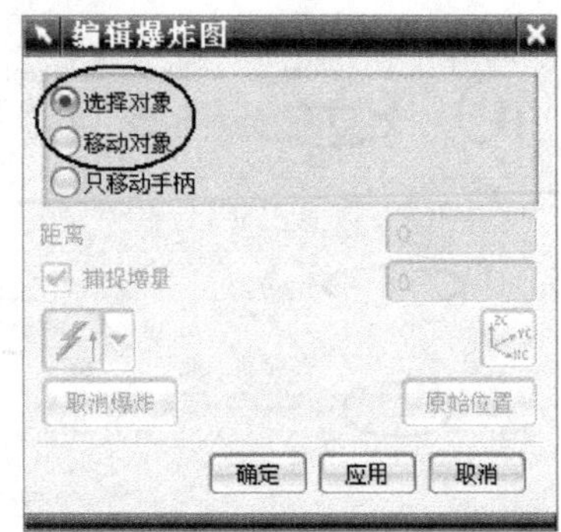

图 2-94

如图2-95所示，单击Z轴箭头后，在“距离”处输入“30”，再单击“应用”按钮，此时可见定位环及紧固螺钉上移了30mm，如图2-96所示。

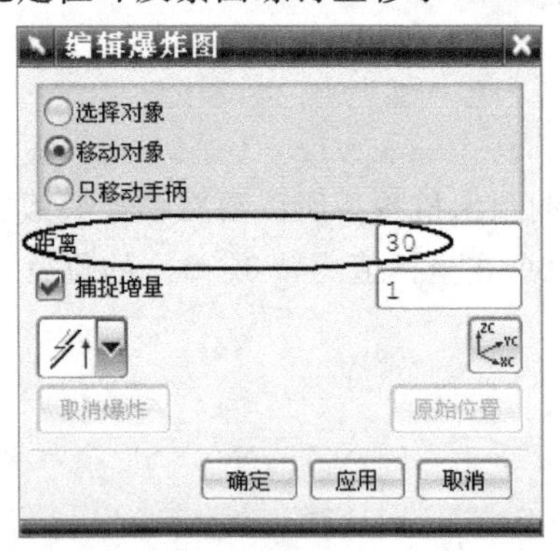

图 2-95

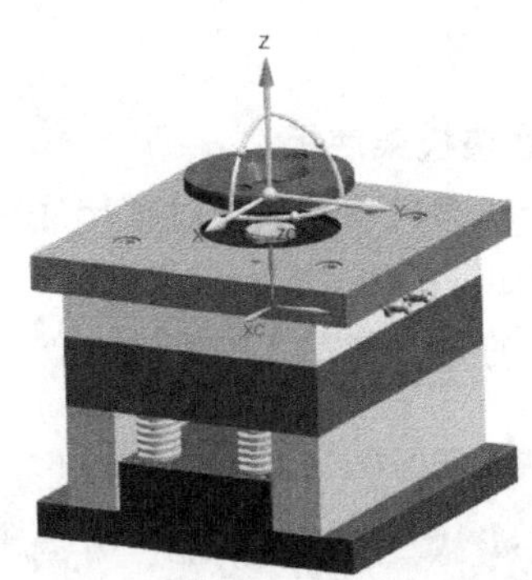

图 2-96

可按照上述方法将模具拆开。移动模具的各个零件到适当的位置，形成的视图称为爆炸图，如图2-97所示。

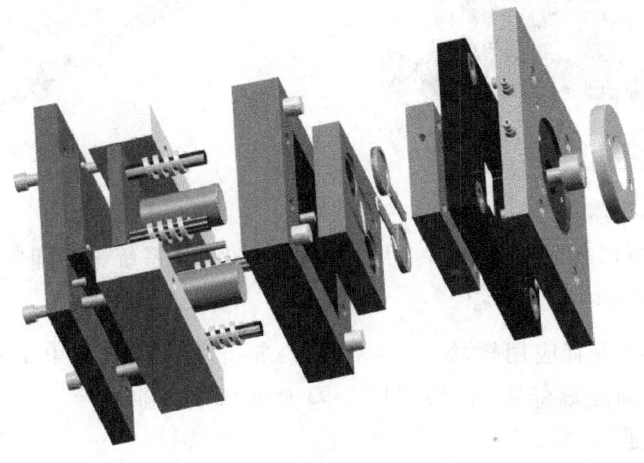

图 2-97

若要关闭爆炸图，则单击“装配”→“爆炸图”→“隐藏爆炸图”。若要打开爆炸图，则单击“装配”→“爆炸图”→“显示爆炸图”。

2.9　电极设计

型腔在手柄及镜面框的位置加工所用的刀具很小，刀刃磨损很大，易导致这些部位的尺寸变形；另外，手柄有斜面，而每次切削的深度不能太小，所以该处的表面粗糙度值较大，需要将手柄及镜面框的部位再使用电极进行电火花精加工，因此需将除镜面外的整个放大镜制成电极。

1. 制作电极

“装配导航器”中只勾选 comb-cavity 节点，关闭无关的节点，并将 combined 节点设为工作部件，视窗中的图形如图 2-98 所示。

图 2-98

单击注塑模向导菜单条中的小图标，出现“电极设计”对话框，选项设定如图 2-99 所示；单击对话框中的“尺寸”选项卡，出现图 2-100 所示对话框。

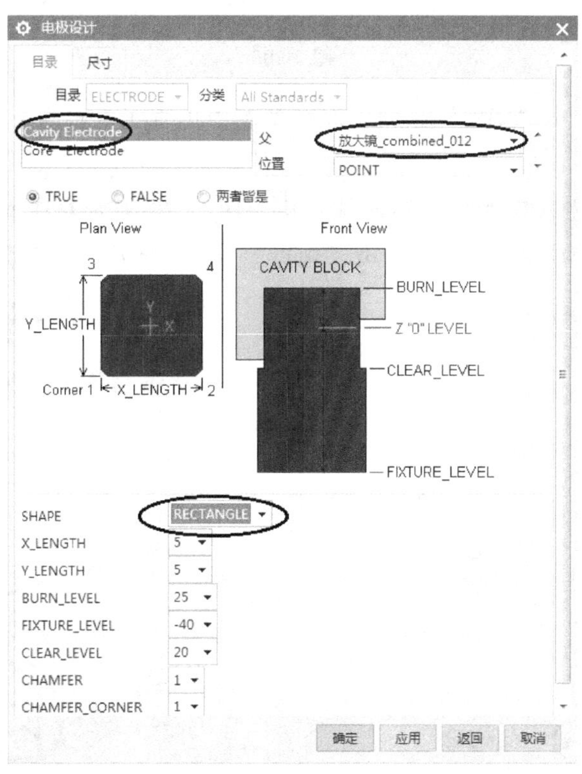

图 2-99

尺寸改动如图 2-100 所示，之后单击“确定”按钮，弹出“点”对话框；数据输入如

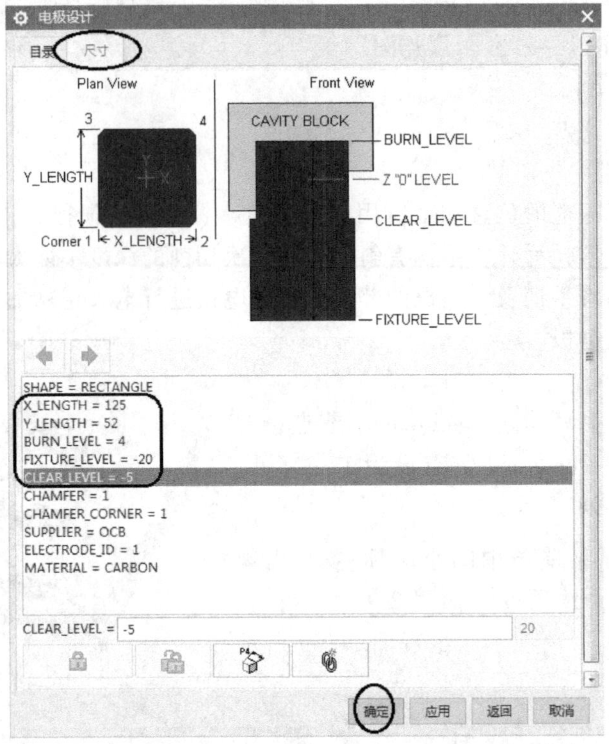

图 2-100

图 2-101 所示，然后单击“确定”按钮，即在型腔中出现了电极块。最后单击“取消”按钮关闭对话框。

单击注塑模向导菜单条中的小图标，出现图 2-102 所示对话框，先点选图形中的电极，选项设定如图 2-102 所示，然后单击“确定”按钮，完成电极的制作。

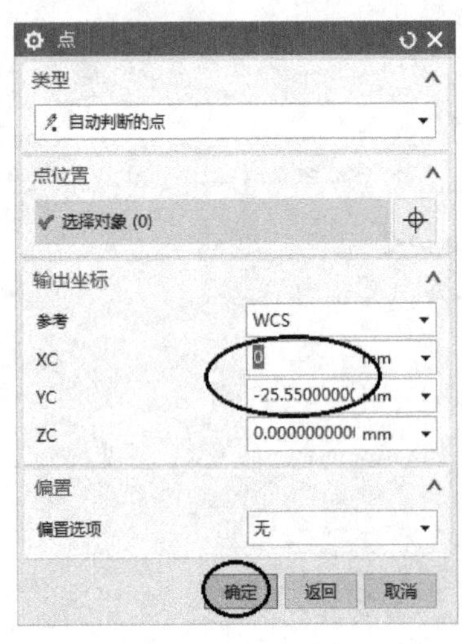

图 2-101

图 2-102

在“装配导航器”里关闭 cavity 节点，再旋转一下视图，即可显示图 2-103 所示的电极。

2. 修整电极

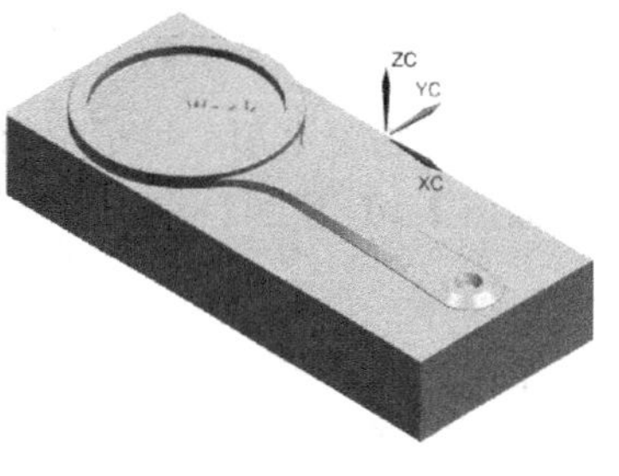

图 2-103

由于电极镜面部分加工困难，且型腔镜面也不需要电火花修整，所以将电极镜面部分挖空。

双击电极，将电极设为可修改的工作部件。

使用“插入”→“设计特征”→“拉伸”命令并“求差”，将电极镜面部分下沉8mm，此时的电极如图2-104所示。

另外，为了避开工件表面及方便排屑，图2-104中标号1所示平面应当下沉5mm。使用“插入”→“设计特征”→“拉伸”命令并“求差”，将上述平面下沉5mm；另外，隐藏该表面上的片体，此时电极如图2-105所示。

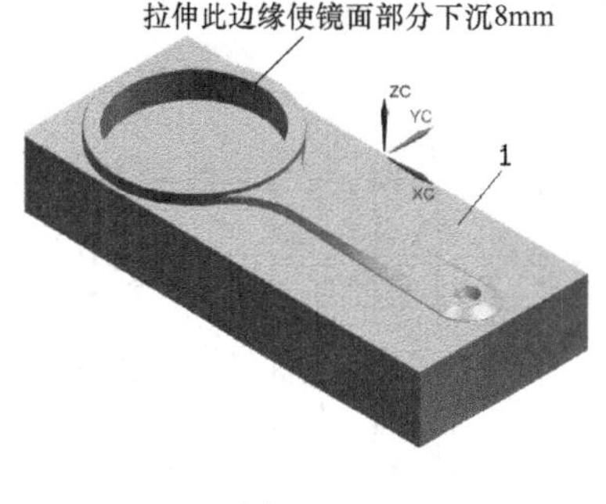

图 2-104

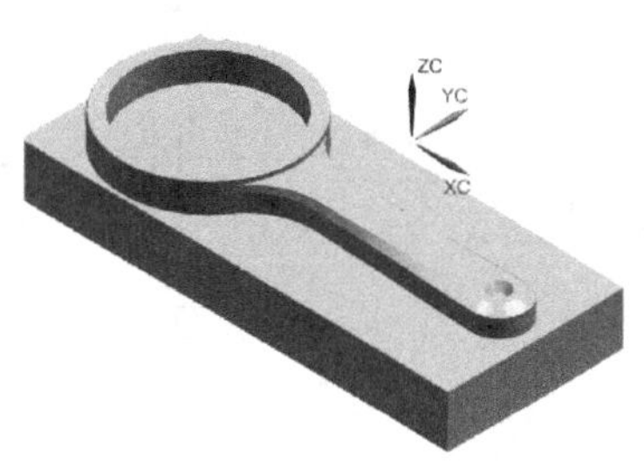

图 2-105

由于型腔件没有小凸台，所以电极手柄上的孔应当去掉。单击“插入”→“同步建模”→“删除面”，弹出“删除面”对话框，点选小孔的各个面，再单击“确定”按钮即可消除小孔，最终电极如图2-106所示。

图 2-106

2.10　绘制零件二维工程图

绘制型腔（Cavity）二维工程图。

1. 建立视图

在“装配导航器”里右击comb-cavity节点→“设为显示部件”，使视图只显示型腔件。

单击主菜单条中的 启动 →“制图”，进入制图界面。

单击视窗上部工具条中的“新建图纸页”小图标，弹出“图纸页”对话框，选项设定如图 2-107 所示，单击“确定”按钮，即可在图幅上投影各种视图。

使用“投影视图”、“剖视图”、“局部放大”等命令构建如图 2-108 所示的二维工程图。

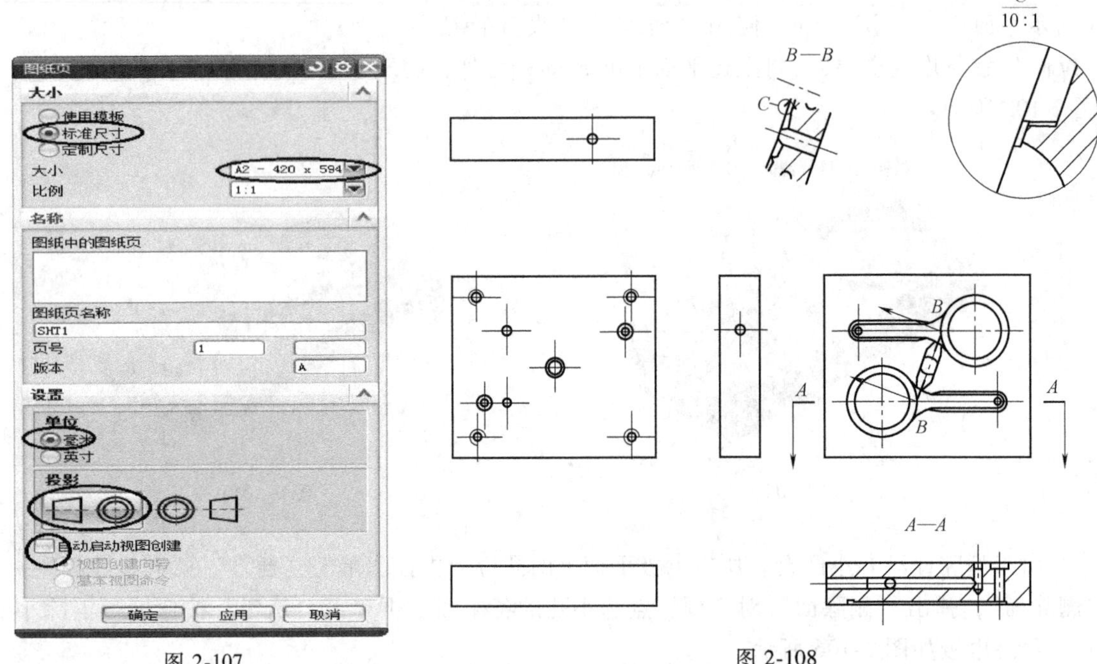

图 2-107　　　　图 2-108

2. 标注尺寸

单击小图标，弹出图 2-109 所示对话框，“方法”项通过下拉符号可选择不同形式的尺寸标注。

单击图 2-109 对话框中的小图标，弹出“设置”对话框，可对尺寸的结构，类型，文字大小、内容等项目进行设置，如标注螺纹直径时，选项设定如图 2-110 所示，单击“关闭”按钮后，对螺纹尺寸进行标注。

单击“插入”→“注释”→“表面粗糙度符号”，可标注零件上的表面粗糙度。

型腔零件最终的二维工程图如图 2-111 所示，由于图幅有限，该零件图没有将尺寸全部标注。

绘制零件二维工程图时，必须先将其设为显示部件，再绘制二维图形。

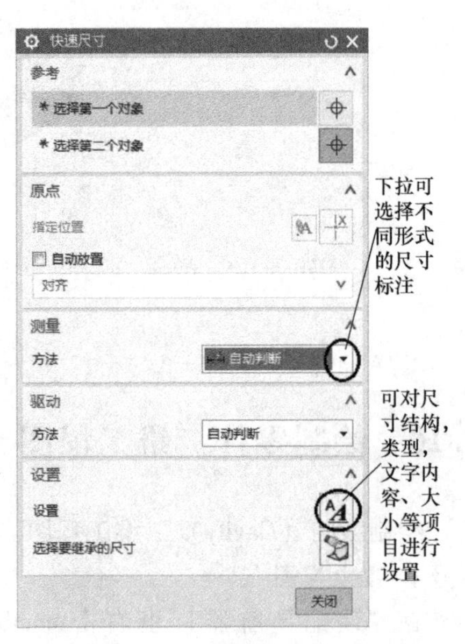

图 2-109

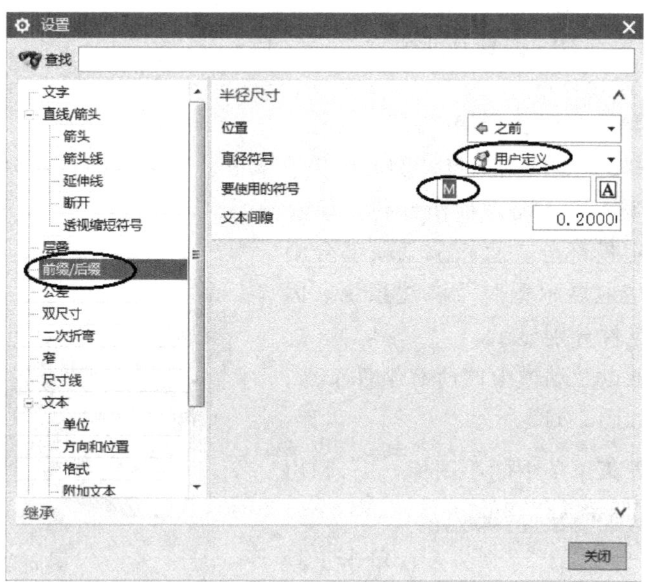
设置
查找
文字
直线/箭头
箭头
箭头线
延伸线
断开
透视缩短符号
层叠
前缀/后缀
公差
双尺寸
二次折弯
窄
尺寸线
文本
单位
方向和位置
格式
附加文本
半径尺寸
位置
之前
直径符号
用户定义
要使用的符号
M
文本间隙
0.2000
继承
关闭

图 2-110

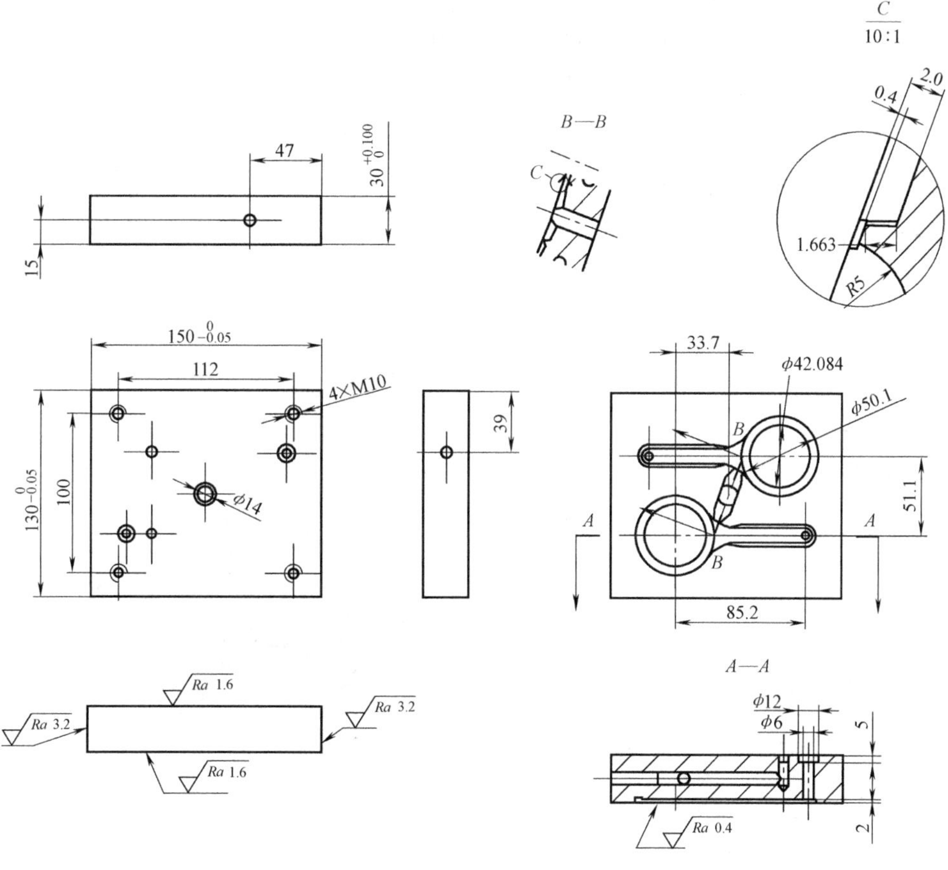
47
15
150
112
4×M10
100
ϕ14
39
B—B
C
10:1
2.0
0.4
1.663
R5
33.7
ϕ42.084
ϕ50.1
51.1
85.2
A—A
ϕ12
ϕ6
5
2
Ra 1.6
Ra 3.2
Ra 0.4

图 2-111

2.11 绘制模具二维总装配图

1. 三维模型转换为二维工程图

“抑制”所有非模具零件的节点，例如电极、水道、流道等，打开模具所有的零部件节点，并将最高一级 top 节点设为工作部件。模具图俯视图通常去掉定模部分，直接从动模部分画俯视图，以利于清楚地展示型腔及浇注系统。因此需要将动、定模组件分别显示。

首先，关闭模架以及动模上的所有组件节点，此时视窗中的图形如图 2-112 所示。

图 2-112

单击注塑模向导菜单条中的小图标，弹出模具画图工具条

；单击工具条中的第 1 个小图标，弹出“装配图纸”对话框，选项设定如图 2-113 所示；然后框选图 2-112 中的定模组件，单击“应用”→“取消”，将所有定模组件属性指派为“A”。

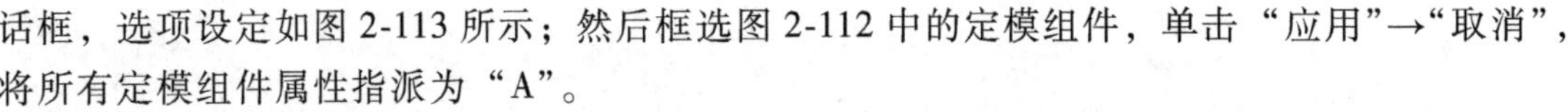

再关闭所有定模组件，打开动模组件，图形如图 2-114 所示；重复前述步骤，弹出“装配图纸”对话框，选项设定如图 2-115 所示，“属性值”为“B”；然后框选图 2-114 中的动模组件，单击“应用”→“取消”，将所有动模组件属性指派为“B”。

图 2-113

图 2-114

打开包括模架在内的所有模具组件的节点，图形如图 2-116 所示。

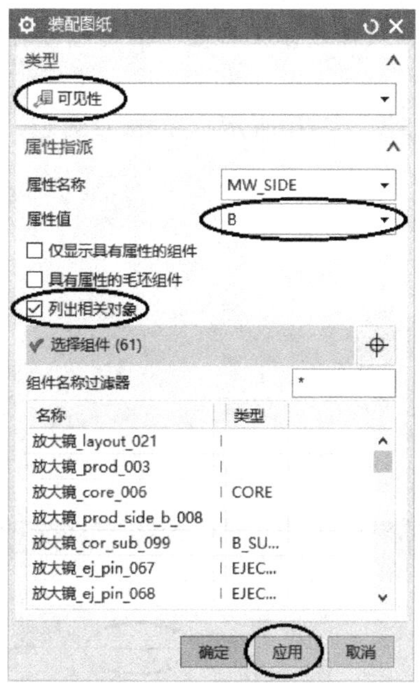

图 2-115

图 2-116

单击模具画图工具条中的第 1 个小图标，弹出“装配图纸”对话框，选项设定如图 2-117 所示，最后单击“应用”→“取消”，进入 A0 图纸界面，如图 2-118 所示。

图 2-117

图 2-118

单击主菜单“启动”→“制图”，弹出“视图创建向导”对话框，单击“取消”按钮，进入制图模块。

单击小图标，首先添加左视图为基本视图，再投影俯视图，如图 2-119 所示。

为了在主视图里反映模具的型芯、型腔、小嵌件、顶杆及模架特征，剖切位置必须经过导柱、成型零件、顶杆等。

双击俯视图，弹出“设置”对话框，选项设定如图 2-120 所示，单击“确定”按钮，俯视图即可显示内部的零件轮廓，如图 2-121 所示。

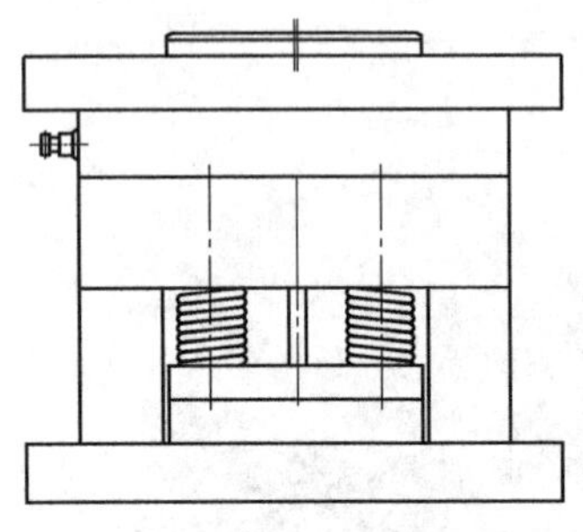

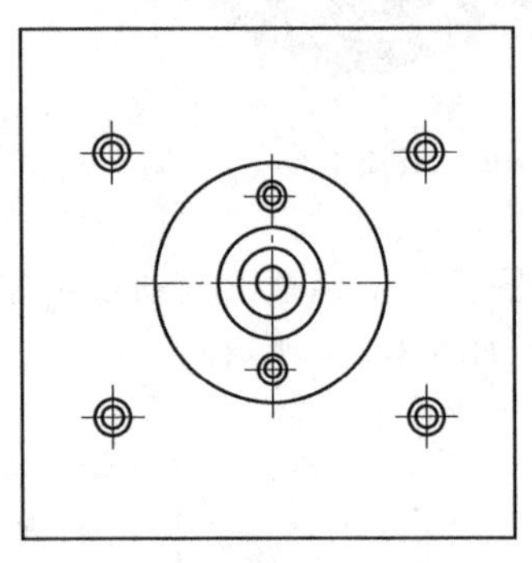

图 2-119

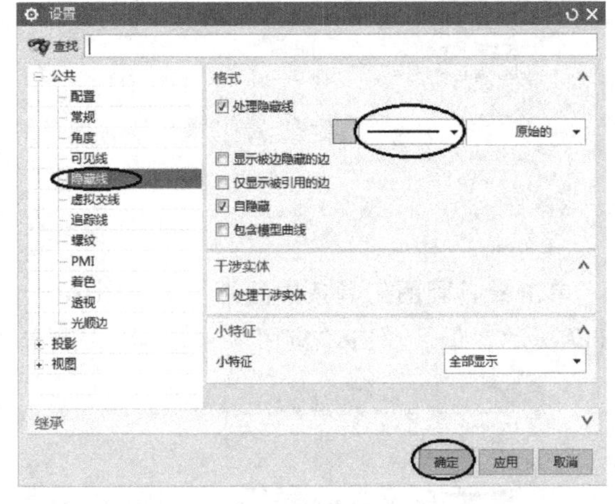

图 2-120

使用“剖视图”命令，剖切位置经过模架的导柱、顶杆、成型零件、小嵌件、浇口等，如图 2-122 所示的 *A-A* 剖切线。投影出相应的主视图，并删除原主视图，结果如图2-122所示。

单击模具画图工具条中的第一项小图标，弹出“装配图纸”对话框，选项设定如图 2-123 所示，单击“确定按钮，俯视图如图 2-124 所示。

双击图 2-124 所示俯视图的边缘，弹出“设置”对话框，选项设定如图 2-125 所示，单击“应用”按钮；另一选项的设定如图 2-126 所示，单击“确定”按钮。

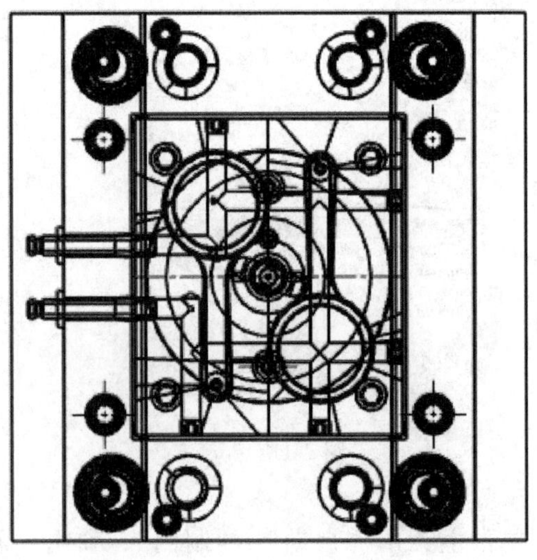

图 2-121

采用同样方法修改图 2-122 所示的主视图，最终主、俯视图如图 2-127 所示。

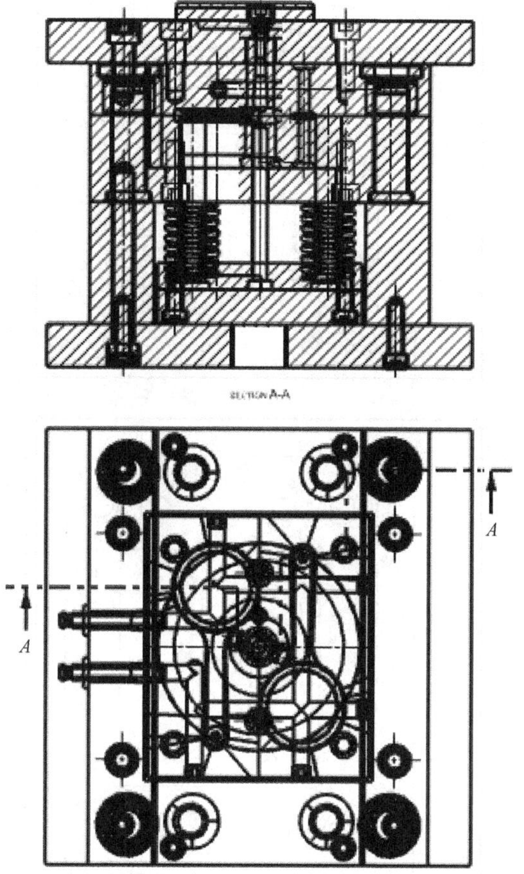

图 2-122

图 2-123

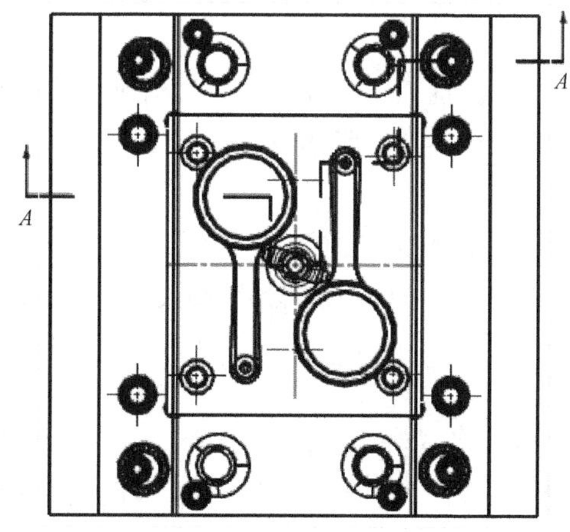

图 2-124

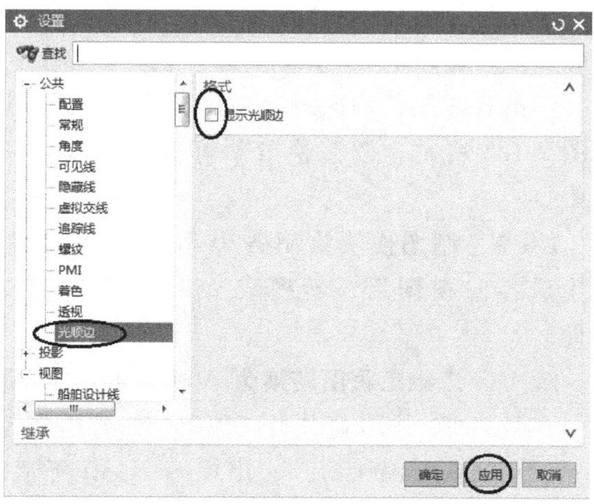

图 2-125

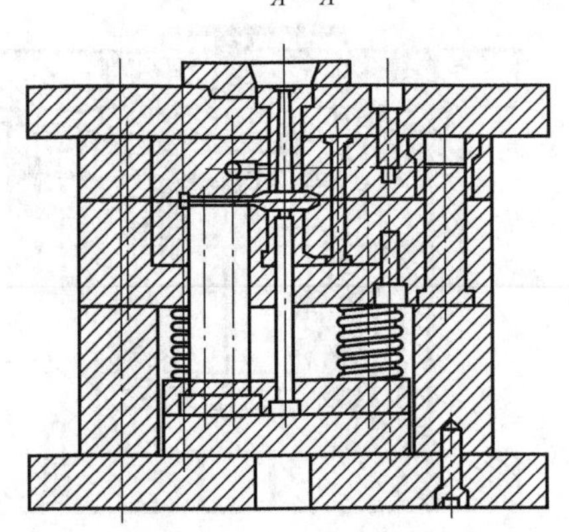

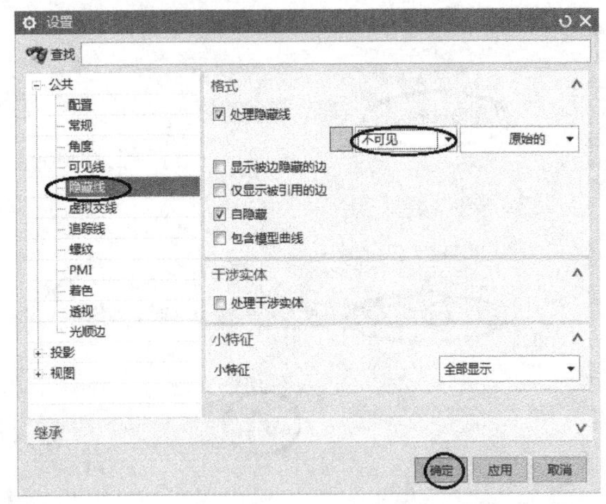

图 2-126

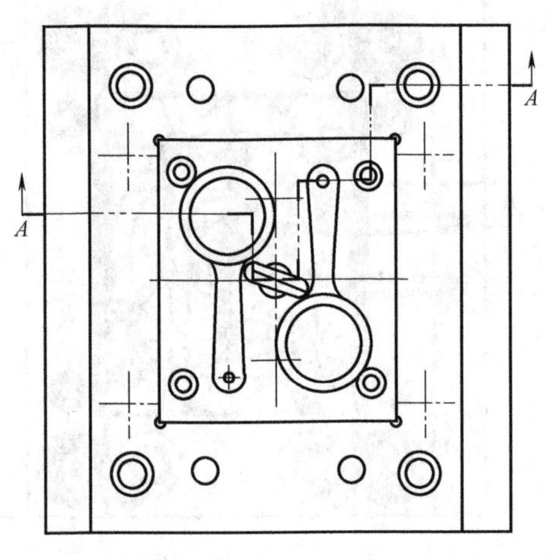

图 2-127

图 2-127 所示剖视图中各个零件的剖面线方向及间距都一样，需要修改，使相邻零件的剖面线方向或间距不一致。

双击要修改的剖面线，弹出“剖面线”对话框，剖面线“距离”和“角度”的设置如图 2-128 所示；按需修改后单击“确定”按钮。图 2-129 所示为剖面线修改后的主视图。

UG NX 制图模块绘制各个不同剖面的二维图还是不太方便，对于较复杂的图形，在生成各向视图后，转换成 AutoCAD 文件，利用 AutoCAD 软件修改和标注尺寸比较方便。

2. UG 二维工程图转换为 AutoCAD 文件图

在 UG NX 制图模块中画好二维工程图后，单击主菜单条的“文件”→“导出”→“AutoCAD DXF/DWG...”，出现图 2-130 所示对话框；在“输出 DWG 文件”栏目里设置 AutoCAD 文件要存放的路径，单击“完成”按钮；稍后出现导出转换作业对话框，再单击该对话框中的“是”按钮，将 UG 二维工程图转换成 AutoCAD 图形文件。

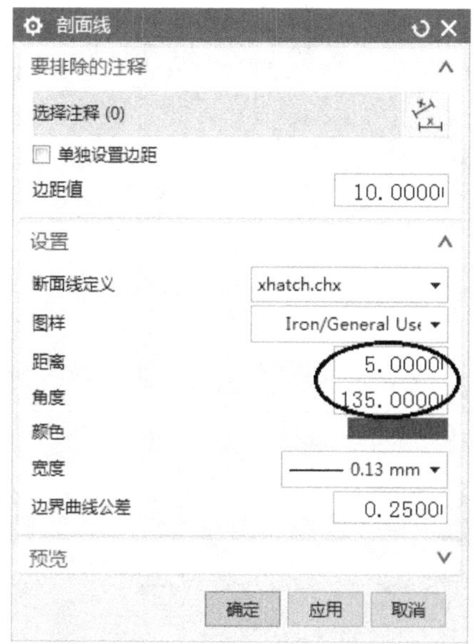

图 2-128

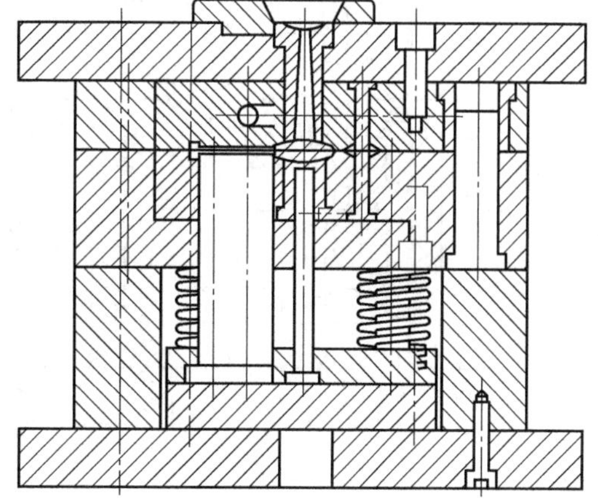

图 2-129

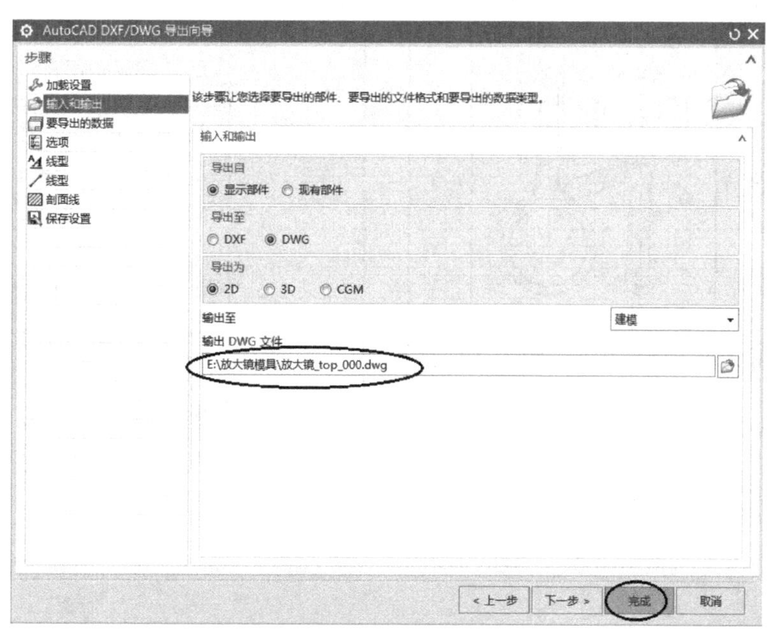

图 2-130

最后，根据我国的制图标准及简单清楚地呈现各个零部件装配关系的表达原则，在 AutoCAD 软件中将 UG 二维工程图转换的图绘制成如图 2-131 所示的模具二维总装配图。

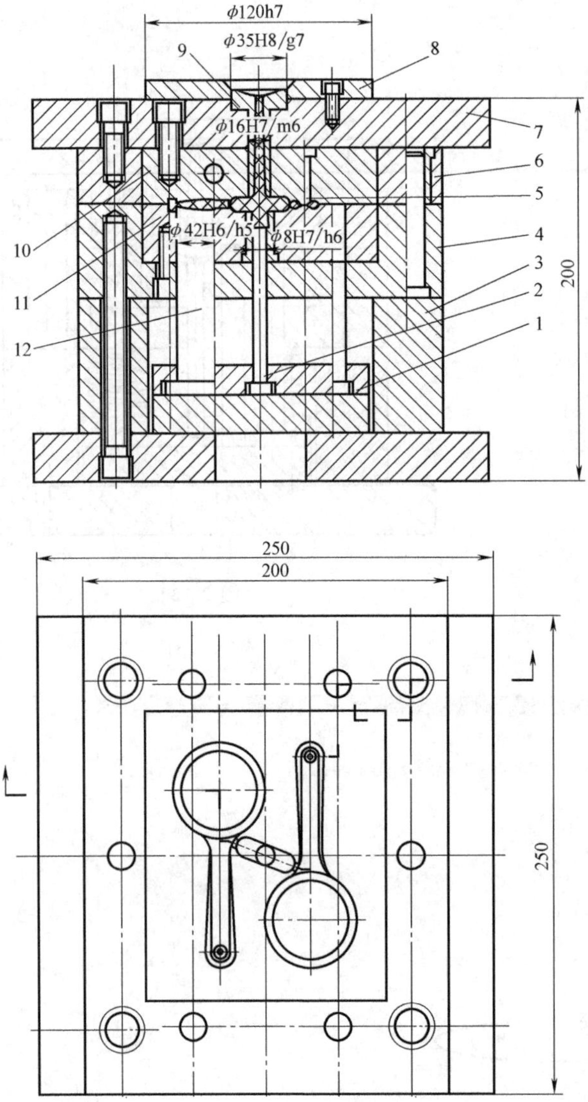

序号	名称	数量	材料	备注
12	型腔顶杆	2	718	调质30HRC
11	动模型腔块	1	718	淬火50HRC
10	定模型腔块	1	718	淬火55HRC
9	浇口套	1	45	调质30HRC
8	定位环	1	45	
7	定模座板	1	45	
6	定模型腔固定板	1	45	淬火50HRC
5	小嵌件	2	718	调质30HRC
4	动模型腔固定板	1	45	
3	垫块	1	45	调质30HRC
2	顶杆	1	T10A	淬火50HRC
1	顶杆固定板	1	45	调质30HRC
放大镜注塑模		数量	1	
		日期		
设计	99机械CAD	深圳职业技术学院制造系		
制造	99机械CAD	99机械CAD/CAM		
指导	朱光力 李玉炜 周旭光			

图 2-131 放大镜注塑模具总装配图

第3章 一模四腔点浇口侧抽芯模具设计

3.1 基本思路

如图3-1所示为注塑成型肥皂盒产品模型及浇注系统。产品成型模具采用一模四腔小水口模架。

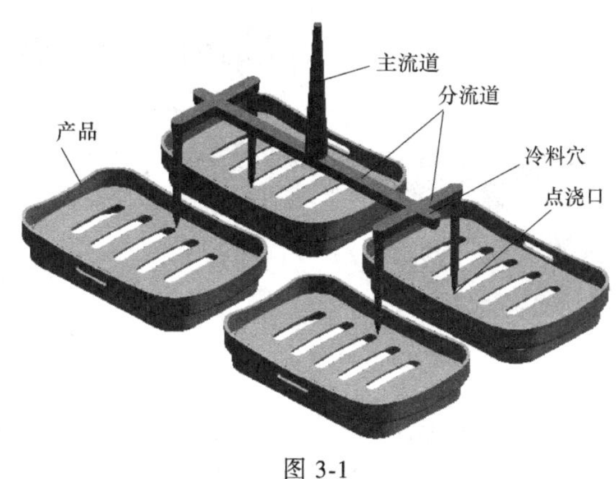

图3-1

3.2 模具分型设计

1. 加载产品

首先建一个文件夹，命名为“肥皂盒模具”，将肥皂盒产品模型文件复制到该文件夹内。

单击注塑模向导菜单条中的小图标，弹出“打开”对话框，在“肥皂盒模具”文件夹里选择需要加载的产品零件文件“肥皂盒.prt”，出现图3-2所示对话框，对话框的“材料”项下拉选“PC+10%GF”材料，“收缩”项（材料收缩率）的数值根据所选材料自动默认为“1.0035”，然后单击“确定”按钮，视窗中出现图3-3所示产品模型。

2. 定义模具坐标系

将工件坐标系绕XC轴旋转180°，如图3-4所示。

单击注塑模向导菜单条中的小图标，弹出“模具CSYS”对话框，选项设定如图3-5所示。

3. 定义成型镶件（模仁）

单击注塑模向导菜单条中的小图标，弹出“工件”对话框，由于采用一模四腔结构，应适当增加模仁的厚度，选项设定如图3-6a所示，“开始距离”为“-50mm”，“结束

图 3-2

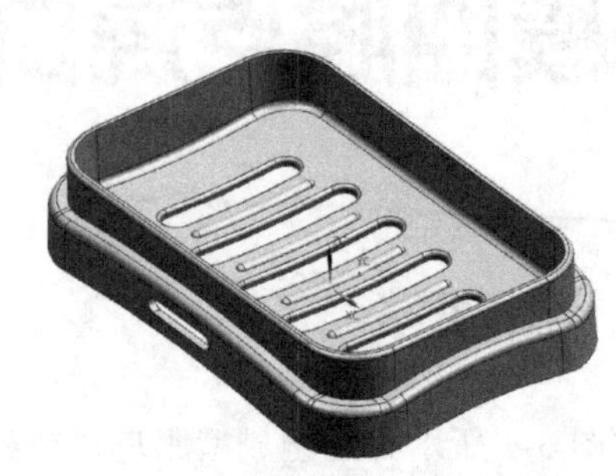

图 3-3

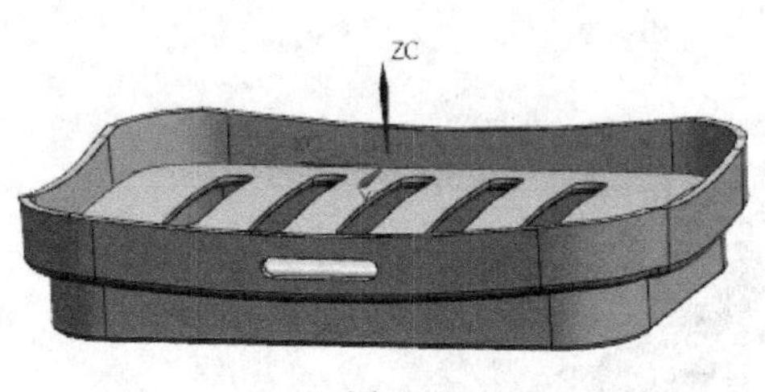

图 3-4

图 3-5

距离”为“30mm”。另外，为缩短浇注系统流道的长度，将模仁在-YC 方向上的尺寸“24.563”改为“12.563”，具体操作为：如图 3-6b 所示，单击目标尺寸→单击尺寸框→单

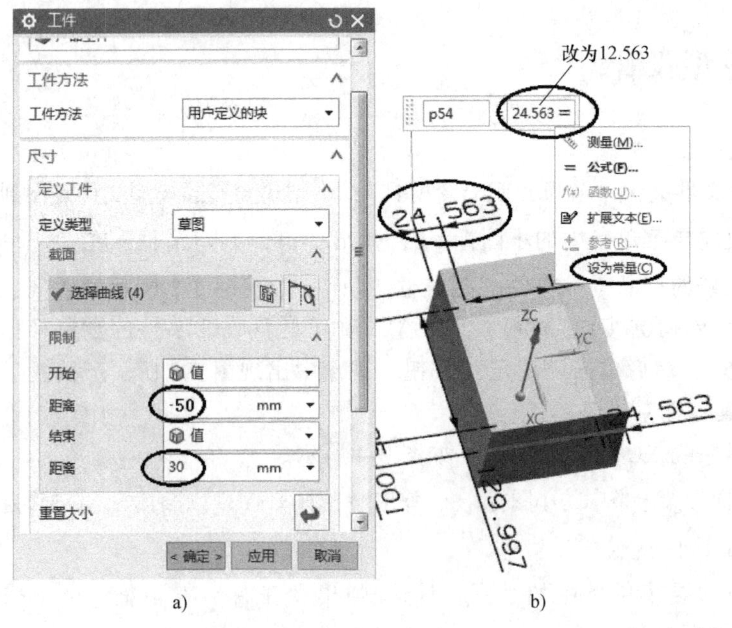

a)　　　　b)

图 3-6

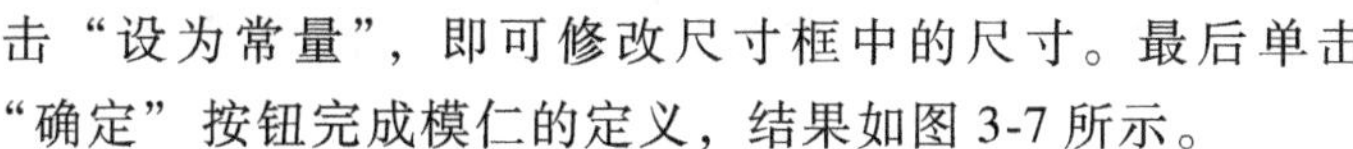

击“设为常量”，即可修改尺寸框中的尺寸。最后单击“确定”按钮完成模仁的定义，结果如图 3-7 所示。

图 3-7

4. 多型腔模布局

单击菜单条中的小图标，出现图 3-8 所示“型腔布局”对话框，将矢量置为“-YC”方向。

单击对话框中的“开始布局”图标。

单击对话框中的“编辑插入腔”图标，弹出“刀槽”对话框，选择“R”值为“5”，“type”值为“2”，单击“确定”按钮，回到“型腔布局”对话框；单击对话框中的“自动对准中心”图标，单击“关闭”按钮完成一模四腔的布局操作。结果如图 3-9 所示。

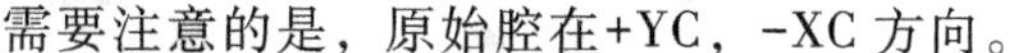

需要注意的是，原始腔在+YC，-XC 方向。

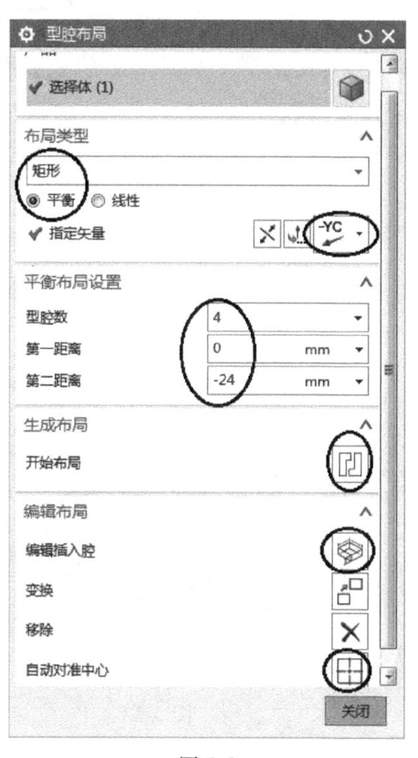

图 3-8

图 3-9

5. 分模设计

(1) 为产品表面指派区域　单击注塑模向导菜单条中的小图标，弹出模具分型工具条。

单击模具分型工具条中的第 1 个小图标，弹出图 3-10 所示对话框，单击“计算”选项卡中的“计算”图标；单击“面”选项卡，对话框如图 3-11 所示，勾选对话框里的目标选项，单击“设置所有面的颜色”图标，模型如图 3-12 所示，四周围面为灰色，表示该面拔模斜度为零。

使用建模命令，单击“插入”→“细节特征”→“拔模”，将四周围面拔模斜度设为 0.5°。

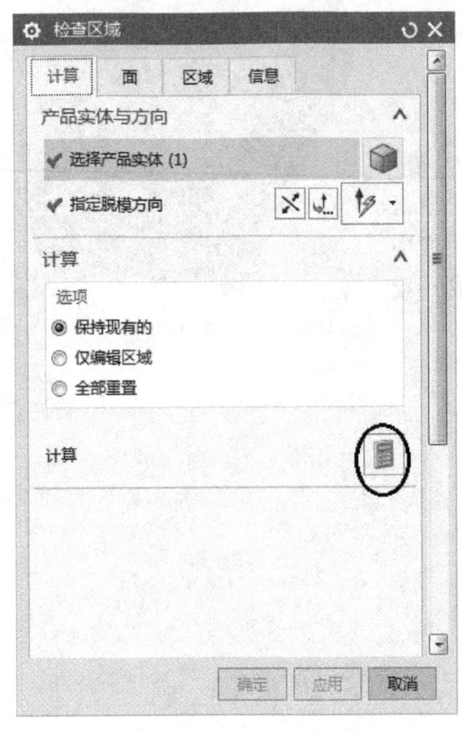

图 3-10

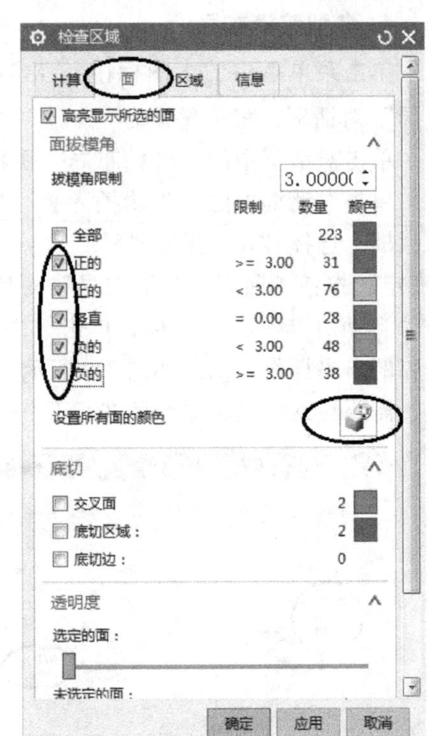

图 3-11

再重新回到图 3-10 所示“计算”选项卡，重新单击“计算”图标；单击“区域”选项卡，对话框如图 3-13 所示，单击“设置区域颜色”图标，这时产品模型呈现不同颜色；先勾选“交叉竖直面”和“未知的面”复选框，再点选侧向孔的橙色侧面，指派到“型芯区域”；然后单击“应用”按钮，此时模型呈现橙、蓝两种颜色。

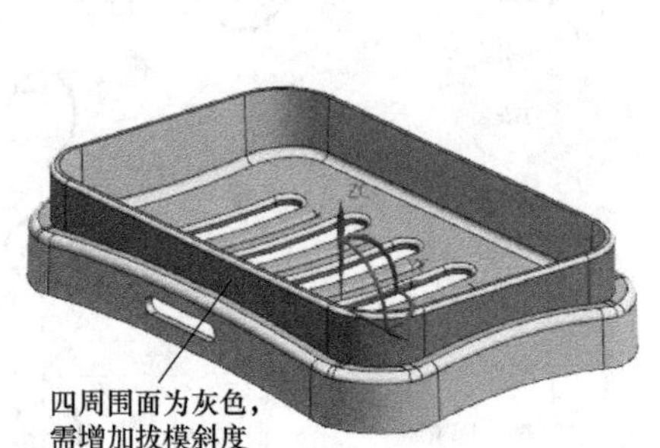

图 3-12

（2）修补产品碰穿孔　单击模具分型工具条中的第 2 个小图标，弹出“边修补”对话框，如图 3-14 所示“类型”项选择“体”，然后点选肥皂盒模型，再单击“确定”按钮，完成产品所有孔的修补。

（3）获取分型线　单击模具分型工具条中的第 3 个小图标，弹出“定义区域”对话框，选项设定如图 3-15 所示，单击“确定”按钮。在“分型导航器”里点暗除了分型线之外的其他选项，视窗图形如图 3-16 所示。

（4）产生分型面　单击模具分型工具条中的第 4 个小图标，弹出图 3-17 所示“设计分型面”对话框，单击“编辑分型段”项的第二项“选择过渡曲线”图标，再在图形视窗中点选分型线的 4 个拐角过渡线，如图 3-18 所示，单击“应用”按钮；接着对另外 4 条边

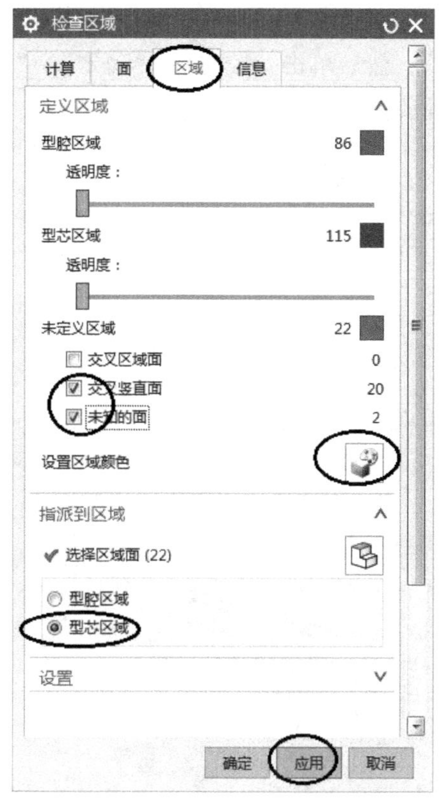

图 3-13

图 3-14

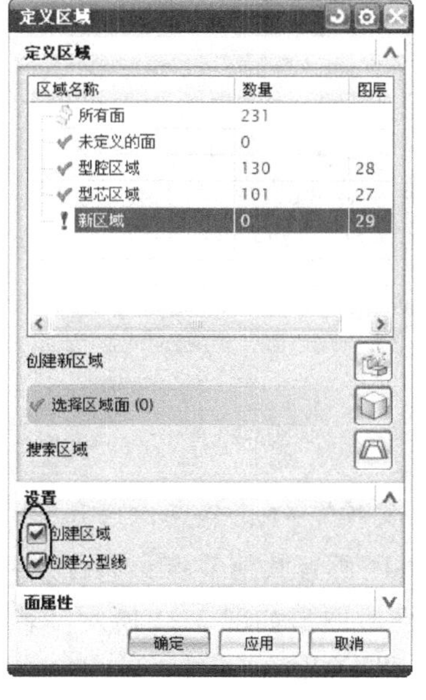

图 3-15

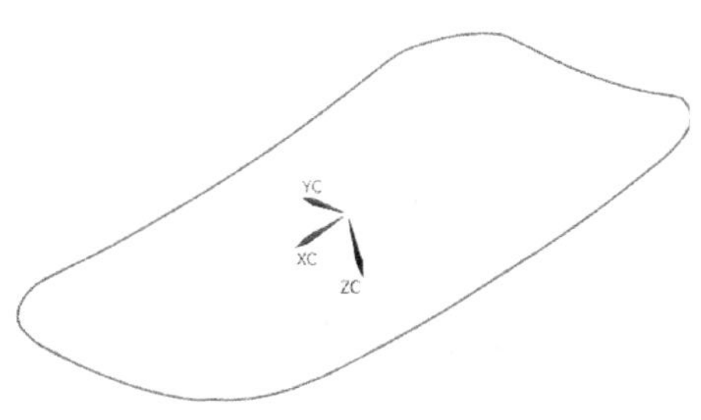

图 3-16

分别向-XC、-YC、XC、YC 方向拉伸，完成分型面的创建，结果如图 3-19 所示。

（5）产生型芯、型腔　单击模具分型工具条中的第 6 个小图标，弹出“定义型腔和型芯”对话框，在“区域名称”项里选择“所有区域”，然后单击“确定”→“确定”→“确定”，完成型芯、型腔的创建。视图中图形如图 3-20 所示。

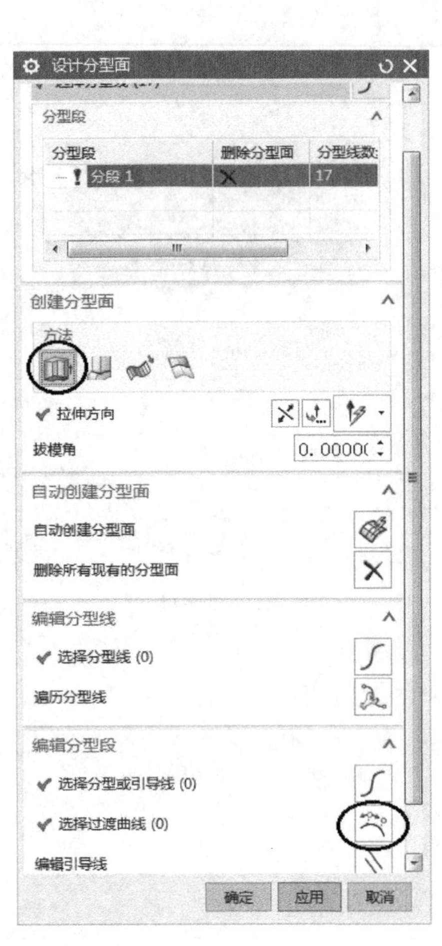

图 3-17

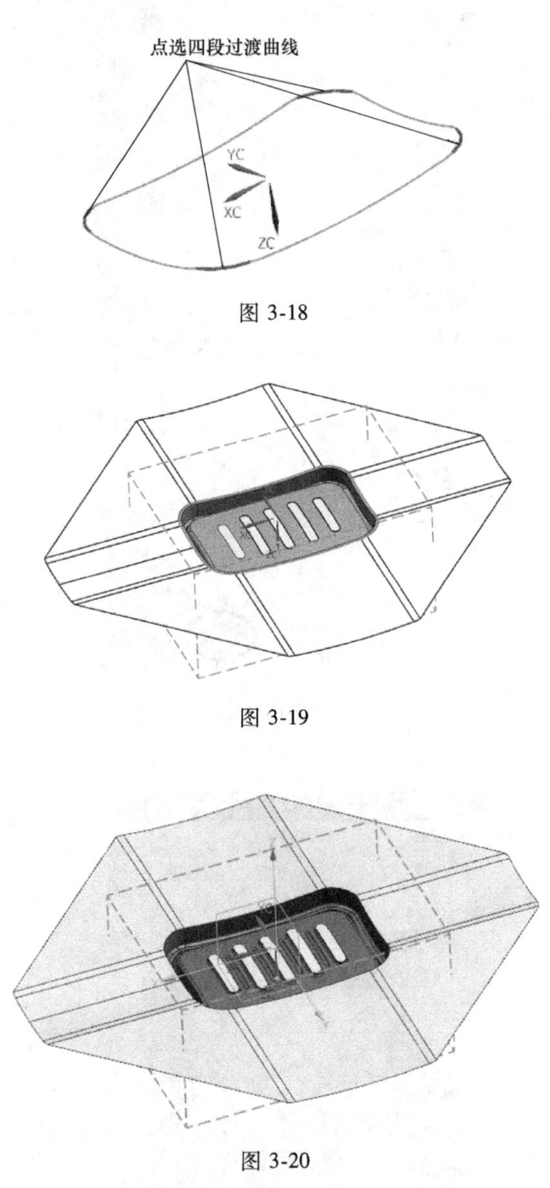

图 3-18

图 3-19

图 3-20

单击“装配导航器”，右击 parting 节点，选择“显示父项”→top 节点，打开总目录；双击“装配导航器”中的 top 节点，使之成为工作部件；关闭所有其他节点，只打开 layout 节点下的 core 节点，并使图形处于 top 视图和着色状态，此时图形如图 3-21 所示。若只打开 cavity 节点，图形如图 3-22 所示。

（6）制作侧向型芯　将型芯设置为显示部件，使用“拉伸”命令（主菜单“插入”→“设计特征”→“拉伸”），在需要侧抽芯的面画草图，直接使用“投影曲线”命令，将产

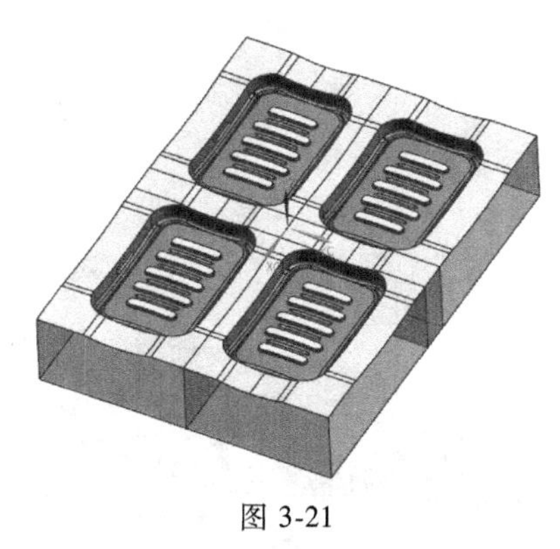

图 3-21

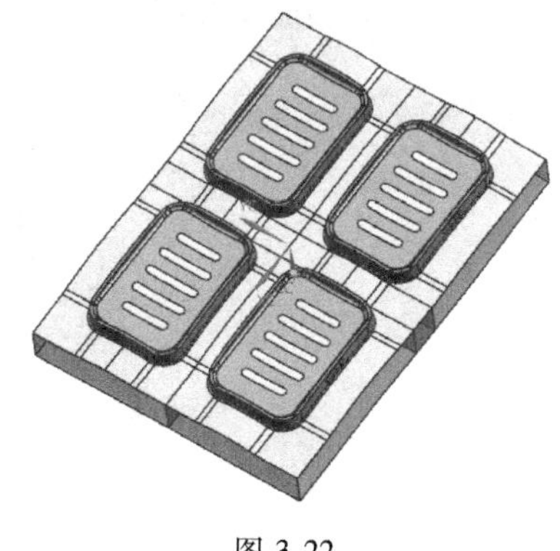

图 3-22

品侧面长条形孔投影至草图，如图 3-23 所示。

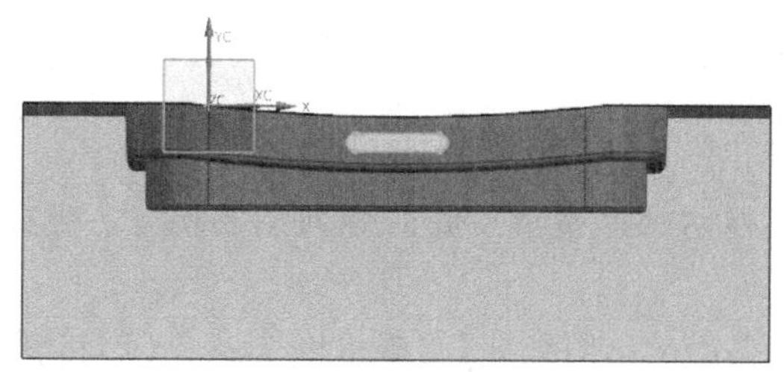

图 3-23

完成草图后，将孔的草图拉伸至型腔内部，呈凸起的长条键型，如图 3-24 所示。

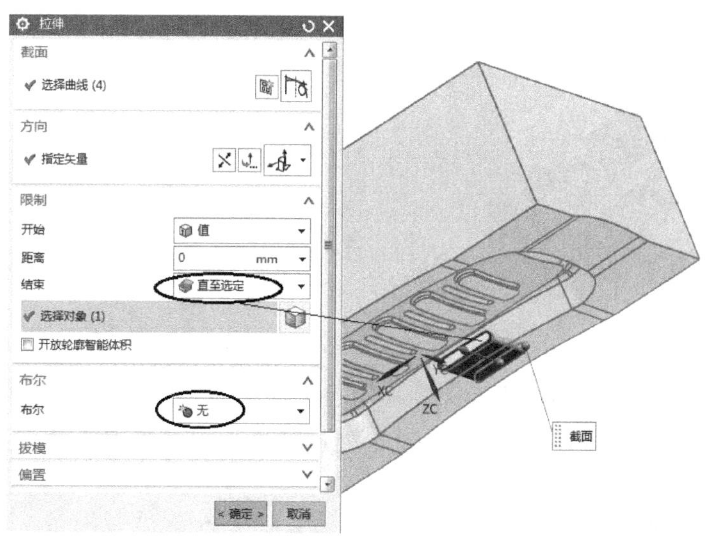

图 3-24

使用“插入”→“组合”→“减去”命令，弹出“求差”对话框，选项设定如图 3-25 所示，完成后隐藏型芯即可看到侧向型芯。图 3-26 所示为放大了的侧向型芯。

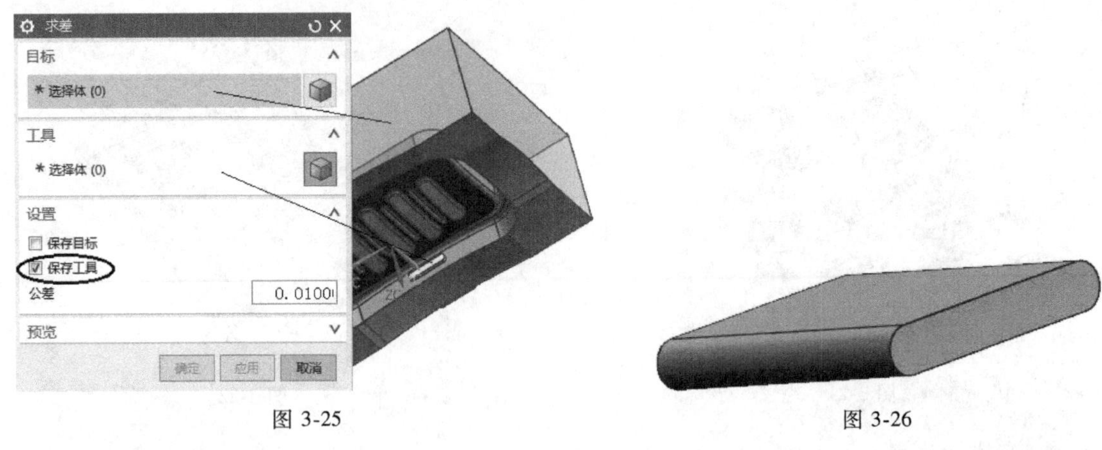

图 3-25　　　　图 3-26

3.3　创建侧抽芯组件

1. 加入滑块

首先，将坐标系原点移动到原始单型腔的侧向型芯位置，坐标的方位如图 3-27 所示，注意 YC 方向朝内侧。

单击注塑模向导菜单条中的小图标，弹出图 3-28 所示对话框。

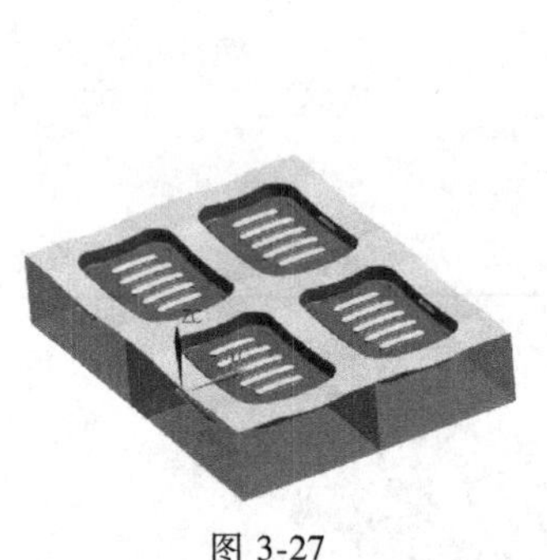

图 3-27

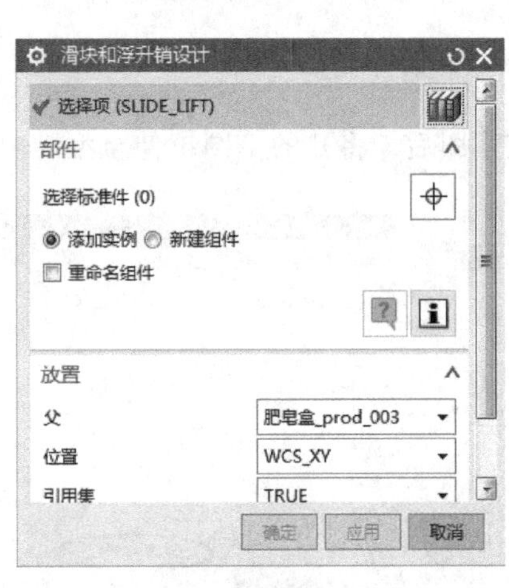

图 3-28

单击左侧资源工具条中的小图标，弹出选择框，选项设定如图 3-29 所示，然后单击“确定”按钮，即在四个型芯都加入滑块组件；再将坐标系设置为绝对坐标，如图 3-30 所示。

2. 将滑块与侧向型芯合成一体

将滑块组件里的滑块体（bdy 节点）设为工作部件，使用建模命令，单击“插入”→“关联复制”→“WAVE 几何链接器”，弹出图 3-31 所示对话框，选项设定如图 3-31 所示，再点选侧向型芯，单击“确定”按钮；再使用建模的“合并”命令（主菜单“插入”→“组合”→“合并”），将滑块与侧向型芯合成一体，结果如图 3-32 所示。

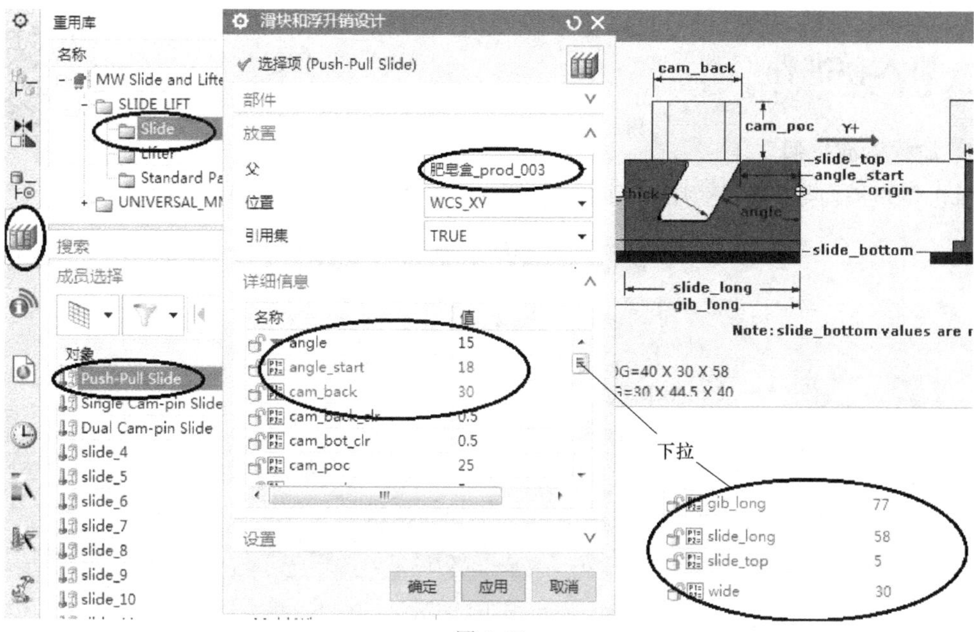

图 3-29

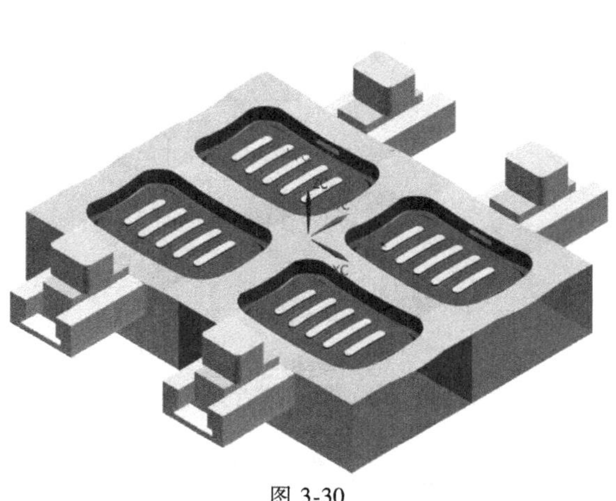

图 3-30

图 3-31

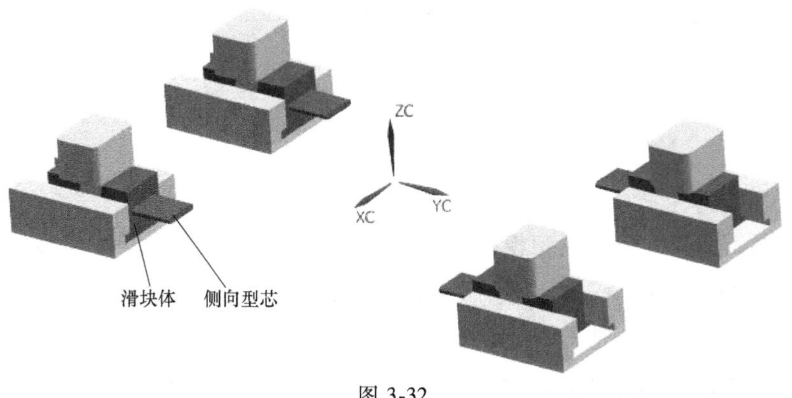

图 3-32

3.4 加入标准件

1．加载标准模架

单击注塑模向导菜单条中的小图标，出现图 3-33 所示对话框。

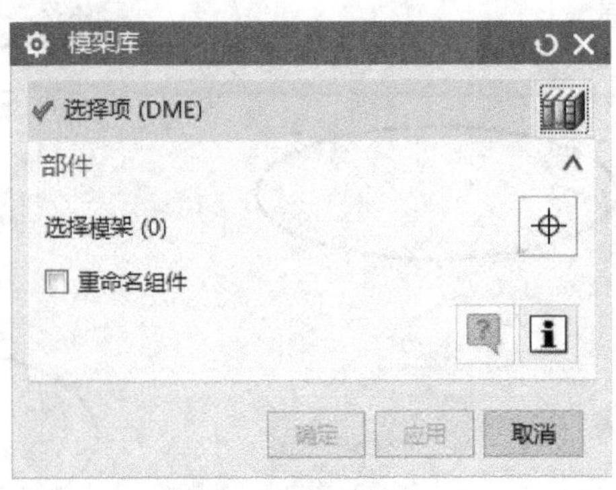

图 3-33

单击左侧资源工具条中的小图标，弹出选择框，选项设定如图 3-34 所示，然后单击“确定”按钮，稍后完成标准模架的加载。

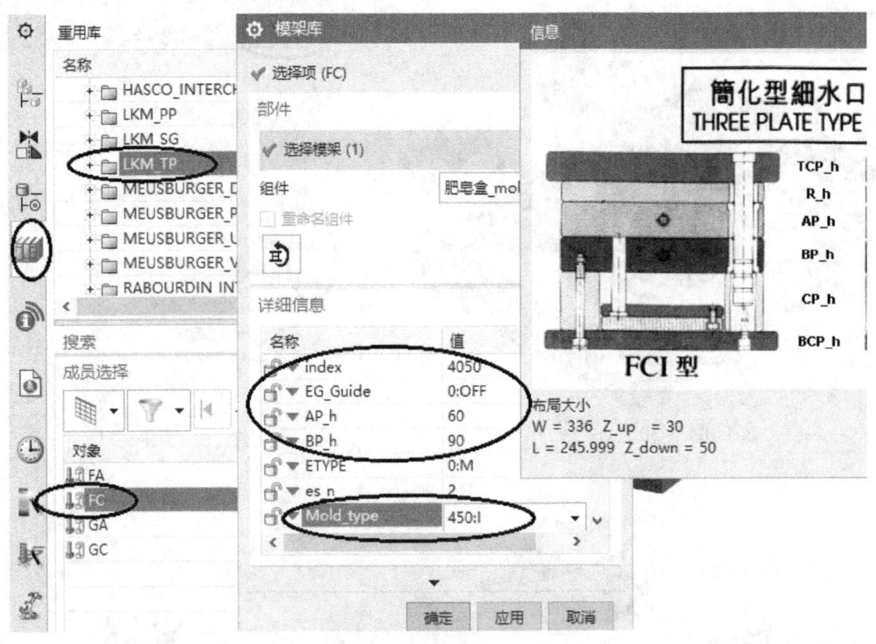

图 3-34

须将模架旋转 90°。单击注塑模向导菜单条中的小图标，弹出“模架库”对话框，单击对话框中部的“旋转”小图标，再单击“取消”按钮，完成模架 90°旋转。最终图形如图 3-35 所示。

使用注塑模向导菜单条中的开腔命令，完成模架 A、B 板的开腔操作，再将 pocket

节点抑制掉。

使用注塑模向导菜单条中的开腔命令，完成侧抽芯滑块组件在模架 A、B 板的开腔操作，图形如图 3-36 所示。

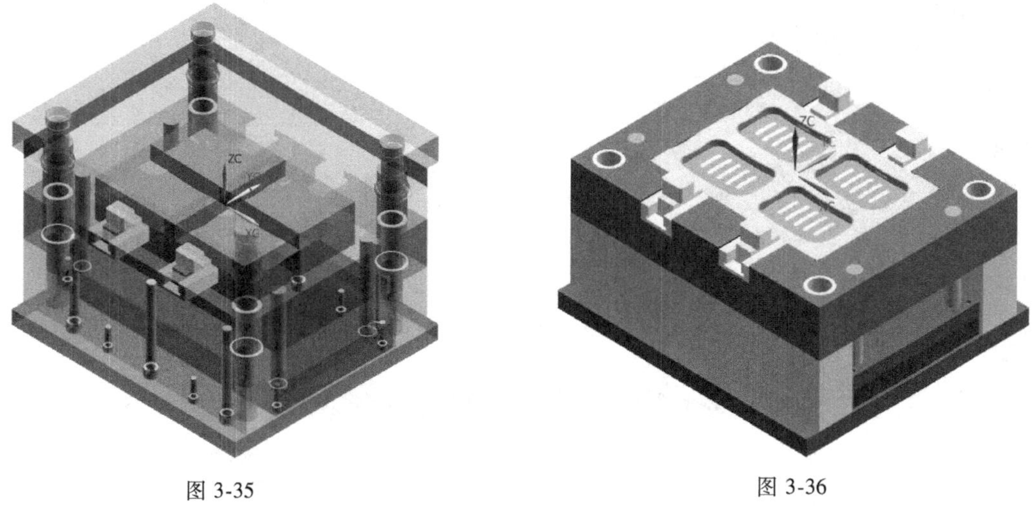

图 3-35　　　　图 3-36

2. 加入定位环

单击注塑模向导菜单条中的小图标，弹出“标准件管理”对话框，如图 3-37 所示。

图 3-37

单击左侧资源工具条中的小图标，弹出选择框，选项设定如图 3-38 所示，然后单击“确定”按钮，在模架顶部加入 ϕ120mm 的定位环。

3. 加入浇口套

单击注塑模向导菜单条中的小图标，出现“标准件管理”对话框；再单击左侧资源工具条中的小图标，弹出选择框，选项设定如图 3-39 所示，然后单击“确定”按钮，即

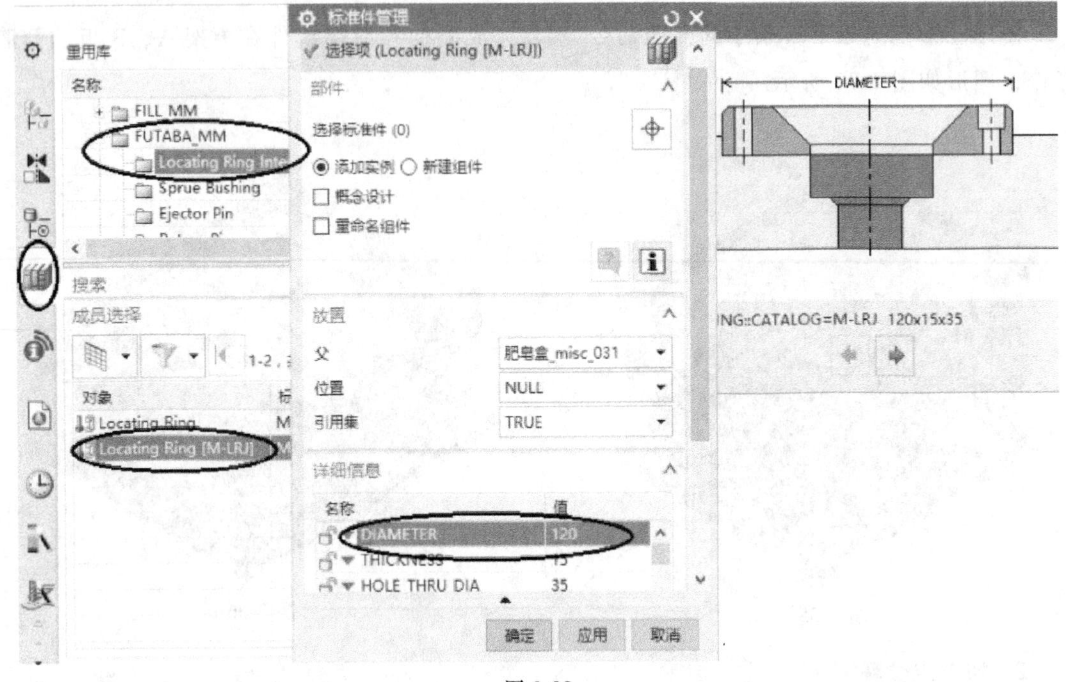

图 3-38

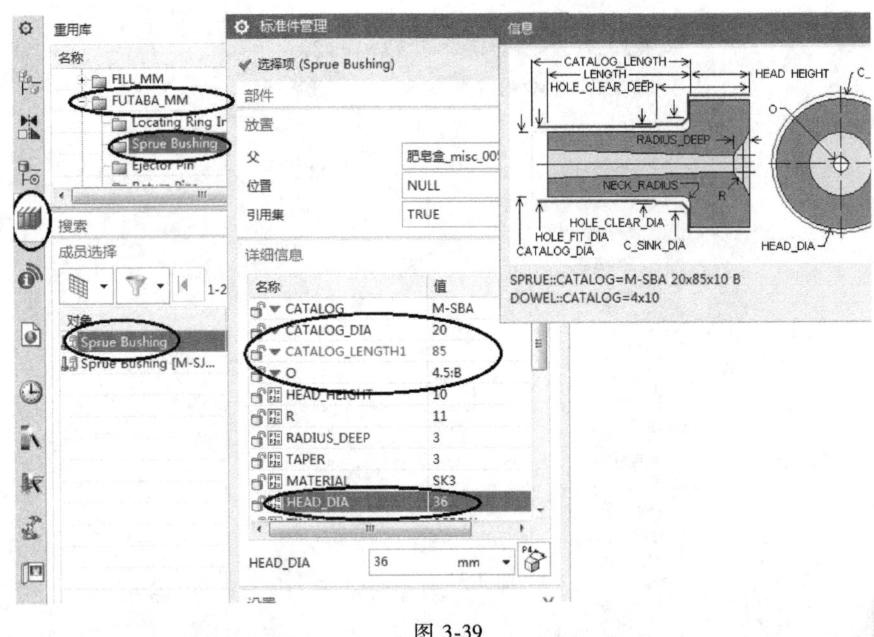

图 3-39

在模架顶部加入浇口套，开腔后的图形如图 3-40 所示。

4. 加入拉杆螺钉

单击注塑模向导菜单条中的小图标，弹出“标准件管理”对话框；再单击左侧资源工具条中的小图标，弹出选择框，选项设定如图 3-41 所示，然后点选刮料板（r_plate）的

图 3-40

上平面，再单击“确定”按钮，弹出图 3-42a 所示对话框；如图 3-42a 所示设置 X 偏置、Y 偏置数据，单击“应用”按钮，此时在视窗图形上 r 板的点坐标（198，70）处出现了螺钉；然后在图 3-42b 所示的坐标数据框里修改位置坐标为（−198，70），再单击“应用”按钮；重复以上步骤，在（−198，−70）、（198，−70）坐标位置处也加入螺钉；最后单击“取消”按钮关闭对话框，在 r 板上出现 4 个拉杆螺钉。将视图线框化，出现如图 3-43 所示的图形。

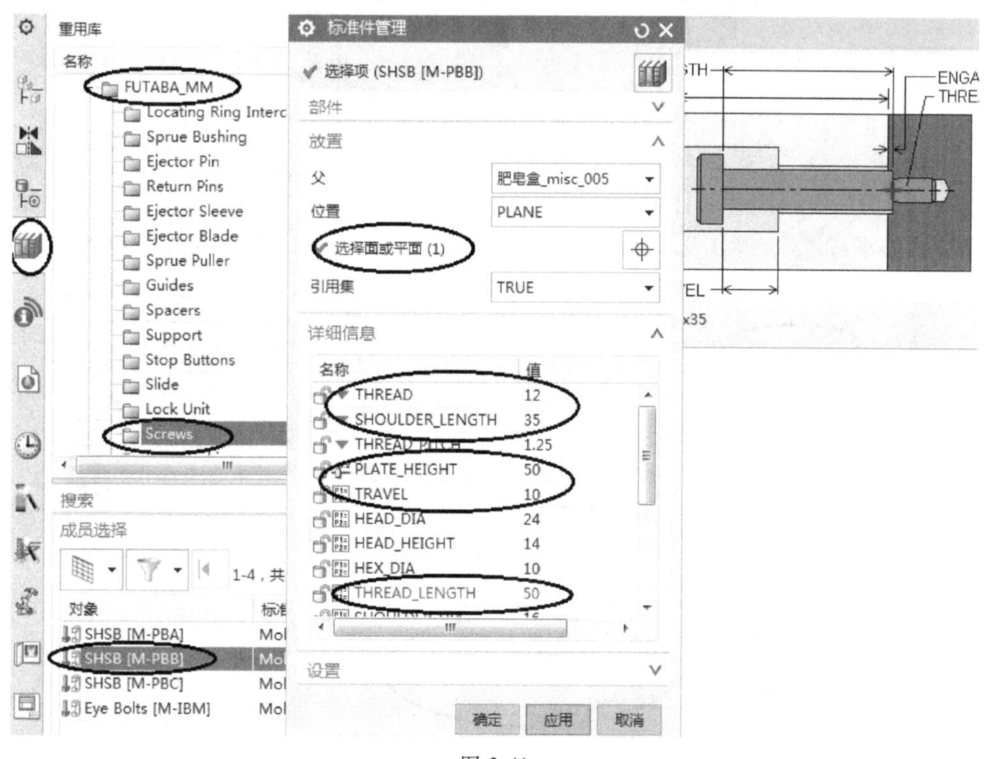

图 3-41

5. 加入分型拉杆

单击注塑模向导菜单条中的小图标，出现“标准件管理”对话框；再单击左侧资源

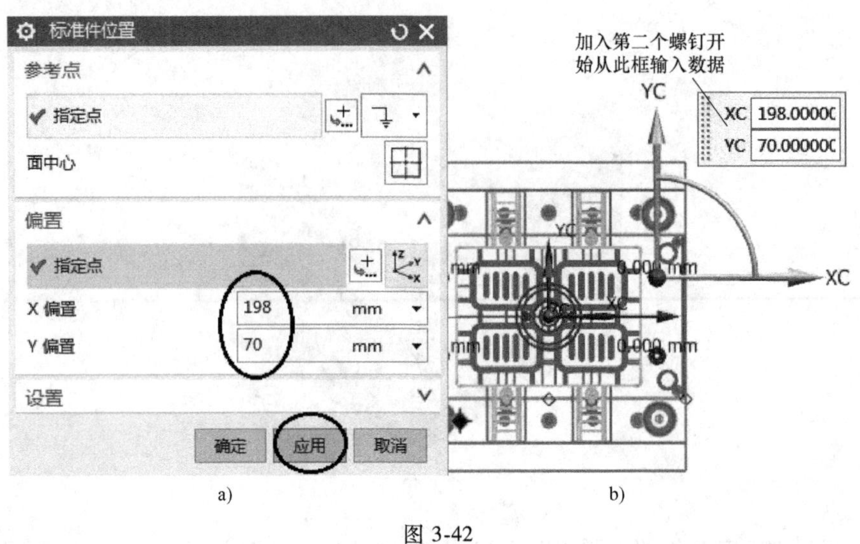

a)　　　　b)

图 3-42

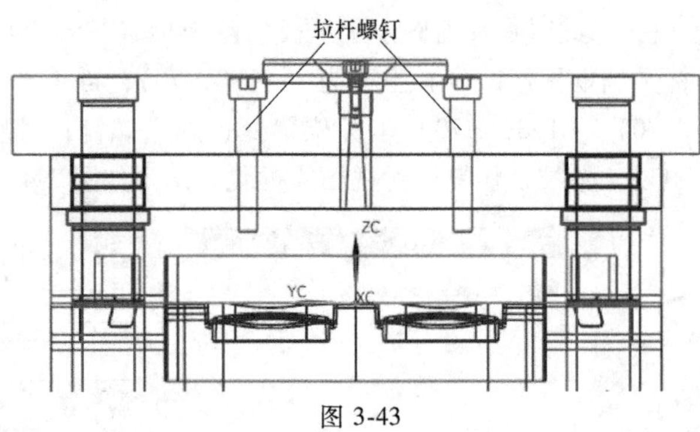

图 3-43

工具条中的小图标，弹出选择框，选项设定如图 3-44 所示，然后点选刮料板（r_plate）

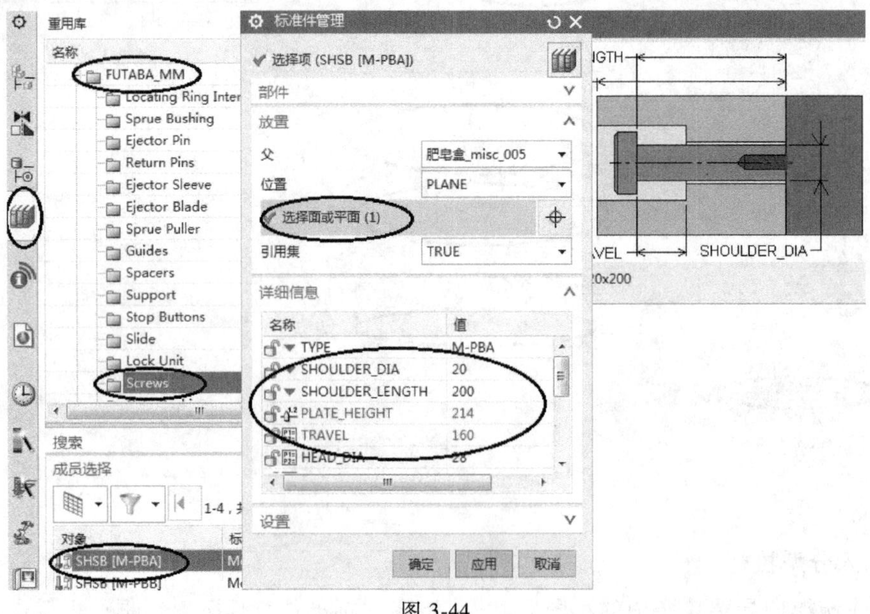

图 3-44

的底面，再单击“确定”按钮，弹出“标准件位置”对话框；分别捕捉拉杆螺钉圆心，每一次捕捉圆心后单击“应用”按钮，最后单击“取消”按钮关闭对话框，完成 4 根分型拉杆的加入，结果如图 3-45 所示。

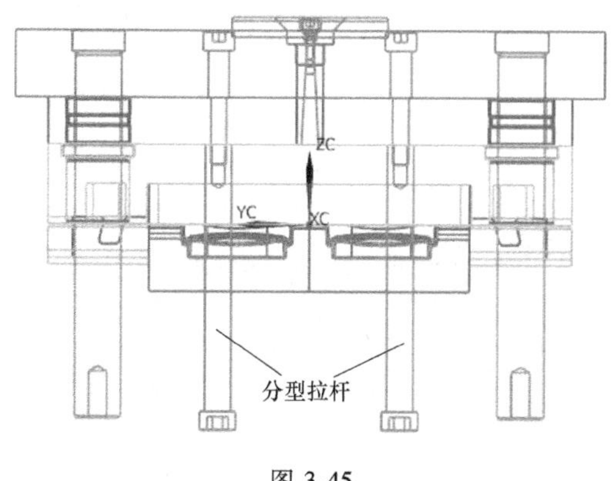

图 3-45

以模架定模各板以及动模的 B 板为目标体，以拉杆螺钉及分型拉杆为工具进行开腔操作。

6. 加入顶杆

单击“装配导航器”图标，将 moldbase 节点/movehalf 节点组件打开，将 moldbase 节点下的 fixhalf 节点和 misc 节点下的所有项目关闭，另外，关闭 layout 节点下的 prod 节点中的 parting 节点和 cavity 节点，打开 core 节点，图形如图 3-46 所示。

采用一模四腔，只需要在原始的一腔（-XC,YC）中进行加入顶杆的操作，其他三个腔会同时出现顶杆。

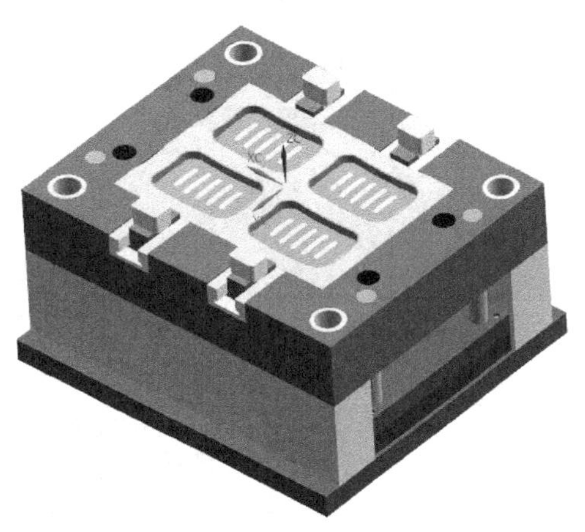

图 3-46

单击注塑模向导菜单条中的小图标，出现“标准件管理”对话框；再单击左侧资源工具条中的小图标，弹出选择框，选项设定如图 3-47 所示，然后单击“应用”按钮，弹出“点”对话框；如图 3-48 所示，输入坐标（-29,27），单击“确定”按钮，完成 1 根顶料杆的添加；重复以上步骤，在（-78，25）、（-127，27）、（-29，84）、（-78，86）、（-127，84）的位置上也加入顶杆。共计在 6 处加入 6 根 ϕ6mm 的顶杆，同时也在其他每个型腔加入了 6 根 ϕ6mm 的顶杆。结果如图 3-49所示。

单击注塑模向导菜单条中的小图标，对加入的顶杆进行修剪操作；然后使用开腔命令，以顶杆为工具，对型芯、模架 B 板、e 板进行开腔操作，结果如图 3-50 所示。

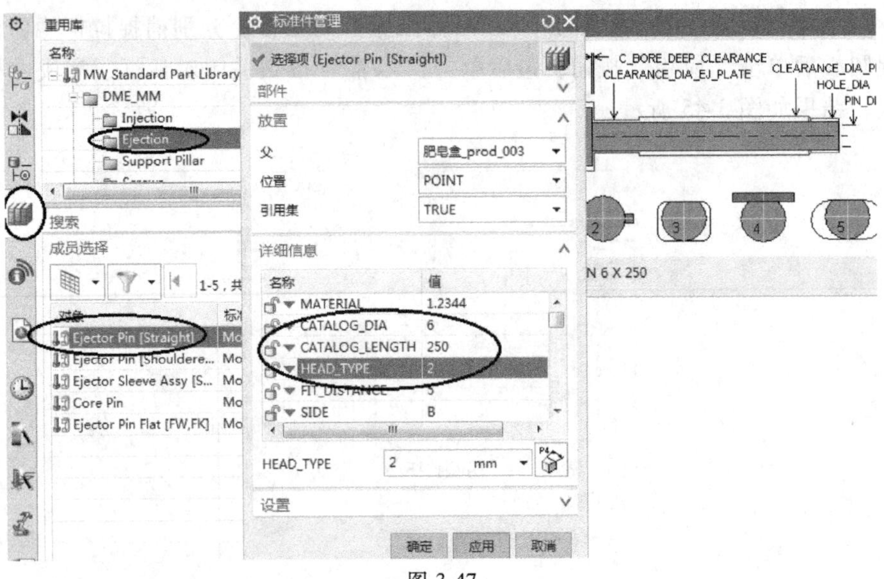

图 3-47

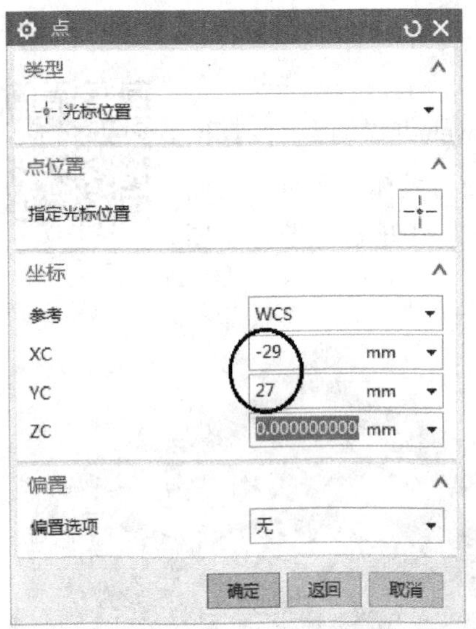

图 3-48

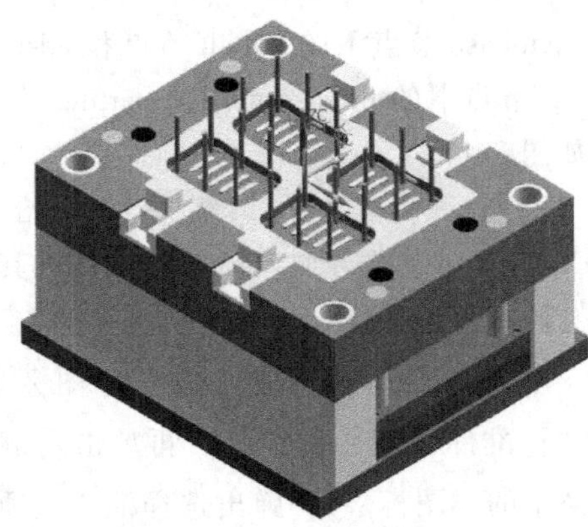
图 3-49

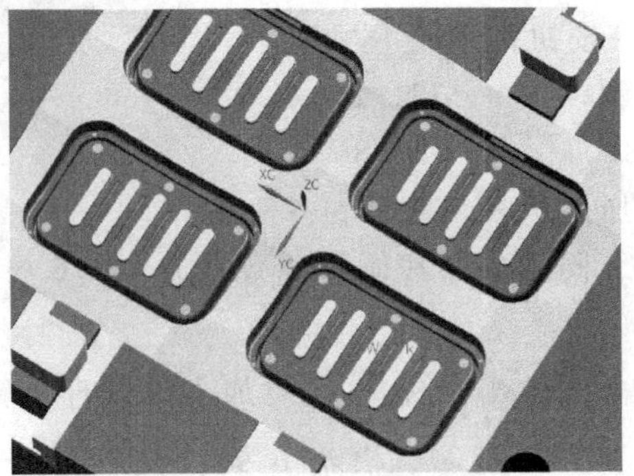
图 3-50

7. 加入树脂开闭器

再次打开“标准件管理”对话框，选项设定如图 3-51 所示，单击“确定”按钮，弹出“标准件位置”对话框，输入坐标值，在（0，160）和（0，-160）位置处加入两个树脂开闭器，结果如图3-52所示。

以开闭器为工具，对模架 A 板、B 板进行开腔操作。

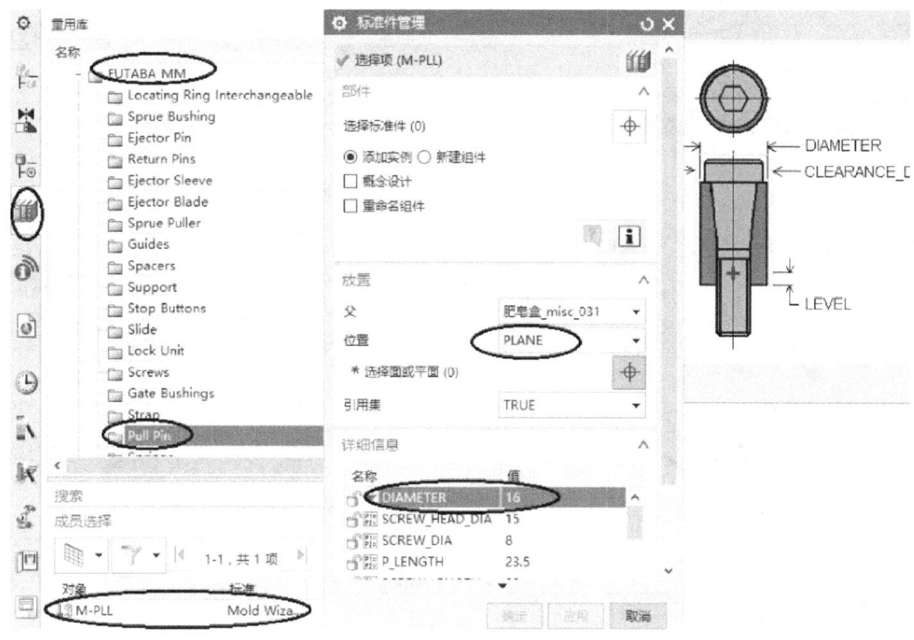

图 3-51

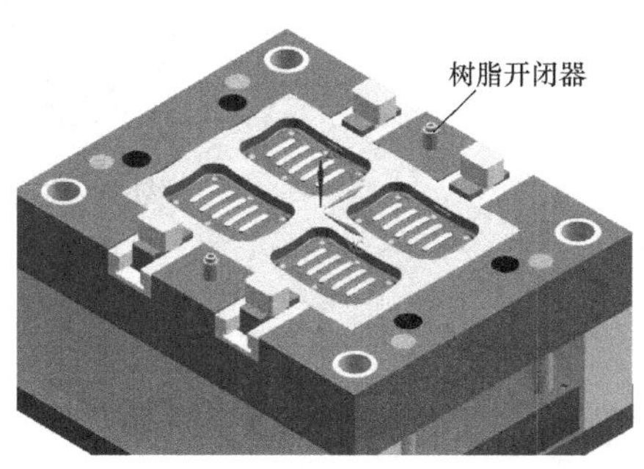

图 3-52

3.5　浇注系统设计

1. 添加浇口

单击注塑模向导菜单条中的小图标，出现“浇口设计”对话框，选项设定如图 3-53 所示，单击“应用”按钮；如图 3-54 所示，在弹出的“点”对话框中输入坐标，单击“确定”按钮，弹出“矢量”对话框；如图 3-55 所示，“类型”项下拉选择“-ZC 轴”，单击“确定”按钮，完成点浇口的添加，结果如图 3-56 所示。

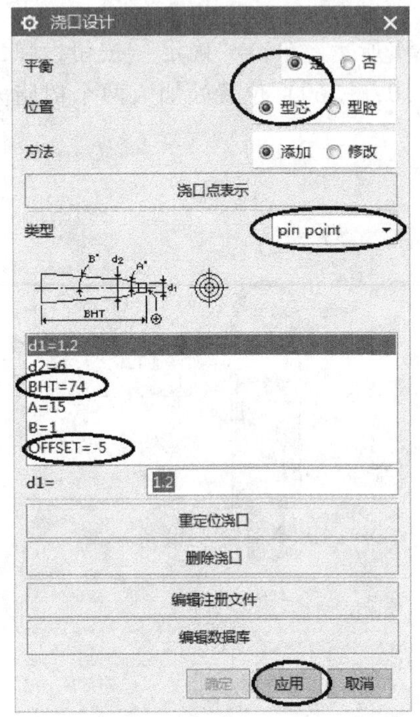

图 3-53

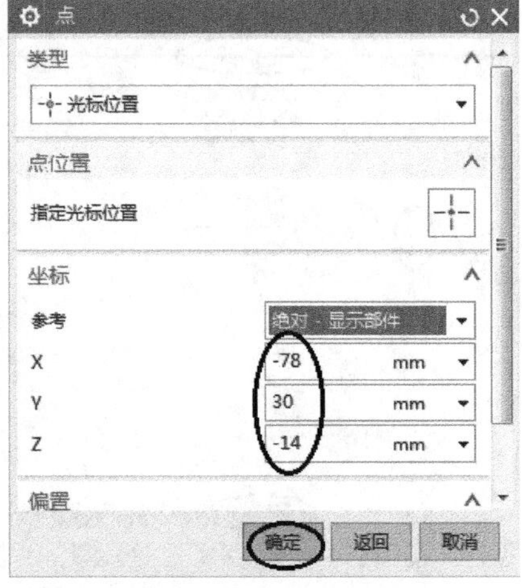

图 3-54

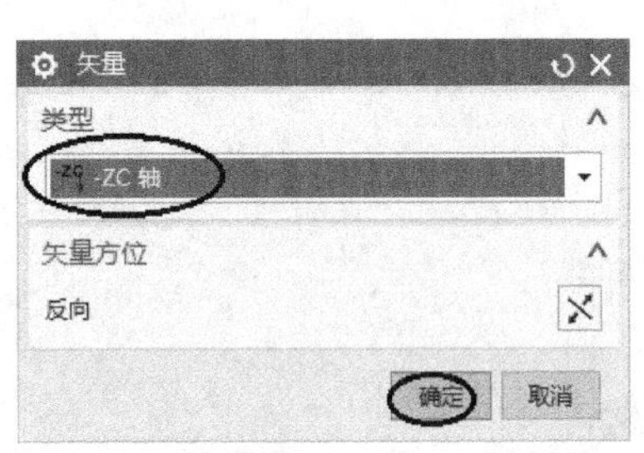

图 3-55

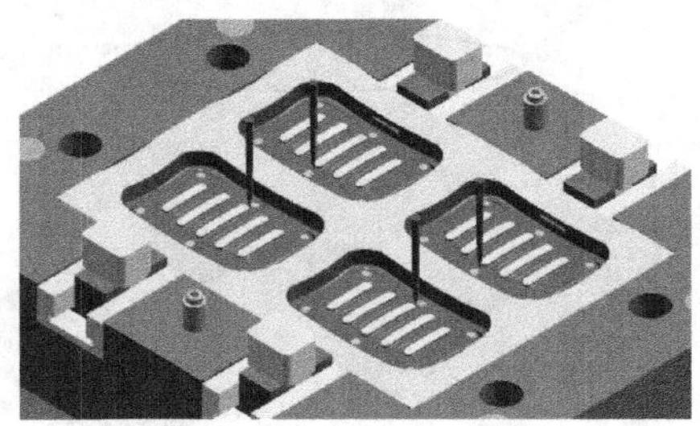
图 3-56

2. 添加流道

首先将 fill 节点设为工作部件，然后单击注塑模向导菜单条中的小图标，出现“流道”对话框，选项设定如图 3-57 所示，单击对话框“选择曲线”中的小图标，弹出“创建草图”对话框；选项设定如图 3-58 所示，单击“确定”按钮后进入草图绘制界面，绘制如图 3-59 所示的草图。

完成草图后，单击“流道”对话框的“确定”按钮，完成流道的创建，结果如图 3-60 所示。

以 A 板及型腔零件为目标体，以浇注系统为工具，对 A 板及型腔零件进行开腔，然后将浇注系统抑制掉。

3. 添加拉断浇口的销钉

为了使浇注系统在模具开模初期留在刮料板上，需在点浇口对应处设拉钉，以便第一次开模分型时将浇口拉断。

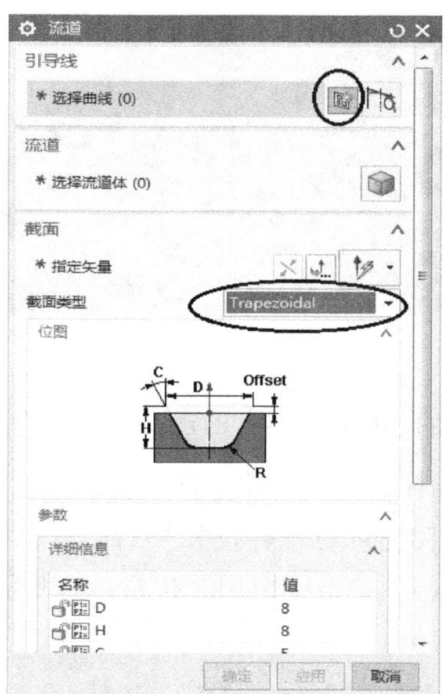

图 3-57

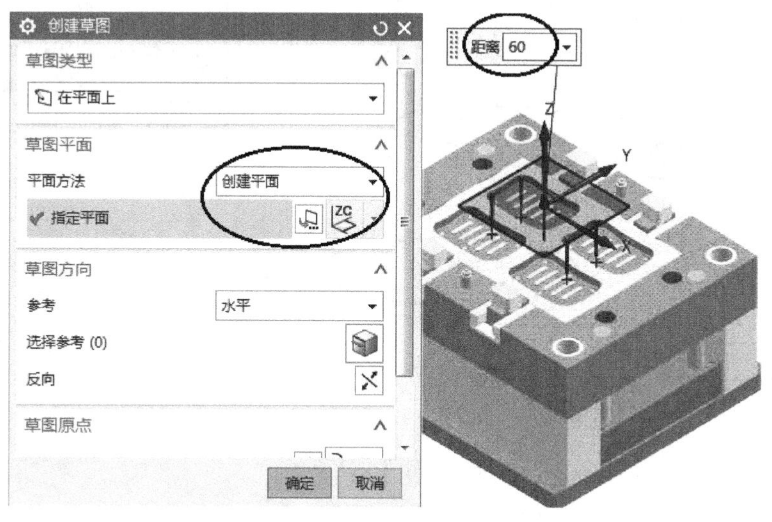

图 3-58

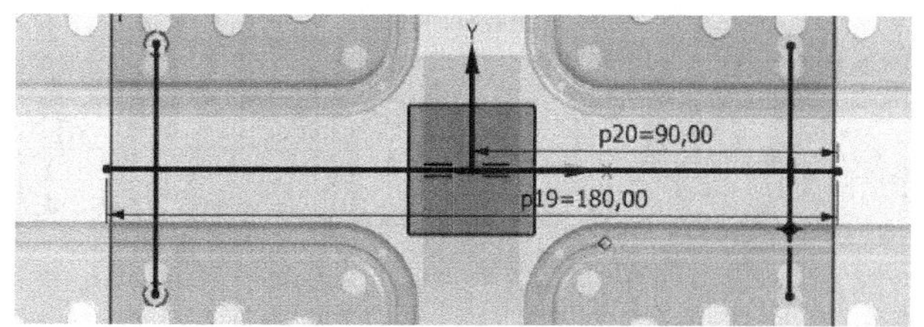

图 3-59

在“装配导航器”中打开 a_plate 节点、t_plate 节点、r_plate_节点，关闭其余节点。

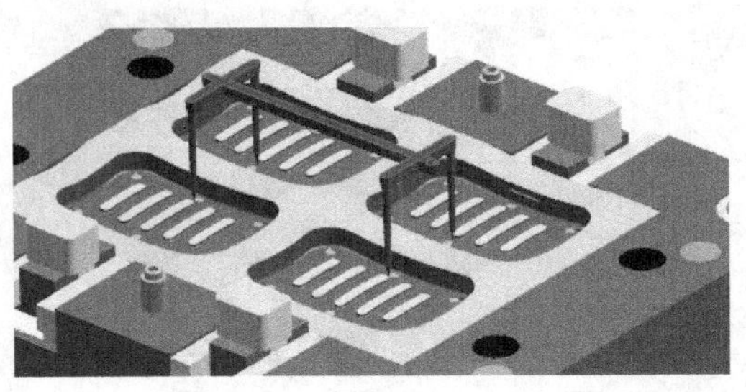

图 3-60

单击注塑模向导菜单条中的小图标，出现“标准件管理”对话框；再单击左侧资源工具条中的小图标，弹出选择框，选项设定如图 3-61 所示，选择定模座板的顶面为放置面，然后单击“应用”按钮；弹出“标准件位置”对话框，捕捉某浇口的圆心后单击“应用”按钮，再捕捉另一浇口圆心，单击“应用”按钮；如此重复，最后单击“确定”按钮，完成四个销钉的加入。

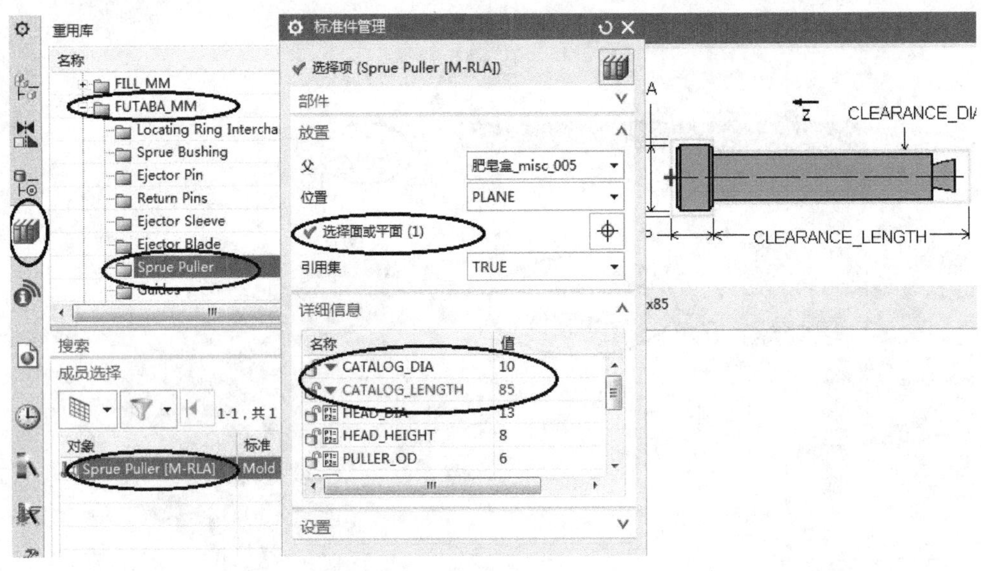

图 3-61

将图形置于“静态线框”模式，结果如图 3-62 所示。

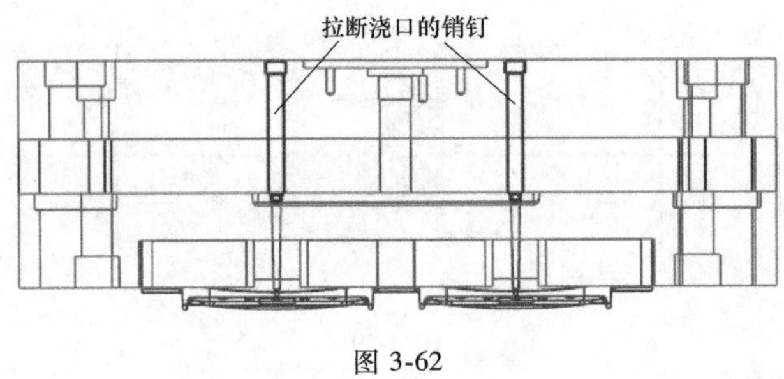

图 3-62

以拉断浇口的销钉为工具对相关零件进行开腔操作。

3.6　创建整体型腔、型芯

为使型腔、型芯便于加工及合模方便，对型腔、型芯做如下修改。

1. 创建整体型腔

在“装配导航器”里勾选 prod 节点下的 cavity 节点，关闭其他节点。使 combined 节点下的 comb-cavity 节点成为工作部件。

使用建模命令，单击“插入”→“关联复制”→“WAVE 几何链接器”，对话框选项设定如图 3-63 所示；使用“合并”命令，将四个新的型腔合成一体，结果如图3-64所示。

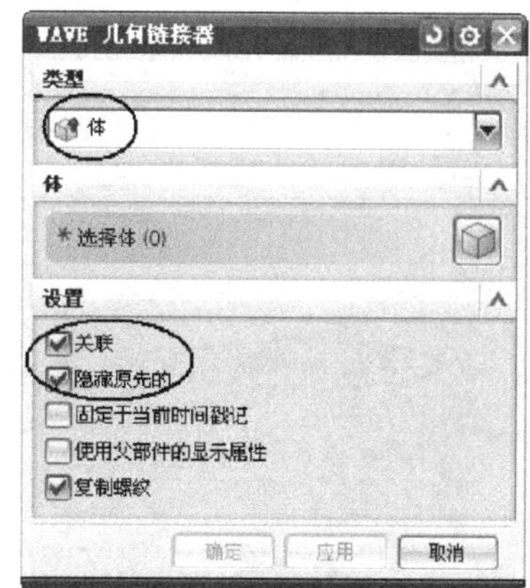

图 3-63

2. 创建整体型芯

以创建整体型腔同样的方法创建整体型芯，结果如图 3-65 所示。

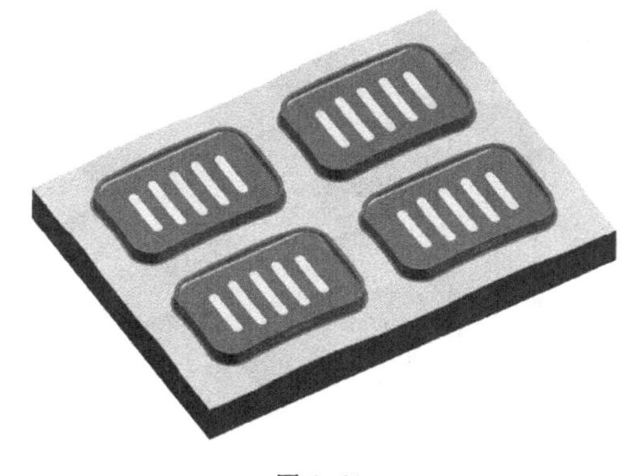
图 3-64

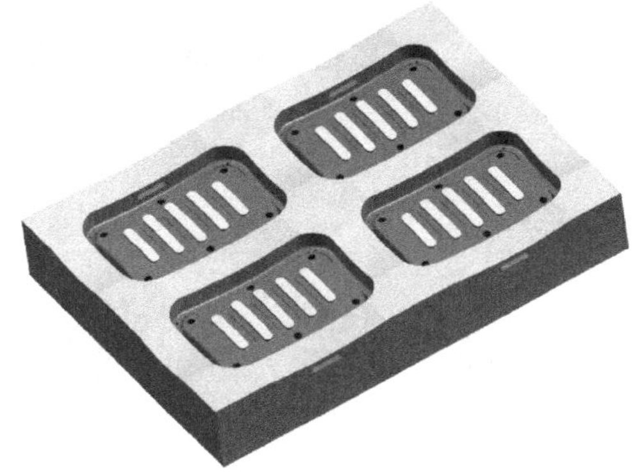
图 3-65

3.7　添加紧固螺钉及零件修整

1. 添加型腔与 A 板间紧固螺钉

在“装配导航器”中勾选 A 板及型腔零件相关节点，关闭其他节点。

单击注塑模向导菜单条中的小图标，出现“标准件管理”对话框；再单击左侧资源工具条中的小图标，弹出选择框，选项设定如图 3-66 所示，然后点选 A 板的顶面，再单击“确定”按钮，弹出图 3-67a 所示对话框；如图 3-67a 所示设置 X 偏置 、Y 偏置数据，单击“应用”按钮，此时在视窗图形上 A 板的点坐标（150，105）处出现了螺钉；然后在图 3-67b 所示的坐标数据框里修改位置坐标，(-150，105)，再单击“应用”按钮；重复以上步骤，在（-150，-105)、(150，-105）的坐标位置处也加入螺钉，最后单击“取消”按钮关闭对话框，垫板上出现 4 个紧固螺钉。最后，以螺钉为工具对 A 板和型腔零件开腔，可见 4 个紧固螺钉的清晰结构。

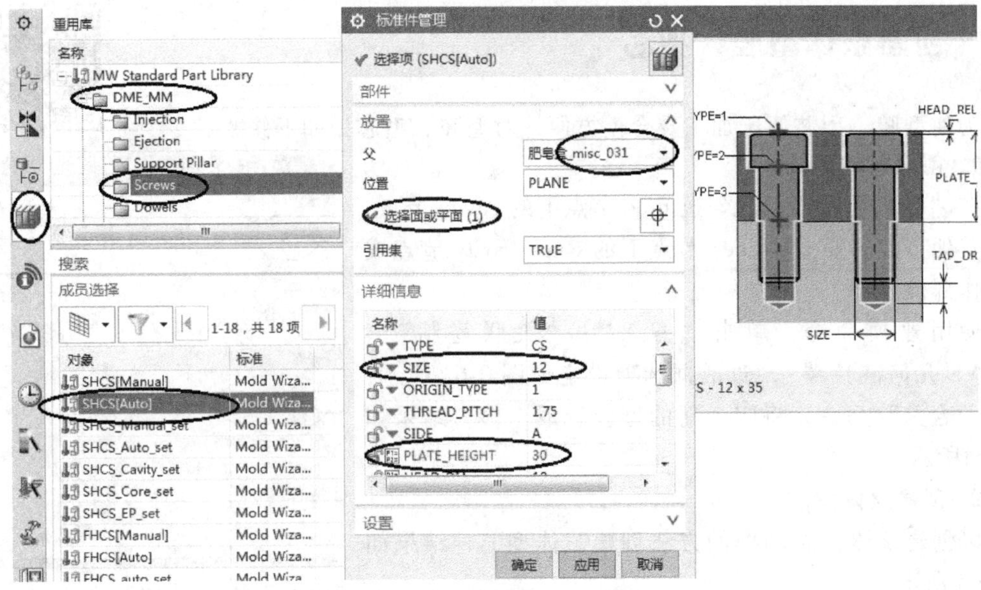

图 3-66

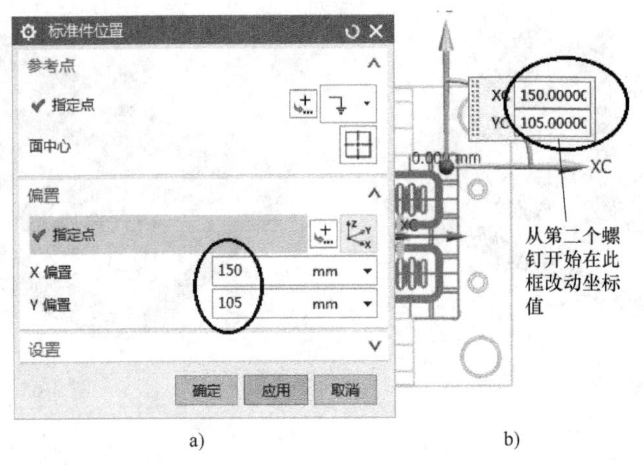

a) b)

图 3-67

2. 添加型芯与 B 板间紧固螺钉

以添加型腔与 A 板间紧固螺钉同样的方法，在型芯零件的 4 个角落处加入连接型芯零件与 B 板的 4 个 M12 螺钉，需要注意的是，在设定“标准件管理”参数时，“PLATE_HEIGHT”值为“40”。

使用开腔命令，以螺钉为工具对 B 板和型芯零件开腔。

3. 添加侧向滑块与模架间紧固螺钉

（1）添加导轨紧固螺钉　单击注塑模向导菜单条中的小图标，出现“标准件管理”对话框；再单击左侧资源工具条中的小图标，弹出选择框，选项设定如图 3-68 所示，单击“应用”按钮，弹出“标准件位置”对话框；在“标准件位置”对话框中依次输入 4 个绝对坐标点（-103，181）、(-103，141)、(-54，141)、(-54，181)，注意每改变一次坐标值需单击“应用”按钮，完成 4 个 M4 紧固螺钉的添加。

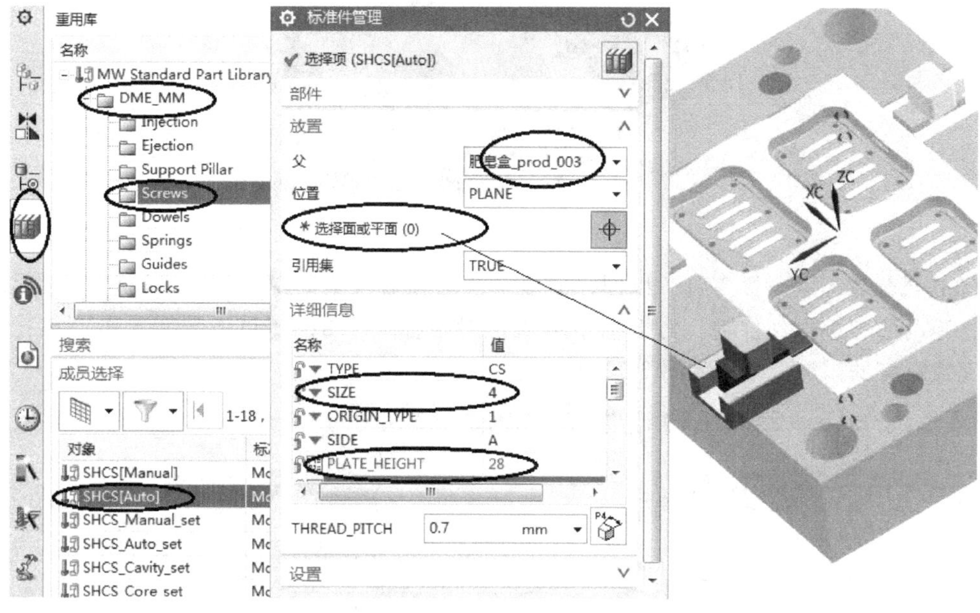

图 3-68

（2）添加滑块定位螺钉　以同样的步骤添加滑块定位螺钉，选项设定如图 3-69 所示；在弹出的“标准件位置”对话框中输入绝对坐标（-78，195），最后单击“确定”按钮，完成螺钉的添加。结果如图 3-70 所示。

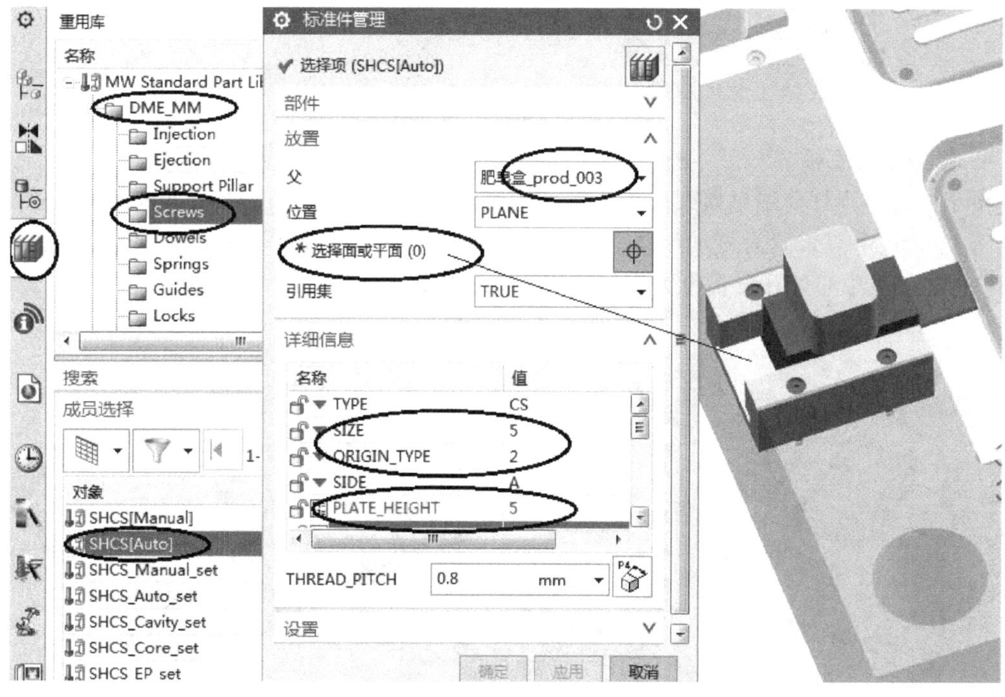

图 3-69

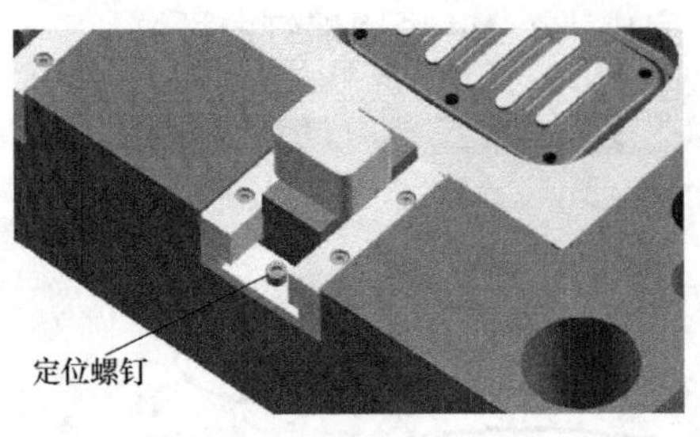

图 3-70

（3）添加锁紧块紧固螺钉　以同样的步骤添加锁紧块紧固螺钉，选项设定如图 3-71 所示；在弹出的“标准件位置”对话框中输入绝对坐标（-78，156），最后单击“确定”按钮，完成螺钉的添加。结果如图 3-72 所示。

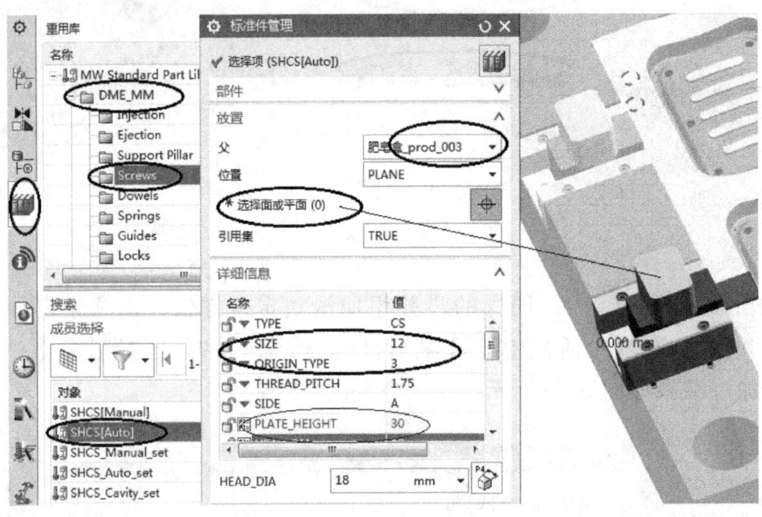

图 3-71

4. 修整模架底板

由于注塑机顶杆要通过模架底板才能推动模具的顶出机构，所以要在模架底板打孔。

将 l_plate_节点设置为显示部件，利用“挖孔”命令（主菜单“插入”→“设计特征”→“孔”）在底板中心处开设直径为 30mm 的孔，结果如图 3-73 所示。

图 3-72

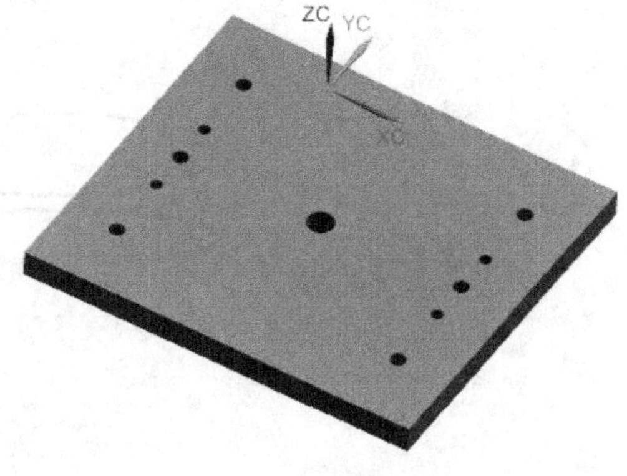

图 3-73

3.8　冷却系统设计

1. 建立动模水道

“装配导航器”中勾选 core 节点、cavity 节点，并将 cool_ side_ a 节点设为工作部件，如图 3-74 所示。

单击注塑模向导菜单条中的小图标，出现模具冷却工具条，如图 3-75 所示。

图 3-74

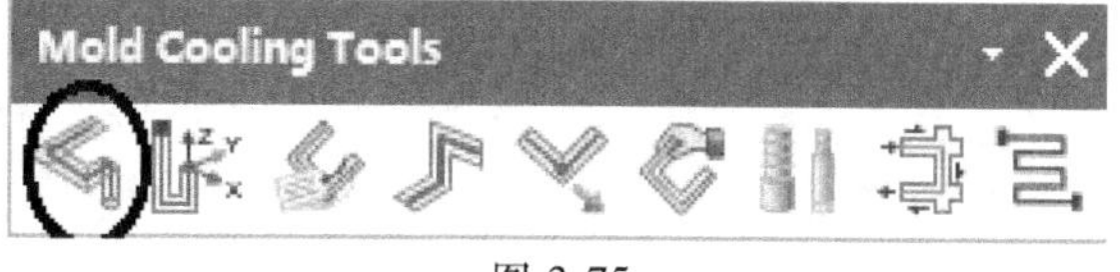

图 3-75

单击模具冷却工具条中的小图标，弹出“图样通道”对话框；如图 3-76 所示，单击“选择曲线”图标，又弹出“创建草图”对话框，选项设定如图 3-77 所示，单击“确定”按钮后在分型面下 35mm 处绘制如图 3-78 所示的草图（草图的位置避开型腔及顶杆）。

图 3-76

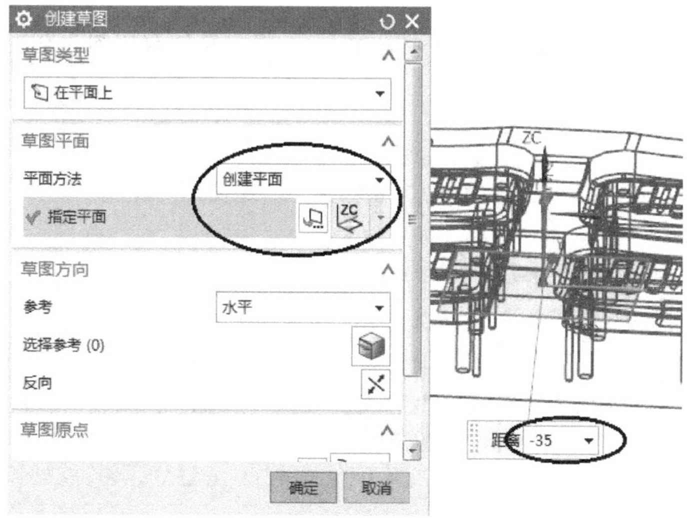

图 3-77

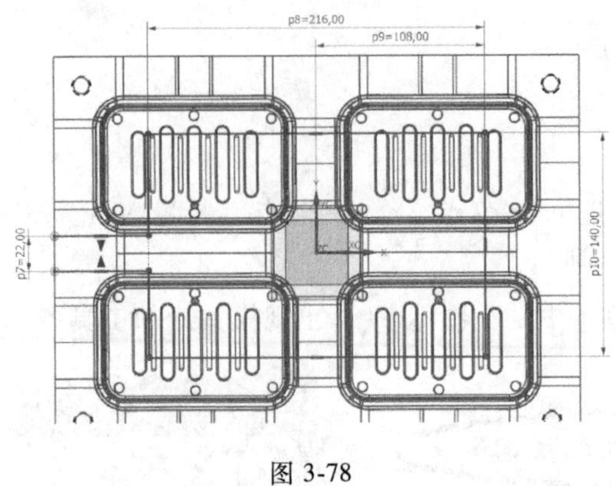

图 3-78

完成草图后，单击“确定”按钮，完成水道的建立，结果如图 3-79 所示。

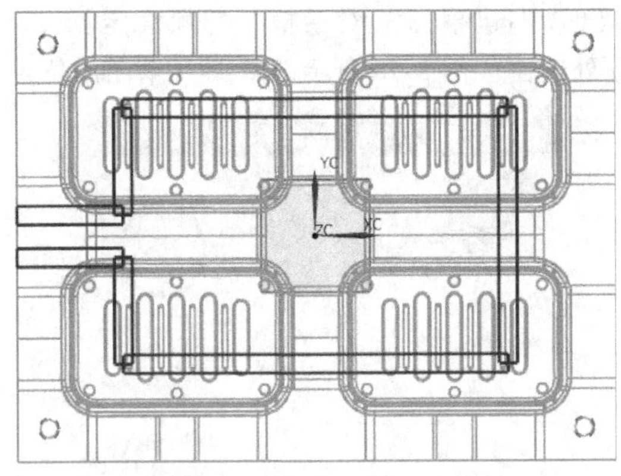

图 3-79

单击模具冷却工具条中的延伸水路小图标，将水路修改成图 3-80 所示的式样。

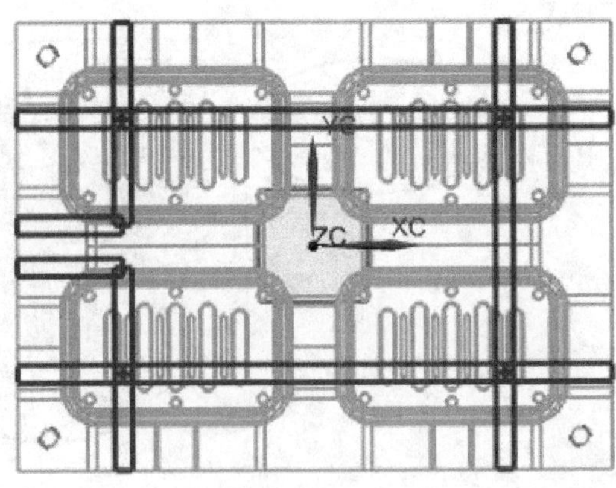

图 3-80

2. 加入管接头

单击模具冷却工具条中的小图标，弹出“冷却组件设计”对话框；再单击左侧资源工具条中的小图标，出现选择框；选项设定如图 3-81 所示，然后点选安装平面，再单击“应用”按钮，弹出“标准件位置”对话框，再分别点选进、出水道的圆心（每点选一次圆心单击一次“应用”按钮），最后单击“取消”按钮关闭对话框，完成进、出水道管接头的加入，结果如图 3-82 所示。

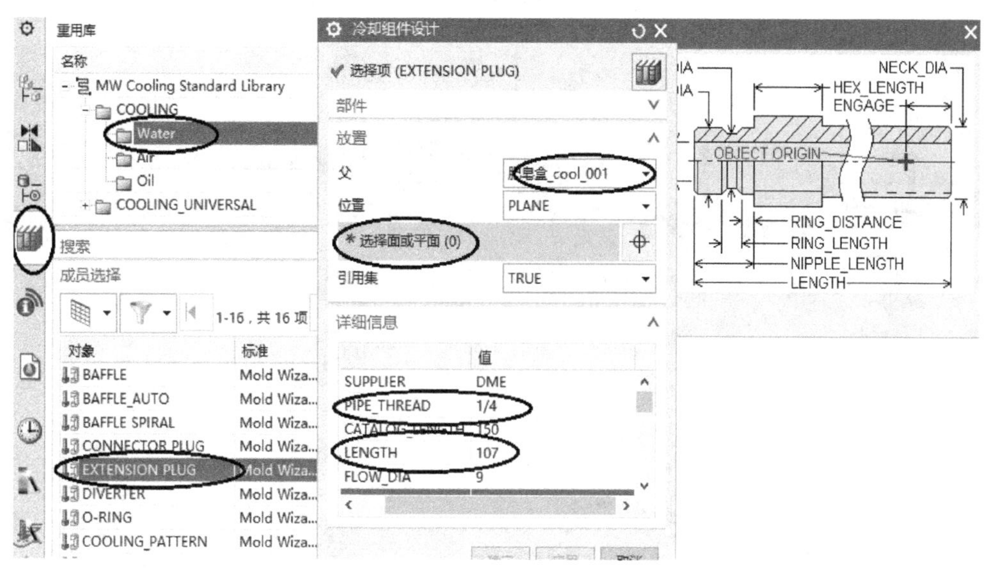

图 3-81

3. 加入堵头

单击模具冷却工具条中的小图标，弹出“冷却组件设计”对话框；再单击左侧资源工具条中的小图标，出现选择框；选项设定如图 3-83 所示，然后点选具有水道口的一个端面，再单击“应用”按钮，弹出“标准件位置”对话框；点选端面上的水道口圆心，单击“应用”按钮，加入一个堵头。若另一个堵头在同一端面上，则继续点选另一个水道口圆心，单击“应用”按钮，加入另一个堵头，最后单击“取消”按钮，完成一个端面的堵头加入。

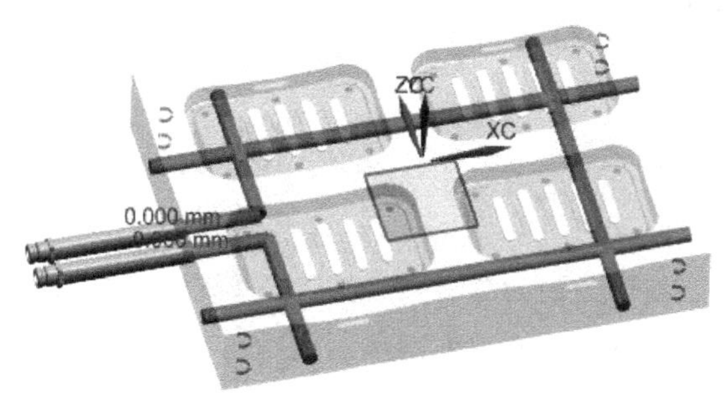

图 3-82

重复上述步骤完成各个端面的堵头加入。完整的动模冷却系统结构如图 3-84 所示。

4. 建立定模水道

单击“装配”→“组件”→“镜像装配”，弹出“镜像装配向导”对话框，单击“下一步”→点选动模的冷却系统→“下一步”→点选镜像平面（低于分型面 10mm 的基准面为镜像平面），然后连续单击三个“下一步”→“完成”，结果如图 3-85 所示。

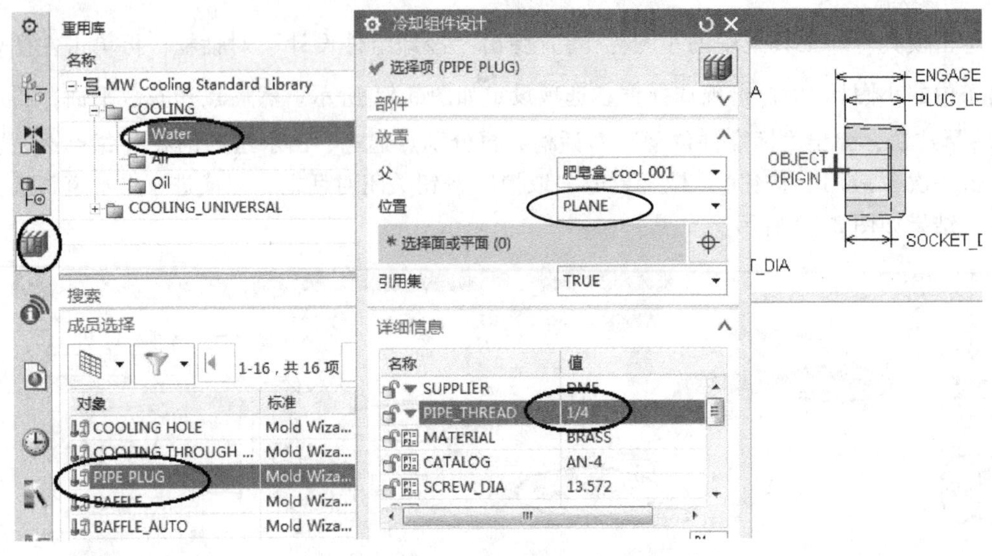

图 3-83

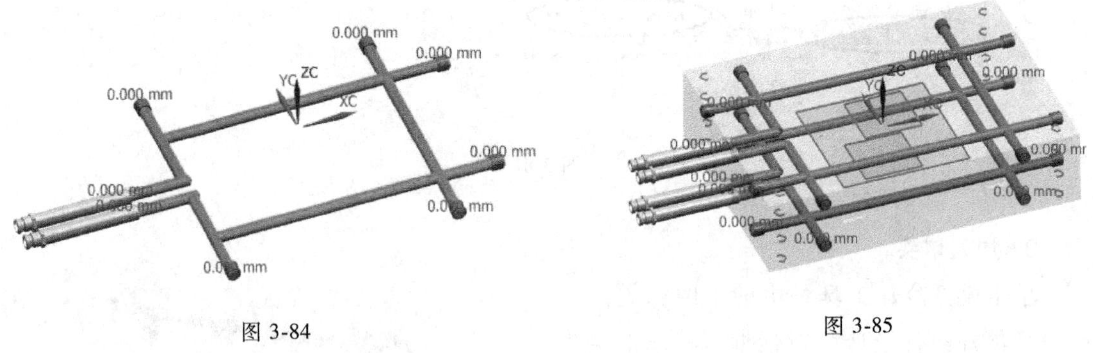

图 3-84　　　　图 3-85

5. 开腔

使用开腔命令，以冷却系统为工具对型芯、型腔、模架 A 板及 B 板进行开腔操作，完成后将冷却水道抑制掉。

3.9　绘制模具二维总装配图

1. 三维模型转换为二维工程图

“抑制”所有非模具零件的节点，例如水道、流道等，打开模具所有的零部件节点，并将最高一级 top 节点设为工作部件。模具图的俯视图通常去掉定模部分，即直接从动模部分画俯视图，以利于清楚地展示型腔及浇注系统。因此需要将动、定模组件分别显示。

首先，关闭模架以及动模上的所有组件节点，此时视窗中的图形如图 3-86 所示。

单击注塑模向导菜单条中的小图标，弹出模具画图工具条；单击模具画图工具条中的第 1 个小图标，弹出“装配图纸”对话框；选项设定如图 3-87 所示，然后框选图 3-86 中的定模组件，单击“应用”→“取消”，将所有定模组件属性指派为“A”。

图 3-86

图 3-87

再关闭所有定模组件，打开动模组件，图形如图 3-88 所示；重复前述步骤，打开“装配图纸”对话框，选项设定如图 3-89 所示，“属性值”为“B”；然后框选图 3-88 中的动模组件，单击“应用”→“取消”，将所有动模组件属性指派为“B”。

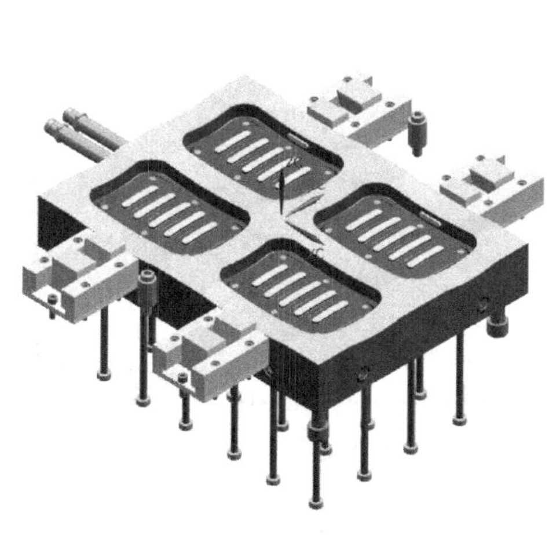

图 3-88

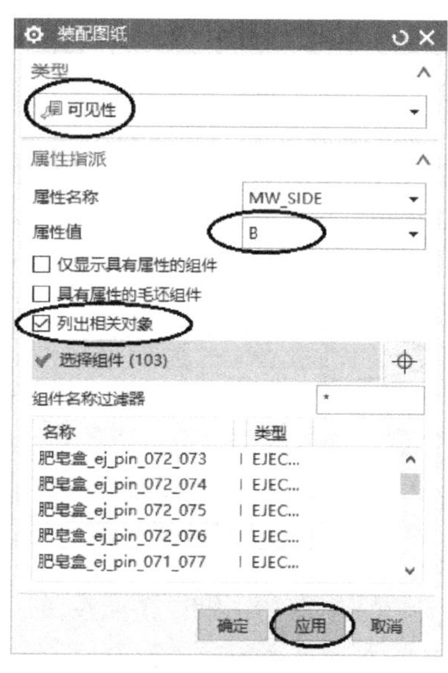

图 3-89

打开包括模架在内的所有模具组件的节点，图形如图 3-90 所示。

图 3-90

单击模具画图工具条中的第 1 个小图标，弹出“装配图纸”对话框，选项设定如图 3-91所示，最后单击“应用”→“取消”，进入 A0 图纸界面，如图 3-92 所示。

单击主菜单“启动”→“制图”，弹出“视图创建向导”对话框，单击“取消”按钮，进入制图模块。

单击小图标，弹出“基本视图”对话框，选项设定如图 3-93 所示；首先添加左视图为基本视图，再投影俯视图，如图 3-94 所示。

图 3-91

图 3-92

为了在主视图里反映模具的型芯、型腔、侧抽芯、顶杆及模架特征，剖切位置必须经过导柱、拉杆、成型零件、侧向型芯、浇口、顶杆等。

图 3-93

图 3-94

双击俯视图，弹出“设置”对话框，选项设定如图 3-95 所示，然后单击“确定”按钮，俯视图显示内部的零件轮廓，如图 3-96 所示。

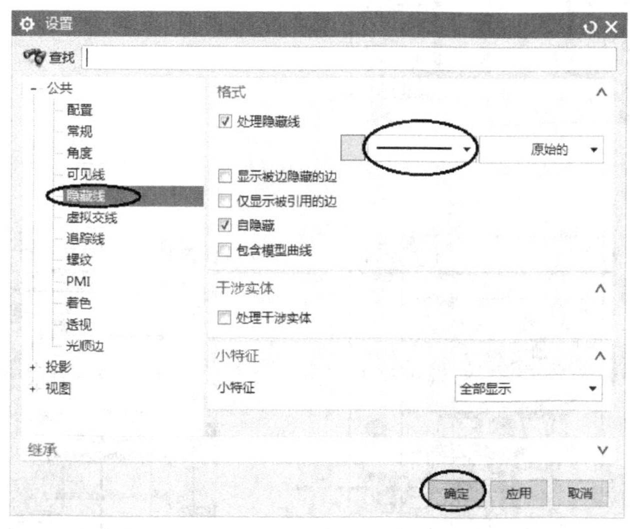

图 3-95

使用“剖视图”命令，剖切位置经过模架的拉杆、导柱、顶杆、成型零件、浇口等，如图 3-97 所示的 *A-A* 剖切线。投影出相应的主视图，并删除原主视图，再将主视图沿 *B-B* 剖切线投影左视图，如图 3-97 所示。

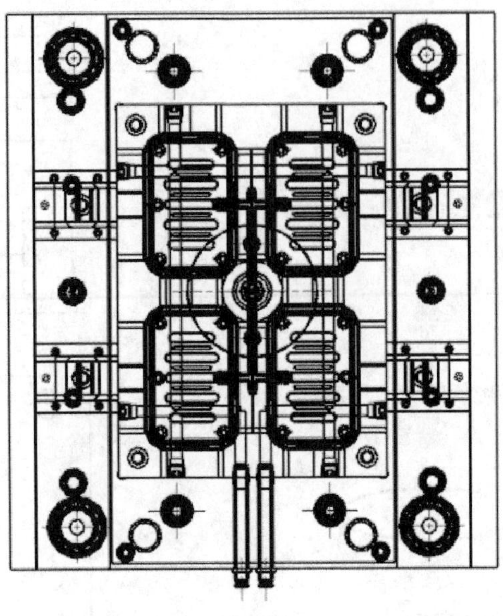

图 3-96

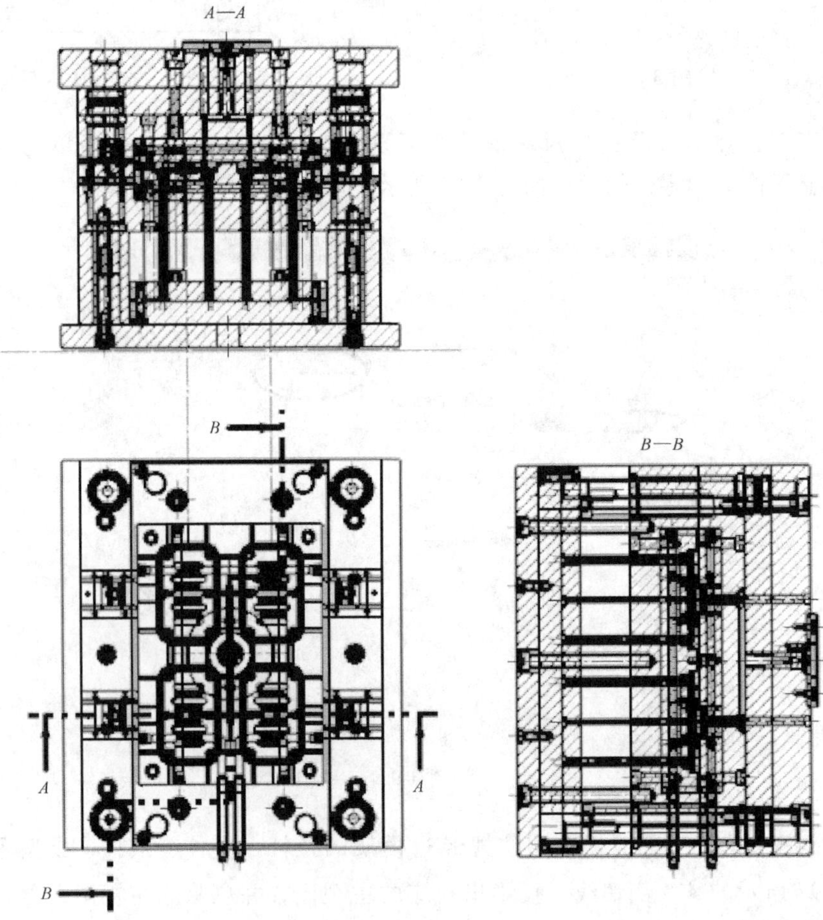

图 3-97

双击主视图，弹出“设置”对话框，将“隐藏线”设为“不可见”，将“光顺边”中“显示光顺边”的勾选去掉，如图 3-98 所示。以同样的方法将左视图及俯视图的隐藏线设为“不可见”，并去掉“显示光顺边”的勾选。每个步骤操作完单击“应用”按钮。

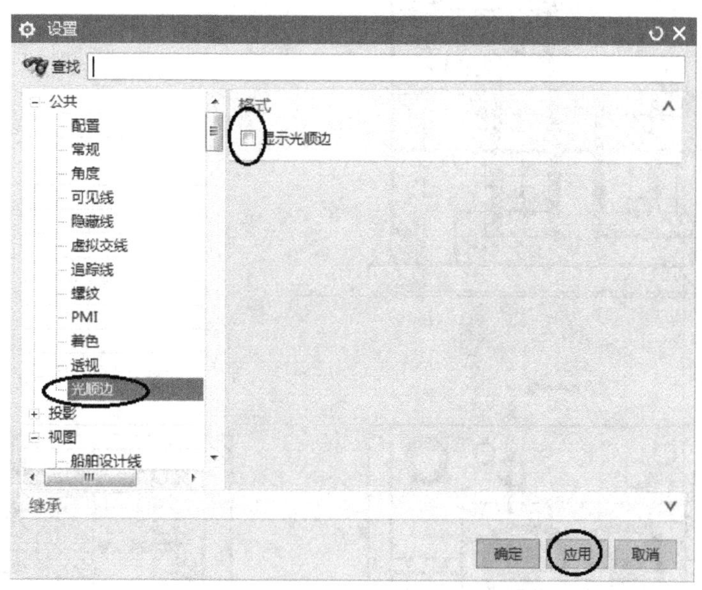

图 3-98

单击模具画图工具条中的第 1 个小图标，弹出“装配图纸”对话框，选项设定如图 3-99所示，最后单击“确定”按钮，三视图如图 3-100 所示。

图 3-99

图 3-100 所示剖视图中各个零件的剖面线方向及间距都一样，需要修改，使相邻零件的

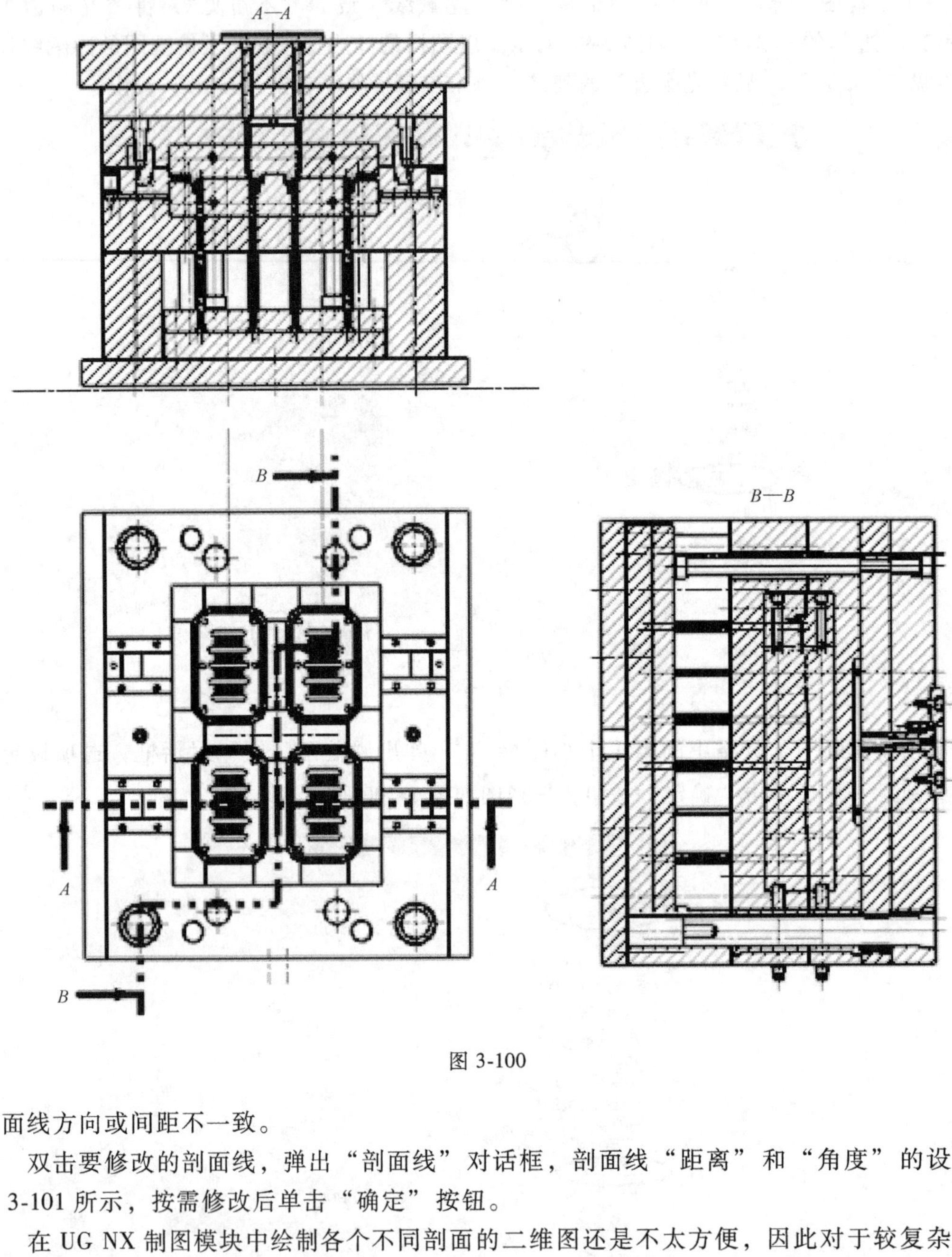

图 3-100

剖面线方向或间距不一致。

双击要修改的剖面线，弹出“剖面线”对话框，剖面线“距离”和“角度”的设置如图 3-101 所示，按需修改后单击“确定”按钮。

在 UG NX 制图模块中绘制各个不同剖面的二维图还是不太方便，因此对于较复杂的图形，在生成各向视图后，可转换成 AutoCAD 文件，在 AutoCAD 软件下修改和标注尺寸比较方便。

2. UG 二维工程图转换为 AutoCAD 文件图

在 UG NX 制图模块中画好二维工程图后，单击主菜单“文件”→“导出”→“AutoCAD DXF/DWG...”，出现图 3-102 所示对话框；在“输出 DWG 文件”栏目里设置 AutoCAD 文件要存放的路径，单击“完成”按钮；稍后，出现“导出转换作业”对话框，再单击该对话框中的“是”按钮，将 UG 二维工程图转换成 AutoCAD 图形文件。

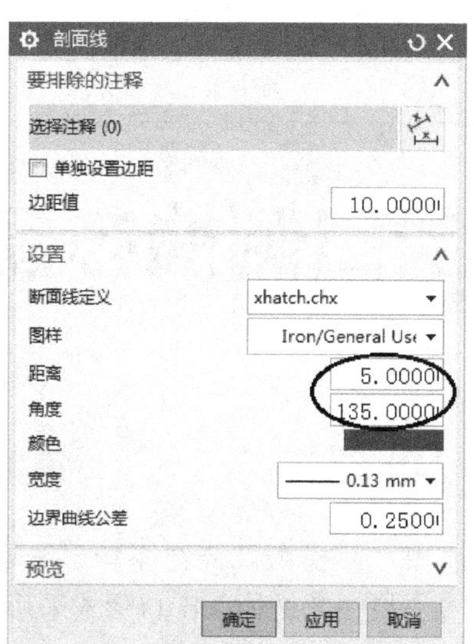

图 3-101

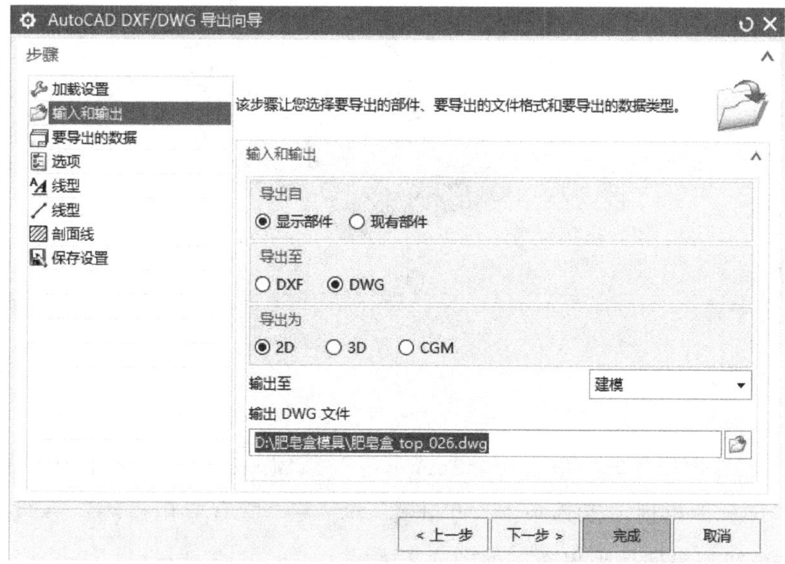

图 3-102

最后，根据我国的制图标准及简单清楚地呈现各个零部件装配关系的表达原则，在 Auto CAD 软件中将 UG 二维工程图转换的图绘制成模具二维总装配图。

第4章 一模一腔侧浇口侧抽芯模具设计

4.1 基本思路

如图 4-1 所示为注塑成型盖板产品模型及浇注系统。考虑到实际生产过程中的批量情况，成型模具选用大水口模架，一模一腔结构，浇口形式采用侧浇口，产品推出采用顶杆顶出机构，顶杆分布在产品四周。

图 4-1

4.2 模具分型设计

在 UG NX 软件操作界面，单击“添加或移除”按钮→“标准”→“启动”按钮，启动▾图标即出现在工具条中。单击启动▾→“所有应用模块”→“注塑模向导”，在视窗上方出现注塑模向导菜单条，如图 4-2 所示。

图 4-2

1. 加载产品

首先建一个文件夹，命名为“盖板模具”，将盖板产品模型文件复制到该文件夹内。

单击注塑模向导菜单条中的小图标，弹出“打开”对话框，在“盖板模具”文件夹里选择需要加载的产品零件文件“盖板.prt”，出现图 4-3 所示对话框，存放“路径”可改。对话框的“材料”项下拉选“ABS”材料，“收缩”项（材料收缩率）的数值根据所选材料自动默认为“1.006”，然后单击“确定”按钮，视窗中出现图 4-4 所示产品模型。

图 4-3

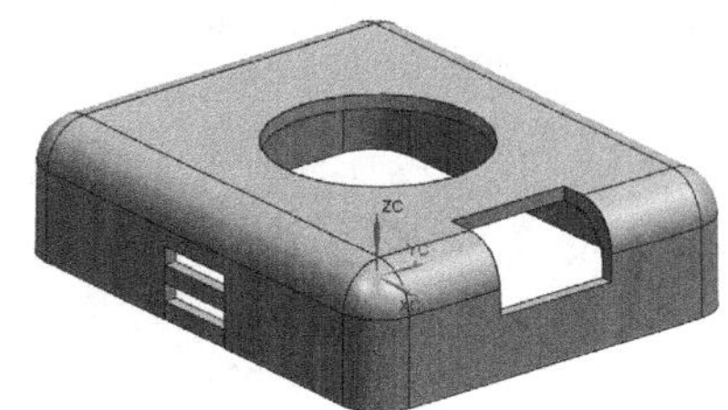

图 4-4

2. 定义模具坐标系

单击注塑模向导菜单条中的小图标，出现图 4-5 所示对话框，选中“更改产品位置”中的“选定面的中心”选项，“选择对象”选中模型底平面，单击“确定”按钮，完成模具坐标系的设定。

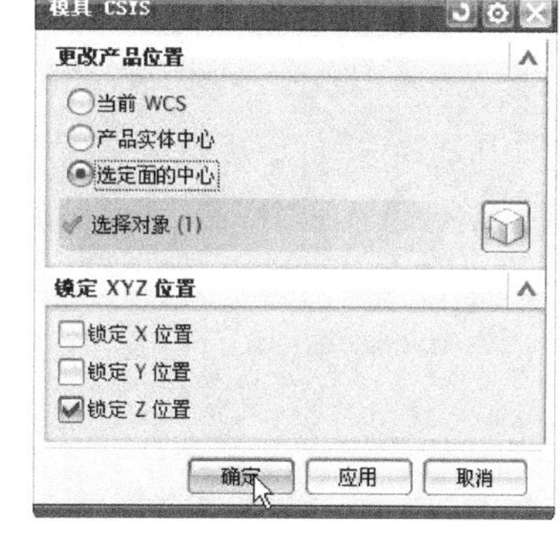

图 4-5

3. 定义成型镶件（模仁）

单击注塑模向导菜单条中的小图标，出现“工件”对话框。尺寸设定如图 4-6 所示，其他参数默认，单击“确定”按钮，完成了成型镶件的添加。

4. 定义腔体

单击注塑模向导菜单条中的小图标，出现“型腔布局”对话框，如图 4-7 所示。对话框中各个参数默认，单击“编辑布局”中的“编辑插入腔”图标，弹出“刀槽”对话框；设置“R”值为“10”，“type”值为“2”的腔体形式，如图 4-8 所示，单击“确定”按钮，生成图 4-9 所示的腔体；单击“关闭”按钮，完成腔体的设定。需要说明的是，腔体的作用只是用来对动、定模板进行开腔。

在“装配导航器”中关闭 misc 节点，隐藏腔体。

5. 提取区域面、分型线，补圆孔

单击注塑模向导菜单条中的小图标，出现图 4-10 所示模具分型工具条。

1）单击模具分型工具条中的第 1 个小图标，出现图 4-11 所示“检查区域”对话框，单击“计算”选项卡中的“计算”图标。

单击“区域”选项卡，对话框如图 4-12 所示，单击“设置区域颜色”图标，此时产品模型呈现橙、蓝两种颜色，型腔区域（凹模区域）为橙色，型芯区域（凸模区域）为蓝色，如图 4-13 所示，单击“确定”按钮。

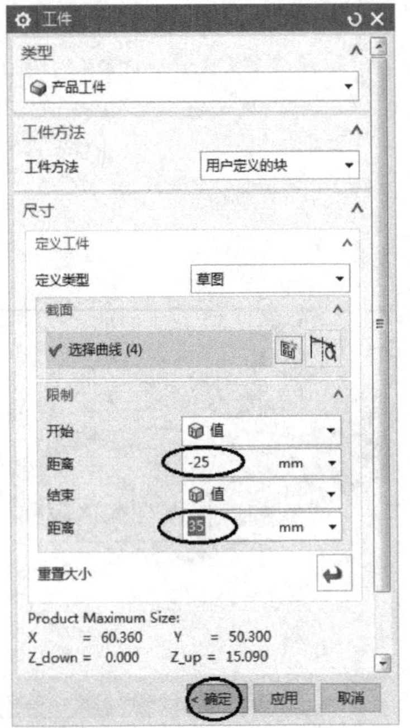

图 4-6

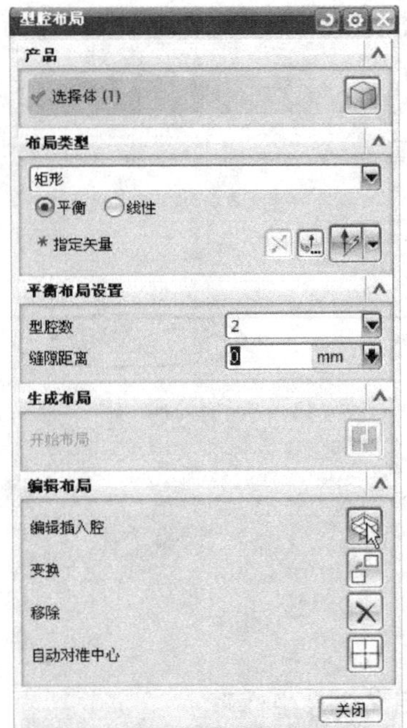

图 4-7

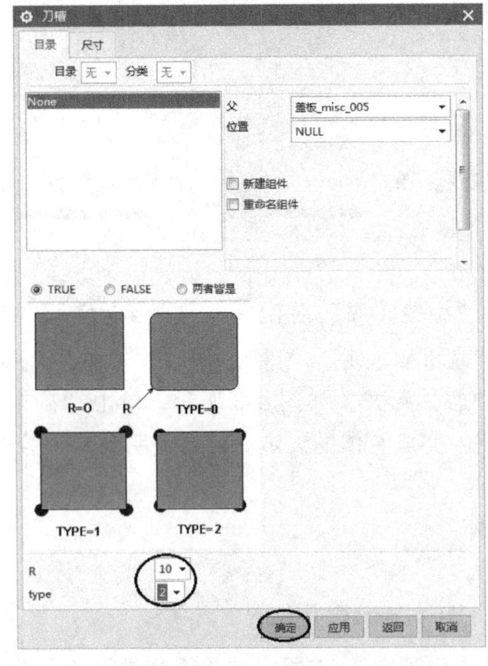

图 4-8

图 4-9

图 4-10

2）单击模具分型工具条中的第 2 个小图标，出现图 4-14 所示“边修补”对话框；“类型”选择“体”，然后点选产品模型，再单击“确定”按钮，完成圆孔及弧面的边补片工作，模型如图 4-15 所示。

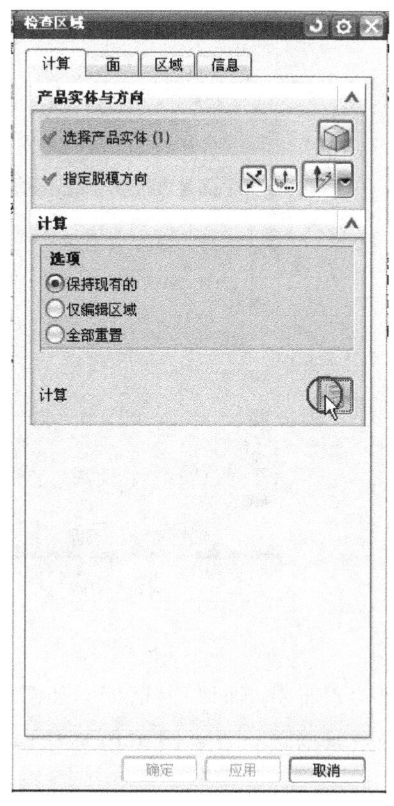

图 4-11

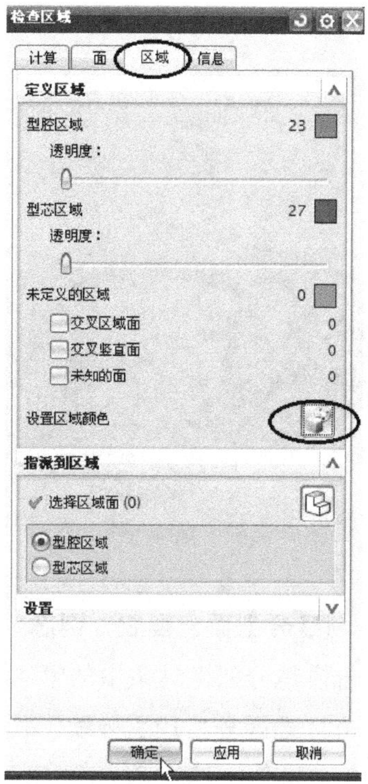

图 4-12

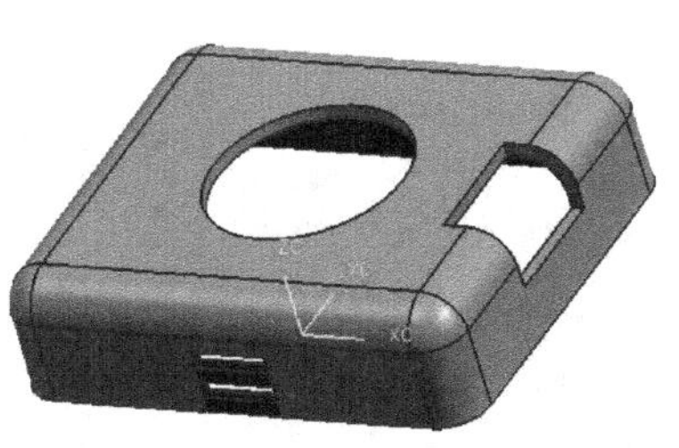

图 4-13

图 4-14

3）单击模具分型工具条中的第 3 个小图标弹出“定义区域”对话框；如图 4-16 所示勾选“创建区域”和“创建分型线”，单击“确定”按钮，完成分型区域和分型线的创建。

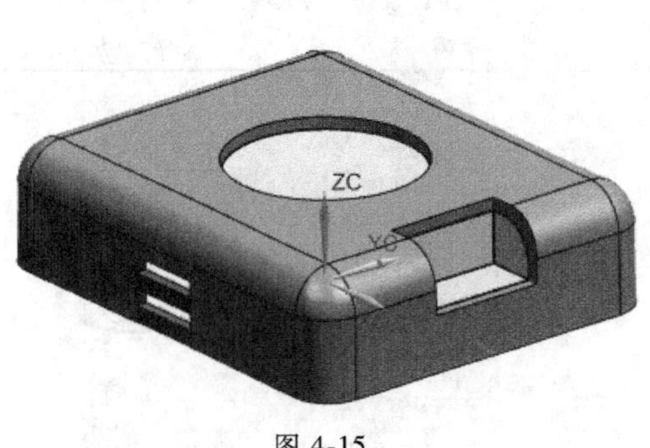

图 4-15

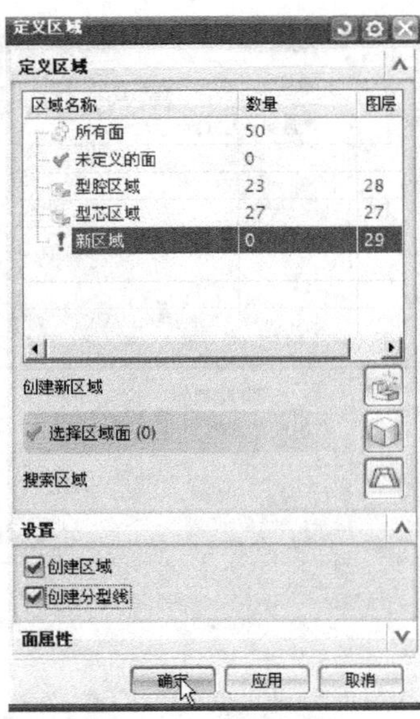

图 4-16

6. 创建分型面、型腔、型芯

单击模具分型工具条中的第 4 个小图标，出现“设计分型面”对话框；如图 4-17 所示，单击“选择分型或引导线”图标，弹出图 4-18 所示对话框；点选图 4-19 所示两条引导

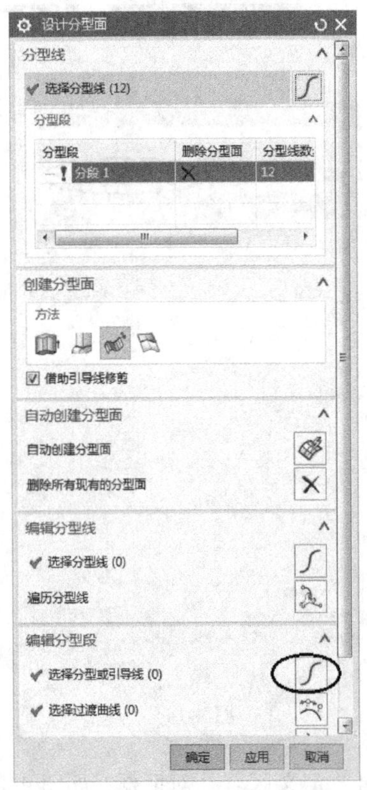

图 4-17

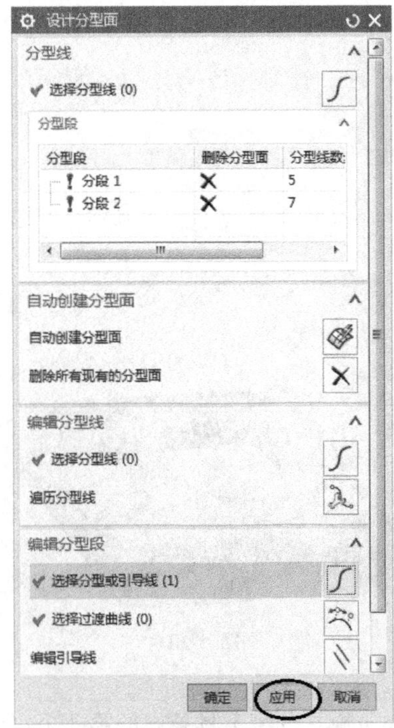

图 4-18

线，然后单击“应用”→“应用”→“确定”，完成分型面的创建，结果如图 4-20 所示。

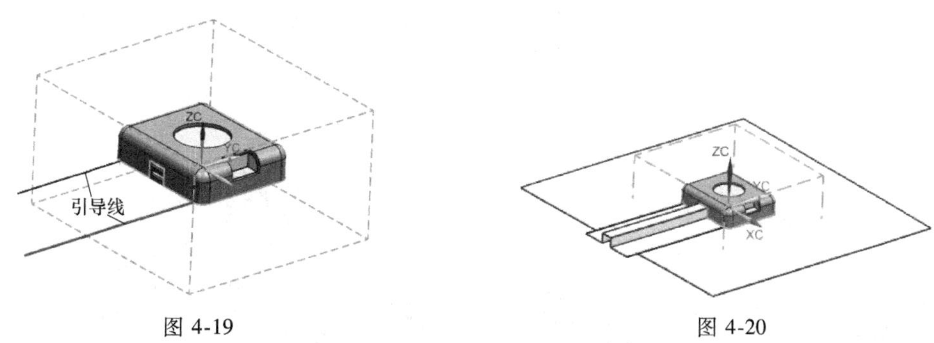

图 4-19　　　　图 4-20

单击模具分型工具条中的第 6 个小图标，出现图 4-21 所示“定义型腔和型芯”对话框，“区域名称”选中“所有区域”，单击“确定”→“确定”→“确定”，完成型芯、型腔的构建。但此时视窗图形仍如图 4-20 所示。

单击视窗左侧竖直工具条中的“装配导航器”图标，出现图 4-22 所示“装配导航器”。

如图 4-23 所示，右击 parting 节点，选择“显示父项”→top 节点，再双击 top 节点。此时，分模工作已经完成，线框图如图 4-24 所示。

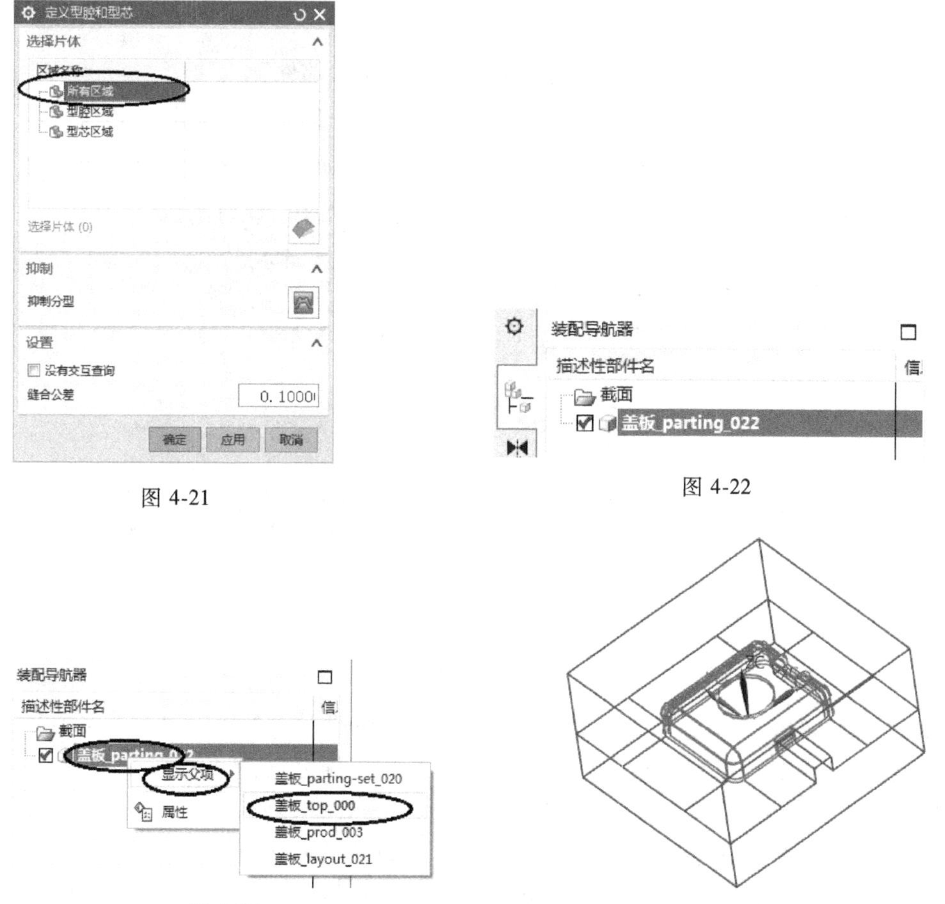

图 4-21　　　　图 4-22

图 4-23　　　　图 4-24

单击 layout 节点下的 prod 节点，可见很多文件，关闭所有的节点，再分别打开 cavity 节点和 core 节点，可查看分模后的型腔及型芯，如图 4-25、图 4-26 所示。单击主菜单“文件”→“全部保存”，保存所有的文件。

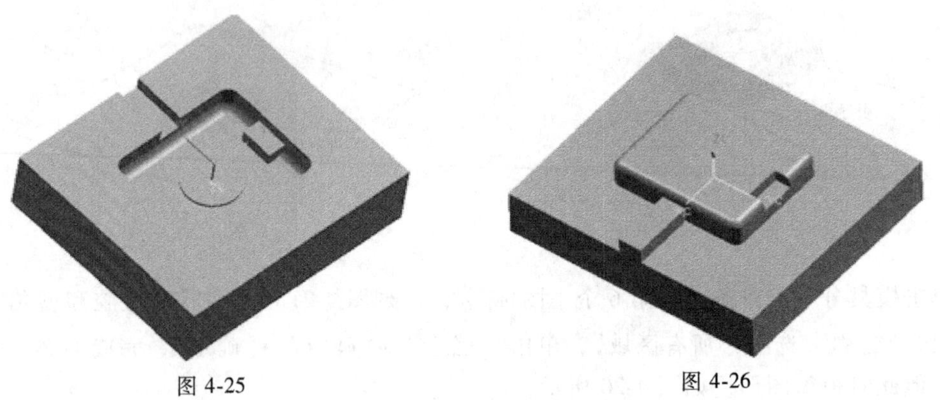

图 4-25　　　　图 4-26

4.3　滑块设计

1. 分割滑块头

在“装配导航器”中右击 core 节点，选择“设为显示部件”。

单击注塑模向导菜单条中的小图标，出现注塑模工具条。单击工具条中的小图标，弹出图 4-27 所示“分割实体”对话框，单击“选择实体”，点选型芯零件；单击“选择对象”，点选图 4-27 所示的侧面，单击“应用”按钮，型芯被切割成两块，结果如图 4-28 所示，完成型芯的第一次分割。

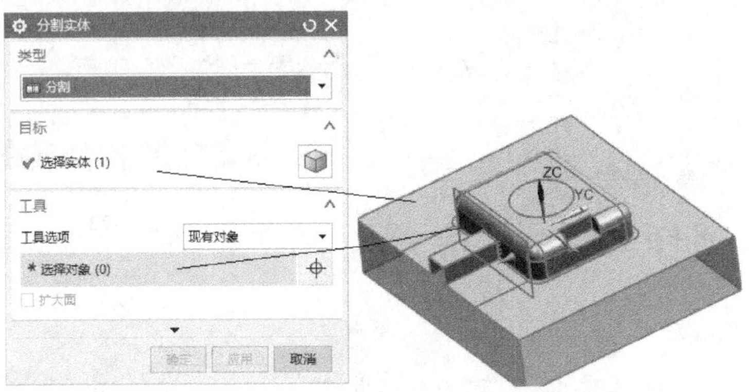

图 4-27

单击“选择实体”，点选带滑块头部一侧的零件；单击“选择对象”，点选图 4-29 所示的底面，单击“确定”按钮，型芯侧又被切割成两块，拆分出滑块头部，如图 4-30 所示，完成型芯的第二次分割。

在特征操作工具条中选择“合并”命令，将型芯的两块合并为一个整体，如图 4-31 所示；目前整个文件由一个型芯和一个滑块头部零件构成，如图 4-32 所示。返回根目录，设定 top 节点为工作部件。关闭注塑模工具条。

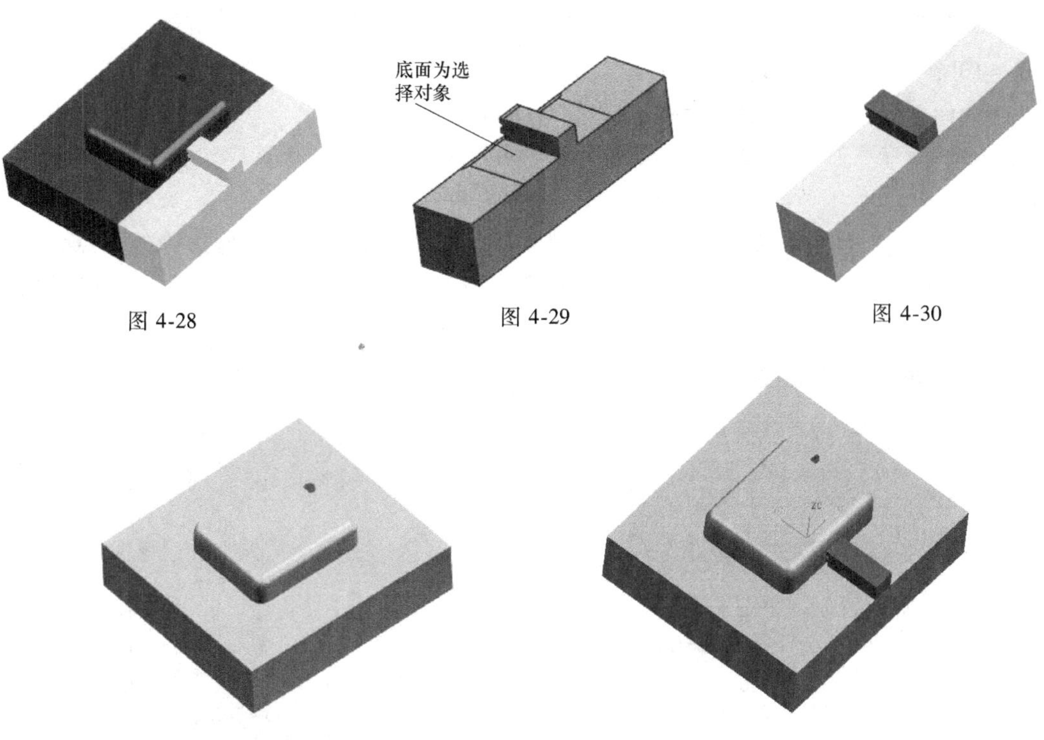

图 4-28　　图 4-29　　图 4-30

图 4-31　　图 4-32

2. 加入滑块体

单击注塑模向导菜单条中的小图标，出现“滑块和浮升销设计”对话框；再单击左侧资源工具条中的小图标，弹出选择框，选项设定如图 4-33 所示。

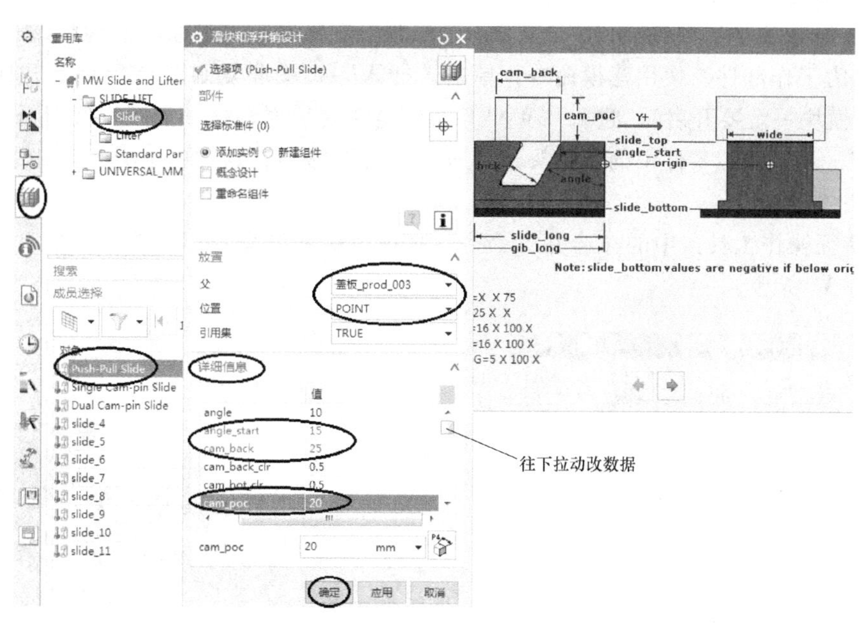

图 4-33

在“详细信息”栏里数据改动如下（默认单位为 mm）：

angle = 10°；　ear_wide = 5；　slide_bottom = −15；　wear_ thk = 0；
angle_start = 15°；　gib_long = 45；　slide_long = 45；　wide = 20；
cam_back = 25°；　gib_top = −2. 5；　slide_top = 20；
cam_poc = 20°；　gib_wide = 16；　slot_thk = 10

单击“确定”按钮，弹出图 4-34 所示对话框；选择滑块头底面外侧边缘的中点，单击“确定”按钮，在该位置生成滑块组件，如图 4-35 所示；最后单击“取消”按钮退出对话框。

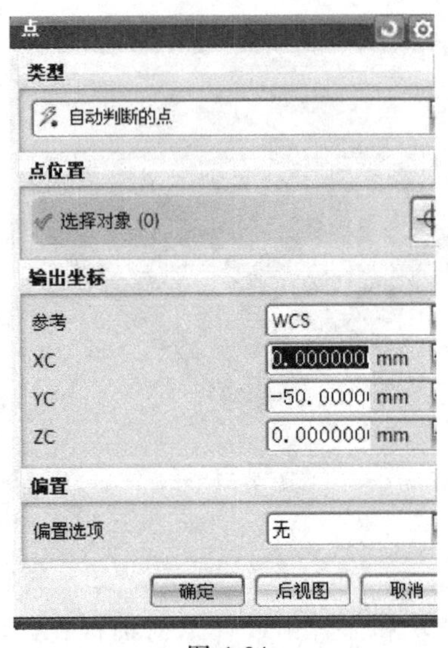

图 4-34

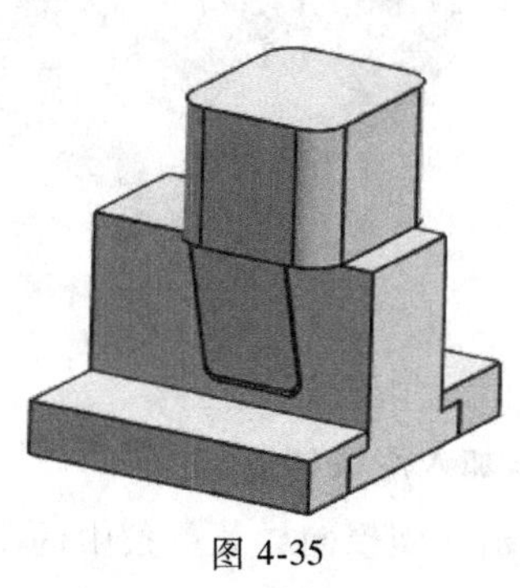

图 4-35

3. 创建完整的滑块

在“装配导航器”中将 sld 节点和 core 节点设为显示状态，其余节点为隐藏状态，并把 bdy 节点设为工作部件；使用建模命令，单击“插入”→“关联复制”→“WAVE 几何链接器”（此时装配模块一定要开启），进入“WAVE 几何链接器”对话框；如图 4-36 所示，“类型”选择“体”，点选型芯零件中的滑块头，单击“确定”按钮，这样就把型芯零件中的滑块头关联到滑块体上。

利用特征操作工具条中的“合并”命令，把滑块头和滑块体合并成为一个完整的滑块，结果如图 4-37 所示。

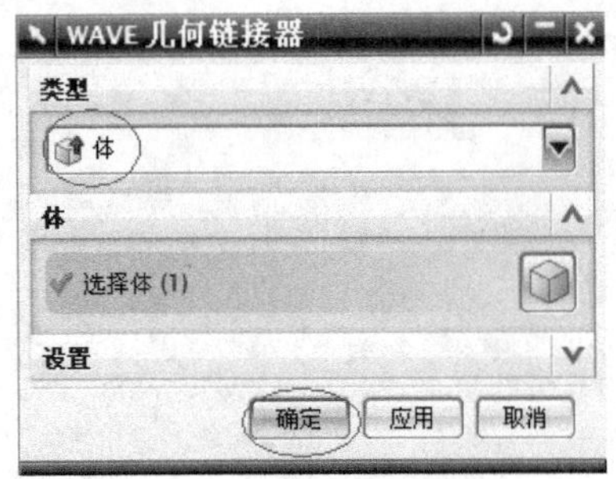

图 4-36

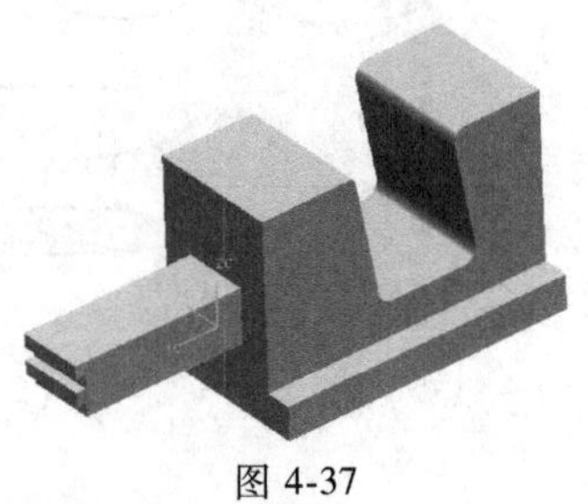

图 4-37

4. 调整装配结构中的型芯零件引用集

（1）创建型芯零件引用集　把 core 节点设为显示部件，使用建模命令，单击“格式”→“引用集”，进入“引用集”对话框；如图 4-38 所示，单击“添加新的引用集”图标，弹出“创建引用集”对话框，输入一个新的引用集名称“core_A”，点选型芯零件实体，关闭“引用集”对话框，完成型芯零件引用集的创建。

（2）调整装配结构中的型芯零件引用集　在“装配导航器”中，设置父节点 top 节点为工作部件，右击 core 节点，替换型芯零件引用集为“core_A”，这样装配结构中的型芯零件将不显示滑块头，如图 4-39 所示。

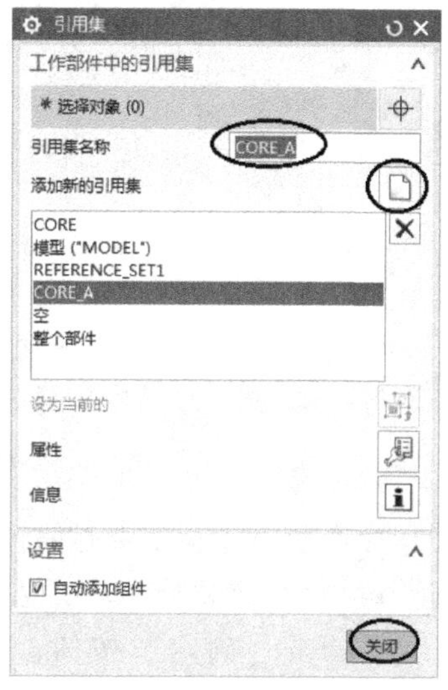

图 4-38

图 4-39

4.4　加入标准件

1. 加载标准模架

单击注塑模向导菜单条中的小图标，出现图 4-40 所示对话框。

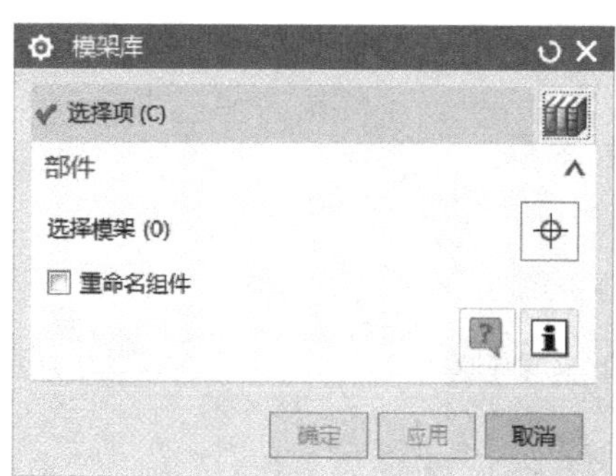

图 4-40

单击左侧资源工具条中的小图标，弹出选择框，选项设定如图 4-41 所示，表示选用的模架为龙记大水口模架 CI1825，A 板厚度 60mm，B 板厚度 60mm。单击“确定”按钮，稍后完成标准模架的加载，结果如图 4-42 所示。

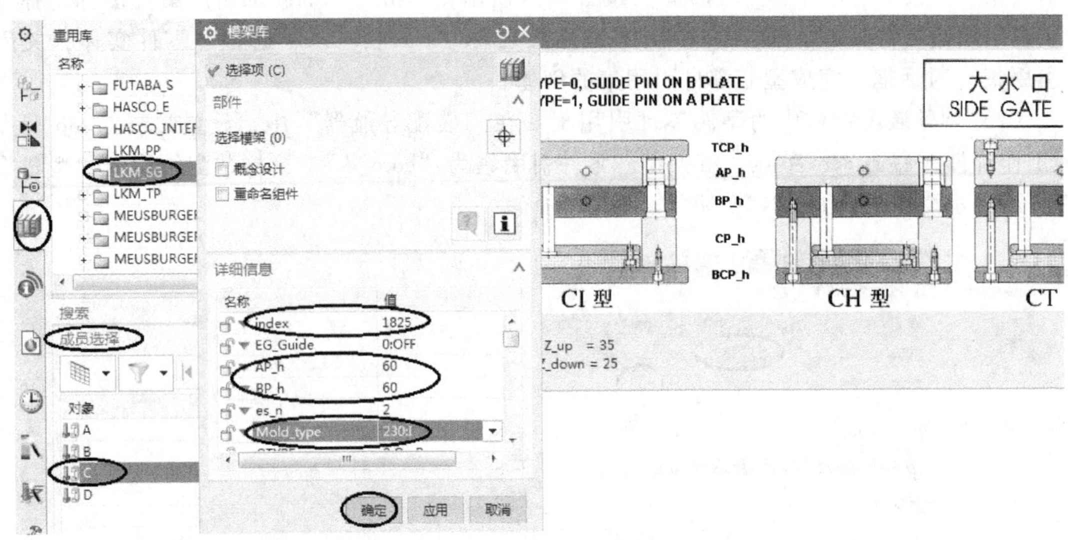

图 4-41

由于产品一边有侧抽芯机构，为了平衡模架，模架中心相对于注塑中心偏置 10mm。

在“装配导航器”中，右击 moldbase 节点，出现图 4-43 所示快捷菜单；选择“移动”，弹出“移动组件”对话框；选项设定如图 4-44 所示，单击“确定”按钮，整套模架向“-YC”轴方向移动 10mm，结果如图 4-45 所示。

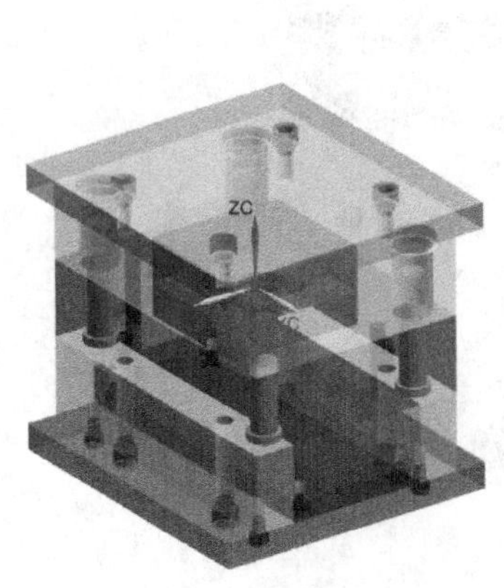

图 4-42

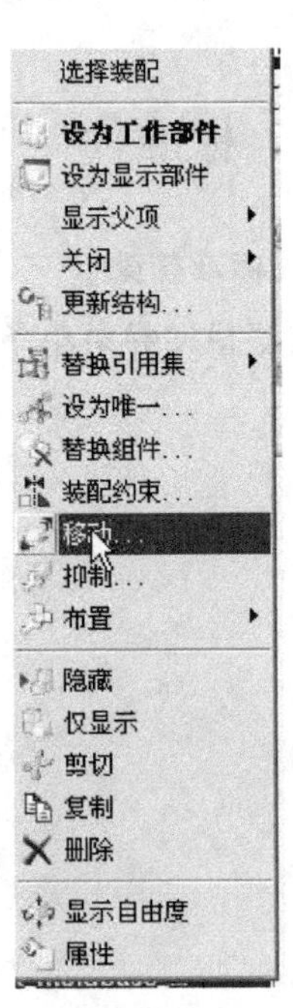

图 4-43

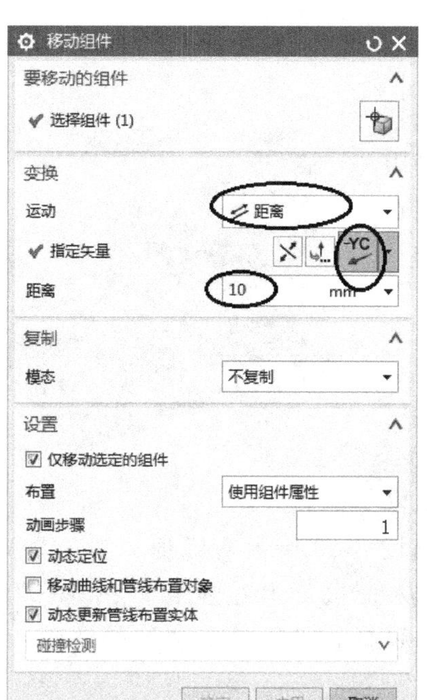

图 4-44

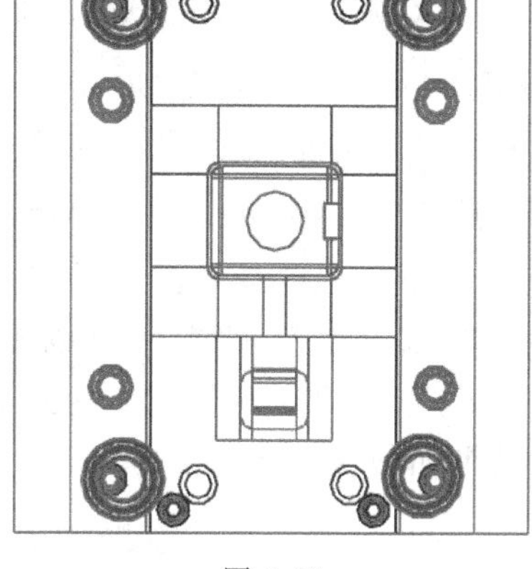

图 4-45

2. 加入定位环

单击注塑模向导菜单条中的小图标，出现“标准件管理”对话框；再单击左侧资源工具条中的小图标，弹出选择框，选项设定如图 4-46 所示，然后单击“确定”按钮，在模架

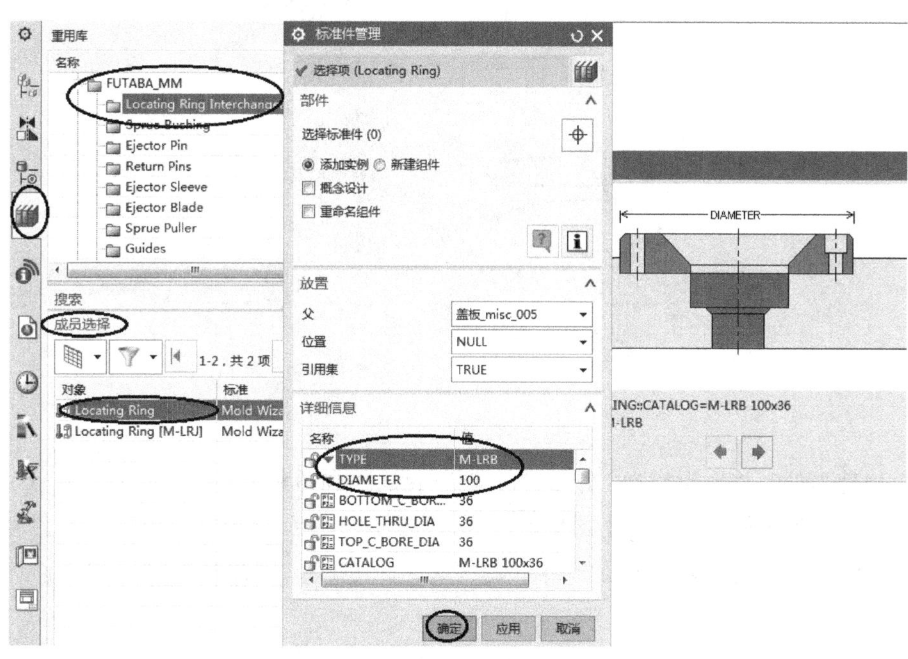

图 4-46

顶部加入 ϕ100mm 的定位环，结果如图 4-47 所示。

3. 加入浇口套

单击注塑模向导菜单条中的小图标，出现“标准件管理”对话框；再单击左侧资源工具条中的小图标，弹出选择框，选项设定如图 4-48 所示，然后单击“确定”按钮，在模架顶部加入浇口套。

4. 加入顶杆和拉料杆

(1) 加入顶杆　单击注塑模向导菜单条中的小图标，出现“标准件管理”对话框；再单击左侧资源工具条中的小图标，弹出选择框，选项设定如图 4-49 所示，然后单击“确定”按钮，弹出图 4-50 所示对话框，输入坐标（20，−15），单击“确定”按钮，完成 1 根顶杆的加入；重复上述步骤，在（−20，15）、（−20，−15）、（20，15）的位置上加入 ϕ6mm 的顶杆，最后单击“取消”按钮关闭对话框。结果如图 4-51 所示。

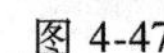
图 4-47

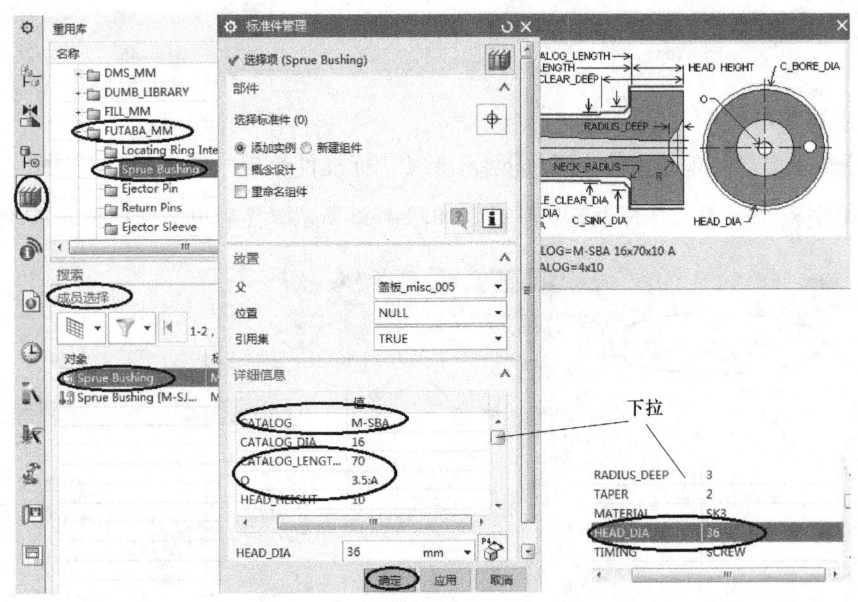

图 4-48

(2) 修剪顶杆　将图形定向为右视图，调整合适的视图角度。

单击注塑模向导菜单条中的小图标，出现图 4-52 所示“顶杆后处理”对话框，点选视图中的 4 根顶杆，使之高亮显示，再单击“确定”按钮，顶杆全部被分型面修剪为合适的长度，结果如图 4-53 所示。

以同样的方法加入中心顶杆，将“标准件管理”对话框中的“详细信息”（默认单位为 mm）设置为“CATALOG_DIA = 5，CATALOG_LENGTH = 150，FIT_DISTANCE =

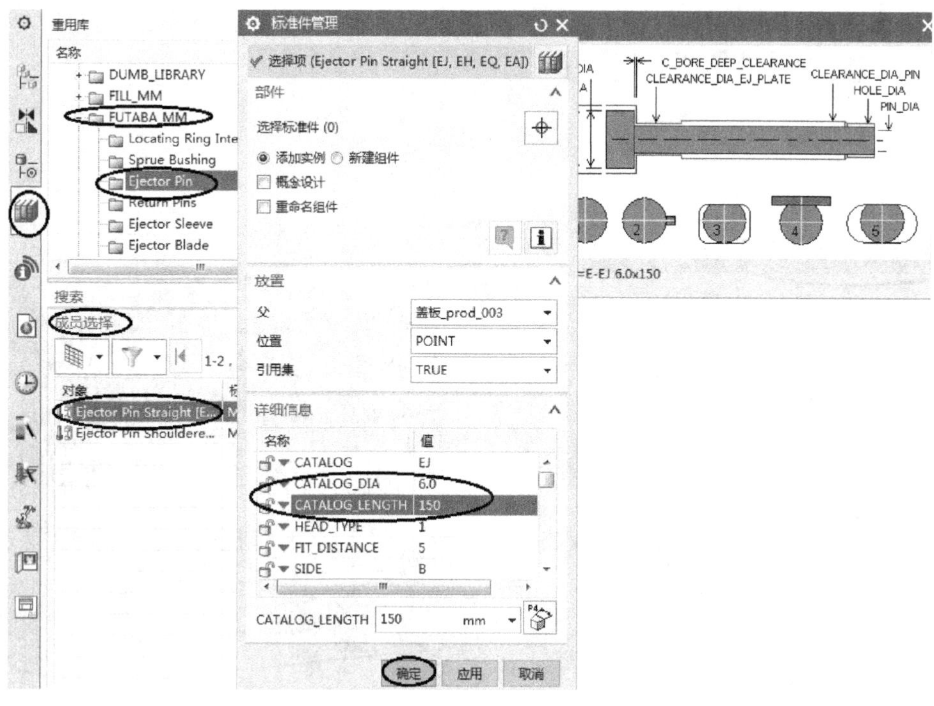

图 4-49

图 4-50

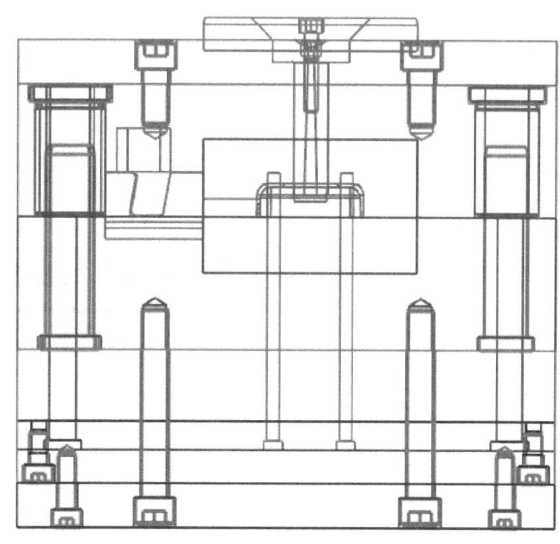

图 4-51

20”，如图4-54所示，在坐标（0，0）位置处加入 1 根 ϕ5mm 的顶杆。

为了留有冷料穴的空间，必须将中心顶杆向下偏置一段距离。设置中心顶杆为工作部件，使用建模命令，单击“插入”→“偏置/缩放”→“偏置面”，弹出“偏置面”对话框，输入偏置值为“-7mm”，完成中心顶杆的修剪。

图 4-52

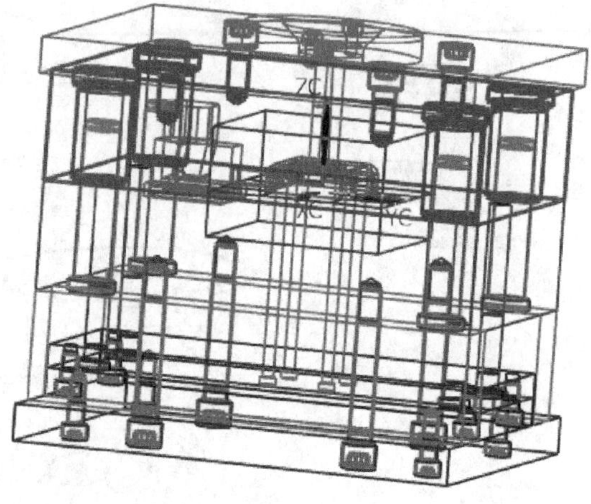

图 4-53

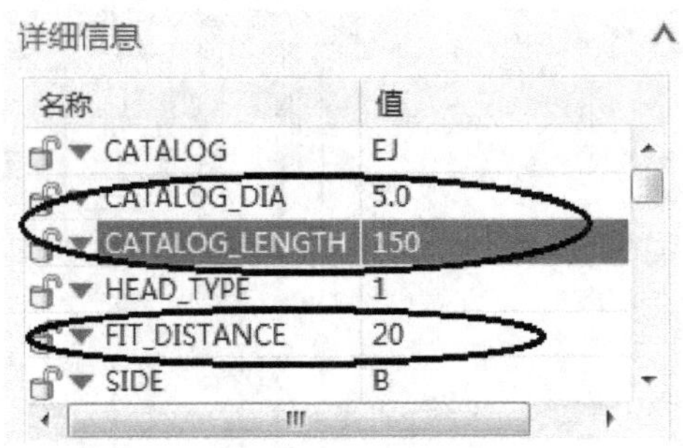

图 4-54

（3）拉料装置的设置　单击注塑模向导菜单条中的小图标，出现“标准件管理”对话框；再单击左侧资源工具条中的小图标，弹出选择框，选项设定如图 4-55 所示，然后单击“确定”按钮，在模架顶部加入主流道拉料镶件。由于镶件被模架包围，所以在渲染的情况下只是隐约可见，要开腔后才能看到清晰结构。

在“装配导航器”右击该文件，切换到根目录文件，并将其设为工作部件。

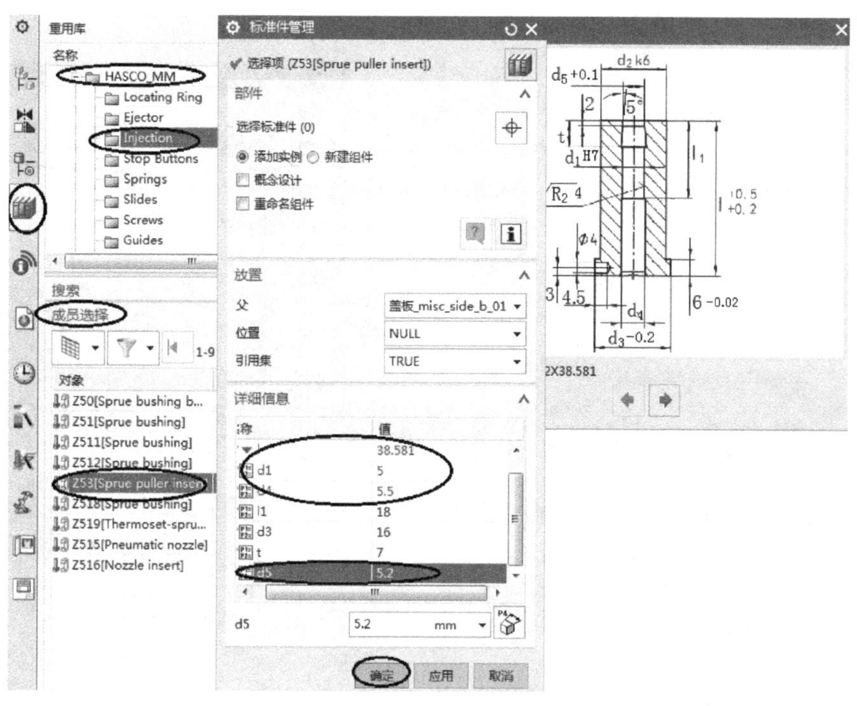

图 4-55

4.5　浇注系统设计

1. 添加浇口

在“装配导航器”中将 fill 节点和 cavity 节点设为工作部件，关闭其他所有节点，把型腔的视图调整到图 4-56 所示的方向。

单击注塑模向导菜单条中的小图标，出现“浇口设计”对话框；如图 4-57 所示，“类型”项下拉选择“rectangle”，浇口“位置”选择“型腔”，浇口的尺寸改为“L = 4.5，H = 1，B = 2，OFFSET = 1”。

单击“应用”按钮，出现“点”对话框；如图 4-58 所示，“类型”项下拉选择“象限点”，然后点选型腔内部圆台上平面沿 XC 轴方向的象限点，出现图 4-59 所示的“矢量”对话框，单击“矢量方位”中的“反向”图标，完成第一块矩形浇口的创建，结果如图 4-60所示。此时返回到“浇口设计”对话框。

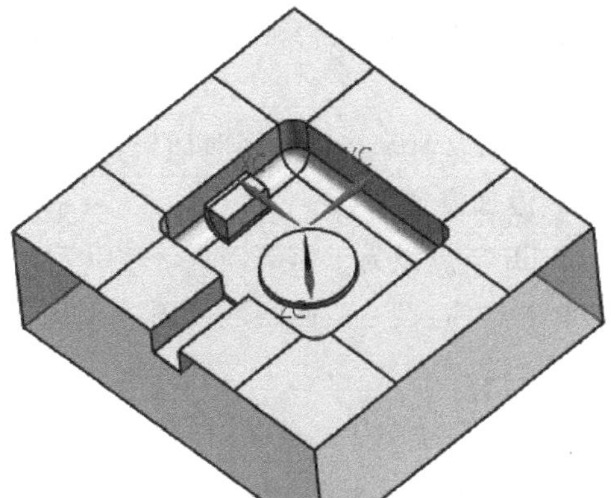

图 4-56

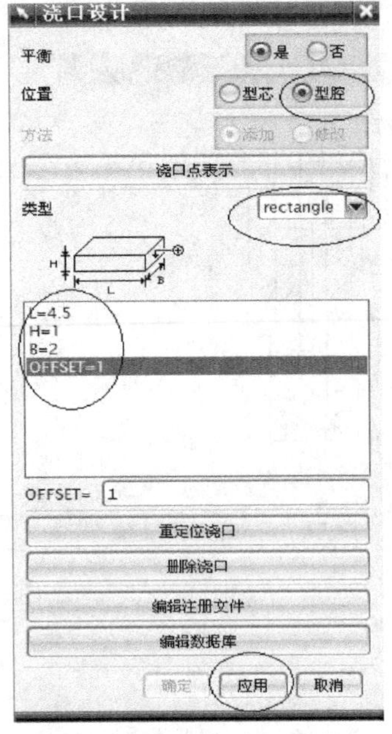

图 4-57

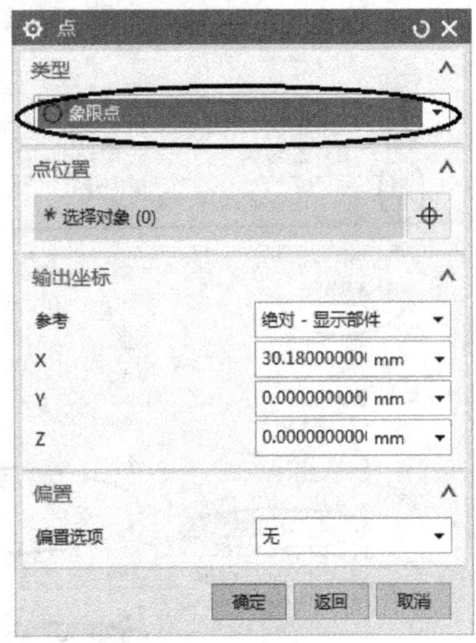

图 4-58

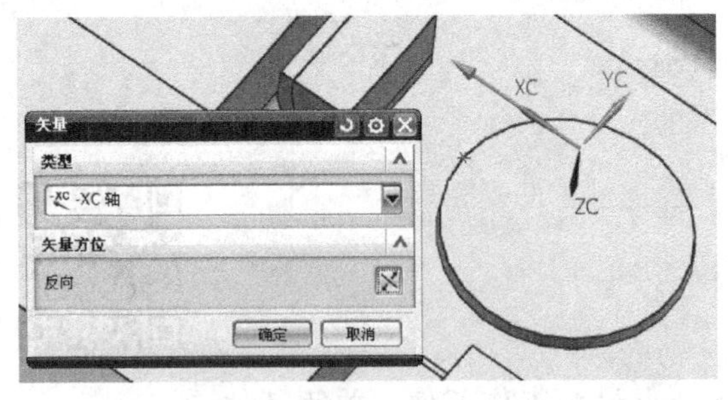

图 4-59

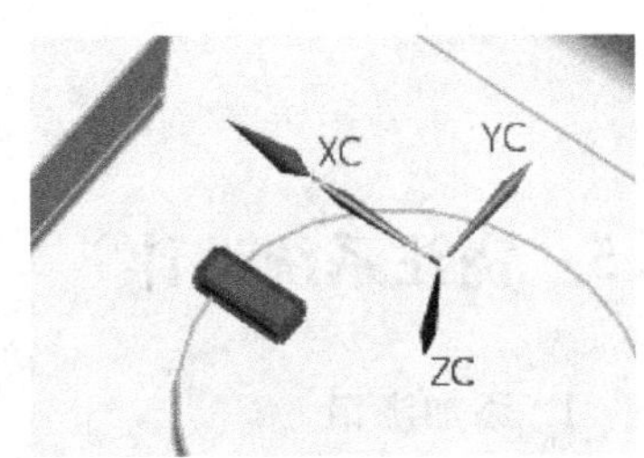

图 4-60

“浇口设计”对话框中的“方法”项选择“添加”，如图 4-61 所示，再以同样的方法，点选型腔内部圆台上平面沿-XC 轴方向的象限点，在-XC 轴方向上创建另一块矩形浇口。

单击“取消”按钮关闭对话框，结果如图 4-62 所示。

2. 添加流道

将 fill 节点设为工作部件。

单击“插入”→“曲线”→“基本曲线”，连接两个矩形浇口的中心线，创建如图 4-63 所示的流道线。

单击注塑模向导菜单条中的小图标，出现“流道”对话框，如图 4-64 所示，点选刚才绘制的流道线作为引导线，流道的直径 D 值设为“5”，单击“确定”按钮，完成流道的创建，结果如图 4-65 所示。

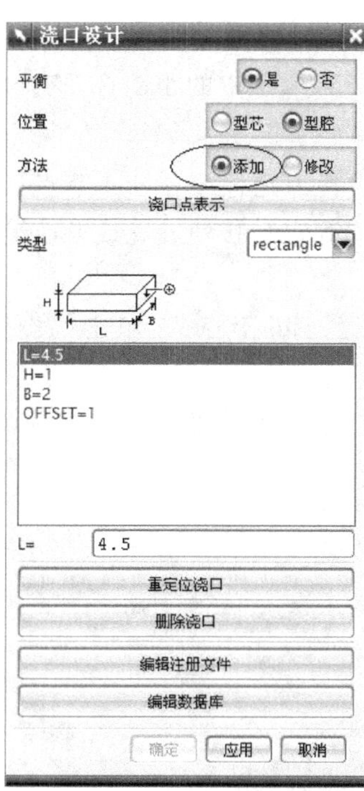

图 4-61

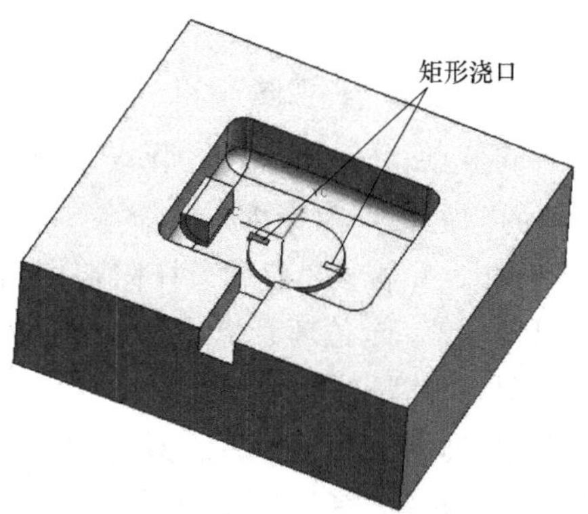

图 4-62

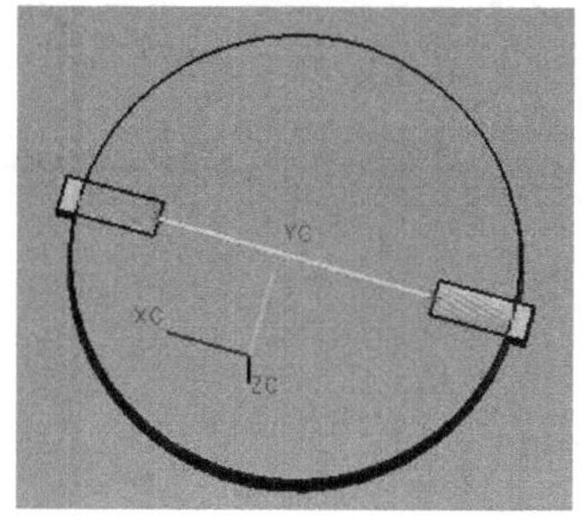

图 4-63

图 4-64

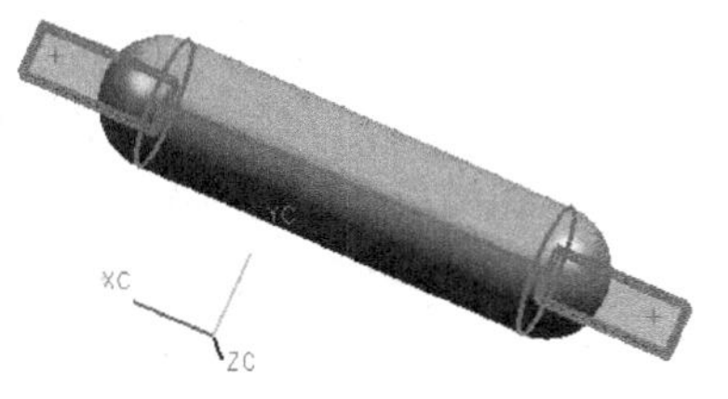

图 4-65

3. A、B 板开腔

将图形置于“右视图”和“线框模式”状态，在“装配导航器”中勾选 misc 节点、fill 节点、sld 节点、core 节点和 cavity 节点，单击注塑模向导菜单条中的小图标，出现图 4-66 所示的“腔体”对话框。

以顶板、A 板、B 板和顶杆固定板为目标体，工具选择刀槽体（pocket 节点）、滑块组件（sld 节点）、定位环、浇口套、顶杆和拉料杆，单击“确定”按钮，完成开腔操作。

4. 型芯、型腔零件开腔

以型腔零件为目标体，工具选择浇口套、浇口与流道（fill 节点），单击“确定”按钮为型腔零件开腔，结果如图 4-67 所示。

以型芯零件为目标体，工具选择浇口与流道（fill 节点）、顶杆和拉料杆，单击“确定”按钮为型芯零件开腔，结果如图 4-68 所示。

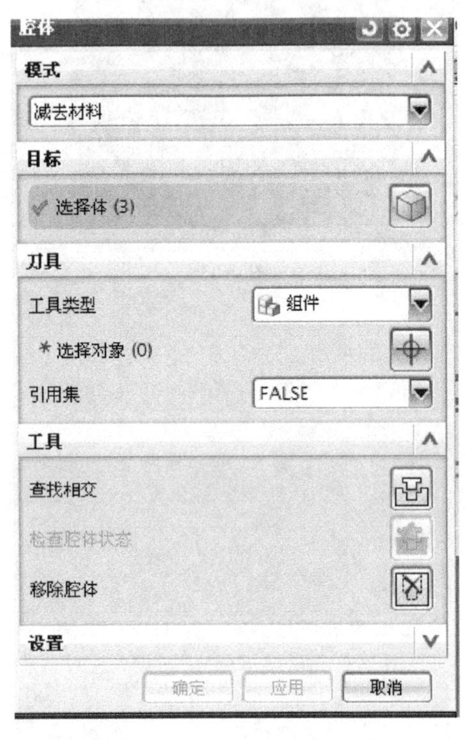

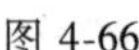
图 4-66

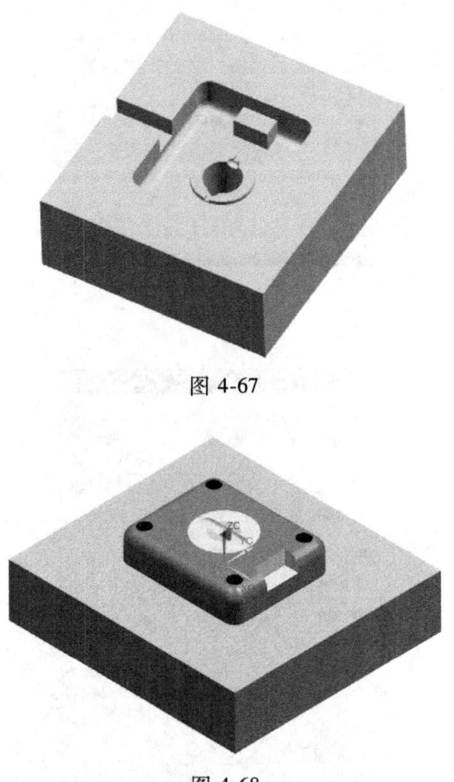
图 4-67

图 4-68

5. 浇口套修剪

在“装配导航器”中勾选 sprue 节点，设置浇口套为工作部件，“替换引用集”设为“TRUE”，显示流道文件和型腔文件。

使用建模命令，单击“插入”→“偏置/缩放”→“偏置面”，弹出“偏置面”对话框，如图 4-69 所示，点选浇口套的顶面，“偏置”值设为“-3.581mm”，单击“确定”按钮，完成浇口套的长度设置，结果如图 4-70 所示。

以浇口套为目标体，工具选择浇口与流道（fill 节点），单击“确定”按钮，完成浇口套的修剪，结果如图 4-71 和图 4-72 所示。

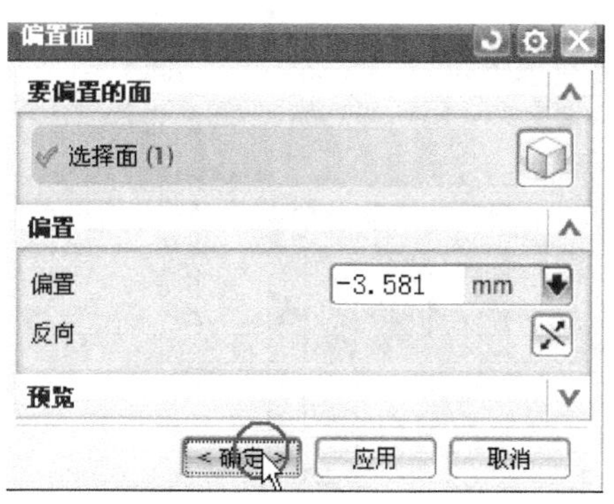

图 4-69

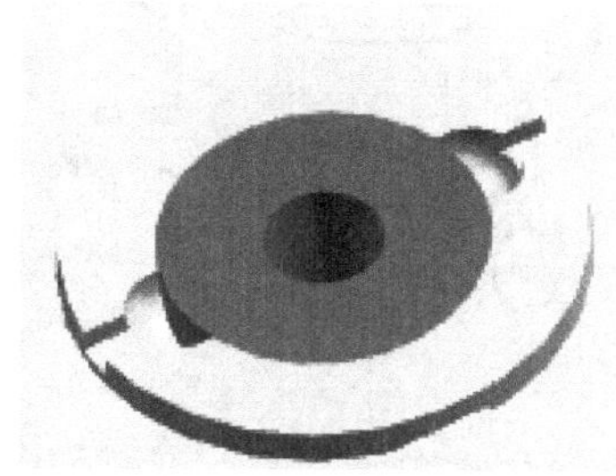

图 4-70

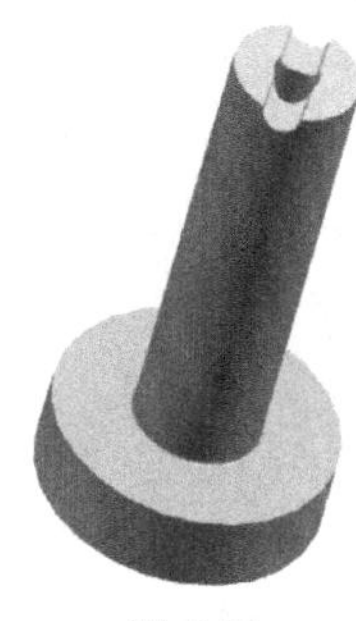

图 4-71

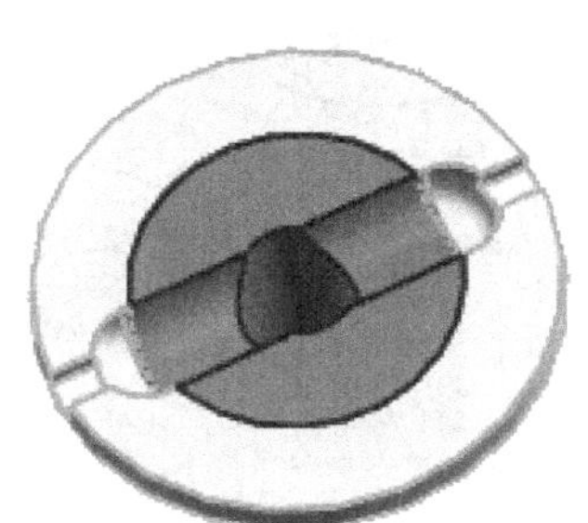

图 4-72

在“装配导航器”右击显示文件，切换到根目录文件，并将其设为工作部件。

4.6　添加紧固螺钉

1. 添加型腔零件和 A 板间紧固螺钉

在“装配导航器”中勾选型腔零件相关节点，关闭其他节点。

单击注塑模向导菜单条中的小图标，出现“标准件管理”对话框；再单击左侧资源工具条中的小图标，弹出选择框，选项设定顺序及参数如图 4-73 所示，然后点选型腔零件背面，再单击“确定”按钮，弹出图 4-74a 所示对话框；如图 4-74a 所示设置 X 偏置 、Y 偏置数据，单击“应用”按钮，此时在视窗图形上型腔零件背面的点坐标（48，43）处出现了螺钉；然后在图 4-74b 所示的坐标数据框里修改位置坐标为（-48，43），再单击“应用”按钮；重复上述步骤，在（-48，-43）、（48，-43）的坐标位置处也加入螺钉，最后单击“取消”按钮关闭对话框，垫板上出现 4 个紧固螺钉。将视图线框化，图形如图 4-75 所示。

2. 添加型芯零件和 B 板间紧固螺钉

以相同的方法在型芯零件加入连接 B 板的紧固螺钉，需要注意的是，将“标准件管理”中的“详细信息”设为“SIZE=6、ORIGIN_TYPE=1、PLATE_HEIGHT=35”（默认单位为 mm）。

3. 添加滑块组件紧固螺钉

以相同的方法添加紧固螺钉实现滑块拨块与定模板、滑块压板与动模板之间的连接，详细操作从略。

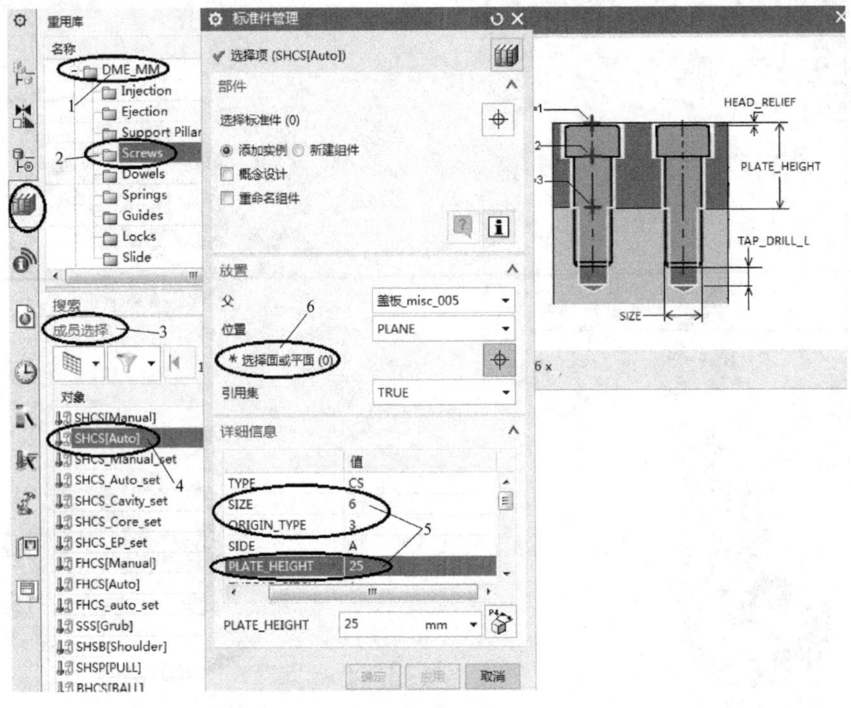

图 4-73

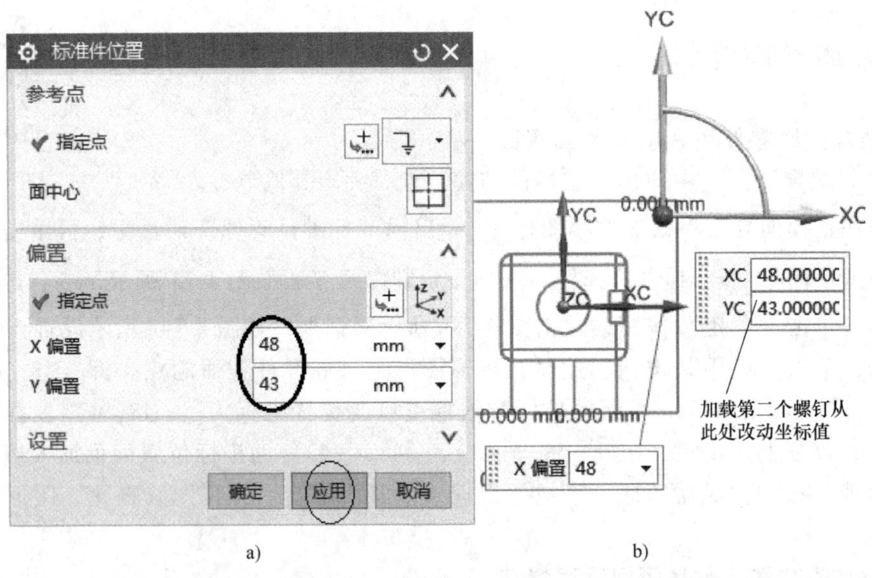

a)　　　　b)

图 4-74

如图 4-76 所示，滑块压板紧固螺钉的“详细信息”为“SIZE = 4、ORIGIN_TYPE = 1、PLATE_HEIGHT = 12”（默认单位为 mm，后同），每个压板上两个螺钉的相对位置坐标为（-2，15），（-2，-15）。

如图 4-77 所示，滑块拨块紧固螺钉的“详细信息”为“SIZE = 6、ORIGIN_TYPE = 3、

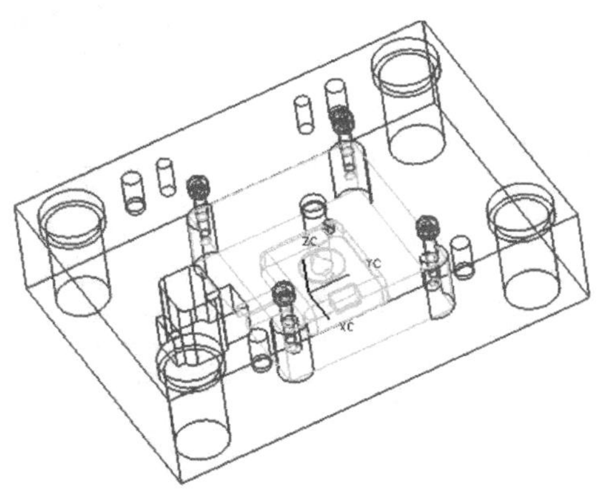

图 4-75

PLATE_HEIGHT = 20”，螺钉的相对位置坐标为（0，0）。

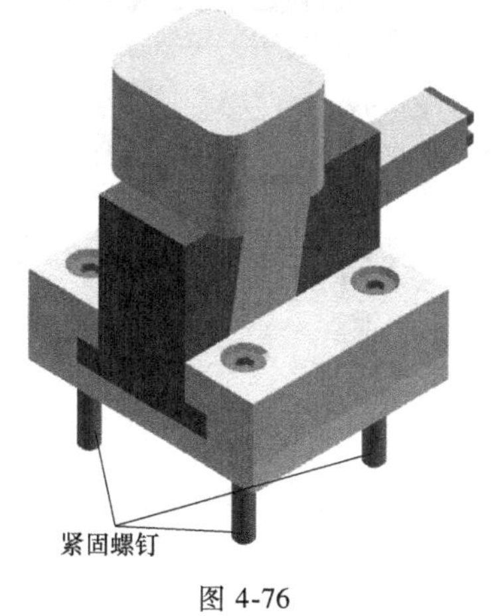

图 4-76

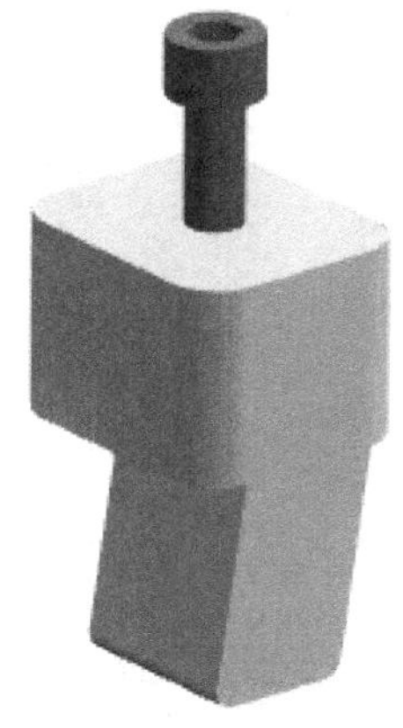

图 4-77

4.7　模板的设计调整

1. 定模板滑块槽的设计

设置定模板为工作部件，为了使定模板的结构和制造工艺合理，偏置滑块槽的两侧面偏置值设为-1mm，尾部偏置值设为-10mm，并倒圆角 R4mm，如图 4-78 所示。

2. 动模板滑块槽的设计

设置动模板为工作部件，为了使动模板的结构和制造工艺合理，偏置滑块槽的尾部偏置值设为-9mm，如图 4-79 所示；倒圆角 R4mm，如图 4-80 所示；在滑块行程 4mm 的位置加入限位螺钉 M6，螺钉的“详细信息”如图4-81所示；在动模板挖对应的 M6 螺纹的腔，“腔体”对话框选项设定如图 4-82所示；利用“挖孔”命令，完成螺钉头部避空孔 ϕ11mm 的设计，“孔”对话框选项设定如图 4-83 所示，模板的最终设计结果如图 4-84 所示。

图 4-78

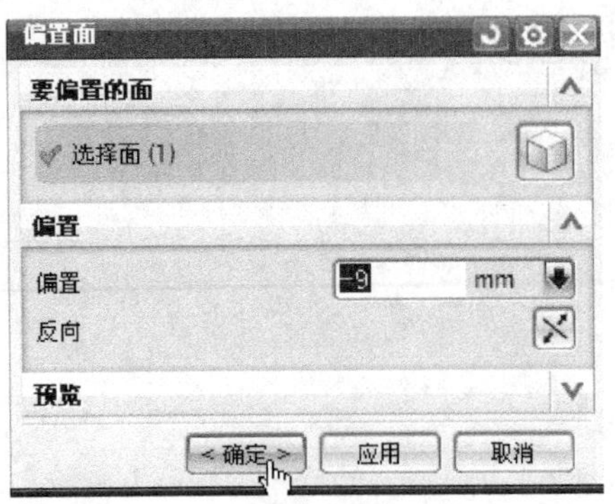

图 4-79

图 4-80

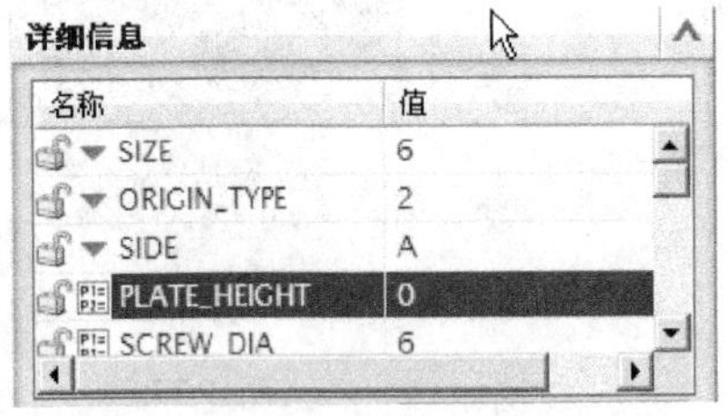

图 4-81

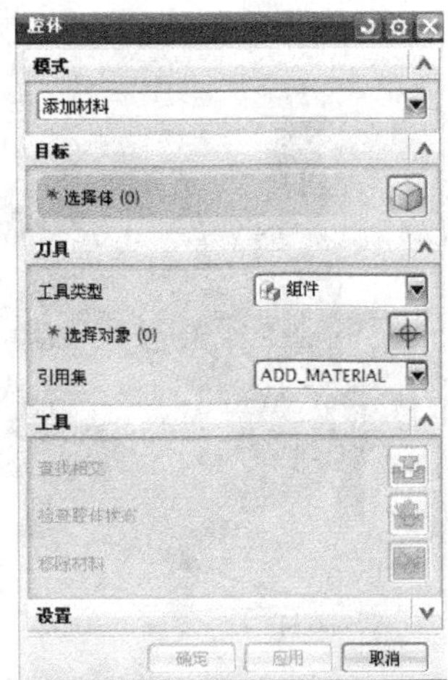

图 4-82

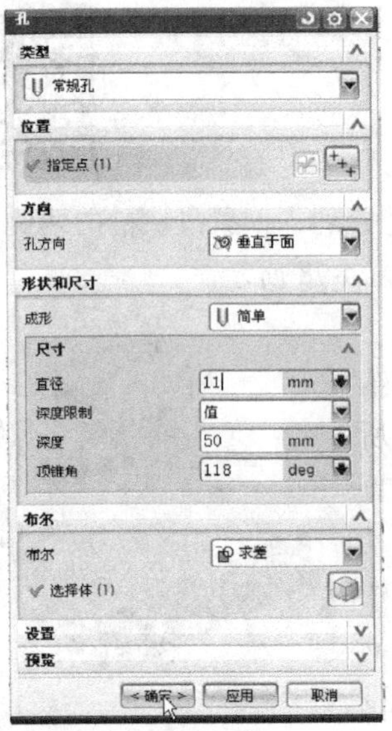

图 4-83

图 4-84

3. 底板的设计

设置底板零件为工作部件，利用“挖孔”命令，在坐标值为（0，0）的位置开设直径为 30mm 的孔，结果如图 4-85 所示。

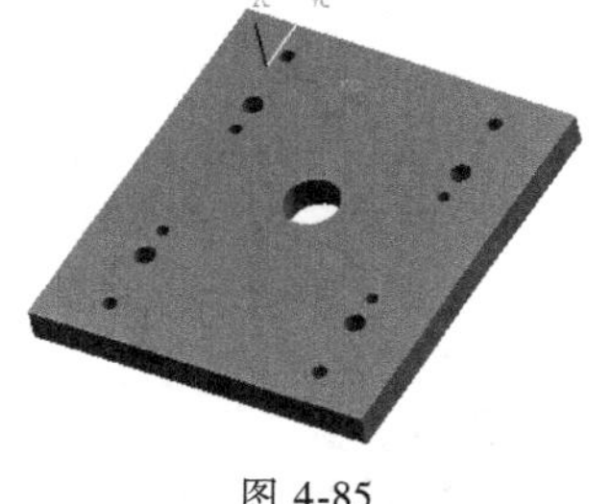

图 4-85

4.8　冷却系统设计

1. 建立定模水道

“装配导航器”中勾选 Cavity 节点、A_plate 节点和冷却系统对应的 cool 节点，关闭其他节点，将 top 节点设置为工作部件。

单击注塑模向导菜单条中的小图标，出现模具冷却工具条，再单击模具冷却工具条中的小图标，弹出图 4-86 所示的“冷却组件设计”对话框；再单击左侧资源工具条中的小图标，出现选择框，选项设定顺序及参数如图 4-87 所示；最后点选型腔零件+XC 方向的侧面，如图 4-88 所示。

图 4-86

单击“确定”按钮，弹出“标准件位置”对话框，数据输入如图 4-89 所示，单击“应用”按钮，完成一条水道的构建；再将“标准件位置”对话框中的坐标数据改为（-15，17.5），单击“确定”按钮，创建另一条水道并关闭对话框。型腔零件中的两条水道如图 4-90 所示。

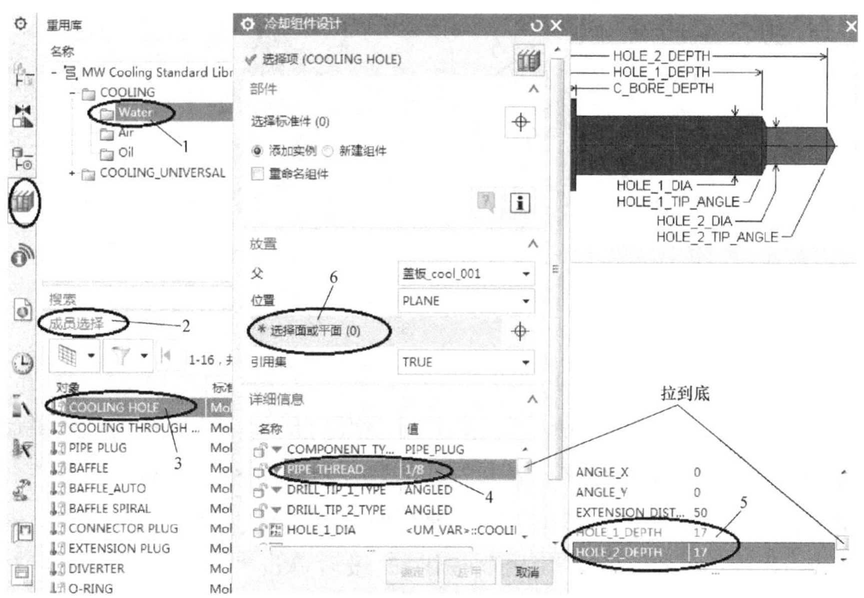

图 4-87

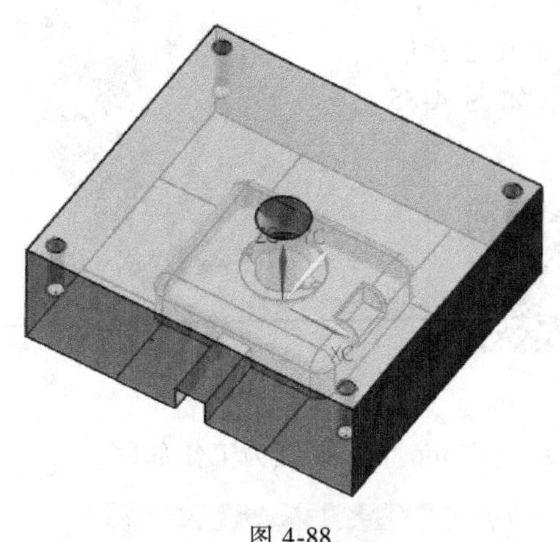

图 4-88

图 4-89

以同样的方法在型腔零件-YC 方向的侧面创建水道：一条水道深度为 40mm，圆心坐标为（38，17.5）；另外一条深度为 85mm，圆心坐标为（-38，17.5）。

以同样的方法在型腔零件-XC 方向的侧面创建水道：两条水道深度均为 93mm，圆心坐标为（33，17.5）、(-33，17.5)。

以同样的方法在型腔零件+YC 方向的侧面创建水道：水道深度为 40mm，圆心坐标为(-38，17.5)。

型腔零件水道系统如图 4-91 所示。

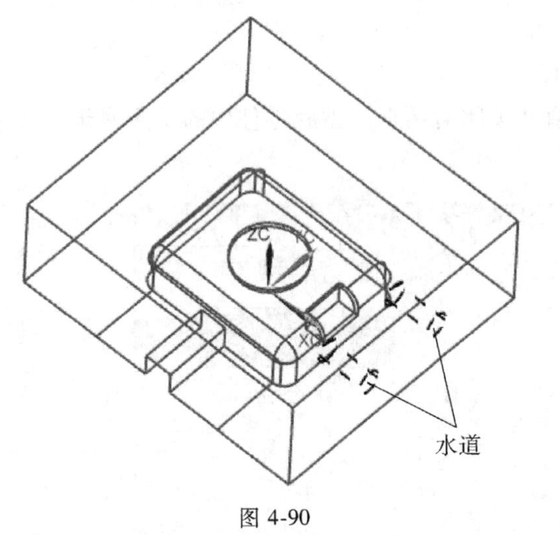

图 4-90

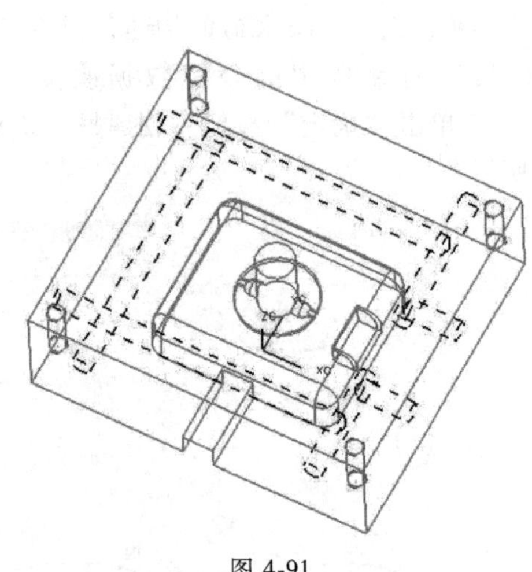

图 4-91

2. 加入水管接头

单击模具冷却工具条中的小图标，弹出“冷却组件设计”对话框；再单击左侧资源工具条中的小图标，出现选择框，选项设定顺序及参数如图 4-92 所示；点选有进、出水道的端面，单击“确定”按钮，弹出“标准件位置”对话框；再分别点选进、出水道口的圆心（每点选一次圆心单击一次“应用”按钮），最后单击“取消”按钮关闭对话框，完成进、出水道管接头的加入，结果如图 4-93 所示。

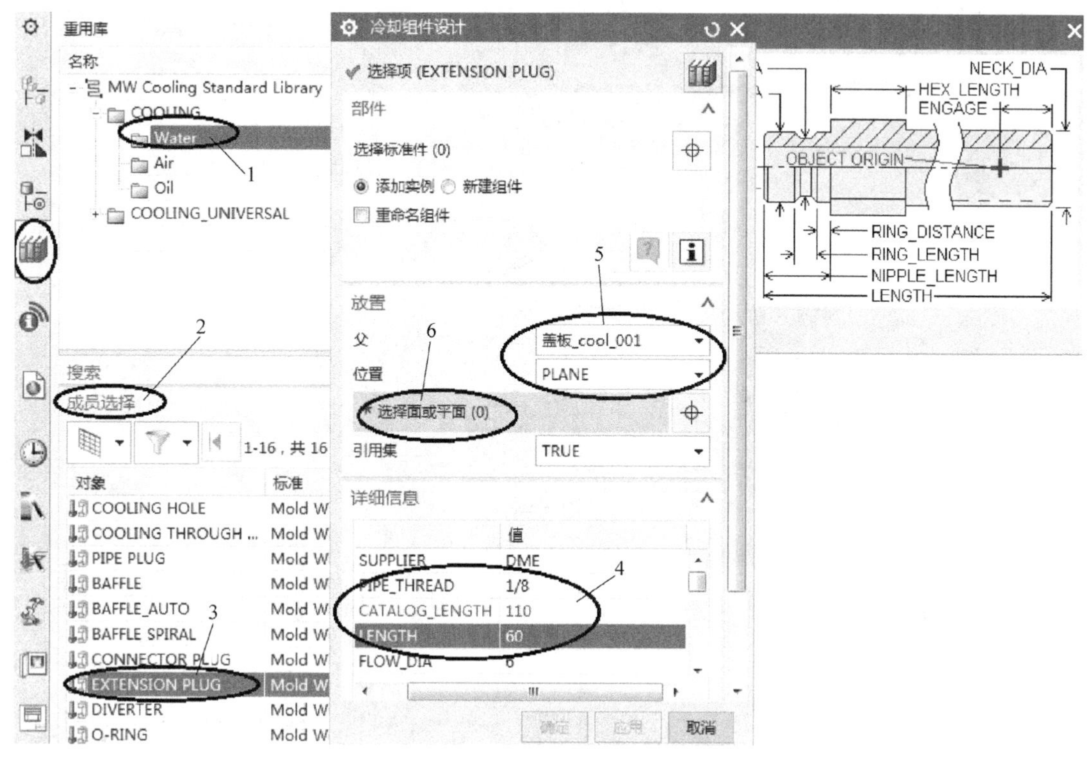

图 4-92

3. 加入堵头

单击模具冷却工具条中的小图标，弹出“冷却组件设计”对话框；再单击左侧资源工具条中的小图标，出现选择框，选项设定顺序及参数如图 4-94 所示；点选具有水道口的一个端面，然后单击“应用”按钮，弹出“标准件位置”对话框；点选水道口圆心，单击“确定”按钮，加入一个堵头；若另一个堵头在同一端面上，则继续点选另一个水道口圆心，单击“应用”按钮，加入另一个堵头，最后单击“取消”按钮，完成一个端面的堵头加入。

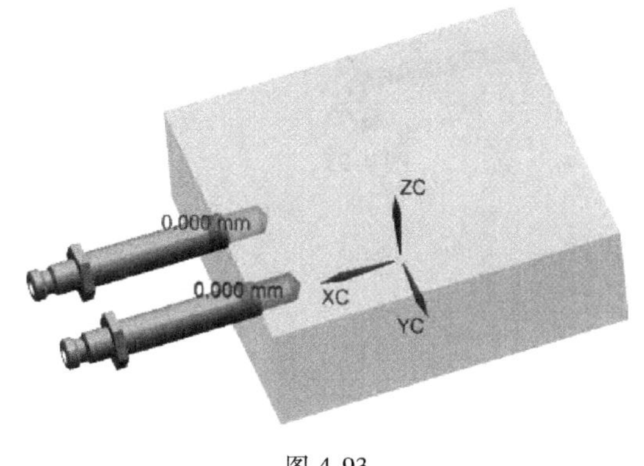

图 4-93

重复上述步骤完成各个端面的堵头加入。完整的定模冷却系统结构如图 4-95 所示。

使用开腔命令和简单的建模命令，完成对应型腔零件和定模板冷却系统的开腔，结果如图 4-96 所示。

4. 建立动模水道

以建立定模水道同样的方法或使用镜像操作，完成动模水道系统的建立和开腔操作，过程从略，结果如图 4-97 和图 4-98 所示。

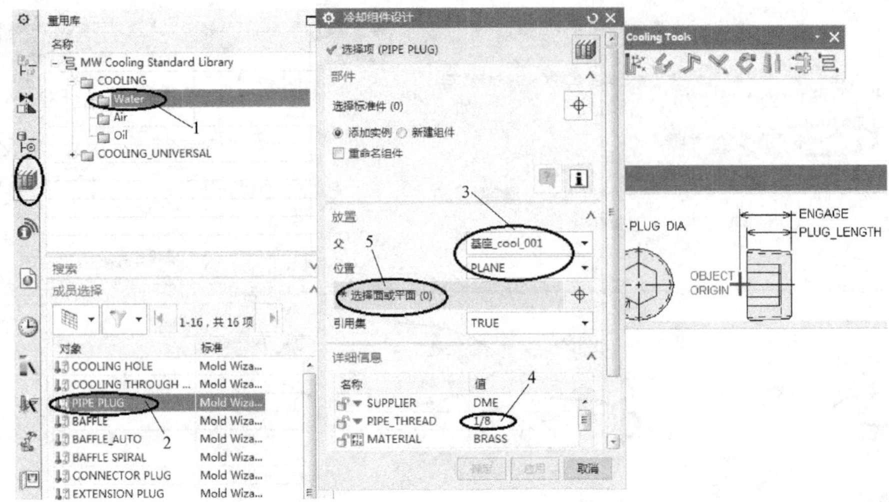

图 4-94

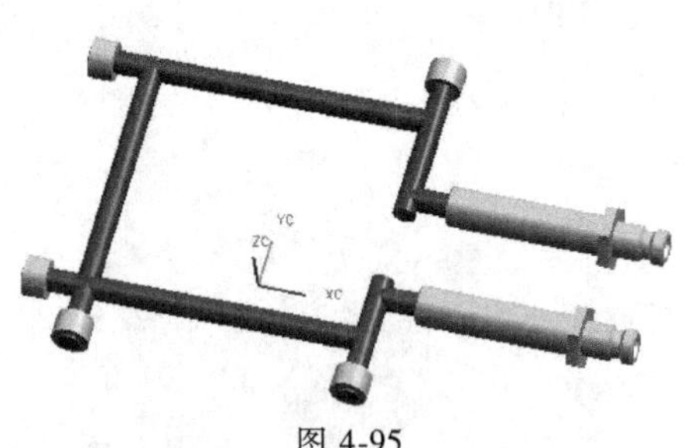

图 4-95

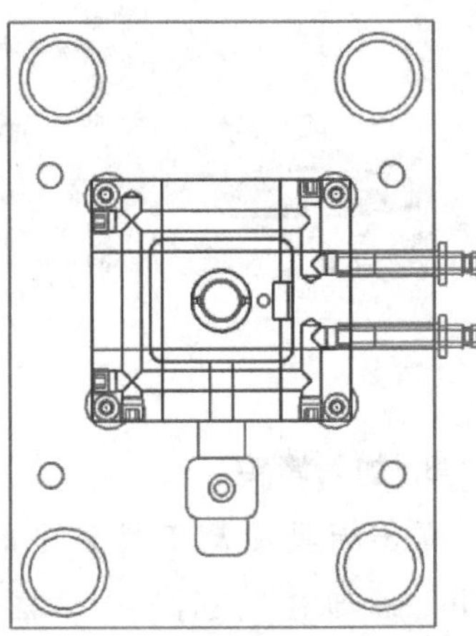

图 4-96

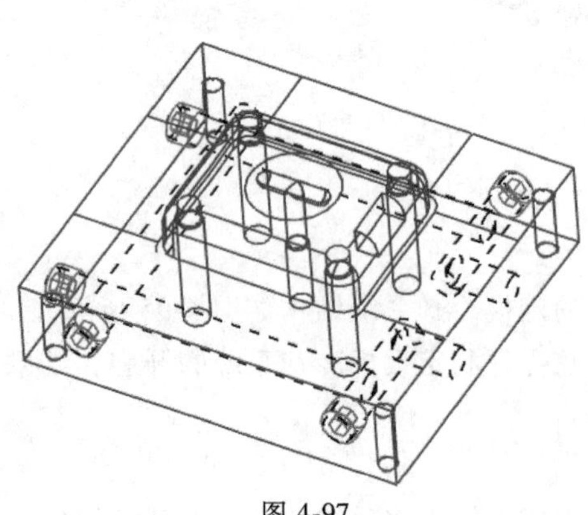

图 4-97

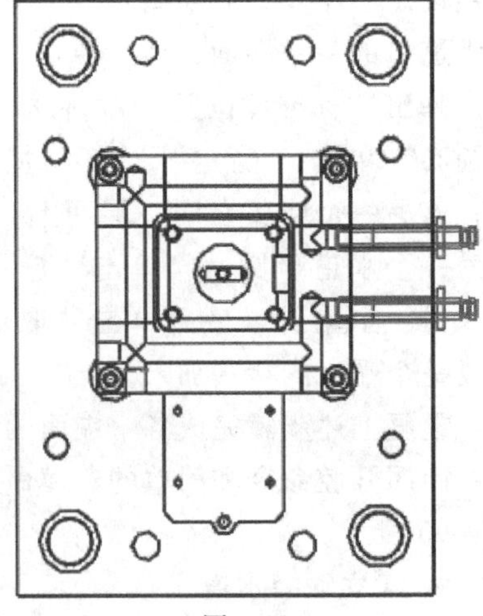

图 4-98

4.9　完整的模具装配结构

至此，已经完整地完成整套模具的三维结构设计，动模部分、定模部分和总的装配结构示意图如图 4-99 所示。

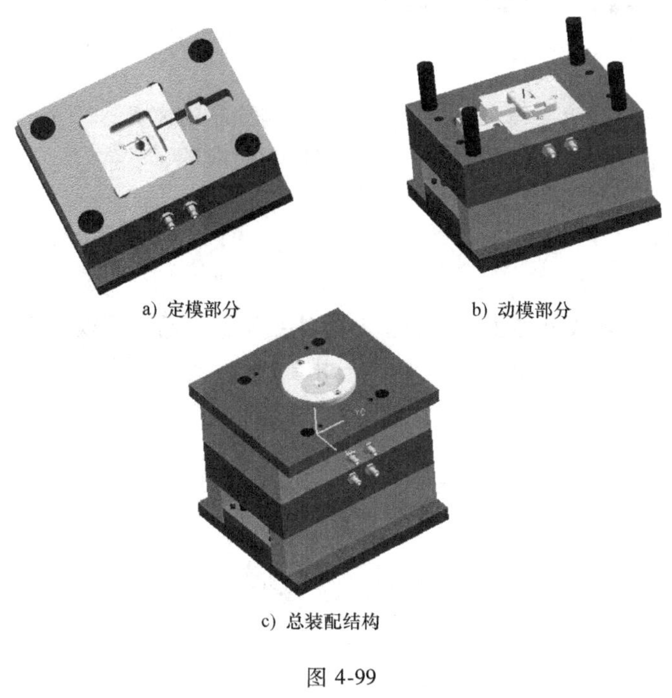

a) 定模部分　　b) 动模部分

c) 总装配结构

图 4-99

第 5 章 直浇口哈弗模具设计

本章选用的实例是采用一模一腔直浇口、具有侧抽芯的模具，采用大水口模架；模具设计的内容主要有分型设计、侧抽芯设计、加载模架和标准件。

5.1 基本思路

如图 5-1 所示为注塑成型杯子产品模型及浇注系统，产品成型模具选用大水口模架，采用一模一腔结构，在杯口面分型，浇口形式采用直浇口，采用顶杆顶出机构将产品顶出。

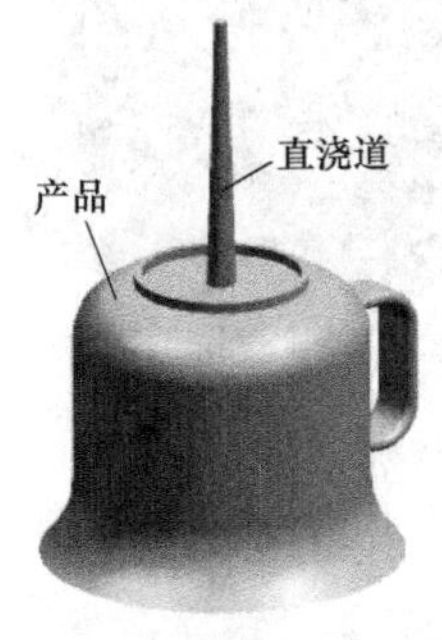

图 5-1

5.2 模具分型设计

单击 启动 →“所有应用模块”→“注塑模向导”，在视窗上方出现注塑模具设计菜单条，如图 5-2 所示。

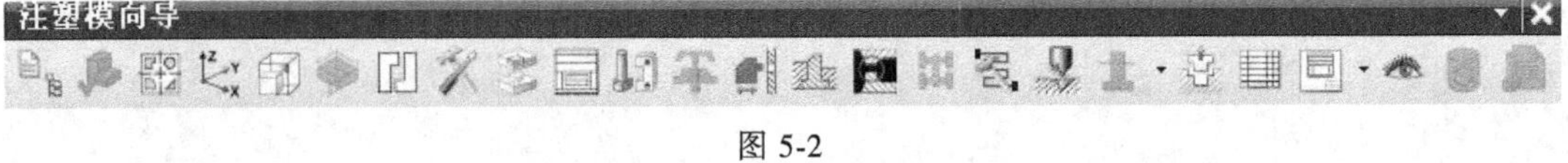

图 5-2

1. 加载产品

首先建一个文件夹，命名为“杯子模具”，将杯子产品模型文件复制到该文件夹内。

单击注塑模向导菜单条中的小图标，弹出“打开”对话框，在“杯子模具”文件夹里选择需要加载的产品零件文件“杯子 . prt”，弹出图 5-3 所示的“初始化项目”对话框，存放“路径”可改。对话框的“材料”项下拉选“PC”，“收缩”项（材料收缩率）的数值根据所选材料自动默认为“1.0045”，然后单击“确定”按钮，视窗中出现图 5-4 所示产品模型。

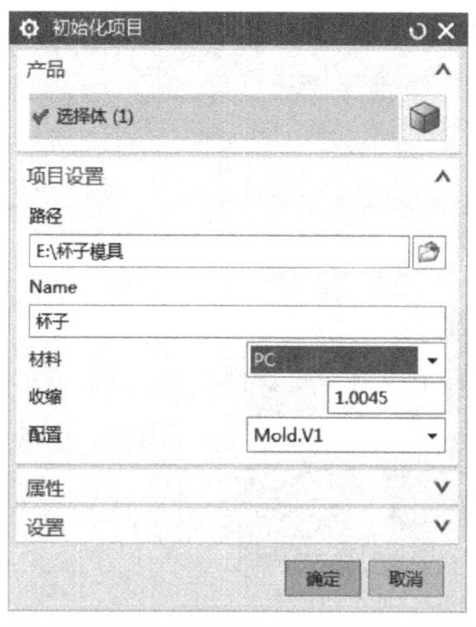

图 5-3

图 5-4

2. **定义模具坐标系**

单击注塑模向导菜单条中的小图标，出现“模具 CSYS”对话框，由于杯子模具建模坐标符合模具坐标要求，选项设定如图 5-5 所示，单击“确定”按钮，完成模具坐标系的设定。

3. **定义成型镶件**（模仁）

单击注塑模向导菜单条中的小图标，弹出“工件”对话框，默认其中的镶件尺寸，单击“确定”按钮，完成单型腔镶件的加入，结果如图 5-6 所示。

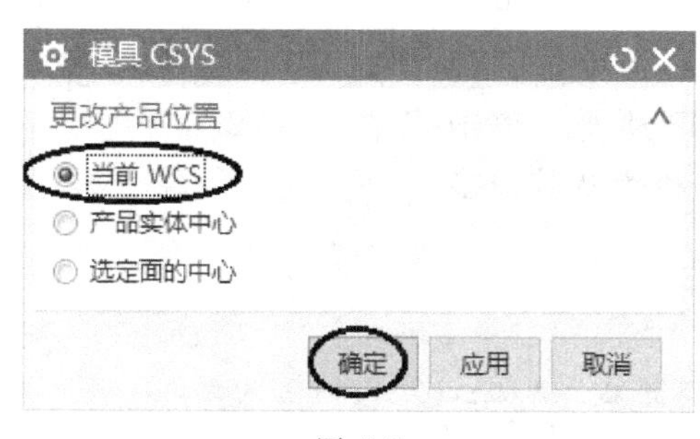

图 5-5

图 5-6

4. **加入开腔体**

单击注塑模向导菜单条中的小图标，出现图 5-7 所示“型腔布局”对话框，单击对话框中的“编辑插入腔”图标，弹出图 5-8 所示对话框，输入相关数据，然后单击“确定”→“关闭”，完成开腔体的加入，结果如图 5-9 所示。

在“装配导航器”里关闭（去掉勾选）misc 节点下的 pocket 节点，即可隐去刚插入的腔体。

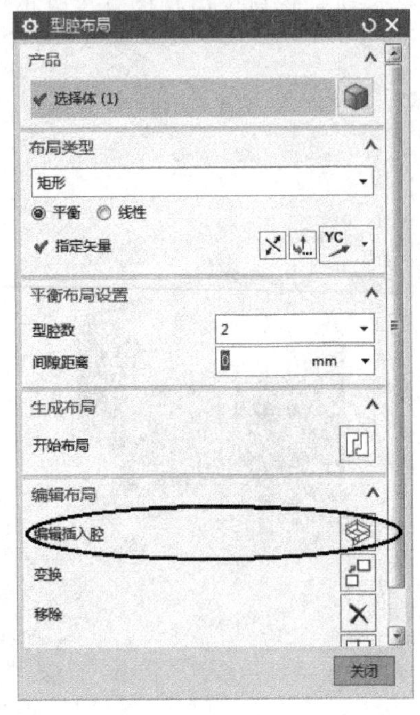

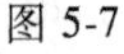
图 5-7

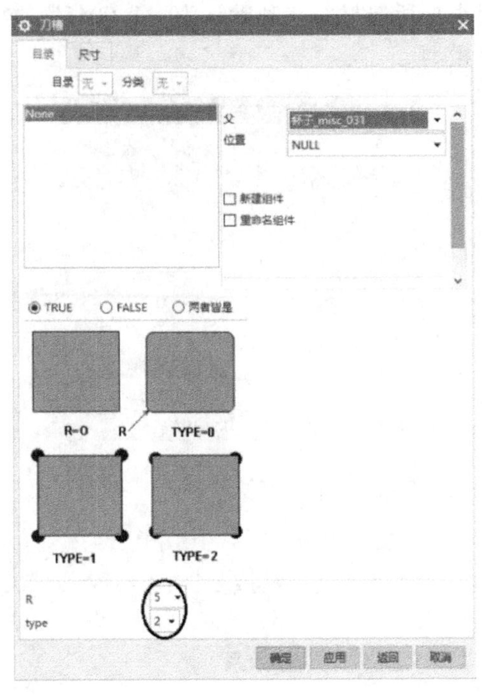

图 5-8

5. **模具分型设计**

单击注塑模向导菜单条中的小图标，弹出图 5-10 所示模具分型工具条。

1）单击模具分型工具条中的第 1 个小图标，弹出图 5-11所示“检查区域”对话框，单击“计算”选项卡中的“计算”图标。然后单击“区域”选项卡，如图 5-12 所示，单击“设置区域颜色”图标，此时杯内呈蓝色、杯外呈橙色及其他多种颜色。

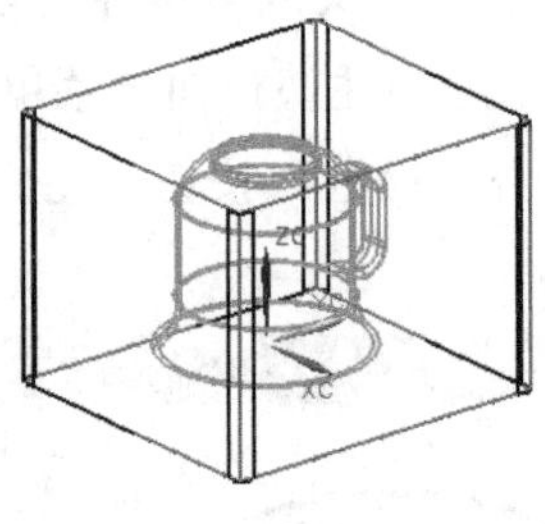

图 5-9

图 5-10

如图 5-13 所示进行选项设定，将杯子外侧，包括手柄，全部设置为橙色，完成后单击“确定”按钮退出“检查区域”对话框。

2）单击模具分型工具条上的第 3 个小图标，弹出图 5-14 所示对话框，勾选目标选项后，单击“确定”按钮。

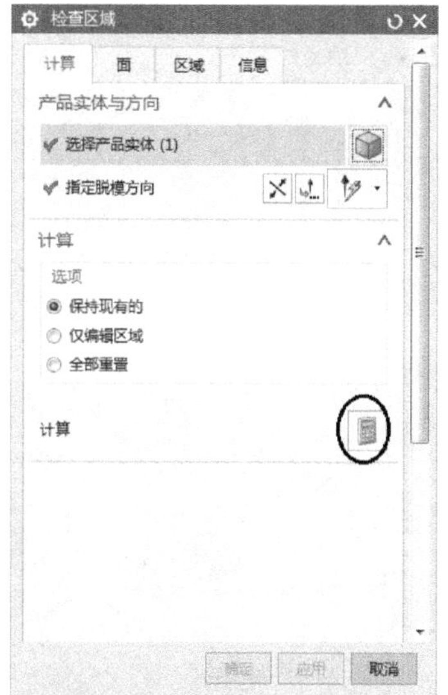

图 5-11

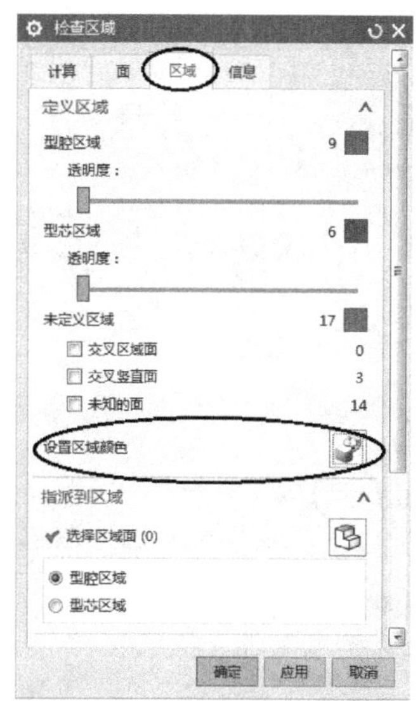

图 5-12

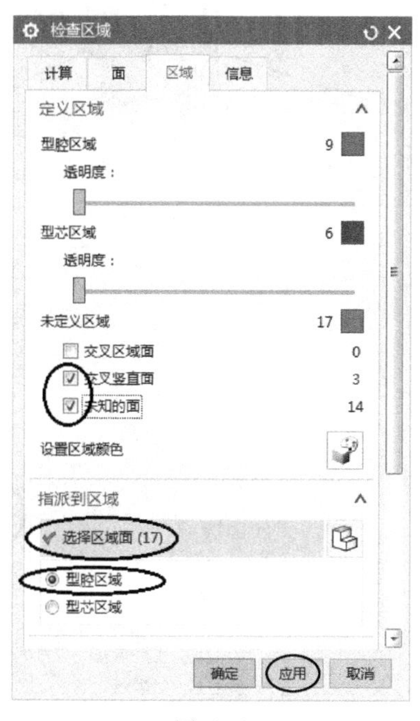

图 5-13

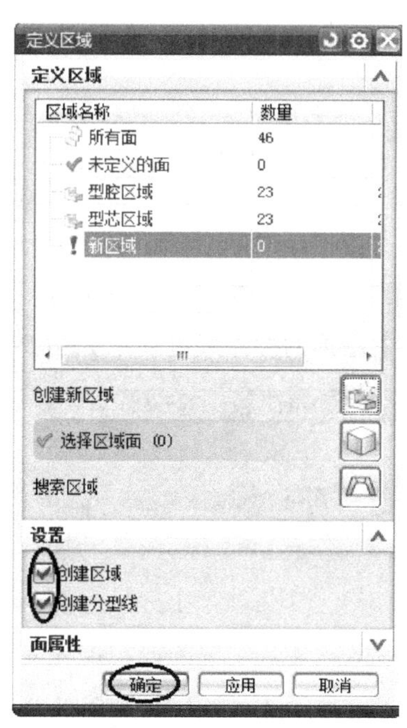

图 5-14

3）单击模具分型工具条上的第 4 个小图标，弹出如图 5-15 所示的“设计分型面”对话框，选定目标选项后，单击“确定”按钮，出现了分型面的图形如图 5-16 所示。

4）单击模具分型工具条上的第 6 个小图标，弹出图 5-17 所示对话框，选定目标选项后单击“确定”→“确定”→“确定”，完成型芯、型腔的创建。

5）关闭图 5-18 所示图框，然后单击视窗左侧“装配导航器”图标，打开“装配导航

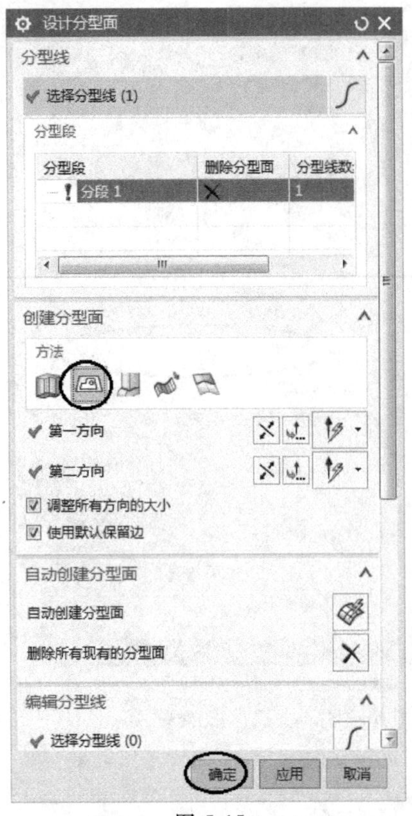

图 5-15

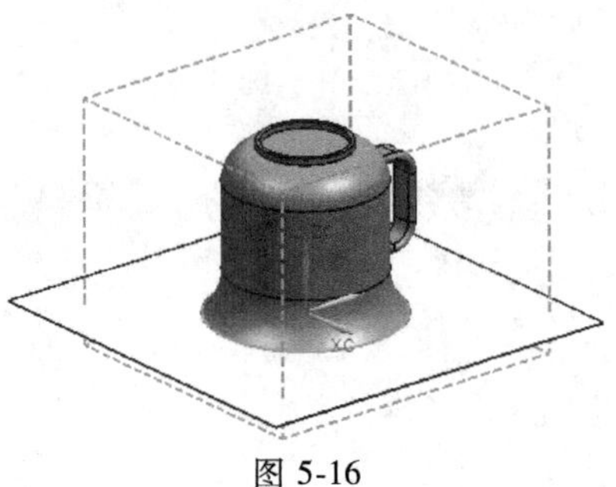

图 5-16

器”，右击 parting 节点→“显示父项”→top 节点。

视窗中图形的静态线框显示如图 5-19 所示。

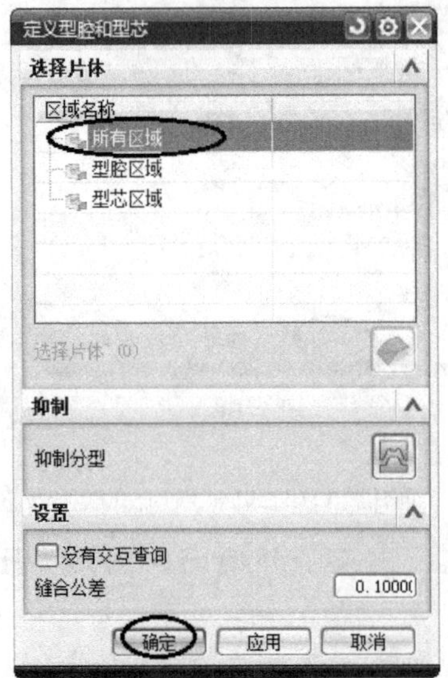

图 5-17

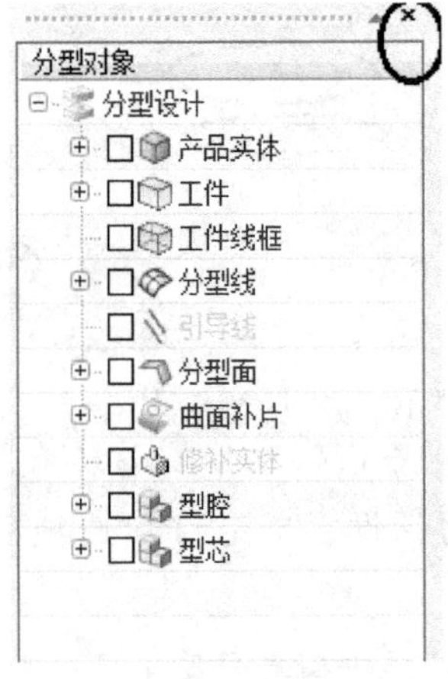

图 5-18

在“装配导航器”里 layout 节点/prod 节点下面分别打开 core 节点和 cavit 节点，模具型芯和型腔零件如图 5-20 和图 5-21所示。

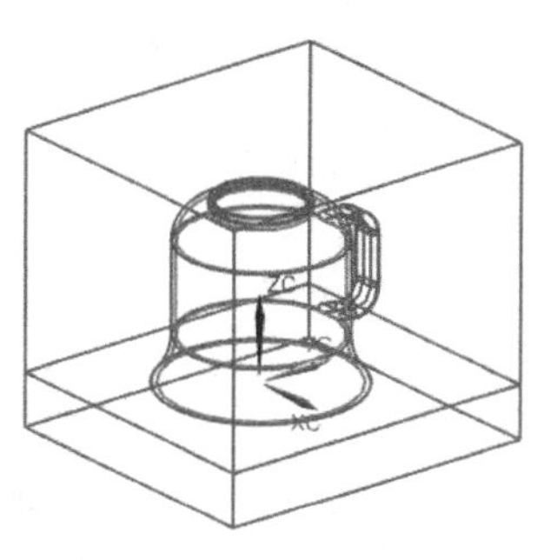

图 5-19

6. 拆分型腔零件

在“装配导航器”里右击 cavity 节点，选择“设为显示部件”，此时可以对型腔零件编辑修改。

（1）创建顶部型腔　单击注塑模向导菜单条中的小图标，弹出注塑模工具条。

图 5-20

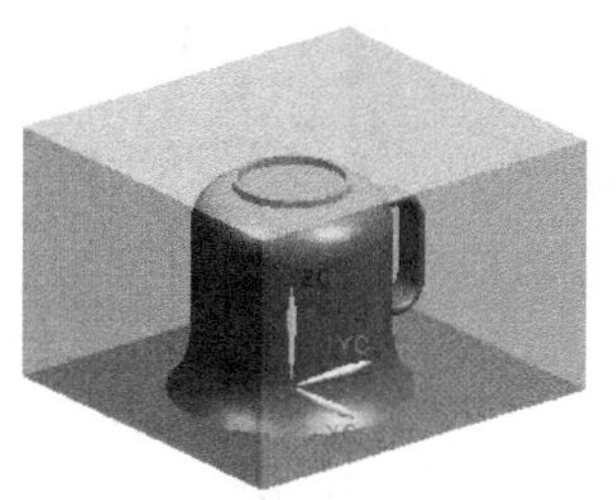

图 5-21

单击注塑模工具条中的小图标，弹出“分割实体”对话框；点选型腔零件为目标，选杯子底端的内环形面为刀具（切割面），注意勾选对话框中的“扩大面”复选框，如图 5-22 所示；然后用鼠标点选分割面上的点不放并向外拉，使之切割穿过型腔零件，如图 5-23 所示；然后单击“确定”按钮，完成顶部型腔的切割分离，该顶部型腔形状为圆柱形。

图 5-22

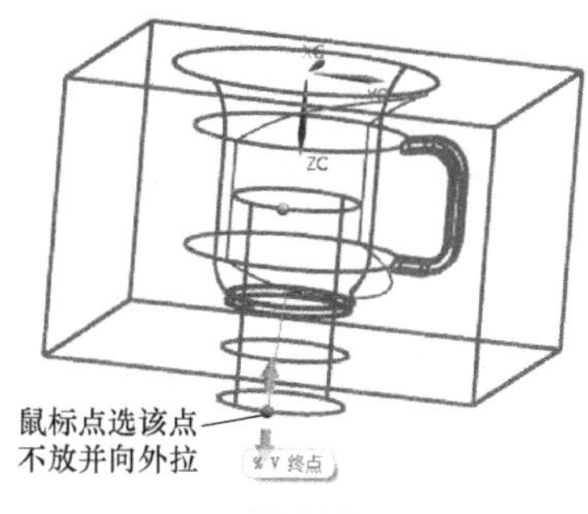

图 5-23

使用“拉伸”命令，选项设定如图 5-24 所示，将顶部型腔拉伸成图 5-25 所示外扩阶梯形状，以便将顶部型腔紧固在 A 板上。

（2）创建左、右型腔　单击注塑模工具条中的小图标，弹出“分割实体”对话框；点选型腔零件为目标，分割刀具选 YC-ZC 基准平面，如图 5-26 所示；然后单击“确定”按钮，型腔被切割成左、右两块。此时型腔零件被分割成了三部分，如图 5-27 所示。

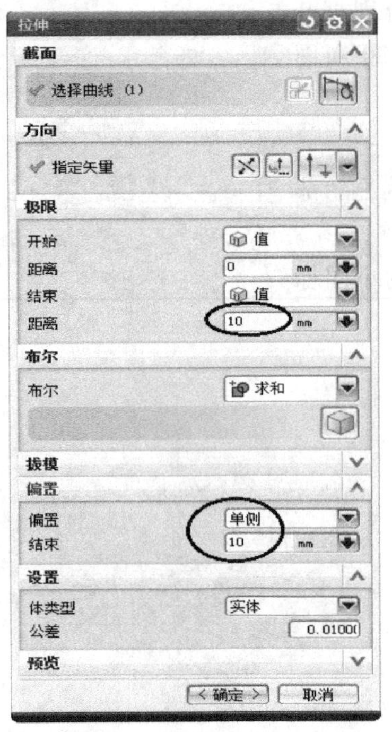

图 5-24

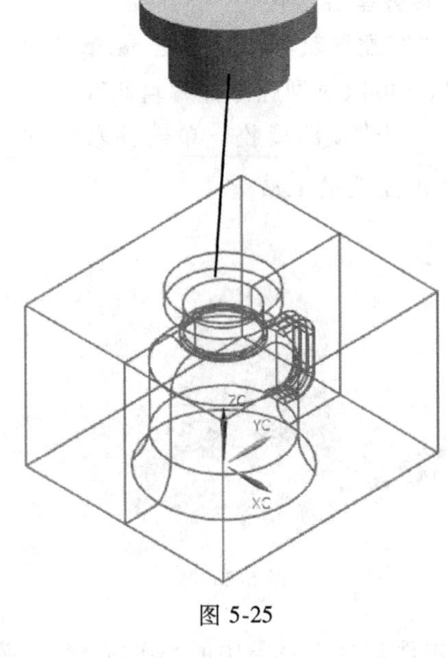

图 5-25

图 5-26

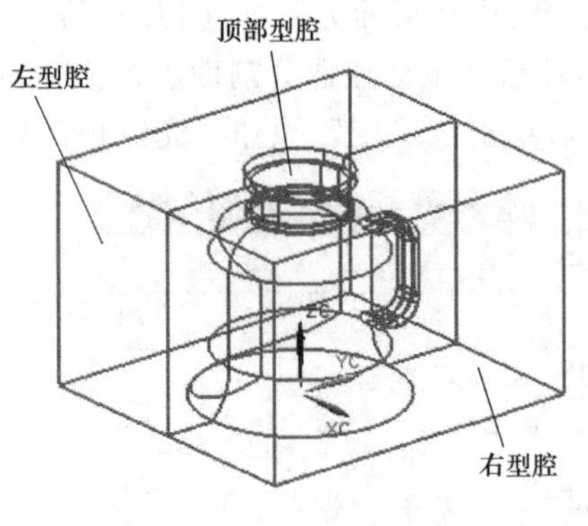

图 5-27

打开“装配导航器”，右击空白处，然后勾选“WAVE 模式”，如图 5-28 所示。

右击 cavity 节点→“WAVE”→“新建级别”，如图 5-29 所示，弹出“新建级别”对话框；

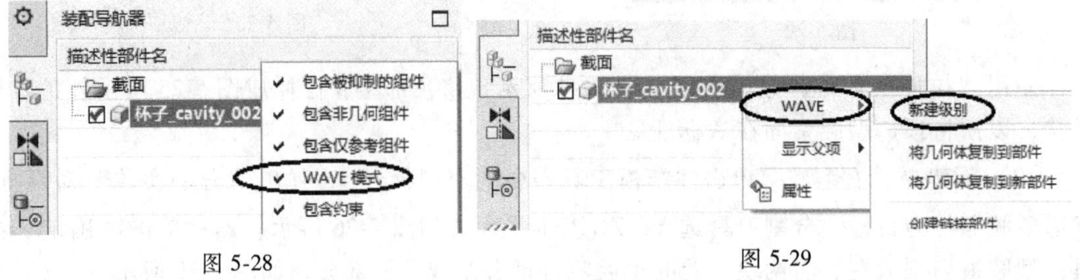

图 5-28　　图 5-29

如图 5-30 所示，单击“指定部件名”按钮，在弹出的对话框里输入“路径”及“文件名”（例如命名为“top_cavity”），点选顶部分割体，然后单击“确定”按钮，从而将顶部分割体复制到新的 top_cavity 节点中，而新节点位于 cavity 节点之下；以同样的方法将左、右分割体分别复制到 left_cavity、right_cavity 节点下，这些节点都位于 cavity 节点之下，如图 5-31 所示。

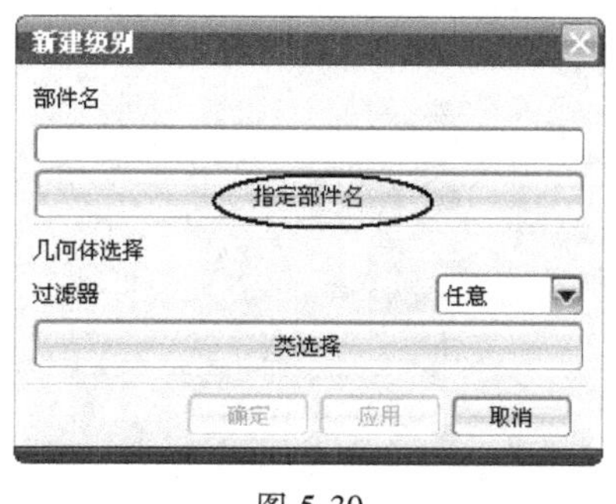

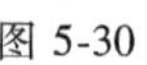
图 5-30

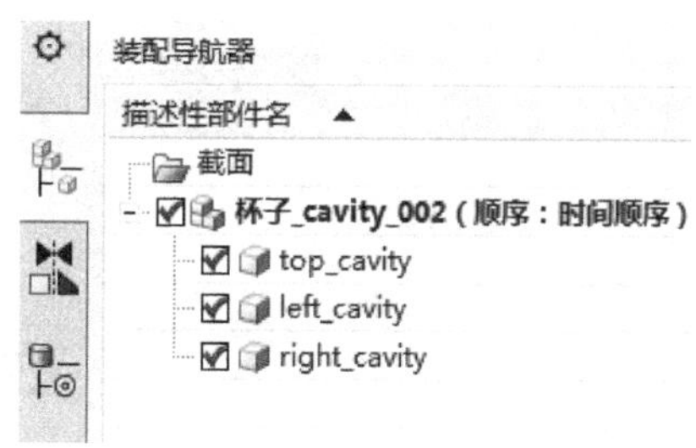

图 5-31

右击 cavity 节点→“显示父项”→top 节点，回到最上层父项，为了看图方便，将新建的三个节点从 cavity 节点下用鼠标点选后拖出，移至其他节点下（例如 prod 节点下），并且将 cavity 节点抑制。此时“装配导航器”里的结构如图 5-32 所示。

分别勾选左型腔节点、右型腔节点，图形如图 5-33 和图 5-34 所示。

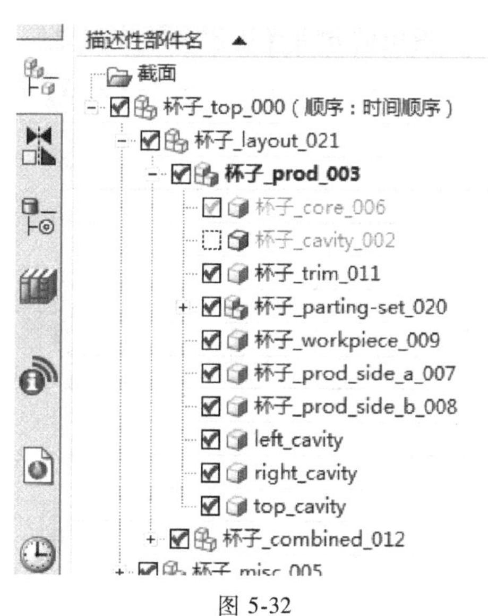

图 5-32

图 5-33

图 5-34

5.3　加入标准件

1. 加载标准模架

单击注塑模向导菜单条中的小图标，弹出“模架库”对话框，单击左侧资源工具条中的小图标，弹出选择框，选项设定如图 5-35 所示，表示选用的模架为龙记大水口模架

LKM_SG，C类型，工字边，基本尺寸为450mm×450mm；A板厚度为150mm，B板厚度为80mm，托铁（C）厚度为120mm。

单击“确定”按钮，稍后完成标准模架的加载；单击对话框中的图标，可使模架旋转90°，单击“取消”按钮，图形如图5-36所示。

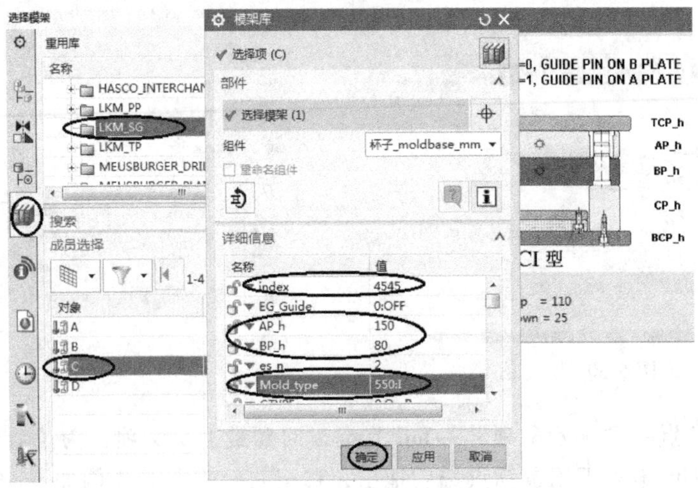

图 5-35

单击注塑模向导菜单条中的小图标，弹出“腔体”对话框，根据提示，在视图中点选A板、B板为目标体，单击鼠标中键，再点选A、B板中的方块（注意在“装配导航器”中勾选pocket节点）为工具，如图5-37所示，然后单击“确定”按钮，完成模架A、B板的开腔操作。

开腔操作后，将pocket节点抑制掉。

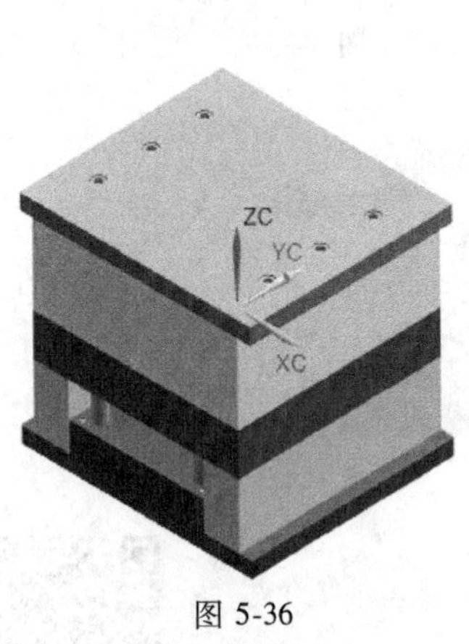

图 5-36

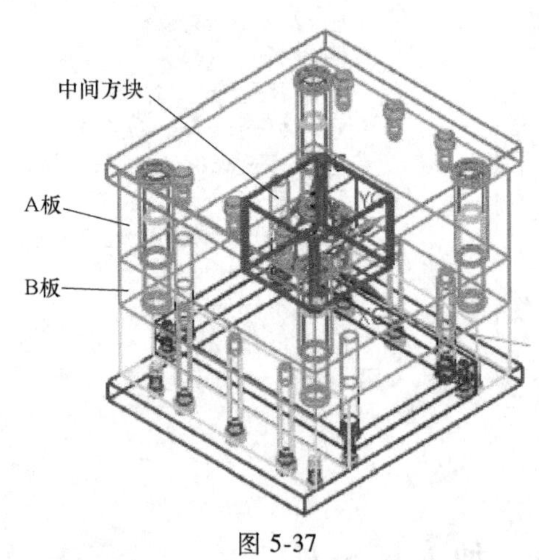

图 5-37

2. 加入定位环

单击注塑模向导菜单条中的小图标，出现“标准件管理”对话框；再单击左侧资源工具条中的小图标，弹出选择框，选项设定如图5-38所示，然后单击“确定”按钮，在模架顶部加入ϕ120mm的定位环。

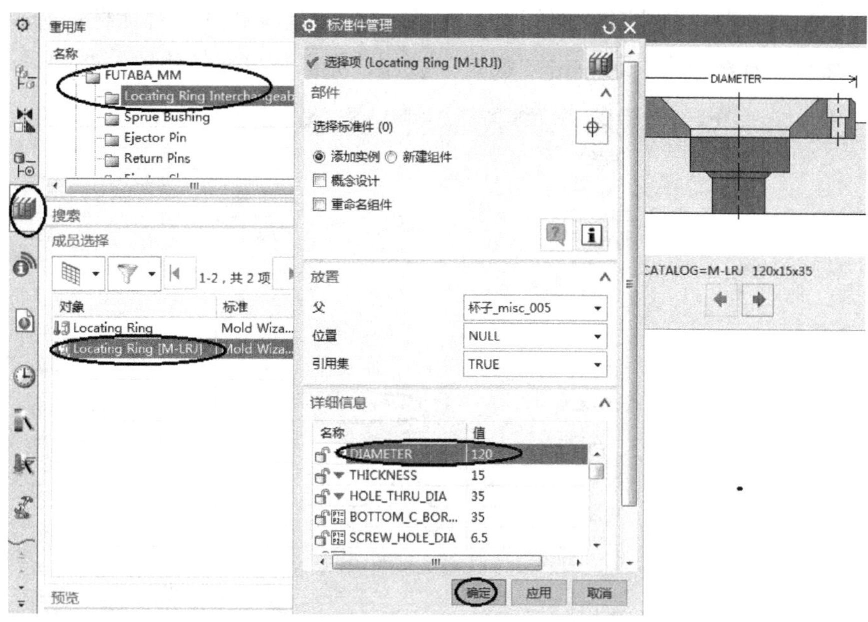

图 5-38

3. 加入浇口套

单击注塑模向导菜单条中的小图标，出现“标准件管理”对话框；再单击左侧资源工具条中的小图标，弹出选择框，选项设定如图 5-39 所示，然后单击“确定”按钮，在模架顶部加入浇口套。

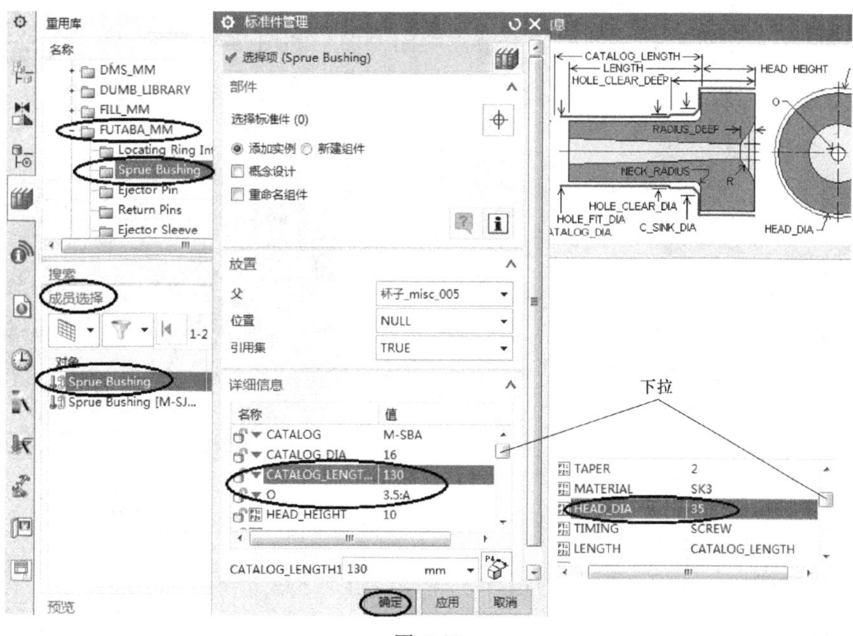

图 5-39

浇口套长 130mm，而模具顶面至型腔的距离不到 100mm，因此要对浇口套进行修剪。

单击注塑模向导菜单条中的小图标，出现“修边模具组件”对话框；选项设定如图5-40所示，然后点选浇口套，再单击“确定”按钮，完成浇口套的修剪。

图 5-40

单击注塑模向导菜单条中的小图标，弹出“腔体”对话框，点选模具中的定模座板、A板及型腔零件为目标体，点选定位环和浇口套为工具，进行开腔，结果如图5-41所示。

4. 加入顶杆

单击“装配导航器”图标，将moldbase节点/movehalf节点组件以及prod节点/core节点组件打开，其他所有节点关闭，图形如图5-42所示。

图 5-41

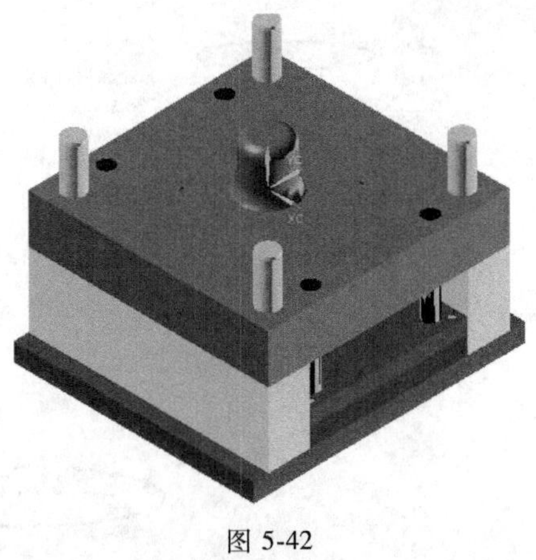

图 5-42

在杯子的底部加入4根ϕ4mm的顶杆，杯口周边加入4根ϕ3mm的顶杆。

单击注塑模向导菜单条中的小图标，出现“标准件管理”对话框；再单击左侧资源工具条中的小图标，弹出选择框，选项设定如图5-43所示，然后单击“应用”按钮，弹出图5-44所示“点”对话框；输入坐标（12，0），单击“确定”按钮，完成1根顶杆的加入；重复上述步骤，在坐标为（-12，0）、（0，12）、（0，-12）的位置上也加入顶杆，共计在 4 个点加入 4 根顶杆，最后单击“取消”按钮关闭对话框。

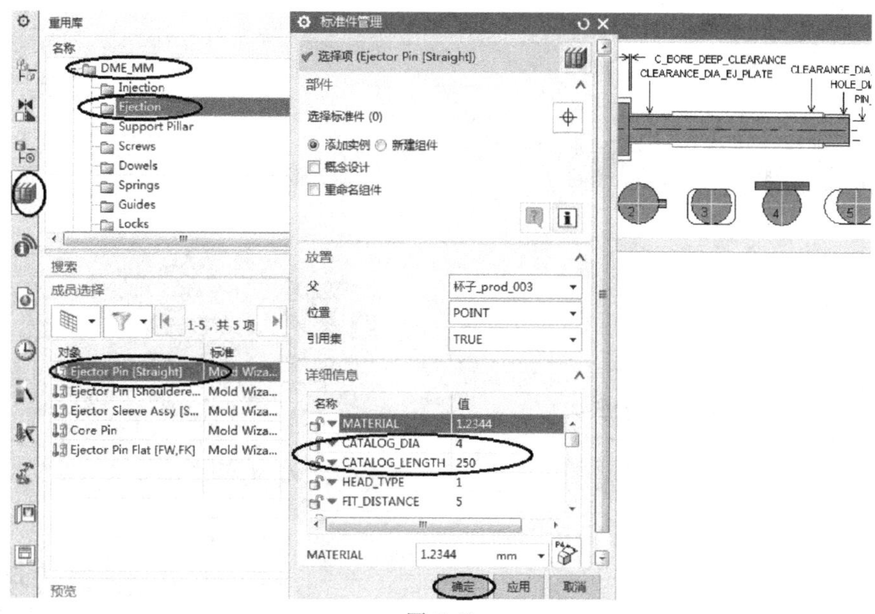

图 5-43

以相同的方法再加入 4 根 ϕ3mm 的顶杆，位置坐标为（47.2，0）、（-47.2，0）、（0，47.2）、（0，-47.2）。

加入 8 根顶杆后图形如图 5-45 所示。

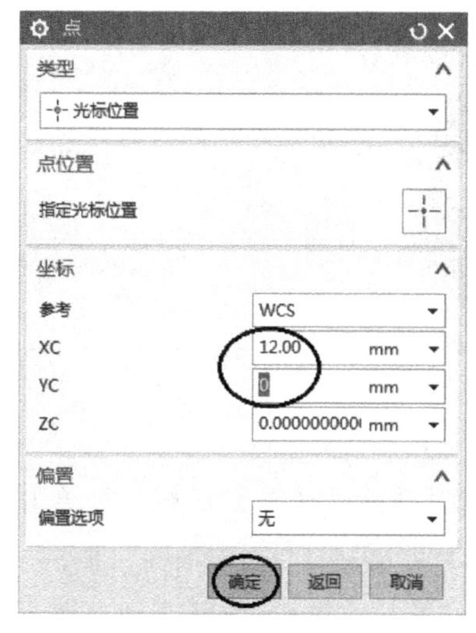

图 5-44

图 5-45

5. 修剪顶杆

单击注塑模向导菜单条中的小图标，出现“顶杆后处理”对话框，选项设定如图 5-46 所示，点选所有的顶杆，单击“确定”按钮后完成顶杆的修剪，此时顶杆与分型面齐平。

由于型芯与这些顶杆同时存在，所以顶杆只能隐约可见，使用开腔命令，以顶杆为工具对型芯、B 板及推杆固定板进行开腔操作，结果如图 5-47 所示。

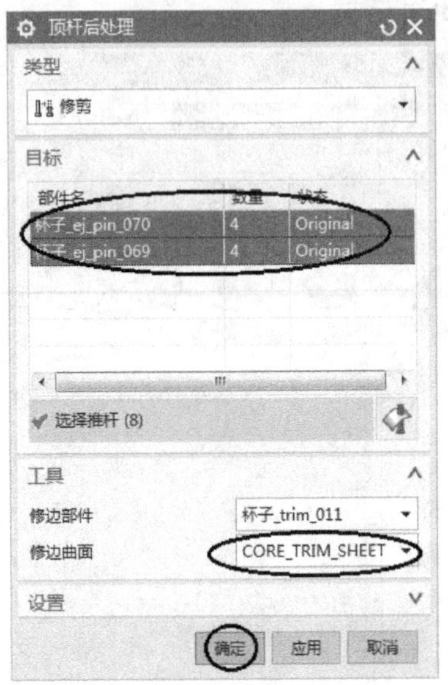

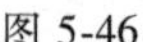
图 5-46

图 5-47

5.4 加入侧抽芯滑块

首先，将坐标系原点移至型腔块的边缘中间，YC 方向指向中心，如图 5-48 所示。

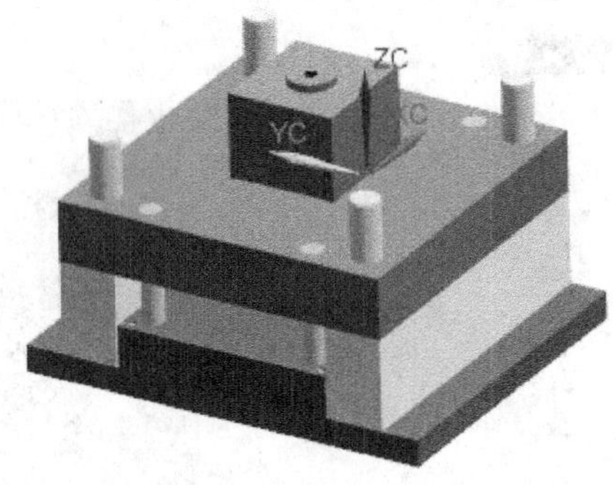

图 5-48

单击注塑模向导菜单条中的小图标，出现“滑块和浮升销设计”对话框；再单击左侧资源工具条中的小图标，弹出选择框，选项设定如图 5-49 所示。另对“详细信息”栏目参数改动如下（默认单位为 mm）：

cam_pin_angle = 18°；cam_pin_dist = 70；cam_pin_start = 30；gib_long = 152. 5；gib_top = 0；heel_back = 35；heel_start = 70；

slide_bottom = slide_top − 130；slide_long = 105；slide_top = 110；

travel = 48；wide = 160。

单击“确定”按钮，加入侧抽芯滑块，结果如图 5-50 所示。

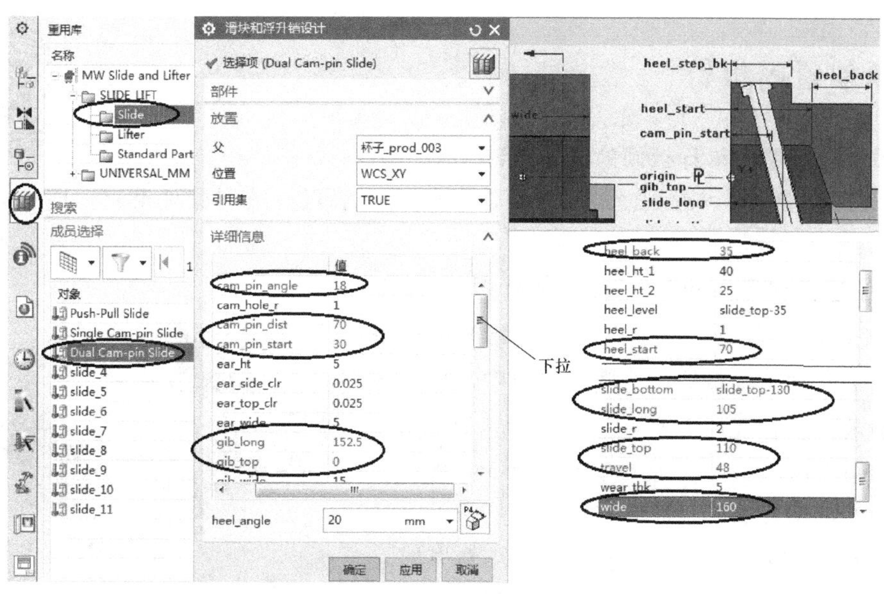

图 5-49

将坐标系原点恢复到原始位置，使用“装配”→“组件”→“镜像装配”命令，在对称位置也加入侧抽芯滑块。

再以两个侧抽芯滑块为工具对 A、B 板进行开腔，结果如图 5-51 所示。

图 5-50　　　　图 5-51

将滑块组件中的 heel 节点设为工作部件，再使用“偏置面”命令将该零件下表面加长 40mm，结果如图 5-52 所示。

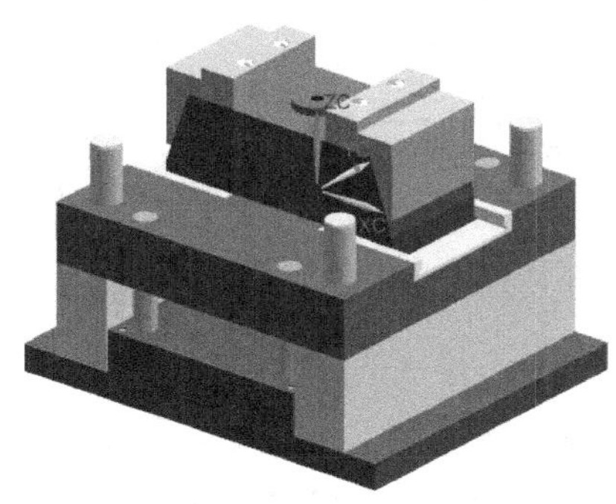

图 5-52

5.5 添加紧固螺钉

1. 添加型芯零件和 B 板间的紧固螺钉

在“装配导航器”中勾选 B 板和型芯零件相关节点，关闭其他节点，图形如图 5-53 所示。

单击注塑模向导菜单条中的小图标，出现“标准件管理”对话框；再单击左侧资源工具条中的小图标，弹出选择框，选项设定顺序及参数如图 5-54 所示，然后点选 B 板的背面，单击“应用”按钮，弹出图 5-55a 所示对话框；如图 5-55a 所示设置 X 偏置 、Y 偏置数据，单击“应用”按钮，此时在视窗中 B 板背面上点坐标为（55，60）处出现了螺钉；然后在图 5-55b 所示的坐标数据框里修改位置坐标为（-55，60），再单击“应用”按钮；重复上述步骤，在点（-55，-60）、（55，-60）处也加入螺钉，最后单击“取消”按钮，结果如图 5-56 所示。

图 5-53

添加完螺钉后，以 4 个螺钉为工具，对 B 板和型芯零件进行开腔操作。

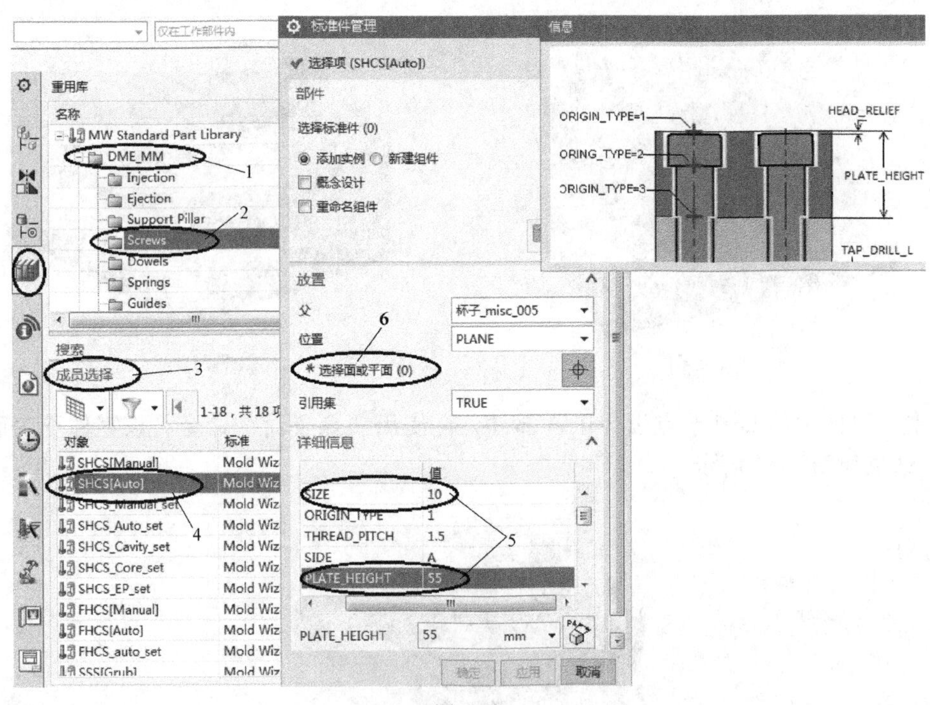

图 5-54

2. 添加型腔零件和 A 板间的紧固螺钉

在“装配导航器”中只勾选 A 板和顶部型腔（top_cavity）节点。

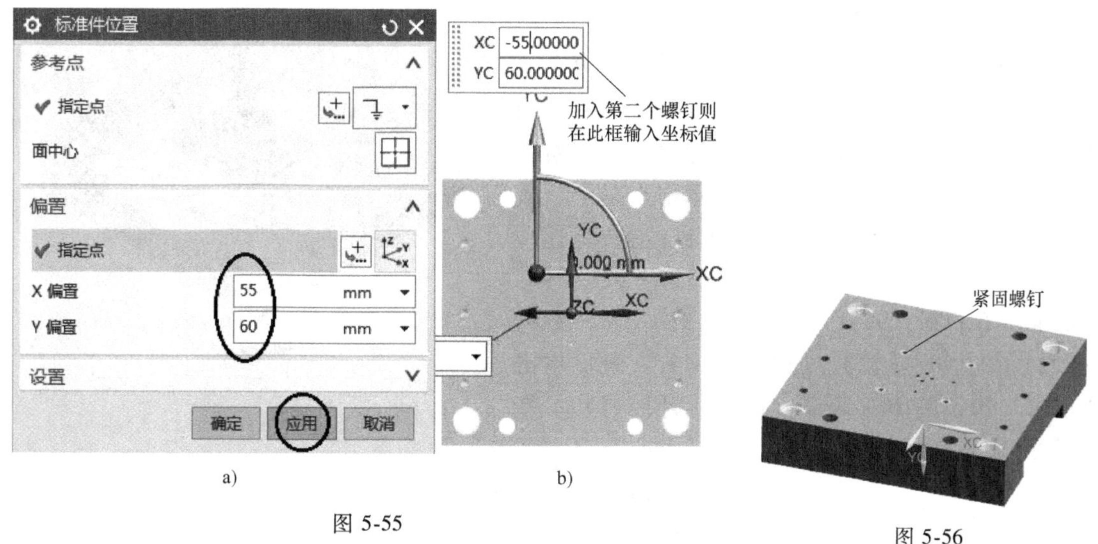

a) b)

图 5-55

图 5-56

以顶部型腔为工具在 A 板上开腔，需要注意的是，“腔体”对话框中“工具类型”的下拉选项为“实体”，如图 5-57 所示。开腔后的图形如图 5-58 所示。

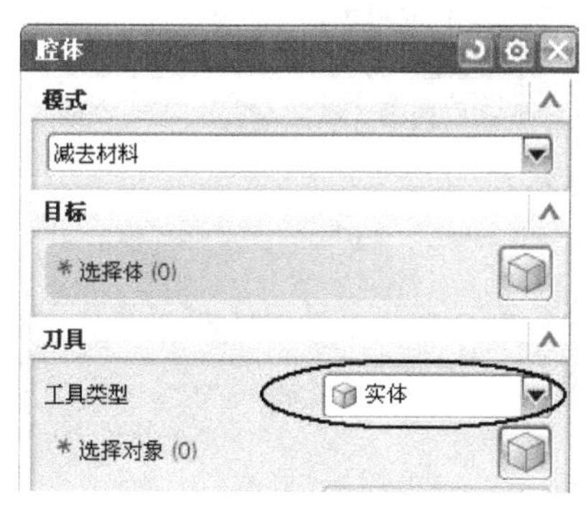

图 5-57

图 5-58

参照添加型芯零件与 B 板间紧固螺钉的方法，在顶部型腔加入连接 A 板的紧固螺钉，需要注意的是，将“标准件管理”对话框中的“详细信息”设为“SIZE = 5、PLATE_HEIGHT = 25”（默认单位为 mm）。

单击“确定”按钮后选择 A 板的上平面为放置平面，在放置平面上点（26，0）、（-26，0）、（0，26）、（0，-26）处加入螺钉。

最后，以顶部型腔和 A 板为目标体，以新加入的 4 个螺钉为工具，进行开腔操作，结果如图 5-59 所示。

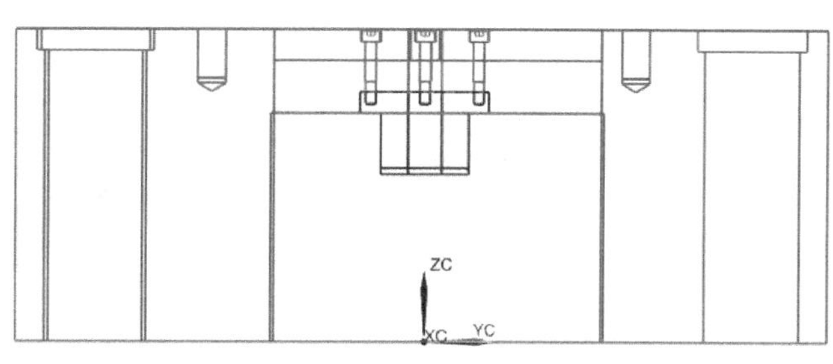

图 5-59

3. 添加侧抽芯导轨紧固螺钉

在“装配导航器”中只勾选 B 板及侧滑块导轨节点，图形如图 5-60 所示。

图 5-60

单击注塑模向导菜单条中的小图标，出现“标准件管理”对话框；再单击左侧资源工具条中的小图标，弹出选择框，选项设定如图5-61所示，单击“确定”按钮，弹出“点”对话框；如图5-62所示设置点坐标，单击“确定”按钮，在点（110，95）处出现了螺钉；重复上述步骤，在点（190，95）、（110，-82）、（190，-82）、（-110，95）、（-190，95）、（-110，-82）、(-190，-82）处也加入螺钉。最后单击“取消”按钮关闭对话框，再进行开腔操作，结果如图5-63所示。

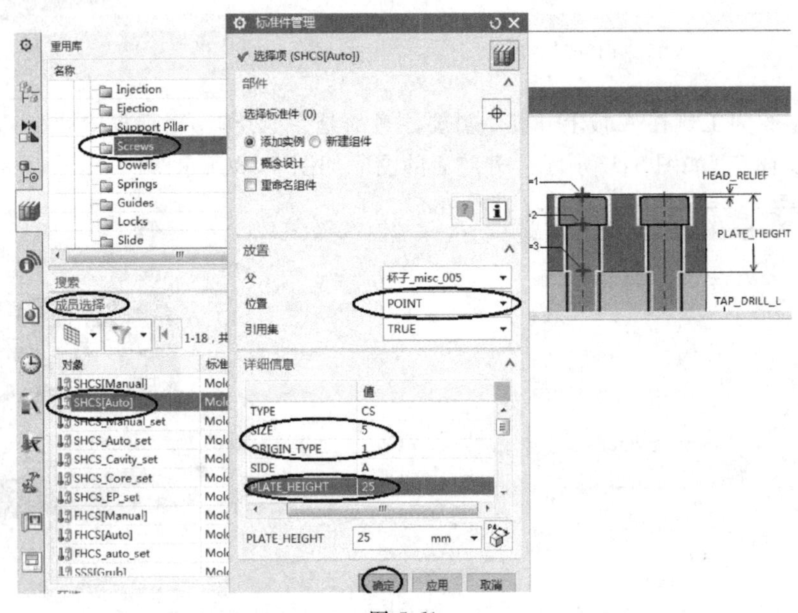

图 5-61

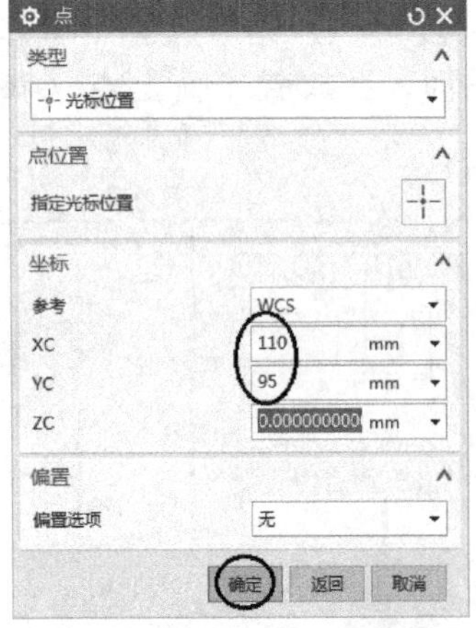

图 5-62

图 5-63

4. 添加侧抽芯压紧块和 A 板间的紧固螺钉

在“装配导航器”中只勾选侧抽芯压紧块与 A 板节点，图形如图 5-64 所示。

以上述添加螺钉的方法在侧抽芯压紧块上加入连接 A 板的紧固螺钉，需要注意的是，将“标准件管理”对话框中的“详细信息”设为“SIZE = 10、PLATE_HEIGHT = 15”（默认单位为 mm）。

单击“应用”按钮后，选择 A 板的上平面为放置平面，在点（-147，50）、（-147，-50）、（147，50）、（147，-50）处加入螺钉，其中 Z 坐标不要修改。

最后进行开腔操作。关闭 A 板节点后可见两压紧块各有两个螺钉，如图 5-65 所示。

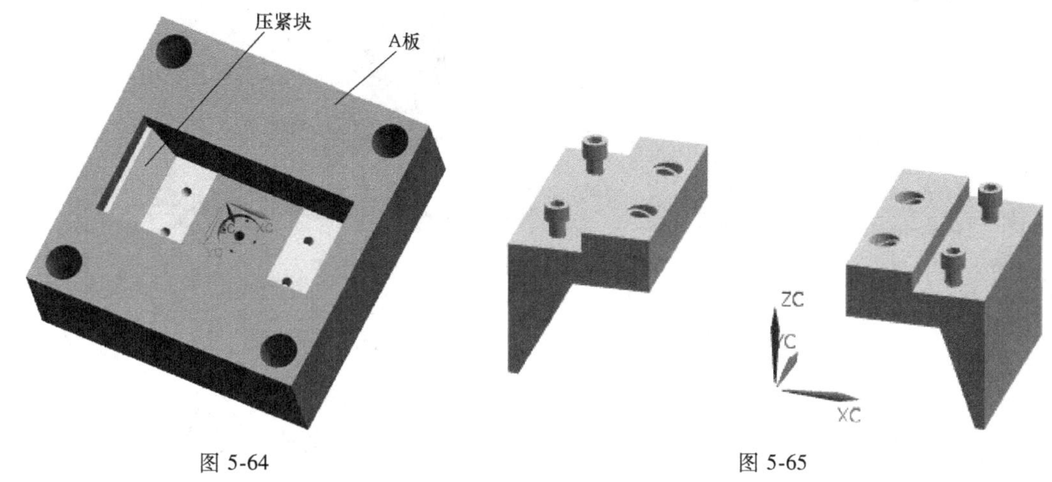

图 5-64　　　　图 5-65

5.6 模具零件的修整

1. 侧型腔零件与滑块合并

如图 5-66 所示，滑块与侧型腔可通过螺钉联接，或者直接将滑块与侧型腔做成一个整体件，即进行合并操作。

将侧型腔设为工作部件，然后单击“插入”→“关联复制”→“WAVE 几何链接器”，弹出“WAVE 几何链接器”对话框，选项设定如图 5-67 所示；再点选滑块，将滑块链接进来；然后用“合并”命令把侧型腔与滑块体相加，得到所需要的侧型腔和滑块合并的整体结构，如图 5-68 所示。

采用同样的方法将对称侧的侧型腔与滑块进行合并，得到另一侧型腔与滑块合并的整体结构。

2. 修整 A 板

为方便加工及装配压紧块，对 A 板的方腔四角做如图 5-69 所示的圆角。可利用“插入”→“设计特征”→“腔体”命令完成修整。

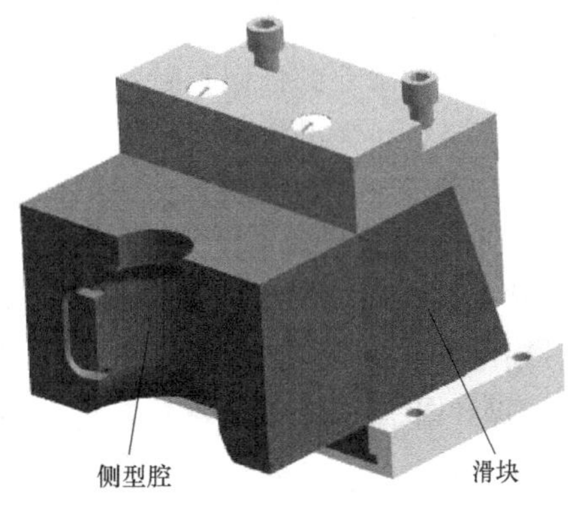

图 5-66

3. 模架底板开孔

注塑机顶杆需通过模架底板推动模具的顶出机构，所以要在底板中心处开一个 ϕ30mm 的孔，如图 5-70 所示。

将 plate 节点设为工作部件，利用“挖孔”命令在底板表面中心位置开设 ϕ30mm 通孔。

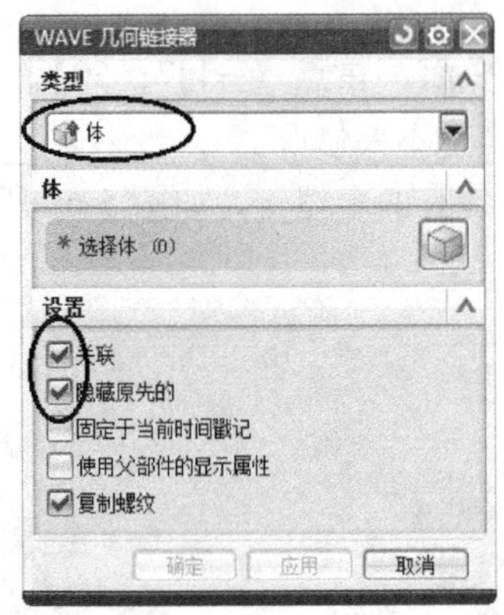

图 5-67

图 5-68

图 5-69

图 5-70

4. 设置滑块定位机构

为了防止模具开合时斜导柱不能准确地插入导滑孔内，导致零件损坏，必须对滑块设置定位机构，通常的简易做法是在滑块的极限位置设置限位螺钉；若所选模架尺寸不够，可在滑块底部设置弹簧钢球定位。因该部分设置与 MoldWizard 无关，所以具体操作从略。

5. 生成模具爆炸图

打开所有模具零部件节点，模具外观如图 5-71 所示。

采用“装配”→“爆炸图”→“新建爆炸图”/“编辑爆炸图”，创建及编辑爆炸图。具体操作步骤可参照 1.8 节。

模具爆炸图如图 5-72 所示。

图 5-71

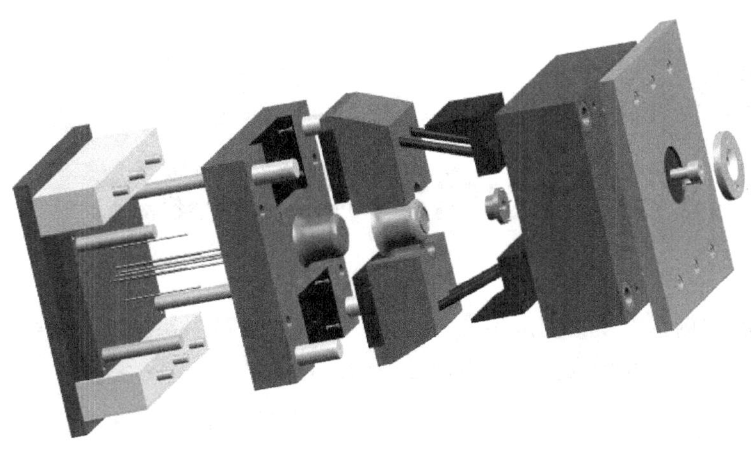

图 5-72

第 6 章 一模两腔潜伏浇口模具设计

本章选用的实例是一模两腔潜伏浇口模具，采用大水口模架。模具设计的内容主要有曲面分型设计、加载模架和标准件、一模两腔潜伏浇口设计。

6.1 基本思路

如图 6-1 所示为注塑成型手机壳产品模型及浇注系统。产品成型模具选用大水口模架，采用一模两腔结构，浇口形式采用潜伏浇口，浇口设在顶杆处。

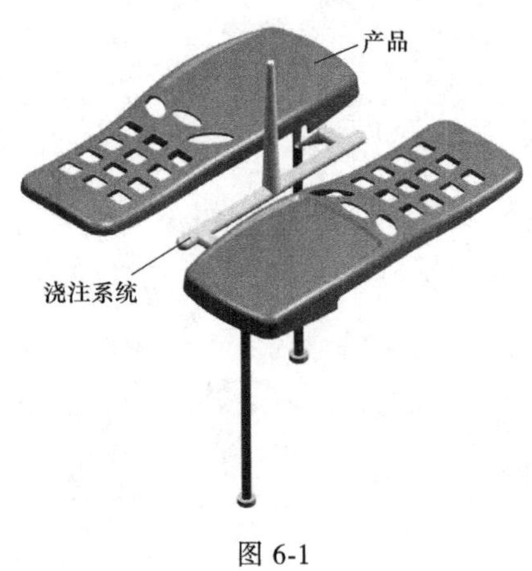

图 6-1

6.2 模具分型设计

1. 加载产品

首先建一个文件夹，命名为“手机壳模具”，将手机壳产品模型文件复制到该文件夹内。

单击注塑模向导菜单条中的小图标，弹出“打开”对话框，在“手机壳模具”文件夹里选择需要加载的产品零件文件“手机壳 . prt”，出现图 6-2 所示对话框；对话框的“材料”项下拉选“ABS+PC”材料，“收缩”项（材料收缩率）的数值根据所选材料自动默认为“1. 0055”，然后单击“确定”按钮，视窗中出现图 6-3 所示产品模型。

2. 定义模具坐标系

单击注塑模向导菜单条中的小图标，弹出“模具 CSYS”对话框，选项设定如图 6-4 所示。在图形中点选手机壳前端底面边界面（为平面），如图 6-5 所示，单击“确定”按钮，将模具坐标系原点设置在前壳底面的前端。

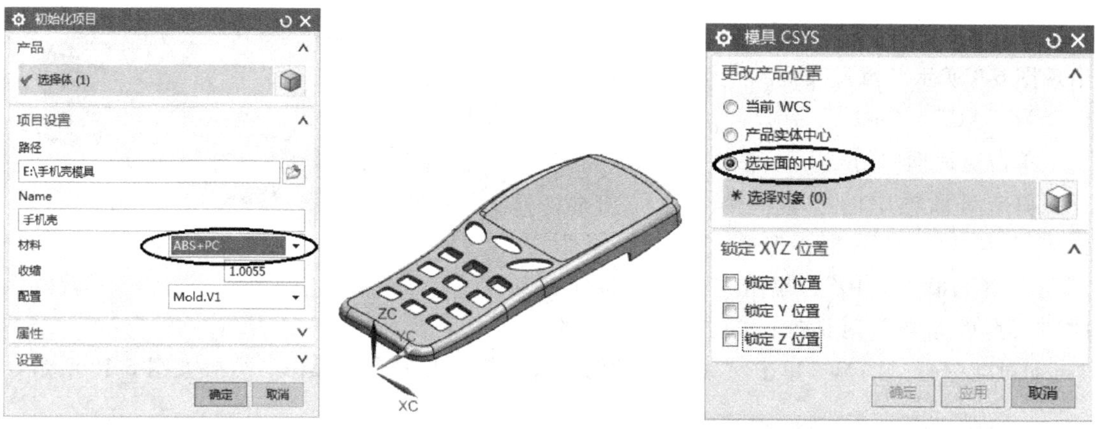

图 6-2　　图 6-3　　图 6-4

3. 定义成型镶件（模仁）

单击注塑模向导菜单条中的小图标，弹出图 6-6 所示对话框，单击对话框的图标，进入草图绘制界面；如图 6-7 所示，将模仁毛坯尺寸修改为 250mm×120mm；完成草图后修改图 6-6 所示“工件”对话框的设置，将“开始距离”设为“-25mm”，“结束距离”设为“40mm”，单击“确定”按钮，完成单型腔模仁毛坯的加入，结果如图 6-8 所示。

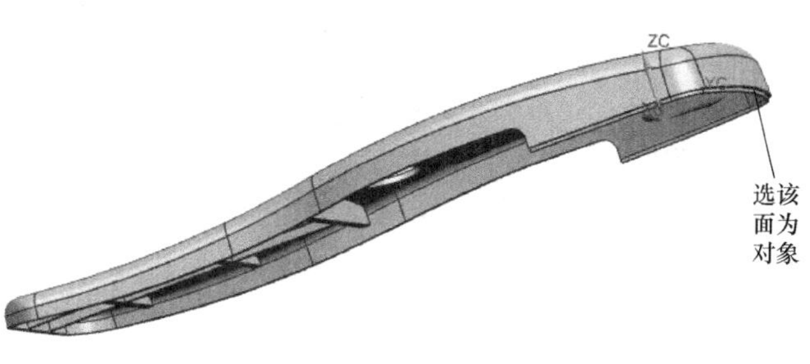

图 6-5

图 6-6

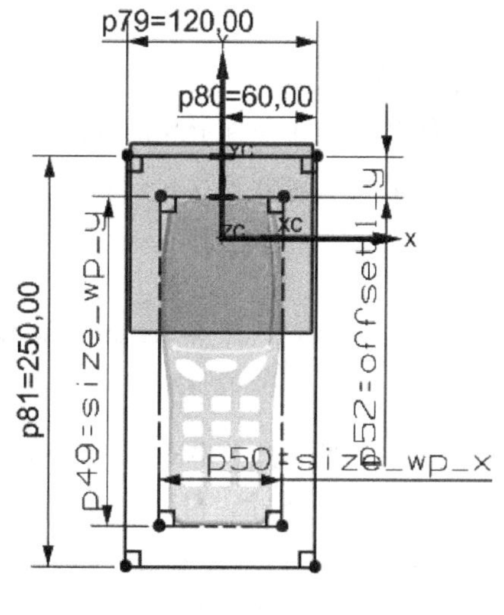

图 6-7

4. 多型腔模布局

单击注塑模向导菜单条中的小图标，出现图6-9所示“型腔布局”对话框，将矢量设置为“XC”方向。

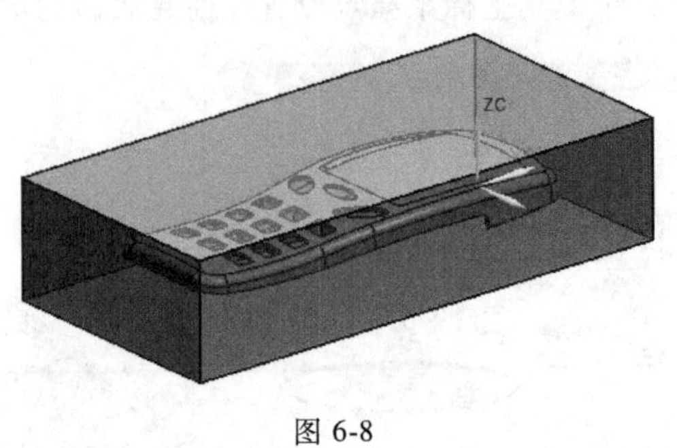

图 6-8

单击对话框中的“开始布局”图标。

单击对话框中的“编辑插入腔”图标，弹出“刀槽”对话框；选择“type”值为“2”，“R”值为“10”，单击“确定”按钮，回到“型腔布局”对话框；单击对话框中的“自动对准中心”图标，单击“关闭”按钮完成一模两腔的布局操作。结果如图6-10所示。

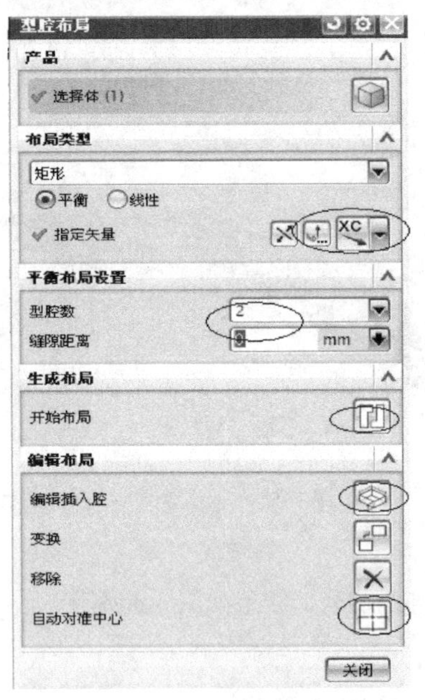

图 6-9

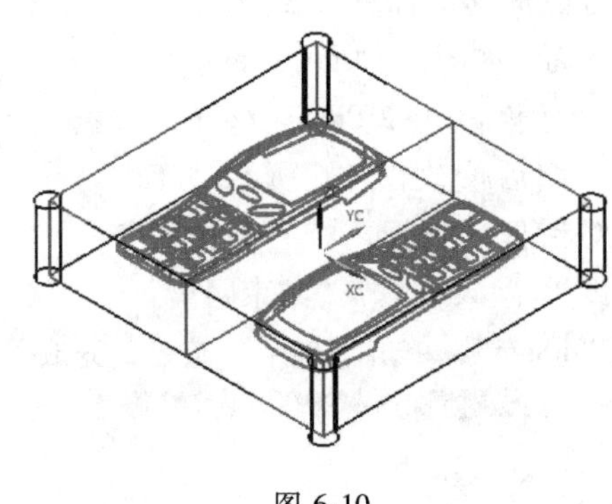

图 6-10

5. 分型设计

分型线是产品在垂直于开模方向上的最大轮廓线，获取手机前壳的分型线分如下几步：

（1）为产品表面指派区域　单击注塑模向导菜单条中的小图标，出现图6-11所示模具分型工具条。

图 6-11

单击模具分型工具条中的第1个小图标，弹出图6-12所示对话框，单击“计算”选项卡中的“计算”图标；稍后单击“区域”选项卡，对话框如图6-13所示，单击“设置区域颜色”图标，模型各面呈不同颜色；再勾选“交叉竖直面”复选框，然后在“指派到区域”栏中点选“选择区域面”下的“型腔区域”选项，单击“应用”→“确定”，完成检查区域的设置。

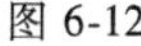
图 6-12

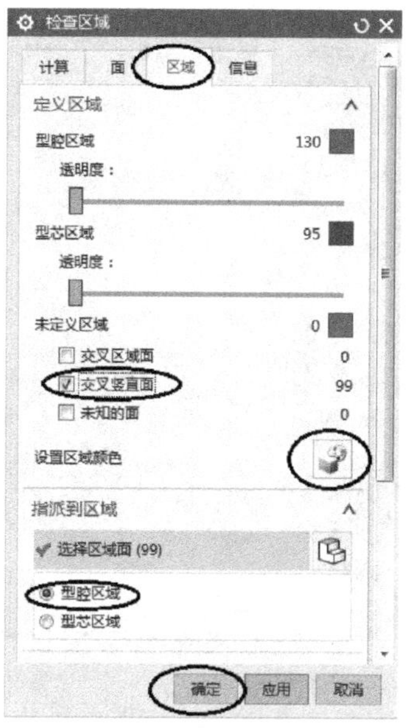

图 6-13

（2）修补产品碰穿孔　单击模具分型工具条中的第 2 个小图标，弹出“边修补”对话框；选项设定如图 6-14 所示，然后点选手机壳模型，单击“确定”按钮，完成修补产品碰穿孔的操作，结果如图 6-15 所示。

图 6-14

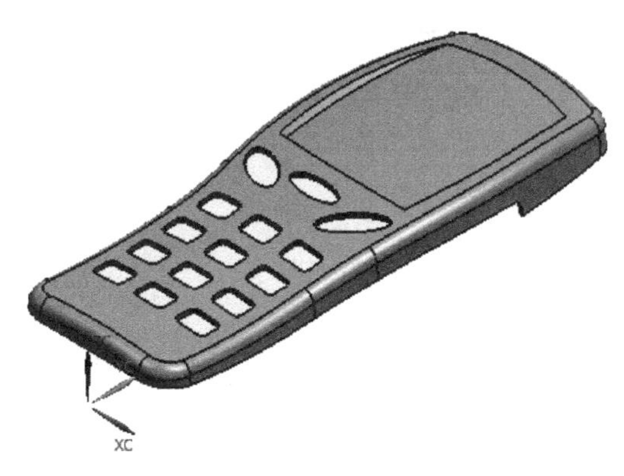

图 6-15

（3）获取分型线　单击模具分型工具条中的第 3 个小图标，弹出“定义区域”对话框，选项设定如图 6-16 所示，单击“确定”按钮。在“分型导航器”里点暗除了分型线之外的其他选项，视窗图形如图 6-17 所示。

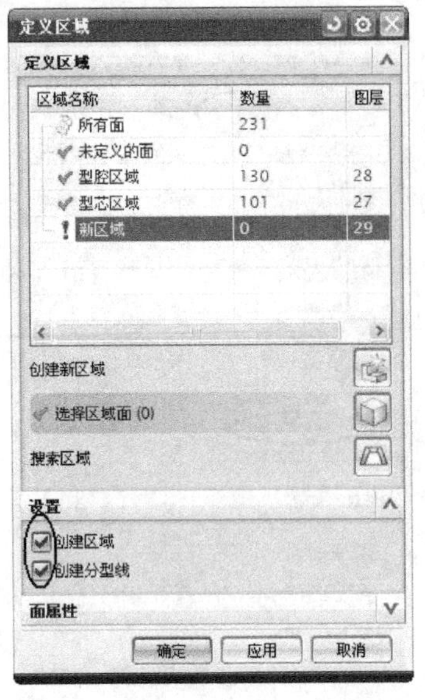

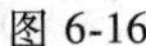
图 6-16

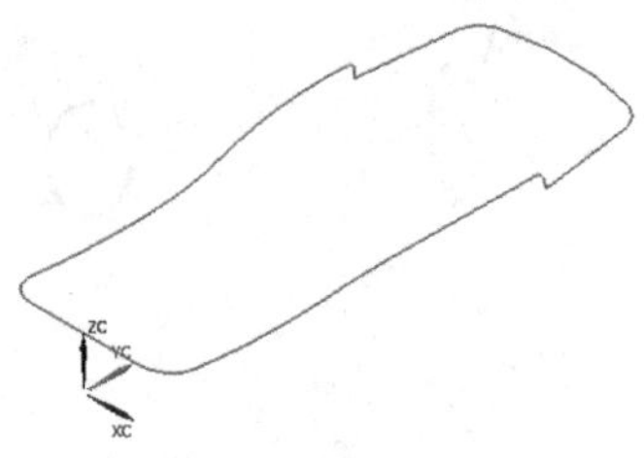

图 6-17

（4）创建分型面　动、定模相接触的面称为分型面，分型面的形状有平面、斜面、阶梯面、曲面等。手机壳的分型面形状为曲面，其创建过程如下。

单击模具分型工具条中的第 4 个小图标，弹出图 6-18 所示“设计分型面”对话框，单击“编辑分型段”项的第一项“选择分型或引导线”图标，再在图形视窗中点选分型线上 4 个拐角处的 4 个点，如图 6-19 所示，单击“应用”→“应用”→“应用”→“应用”→“确定”，完成分型面的创建，结果如图 6-20 所示。

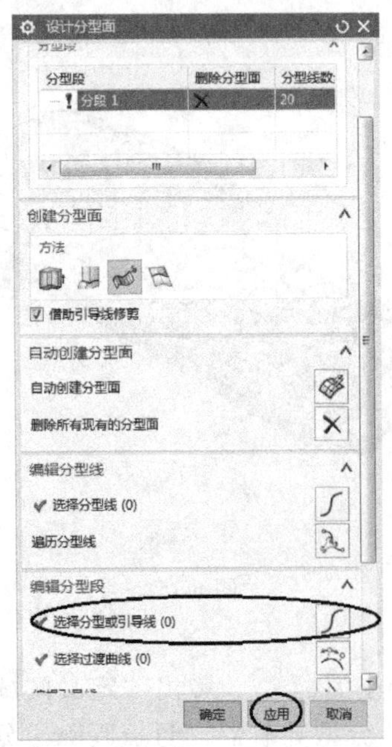

图 6-18

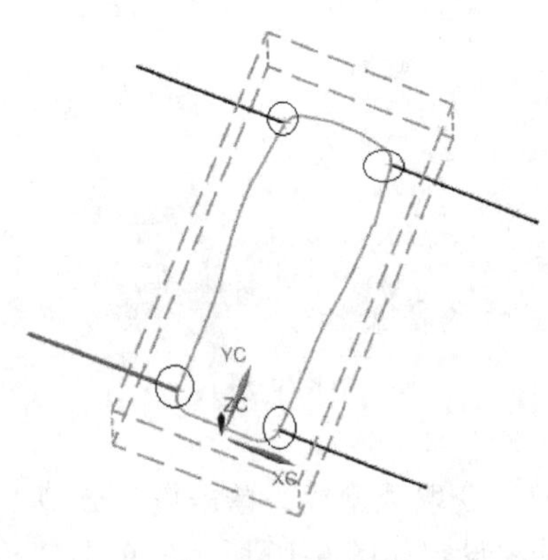

图 6-19

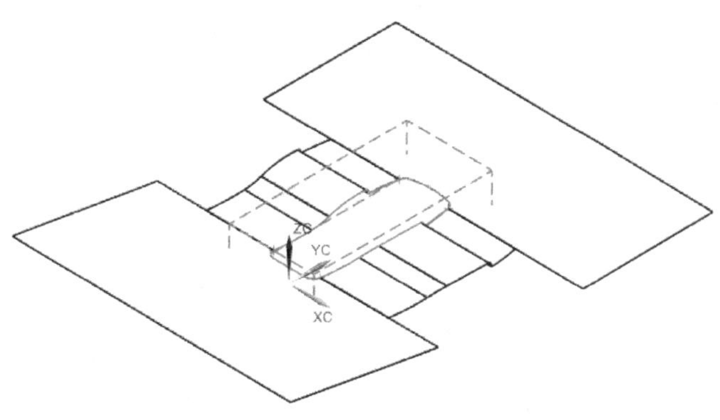

图 6-20

（5）创建型芯、型腔　单击模具分型工具条中的第 6 个小图标，弹出“定义型腔和型芯”对话框，在“区域名称”项里选择“所有区域”，然后单击“确定”→“确定”→“确定”，完成型芯、型腔的创建。视窗中的图形如图 6-21 所示。

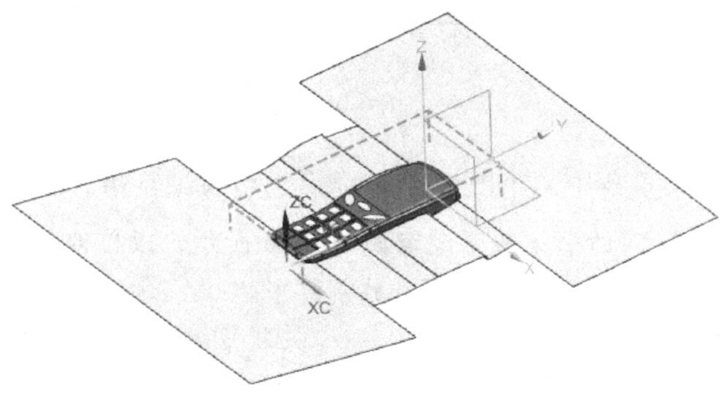

图 6-21

单击“装配导航器”，右击 parting 节点，选择“显示父项”→top 节点，打开总目录。双击“装配导航器”中的 top 节点，使之成为工作部件，关闭所有其他节点，只打开 layout 节点下的 core 节点，并使图形处于 top 视图和着色状态，此时图形如图 6-22 所示；若只打开 cavity 节点，图形如图 6-23 所示。

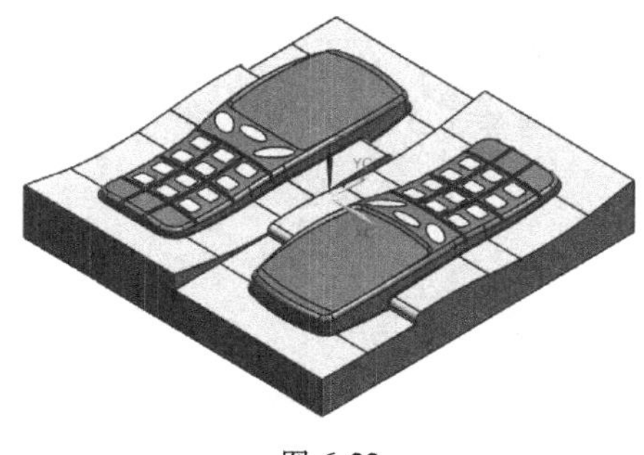

图 6-22

图 6-23

（6）修整型芯、型腔零件　由于型芯一端的锐角容易碰坏，且凹入部分不便加工，需进行如下修整。

将型芯设置为显示部件，如图 6-24 所示画一条线。

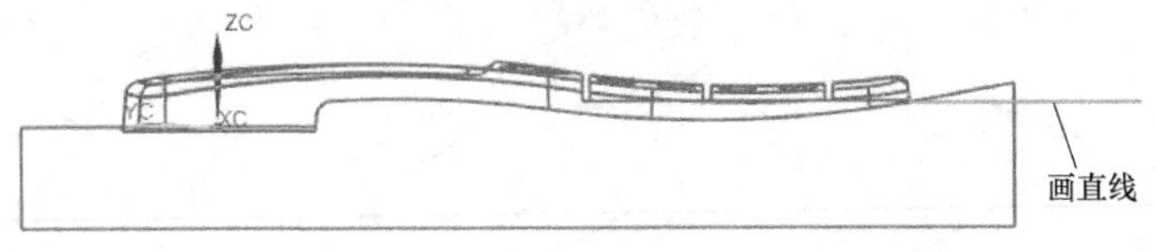

图 6-24

将直线拉伸成片体，如图 6-25 所示。

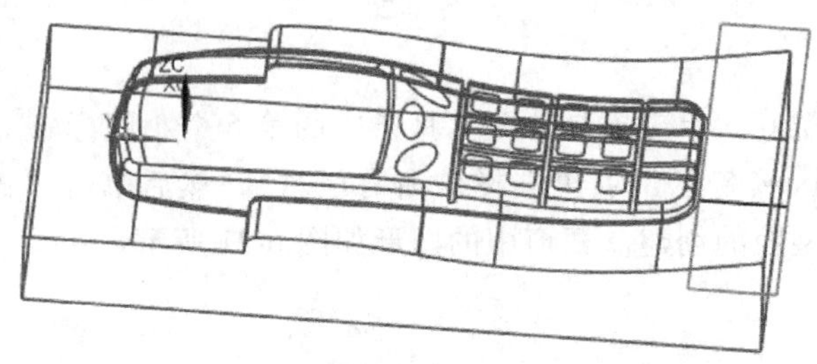

图 6-25

单击注塑模向导菜单条中的小图标，弹出注塑模工具条，单击工具条中的小图标，弹出“分割实体”对话框；选项设定如图 6-26 所示，以拉伸的片体作为工具对型芯进行分割，单击“确定”按钮，将锐角部分分割开来。

将型腔设置为工作部件。单击“插入”→“关联复制”→“WAVE 几何链接器”，弹出“WAVE 几何链接器”对话框；选项设定如图 6-27 所示，然后点选分割出来的锐角部分，单击“确定”按钮，将锐角部分复制到型腔零件中。

图 6-26

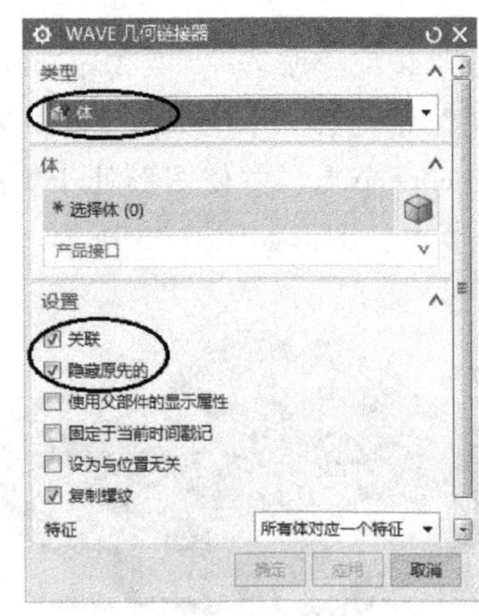

图 6-27

使用“合并”命令将型腔零件与复制来的锐角部分合为一体，然后隐藏片体和线条，

此时，型芯的结构如图 6-28 所示，型腔的结构如图 6-29 所示。

图 6-28

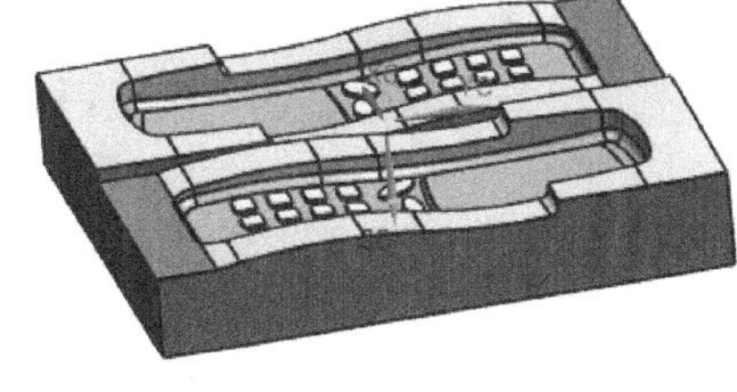

图 6-29

6.3　加入标准件

1. 加载标准模架

单击注塑模向导菜单条中的小图标，出现图 6-30所示对话框。

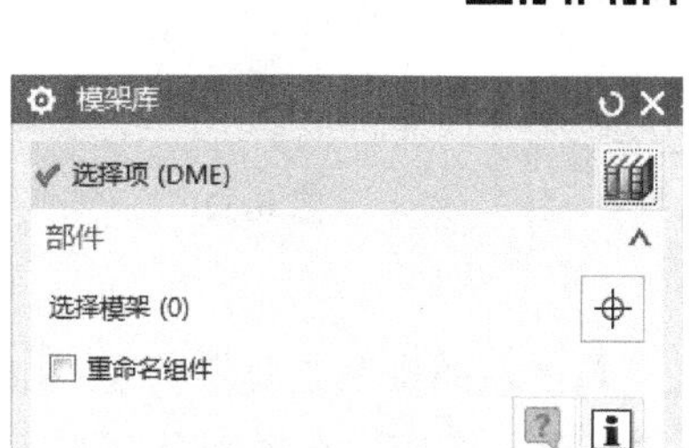

图 6-30

单击左侧资源工具条中的小图标，弹出选择框；选项设定如图 6-31 所示，表示选用的模架为龙记大水口模架（LKM_ SG），C 类型，工字边，基本尺寸为 400mm×400mm，A 板厚度 40mm，B 板厚度 70mm；然后单击“确定”按钮，稍后完成标准模架的加载，结果如图 6-32 所示。

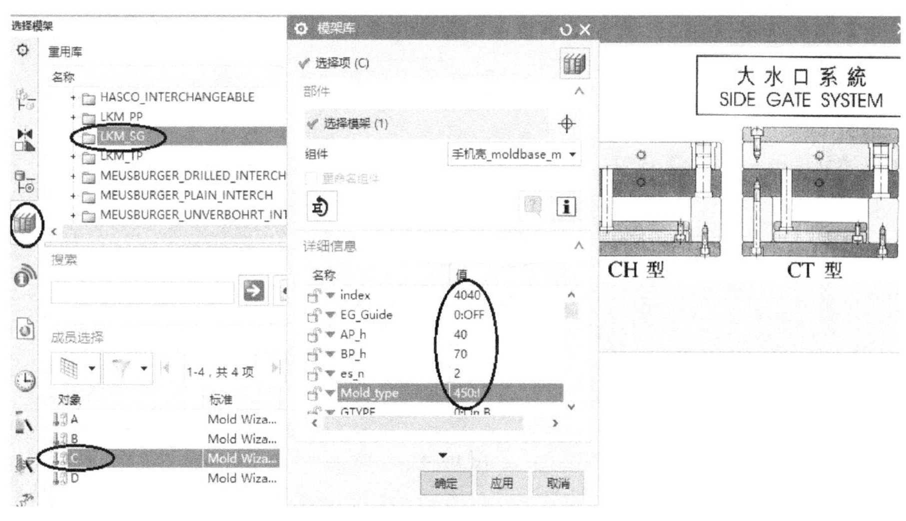

图 6-31

单击注塑模向导菜单条中的小图标，出现“腔体”对话框。以 A 板和 B 板为目标体，工具选择插入的腔体（pocket 节点），单击“确定”按钮，完成 A 板、B 板的开腔操作。开腔操作完成后，将 pocket 节点抑制掉。

2. 加入定位环

单击注塑模向导菜单条中的小图标，弹出“标准件管理”对话框，如图 6-33 所示。

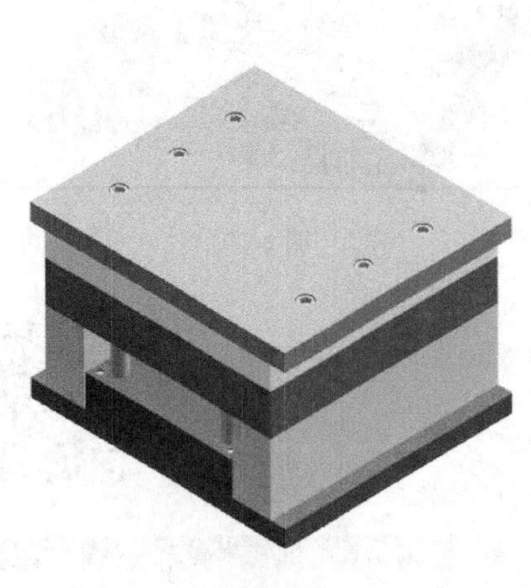

图 6-32

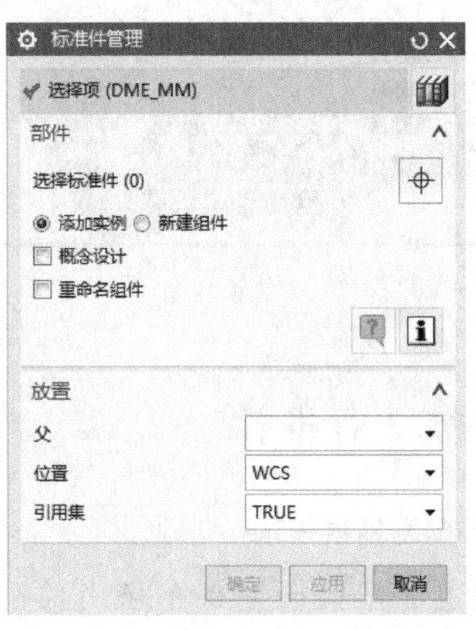

图 6-33

单击左侧资源工具条中的小图标，弹出选择框；选项设定如图 6-34 所示，然后单击“确定”按钮，在模架顶部加入 ϕ120mm 的定位环。

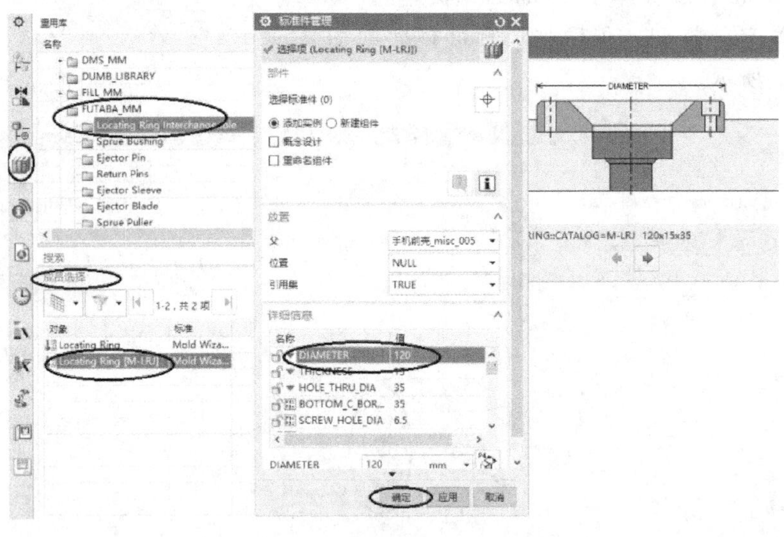

图 6-34

3. 加入浇口套

单击注塑模向导菜单条中的小图标，出现“标准件管理”对话框；再单击左侧资源工具条中的小图标，弹出选择框；选项设定如图 6-35 所示，然后单击“确定”按钮，在模架顶部加入浇口套。以定位环、浇口套为工具对相关模具零件进行开腔操作，开腔后的结果如图 6-36 所示。

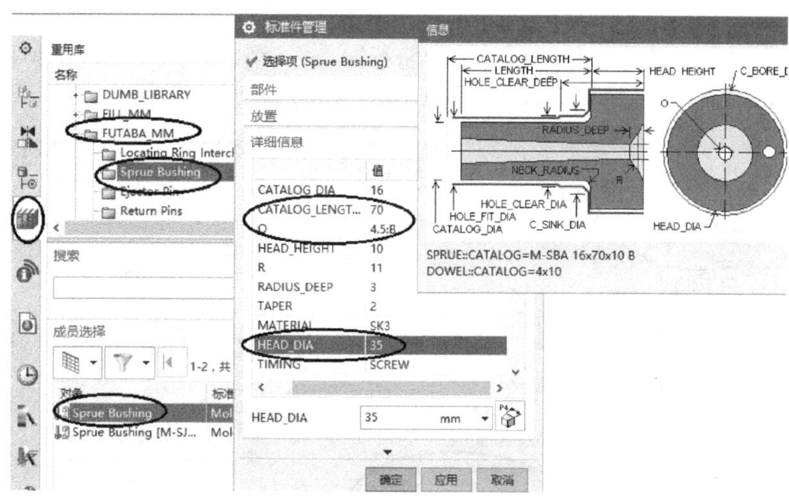

图 6-35

图 6-36

4. 加入顶杆

单击“装配导航器”图标，将 moldbase 节点下的 movehalf 节点组件打开，将 moldbase 节点下的 fixhalf 节点和 misc 节点下的所有项目关闭；另外，关闭 layout 节点下的 prod 节点中的 parting 节点和 cavity 节点，打开 core 节点，并将图形设置为“正等轴测图”状态，结果如图 6-37 所示。

图 6-37

单击注塑模向导菜单条中的小图标，出现“标准件管理”对话框；再单击左侧资源工具条中的小图标，弹出选择框；选项设定如图 6-38 所示，然后单击“确定”按钮，弹出“点”对话框；如图 6-39 所示，输入坐标（-35，55），单击“确定”按钮，添加 1 根顶杆，如图 6-40 所示。需要注意的是，由于这根顶杆上需设置潜伏浇口，所以“详细信息”栏目中“FIT_ DISTANCE”的值取“35”。

重复上述步骤，在点（-88，55）、（-35，20）、（-85，20）、（-60，90）的位置上也加入 4 根 ϕ5mm 的顶杆，这时“FIT_ DISTANCE”取默认值。

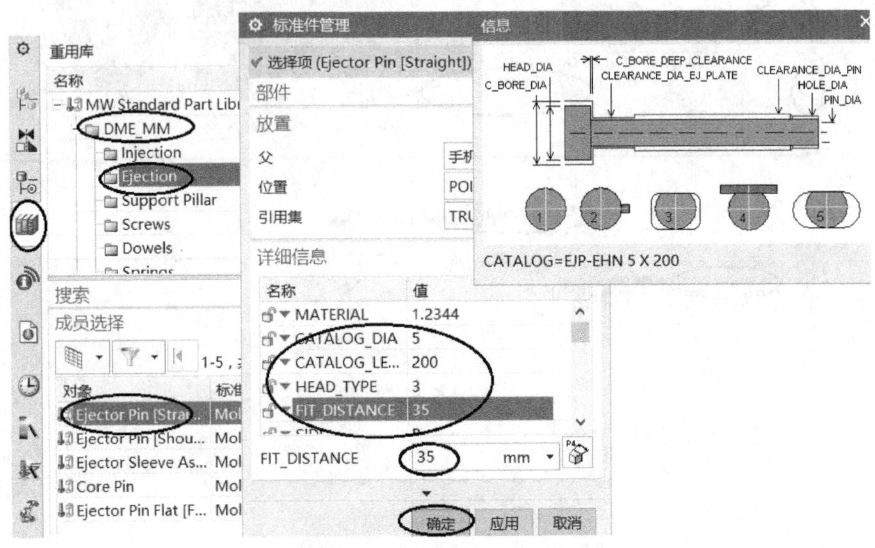

图 6-38

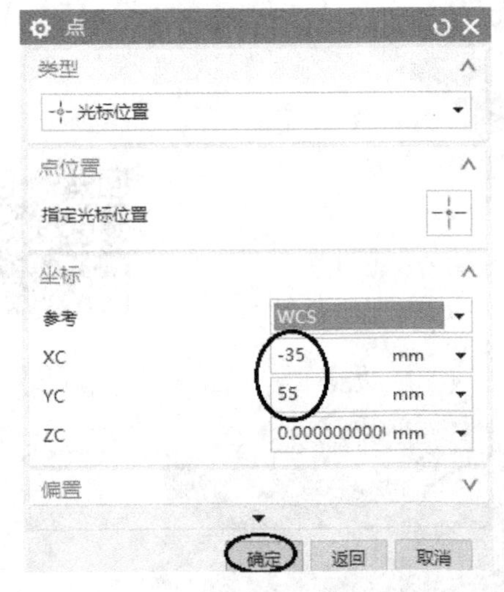

图 6-39

图 6-40

再单击注塑模向导菜单条中的小图标，出现“标准件管理”对话框；再单击左侧资源工具条中的小图标，弹出选择框；选项设定如图 6-41 所示，然后单击“确定”按钮，弹出“点”对话框；依前述方法分别在点（-51，-18.6）、（-69，-18.6）、（-69，-48.8）、（-51，-48.8）、（-51，-79）、（-69，-79）的位置上（加强筋相交处）加入 6 根 ϕ2mm 的阶梯顶杆。将图形设置为“正等轴测图”状态，结果如图 6-42 所示。

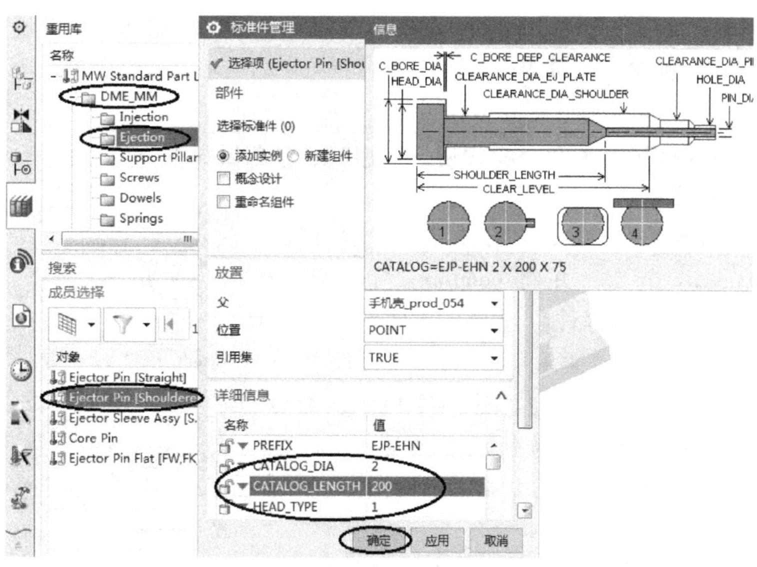

图 6-41

5. 修剪顶杆

由于型芯零件被分割成了两个实体，所以在修剪顶杆前，先将型芯设为工作部件，然后利用“合并”命令将型芯的两个实体合为一个整体。

将 top 节点设为工作部件，单击注塑模向导菜单条中的小图标，出现“顶杆后处理”对话框；选项设定如图 6-43 所示，单击“确定”按钮，完成顶杆的修剪，此时顶杆与分型面齐平，如图 6-44 所示。

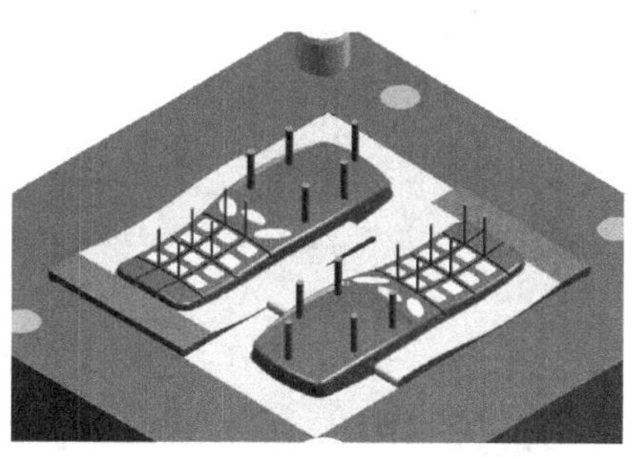

图 6-42

图 6-43

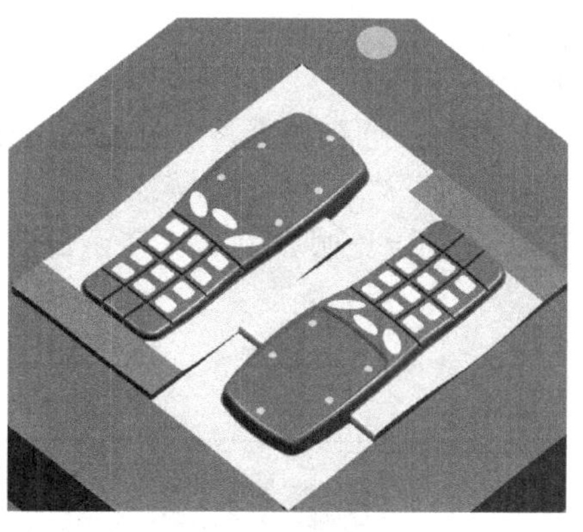

图 6-44

顶杆修剪完成后，以顶杆为工具对动模相关零件进行开腔操作。

6.4 创建整体型腔、型芯

为使型腔、型芯便于加工及合模方便，对型腔、型芯做如下修改。

1. 创建整体型腔

在“装配导航器”里关闭所有的节点，再打开 prod 节点下的 cavity 节点，并将 combined 节点下的 comb_ cavity 节点设为工作部件。

使用建模命令，单击“插入”→“关联复制”→“WAVE 几何链接器”，选项设定如图 6-45 所示，然后点选两个型腔，单击“确定”按钮，生成两个新的原始型腔体，再使用“合并”命令，将两个新的型腔合成一体。

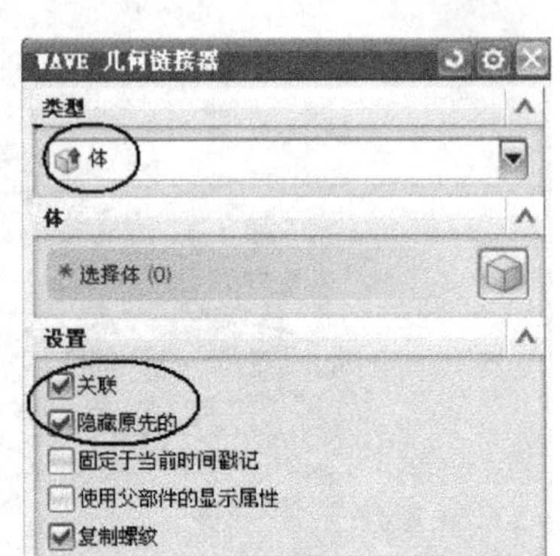

图 6-45

使用“插入”→“设计特征”→“拉伸”命令，在 YC-ZC 平面上绘制如图 6-46 所示的矩形草图（直接捕捉型腔框绘制）。

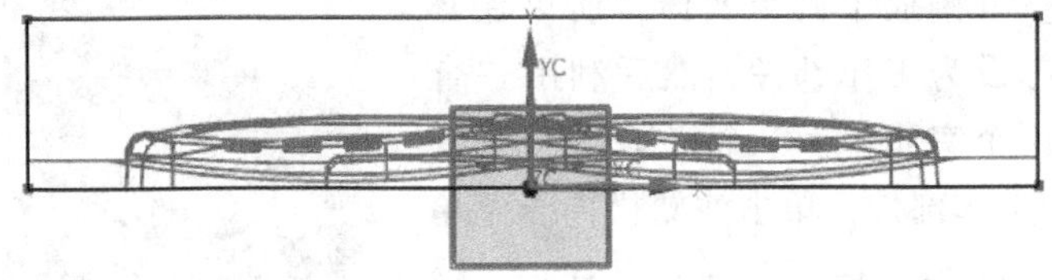

图 6-46

完成草图后，在 XC 方向上对称拉伸 7mm，并与型腔“求和”成一体，整体型腔如图 6-47 所示。

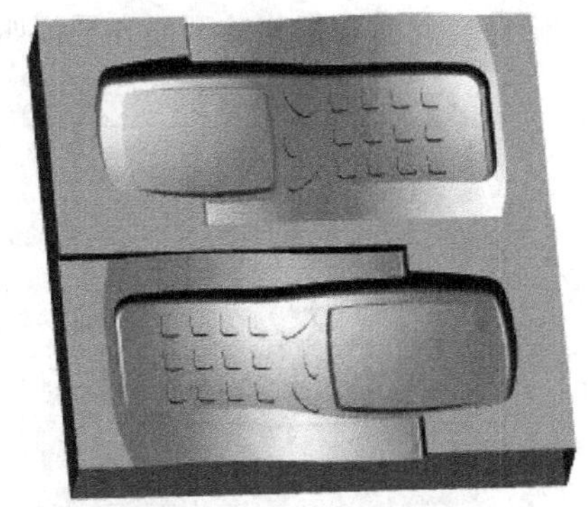

图 6-47

2. 创建整体型芯

在“装配导航器”里只勾选 prod 节点下的 core 节点，并将 combined 节点下的 comb_ core 节点设为工作部件。

使用“插入”→“关联复制”→“WAVE 几何链接器”命令，得到两个型芯合成的整体型芯。

使用“插入”→“设计特征”→“拉伸”命令，在 YC-ZC 平面上绘制如图 6-48 所示的草图。

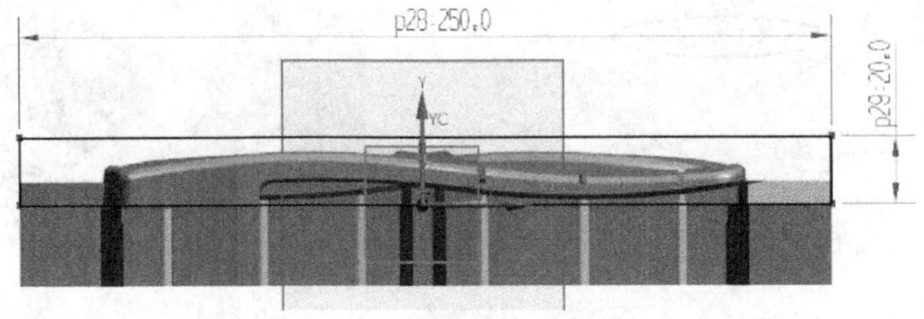

图 6-48

完成草图后，在 XC 方向上对称拉伸 7mm，并与型芯“求差”，整体型芯如图 6-49 所示。

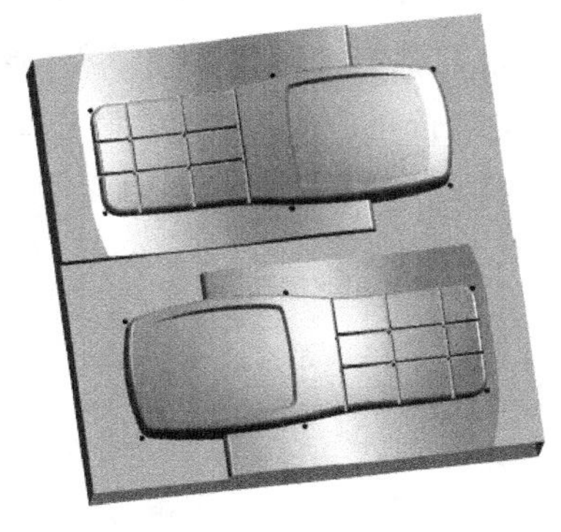

图 6-49

6.5　浇注系统设计

1. 添加浇口

单击注塑模向导菜单条中的小图标，出现“浇口设计”对话框；选项设定如图 6-50 所示，单击“应用”按钮，在弹出的“点”对话框中输入坐标，如图 6-51 所示，单击“确定”→“确定”，完成潜伏浇口的添加，结果如图 6-52 所示。

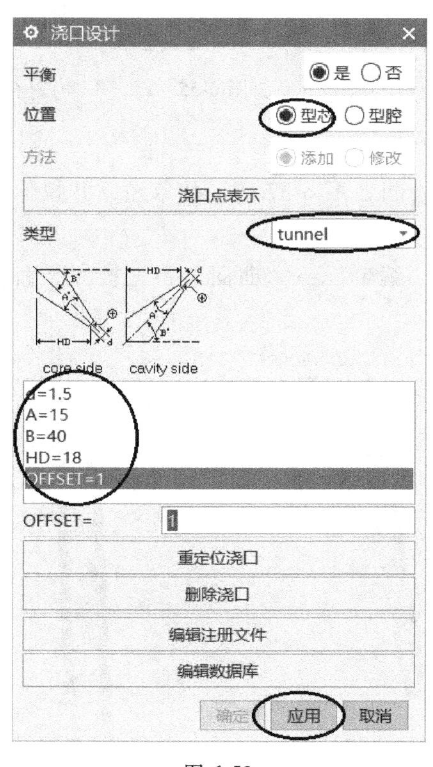

图 6-50

图 6-51

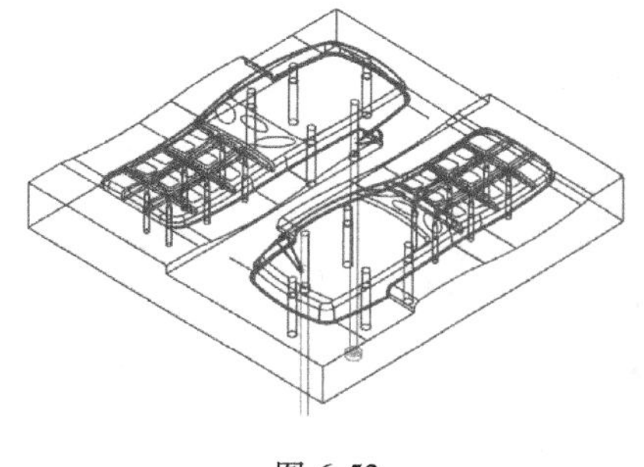

图 6-52

2. 添加流道

将 fill 节点设为工作部件。单击注塑模向导菜单条中的小图标，出现“流道”对话框；选项设定如图 6-53 所示，单击“选择曲线”图标，弹出图 6-54 所示“创建草图”对话框，选定目标项后单击“确定”按钮，进入草图绘制界面，绘制如图 6-55 所示的草图；最后单击“流道”对话框中的“确定”按钮，结果如图 6-56 所示。

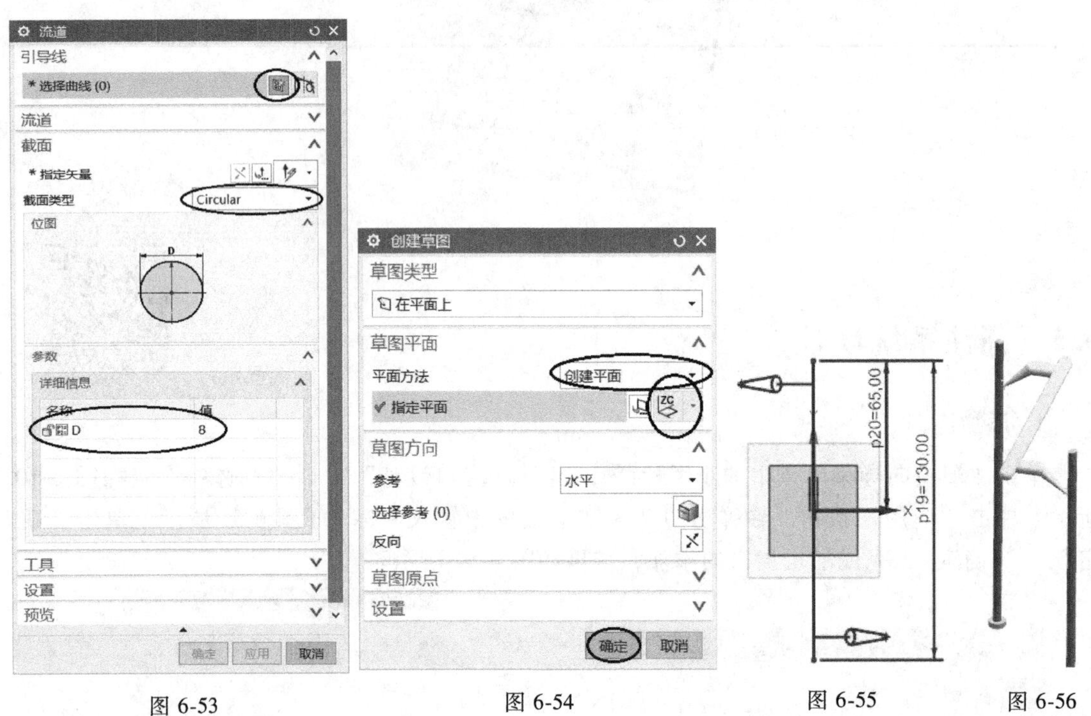

图 6-53　　图 6-54　　图 6-55　　图 6-56

3. 修剪浇口顶杆

将浇口顶杆设为显示部件，在 XC-ZC 基准面内绘制如图 6-57 所示的草图，并拉伸“求差”，得到图 6-58 所示的顶杆。

由于顶杆顶面还有毛刺，如图 6-59 所示，使用“编辑”→“曲面”→“扩大”命令，

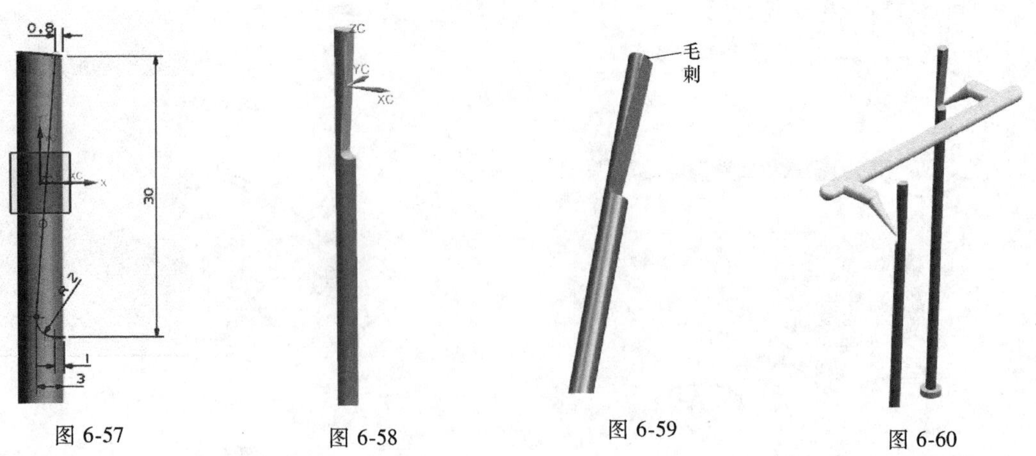

图 6-57　　图 6-58　　图 6-59　　图 6-60

抽取顶杆斜面并进行扩大，然后使用“插入”→“修剪”→“修剪体”命令，将毛刺去掉。此时浇注系统如图 6-60 所示。

4. 加入主流道拉料套

单击注塑模向导菜单条中的小图标，出现“标准件管理”对话框；再单击左侧资源工具条中的小图标，弹出选择框；选项设定如图 6-61 所示，然后单击“确定”按钮，完成拉料套的加入。

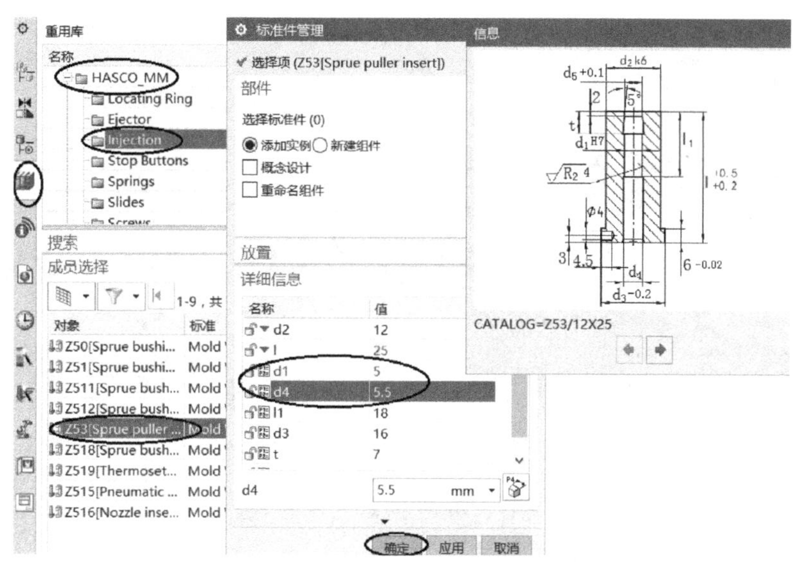

图 6-61

以拉料套为工具在型芯上开腔；然后以型芯及拉料套为目标体，以浇注系统为工具，完成开腔操作。将浇注系统抑制掉，结果如图 6-62 所示。

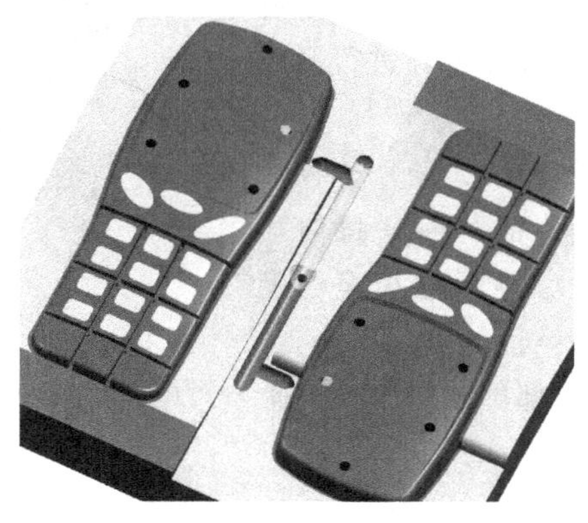

图 6-62

5. 添加流道顶杆

单击注塑模向导菜单条中的小图标，出现“标准件管理”对话框；再单击左侧资源工具条中的小图标，弹出选择框；选项设定如图 6-63 所

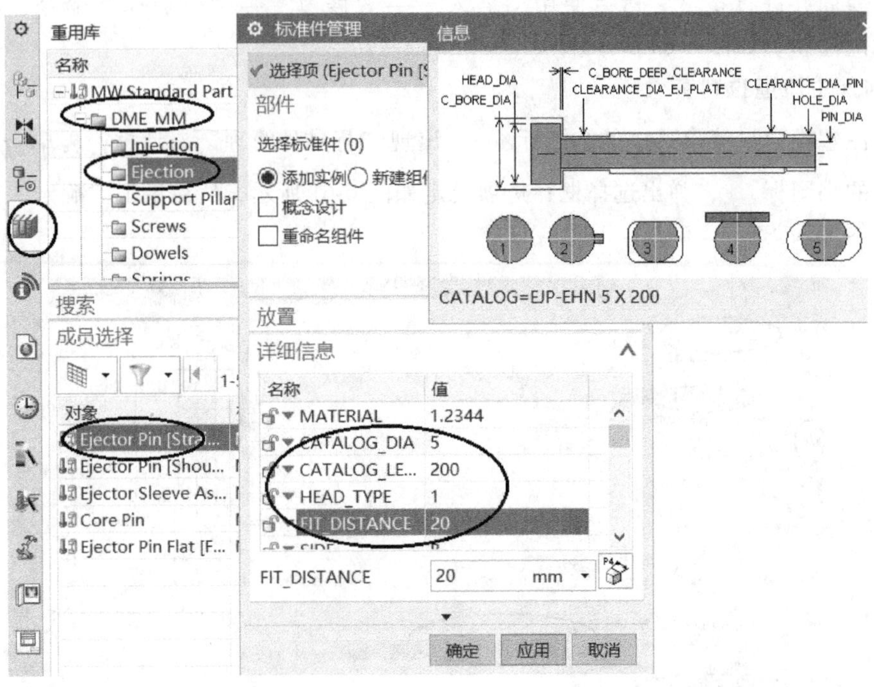

图 6-63

示，单击“应用”按钮，弹出“点”对话框；然后输入点坐标（0，0），单击“确定”按钮，再输入点坐标（-10，55），单击“确定”→“取消”，完成流道顶杆的加入，结果如图 6-64 所示。

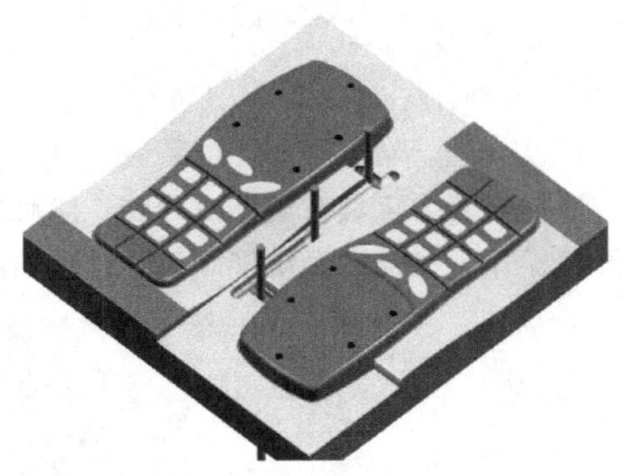

图 6-64

使用“顶杆后处理”命令，修剪三根流道顶杆，然后对型芯及模架的有关零件进行开腔操作。

将中心流道顶杆设为工作部件，使用建模命令，单击“插入”→“设计特征”→“拉伸”，并采用“求差”运算，将中心顶杆缩短至分型面下 7mm。

将两端流道顶杆设为工作部件，使用建模命令，单击“插入”→“偏置/缩放”→“偏置面”，将两端流道顶杆缩短 7mm。

6.6 添加紧固螺钉及零件修整

1. 添加型腔零件与 T 板间的紧固螺钉

在“装配导航器”中勾选 T 板及型腔零件节点。

单击注塑模向导菜单条中的小图标，出现“标准件管理”对话框；再单击左侧资源工具条中的小图标，弹出选择框；选项设定如图 6-65 所示，然后点选 T 板的顶面，再单击“确定”按钮，弹出图 6-66a 所示对话框；如图 6-66a 所示设置 X 偏置 、Y 偏置数据，单击“应用”按钮，此时在视窗图形中 T 板顶面上的点坐标（105，105）处出现了螺钉；然后在图 6-66b 所示的坐标数据框里修改位置坐标为（-105，105），再单击“应用”按钮；重复上述步骤，在（-105，-105）、（105，-105）坐标位置处也加入螺钉，最后单击“取消”按钮关闭对话框，垫板上出现 4 个紧固螺钉。将视图线框化显示，结果如图 6-67 所示。

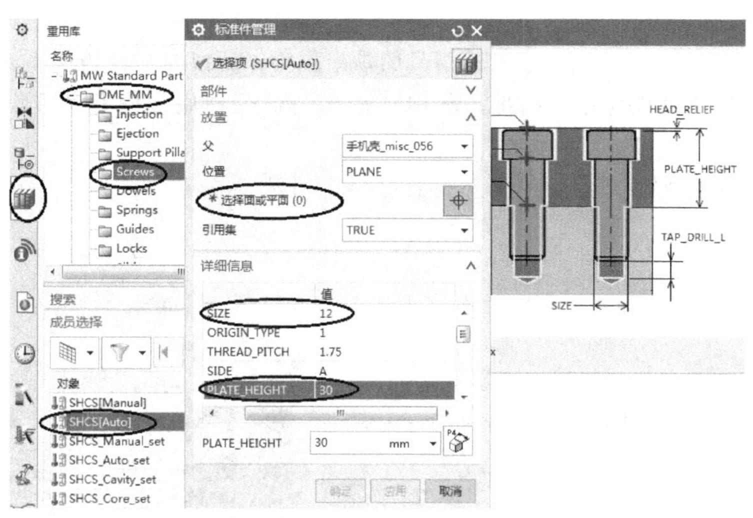

图 6-65

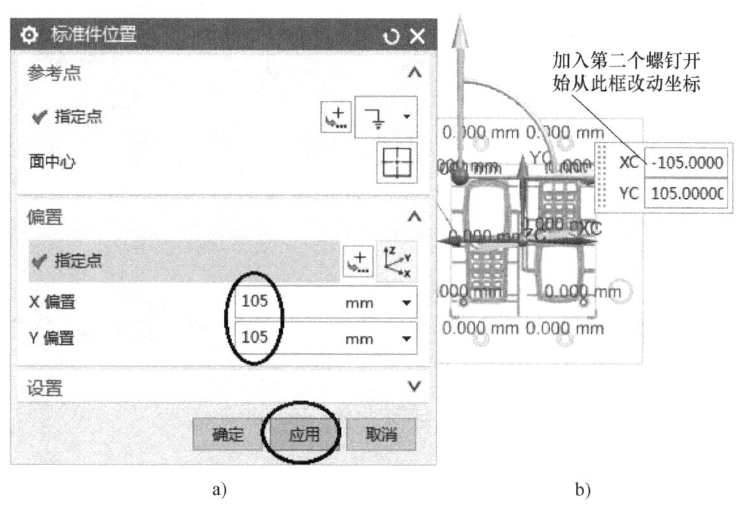

图 6-66

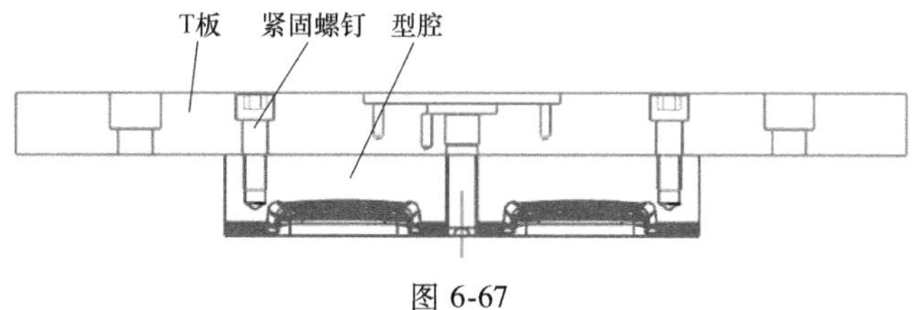

图 6-67

以添加的螺钉为工具，对 T 板及型腔零件进行开腔操作。

2. 添加型芯零件与 B 板间紧固螺钉

以相同的方法在型芯零件的 4 个角落处加入 4 个 M12 的螺钉，将型芯零件紧固在 B 板上，需要注意的是，“标准件管理”对话框中的“详细信息”栏的选项中，“PLATE_HEIGHT”的值改为“45”。

使用开腔命令，以添加的螺钉为工具对 B 板及型芯零件进行开腔操作。

3. 修整模架底板

注塑机顶杆需通过模架底板来推动模具的顶出机构，所以要在底板中心处打孔。

将 l_ plate 节点设置为工作部件，利用“挖孔”命令在底板中心处开设 ϕ30mm 的孔，如图 6-68 所示。

打开所有模具零部件节点，模具外观如图 6-69 所示。

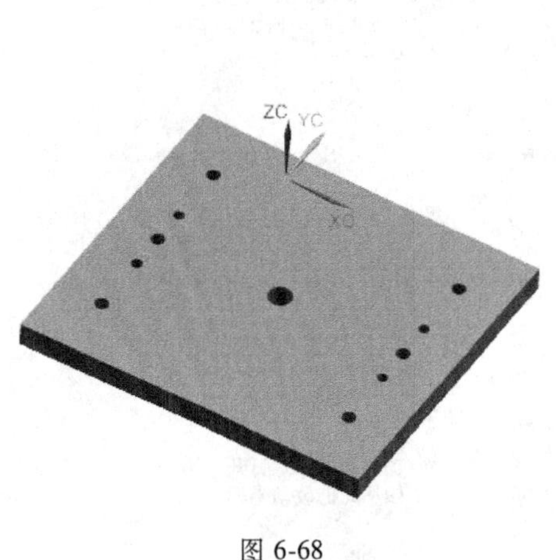

图 6-68

图 6-69

第 7 章 一模一腔点浇口斜顶抽芯模具设计

7.1 基本思路

如图 7-1 所示为注塑成型扣板产品模型及浇注系统凝料，产品成型模具采用一模一腔结构及小水口浇注系统。

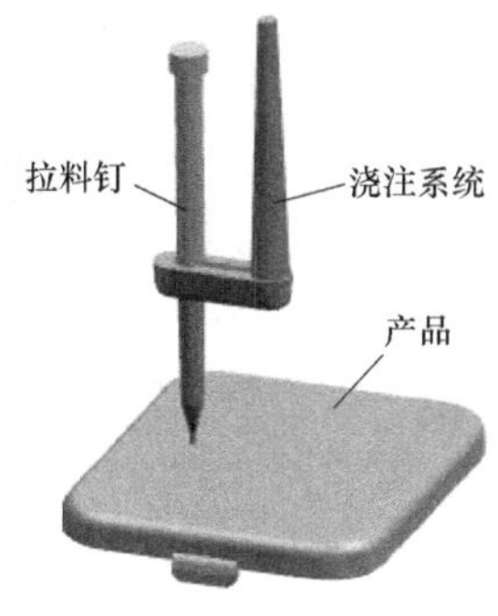

图 7-1

7.2 模具分型设计

1. 加载产品

首先建一个文件夹，命名为“扣板模具”，将扣板产品模型文件复制到该文件夹内。

单击注塑模向导菜单条中的小图标，弹出“打开”对话框；在“扣板模具”文件夹里选择需要加载的产品零件文件“扣板 . prt”，出现图 7-2 所示对话框；对话框的“材料”项下拉选“ABS”材料，“收缩”项（材料收缩率）的数值根据所选材料自动默认为“1.005”，然后单击“确定”按钮，视窗中出现图 7-3 所示产品模型。

2. 定义模具坐标系

先将工件坐标系原点移至模型最大横截面处，如图 7-4 所示。

单击注塑模向导菜单条中的小图标，弹出“模具 CSYS”对话框；选项设定如图 7-5 所示，单击“确定”按钮，将模具坐标系原点设置在产品最大横截面的中间位置。

3. 定义成型镶件（模仁）

单击注塑模向导菜单条中的小图标，弹出“工件”对话框；参数设定如图 7-6 所示，其他选项默认，单击“确定”按钮，完成模仁的加入。

图 7-2

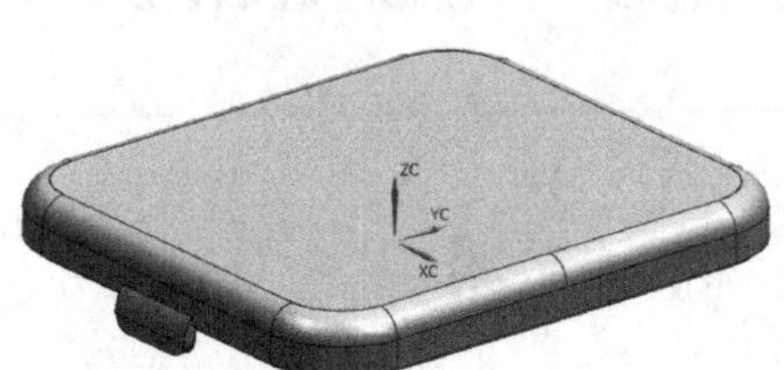

图 7-3

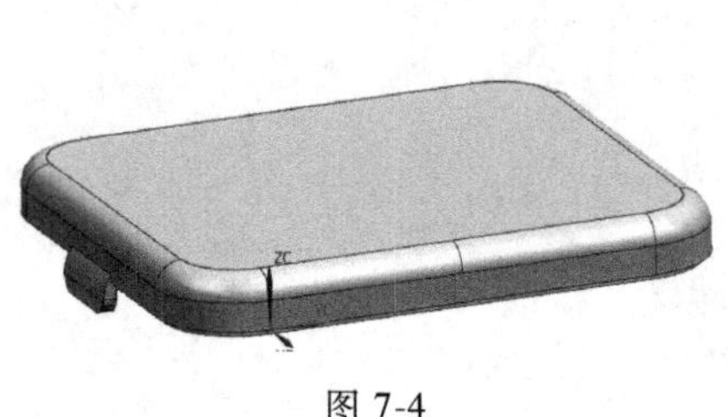

图 7-4

图 7-5

单击菜单条中的小图标，出现“型腔布局”对话框；单击对话框中的“编辑插入腔”图标，弹出“刀槽”对话框；选择“R”值为“10”，“type”值为“2”，单击“确定”→“关闭”，加入开腔用的腔体，结果如图 7-7 所示。

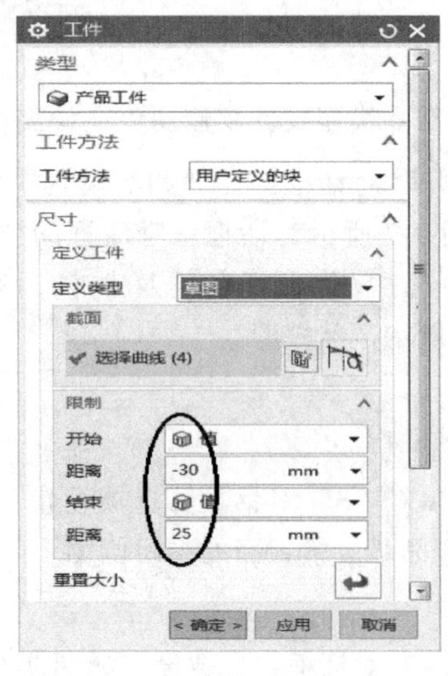

图 7-6

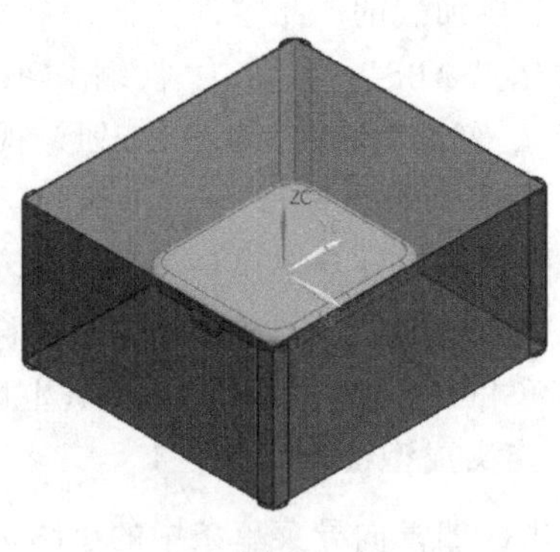

图 7-7

4. 分型设计

（1）为产品表面指派区域 单击注塑模向导菜单条中的小图标，弹出模具分型工具条。

单击模具分型工具条中的第 1 个小图标，弹出图 7-8 所示对话框，单击“计算”选项卡中的“计算”图标；单击“面”选项卡，对话框如图 7-9 所示，单击“面拆分”按钮，弹出图 7-10 所示对话框；先点选 4 个要分割的面（每个扣耳有两个要分割的面），然后以 XC-YC 面作为分割工具面，做出 4 条分割线，如图 7-11 所示。

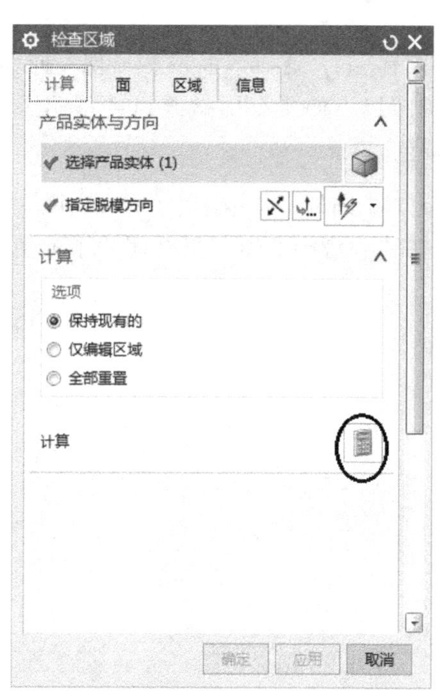

图 7-8

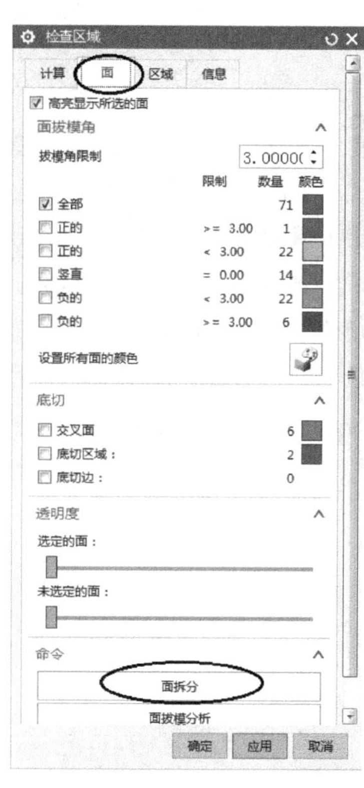

图 7-9

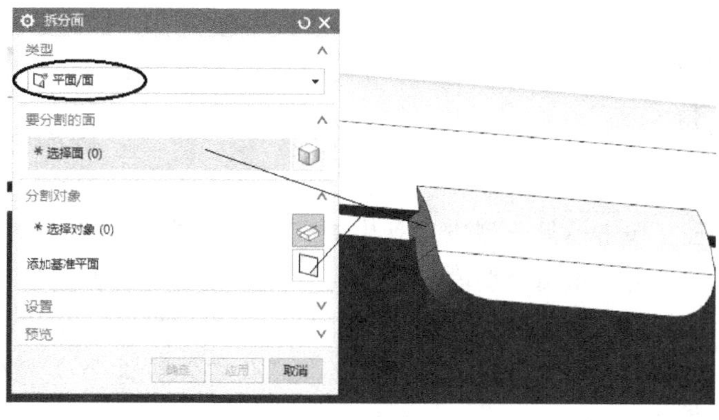

图 7-10

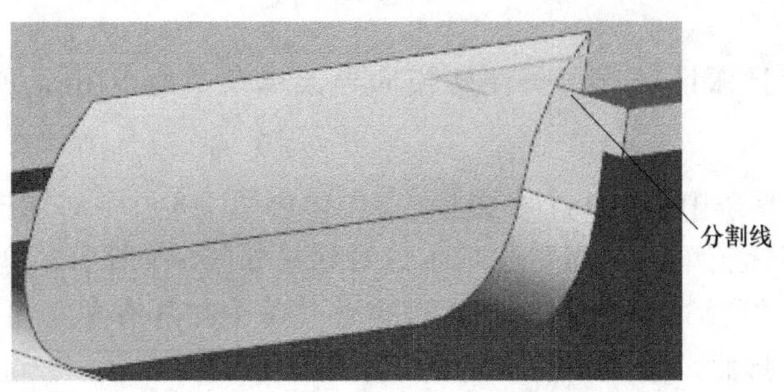

图 7-11

单击“区域”选项卡，单击“设置区域颜色”图标，这时产品模型呈现不同颜色；将分割线以上的所有面指派到“型腔区域”，将分割线以下的所有面指派到“型芯区域”；然后单击“确定”按钮，此时模型呈现橙、蓝两种颜色。

（2）获取分型线　单击模具分型工具条中的第 3 个小图标，弹出“定义区域”对话框；选项设定如图 7-12 所示，单击“确定”按钮。在“分型导航器”里关闭除了分型线之外的其他节点，视窗图形如图 7-13 所示。

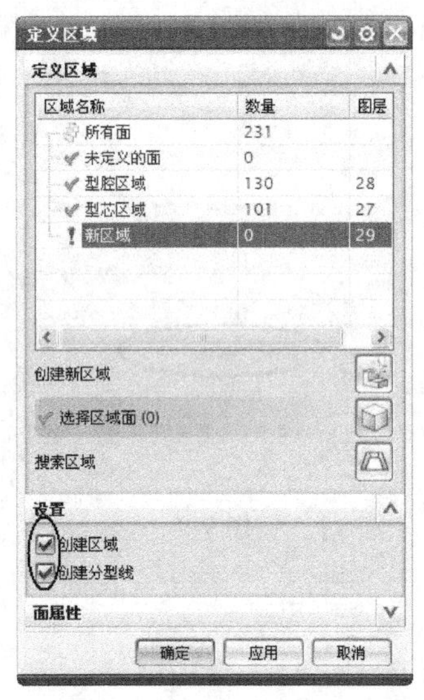

图 7-12

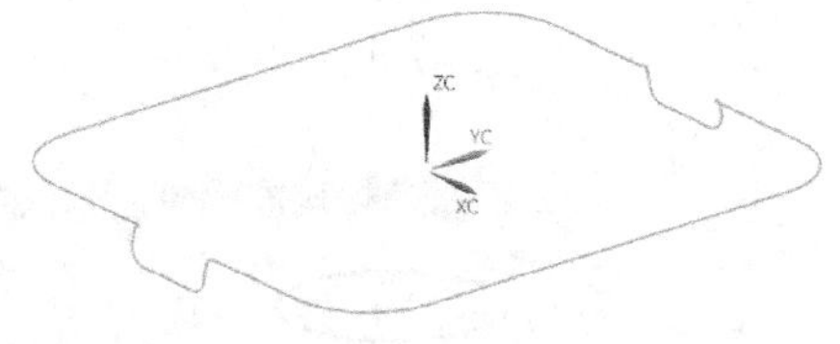

图 7-13

（3）创建分型面　单击模具分型工具条中的第 4 个小图标，弹出图 7-14 所示“设计分型面”对话框；单击“编辑分型段”项的第二项“选择过渡曲线”图标，再在图形视窗中点选分型线的 4 条短小过渡曲线，如图 7-15 所示，然后单击“应用”按钮；接着点选两条长条分型线，单击“应用”按钮，另外对 2 段耳朵线分别向-YC、YC 方向拉伸，完成分型面的创建，结果如图 7-16 所示。

图 7-14

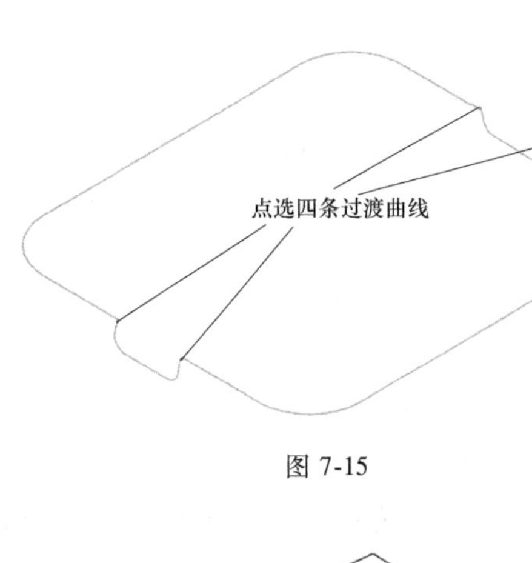

图 7-15

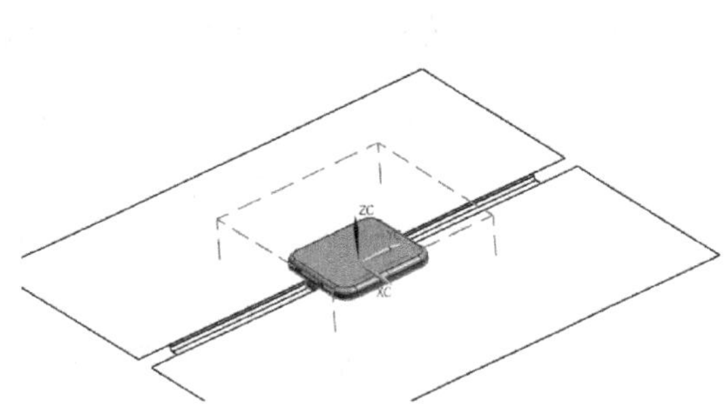

图 7-16

（4）创建型芯、型腔　单击模具分型工具条中的第 6 个小图标，弹出“定义型腔和型芯”对话框；在“区域名称”项里选择“所有区域”，然后单击“确定”→“确定”→“确定”，完成型芯、型腔的创建。

单击“装配导航器”，右击 parting 节点，选择“显示父部件”→top 节点，打开总目录；双击 top 节点，使之成为工作部件。关闭所有其他节点，只勾选 layout 节点下的 core 节点，并使图形处于 top 视图和着色状态，结果如图 7-17 所示；若只勾选 cavity 节点，结果如图 7-18 所示。

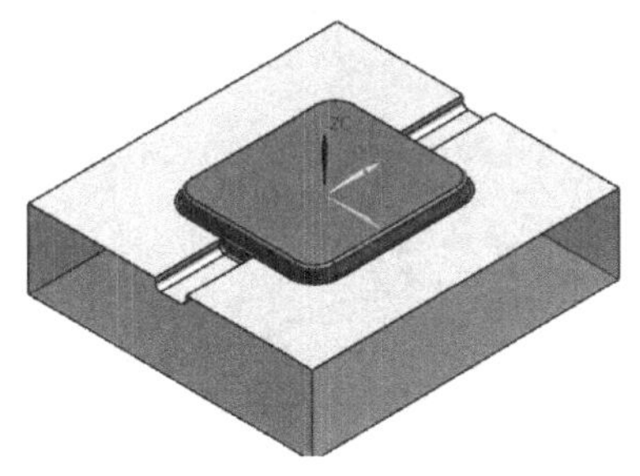

图 7-17

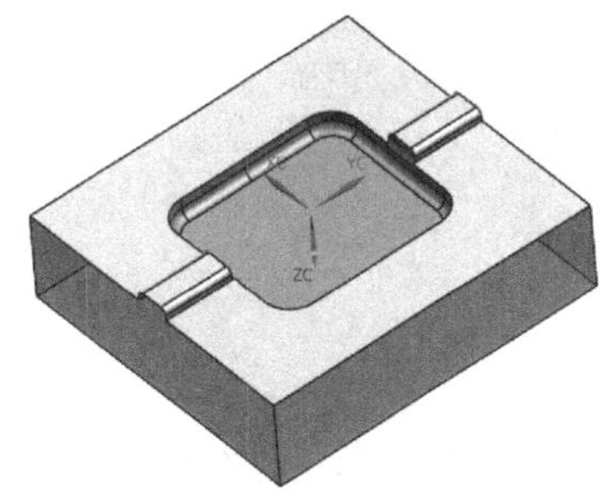

图 7-18

（5）制作侧抽芯滑块　将型芯设置为显示部件，在 YC-ZC 基准面上需要侧抽芯的位置绘制草图，如图 7-19 所示。

将草图对称拉伸至整个缺口宽度，如图 7-20 所示。

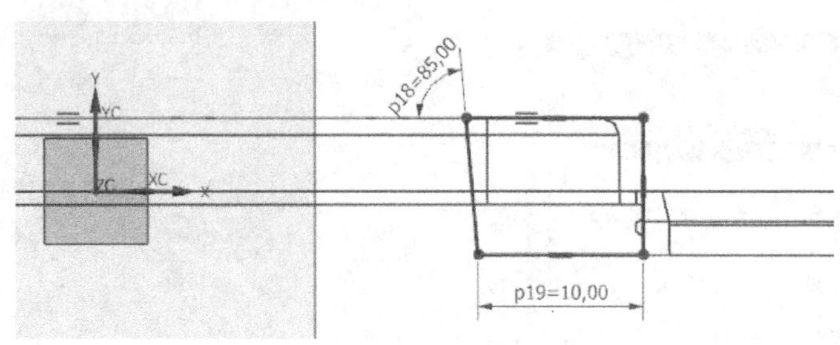

图 7-19

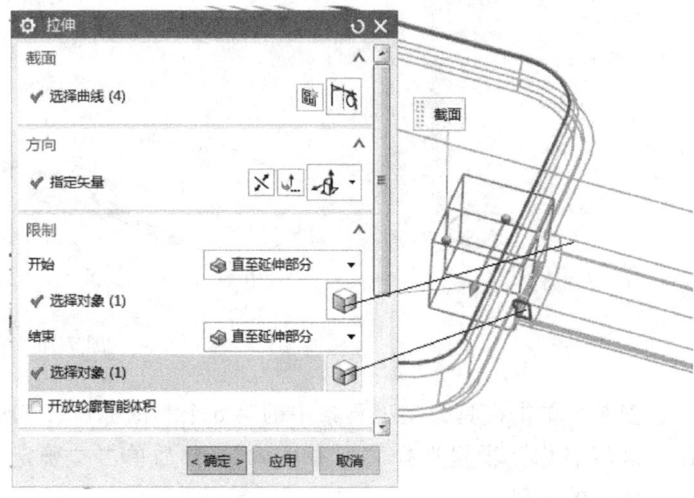

图 7-20

使用“插入”→“组合”→“相交”命令，出现“求交”对话框，选项设定如图 7-21所示。完成后隐藏型腔，即可看到侧抽芯滑块。

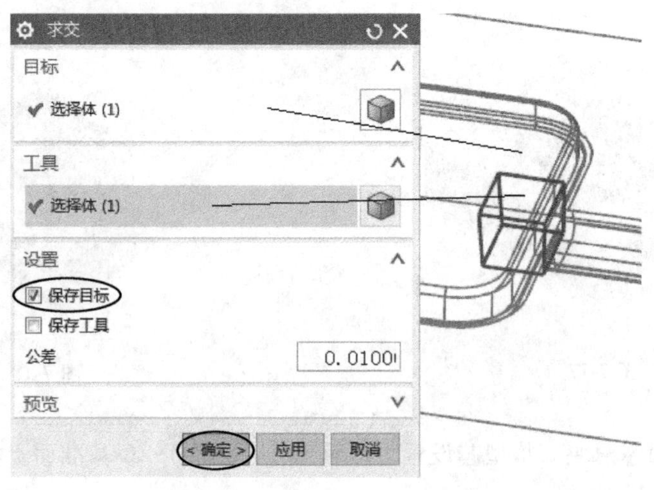

图 7-21

使用“插入”→“关联复制”→“镜像几何体”命令，将建成的侧抽芯滑块复制到对称的位置。

使用“插入”→“组合”→“减去”命令，出现“求差”对话框，选项设定如图 7-22 所示。完成后隐藏型腔，即可看到侧抽芯滑块。图 7-23 所示为放大了的侧抽芯滑块。

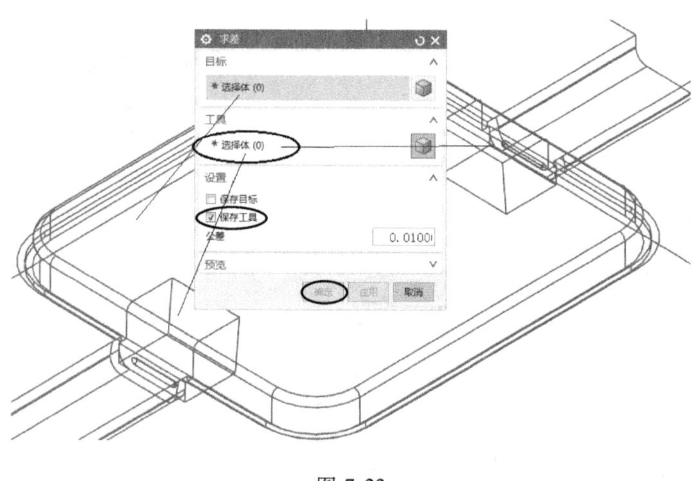

图 7-22

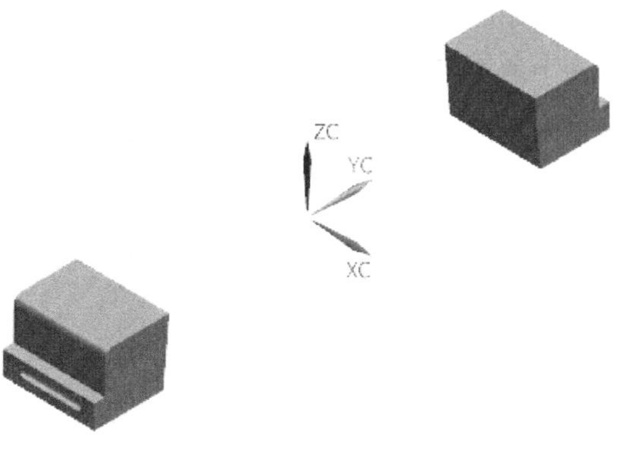

图 7-23

7.3　加入标准件

1. 加载标准模架

单击注塑模向导菜单条中的小图标，出现图 7-24 所示对话框。

单击左侧资源工具条中的小图标，弹出选择框，选项设定如图 7-25 所示，然后单击“确定”按钮，稍后完成标准模架的加载，结果如图 7-26 所示。

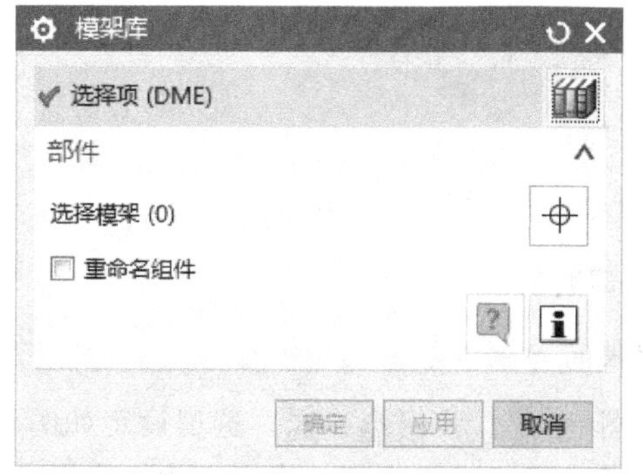

图 7-24

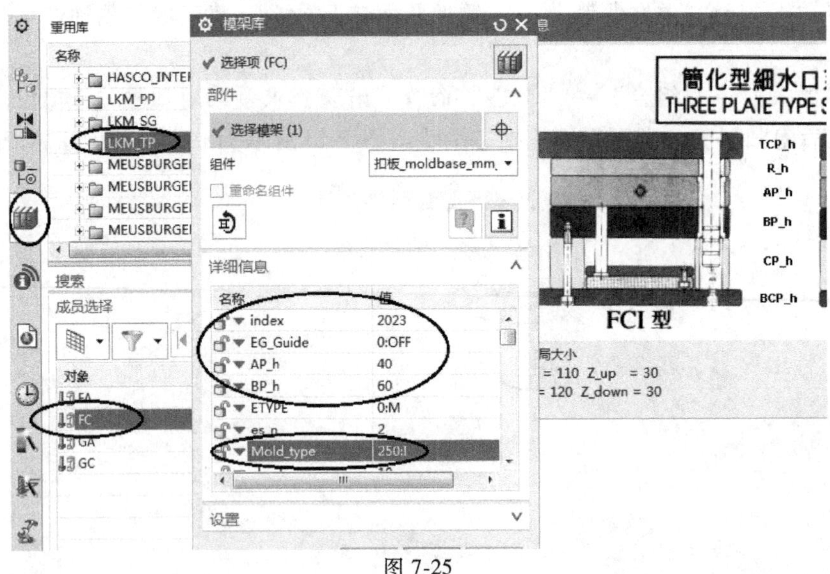

图 7-25

使用注塑模向导菜单条中的开腔命令，以成型镶件为工具完成对模架 A 板、B 板的开腔操作，再将 pocket 节点抑制掉。

2. 加入定位环

单击注塑模向导菜单条中的小图标，弹出“标准件管理”对话框，如图 7-27 所示。

单击左侧资源工具条中的小图标，弹出选择框，选项设定如图 7-28 所示，然后单击“确定”按钮，在模架顶部加入 ϕ120mm 的定位环。

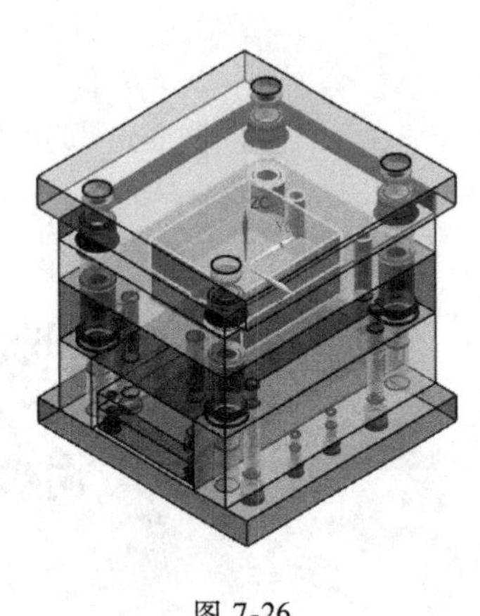

图 7-26

图 7-27

3. 加入浇口套

单击注塑模向导菜单条中的小图标，出现“标准件管理”对话框；再单击左侧资源工具条中的小图标，弹出选择框，选项设定如图 7-29 所示，然后单击“确定”按钮，在模架顶部加入浇口套。以定位环、浇口套为工具对 A 板、B 板进行开腔操作。开腔后的图形如图 7-30 所示。

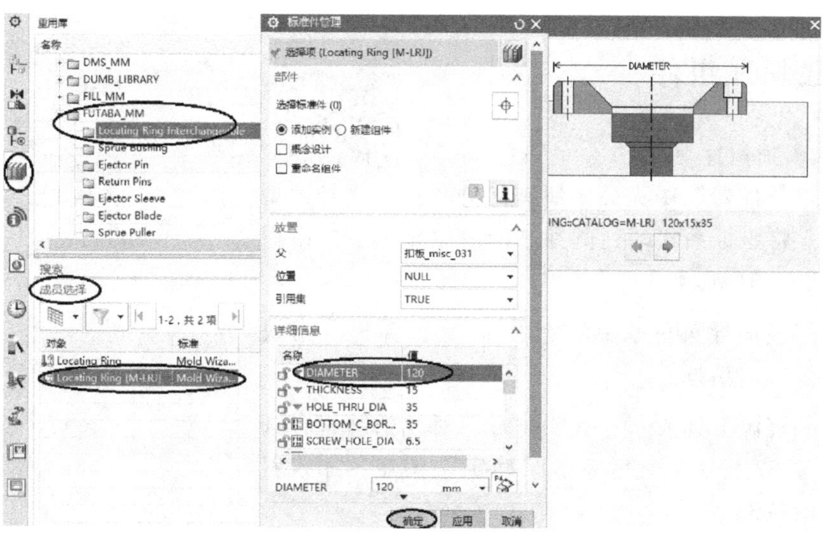

图 7-28

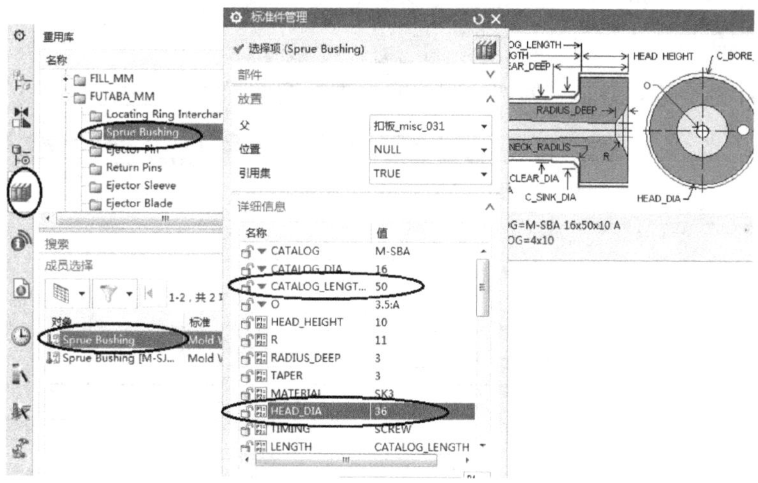

图 7-29

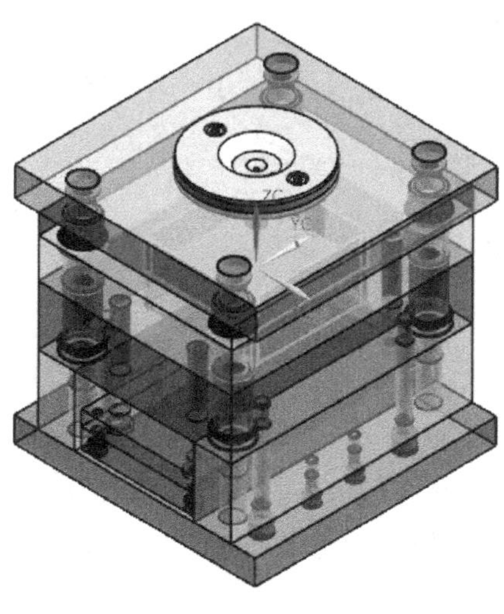

图 7-30

7.4 创建斜顶组件

1. 加入斜顶组件

在“装配导航器”中先关闭所有部件节点，再打开型芯部件节点。将坐标系移动到侧抽芯滑块位置，坐标系原点的方位如图 7-31 所示。

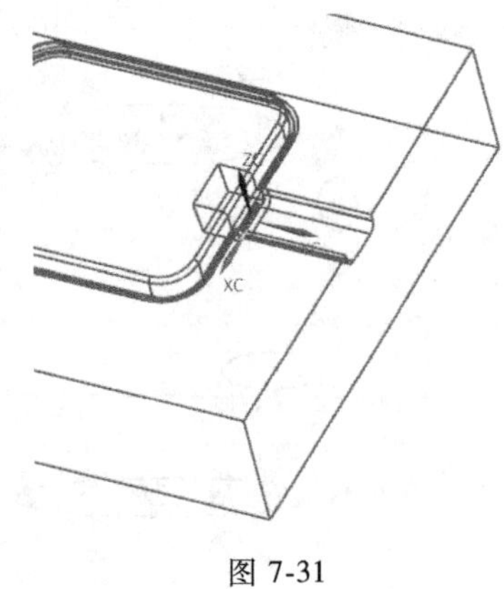

图 7-31

单击注塑模向导菜单条中的小图标，弹出“滑块和浮升销设计”对话框。

单击左侧资源工具条中的小图标，弹出选择框，选项设定如图 7-32 所示，然后单击“确定”按钮，加入斜顶组件，如图 7-33 所示。

将坐标系原点移回到原绝对位置。

使用“装配”→“组件”→“镜像装配”命令，将斜顶组件对称复制，结果如图 7-34 所示。

以斜顶组件为工具对型芯、模架 B 板、e 板进行开腔操作。

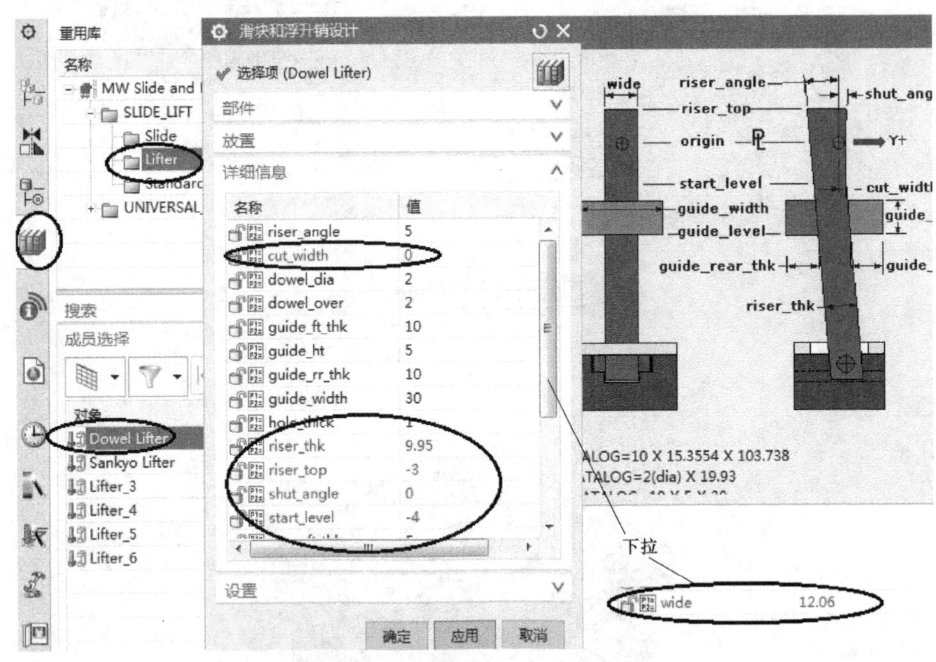

图 7-32

2. 将斜顶滑块与侧抽芯滑块合成一体

将滑块组件里的滑块体（bdy 节点）设为工作部件；使用建模命令，单击“插入”→“关联复制”→“WAVE 几何链接器”，弹出图 7-35 所示对话框，选定目标选项后点选侧抽芯滑块，单击“确定”按钮；再使用“合并”命令，将斜顶滑块与侧抽芯滑块合成一体，结果如图 7-36 所示。

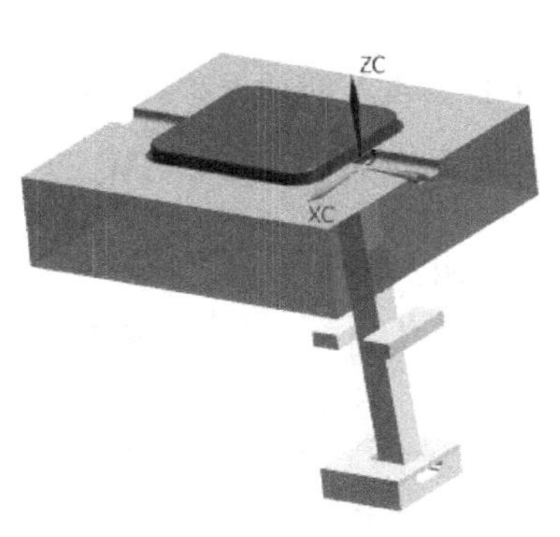

图 7-33

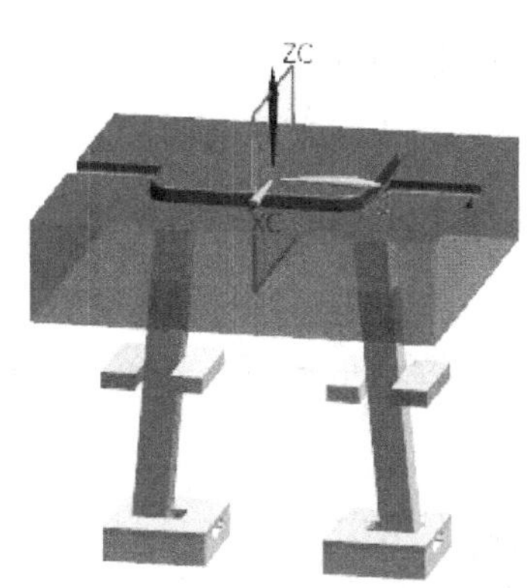

图 7-34

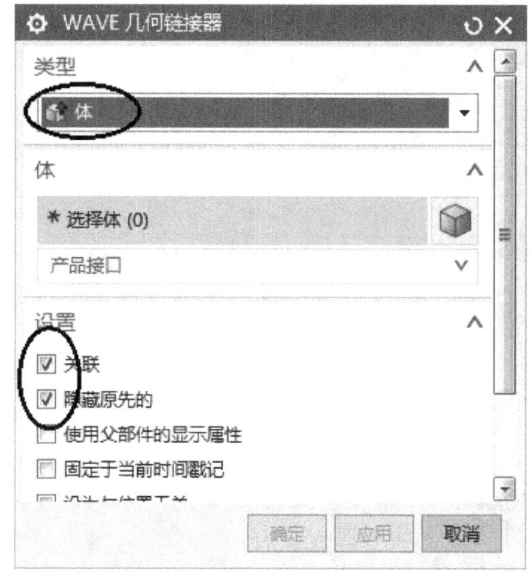

图 7-35

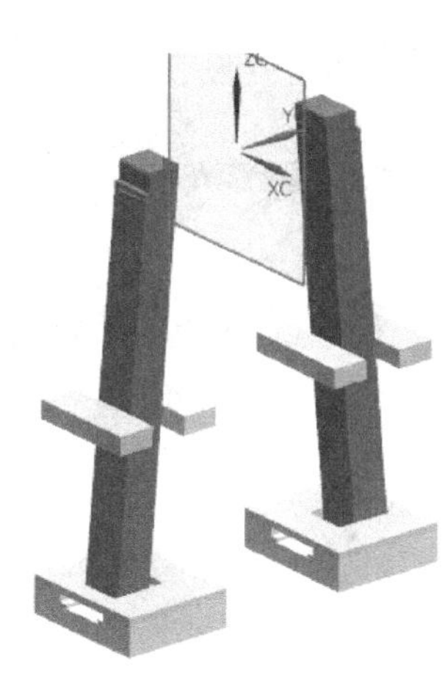

图 7-36

最后以斜顶组件为工具，对模架 B 板、型芯零件及推杆固定板进行开腔操作。

7.5　加入分型组件

1. 加入拉杆螺钉

单击注塑模向导菜单条中的小图标，弹出“标准件管理”对话框；再单击左侧资源工具条中的小图标，弹出选择框，选项设定如图 7-37 所示，然后点选刮料板（r_ plate）的上表面，再单击“应用”按钮，弹出图 7-38a 所示对话框；如图 7-38a 所示设置 X 偏置 、Y 偏置数据，单击“应用”按钮，此时在视窗图形上 r 板上表面点坐标（33，72）处出现螺钉；然后在图 7-38b 所示的坐标数据框里修改位置坐标为（-33，72），再单击“应用”按钮；重复上述步骤，在坐标（-33，-72）、（33，-72）处也加入螺钉，最后单击“取消”按钮关闭对话框，在 r 板上出现 4 个拉杆螺钉。将视图线框化显示，结果如图 7-39 所示。

2. 加入分型拉杆

单击注塑模向导菜单条中的小图标，出现“标准件管理”对话框；再单击左侧资源工具条中的小图标，弹出选择框，选项设定如图 7-40 所示，然后点选刮料板（r_ plate）

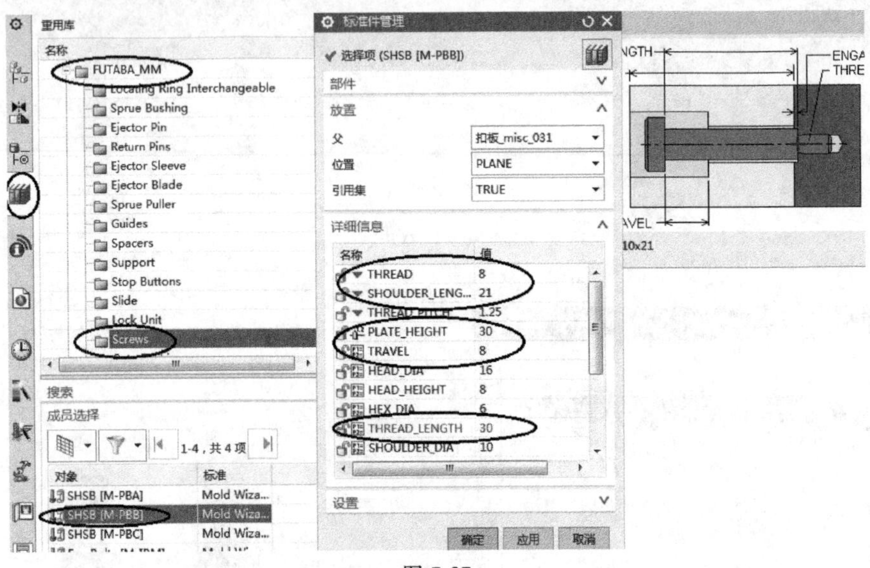

图 7-37

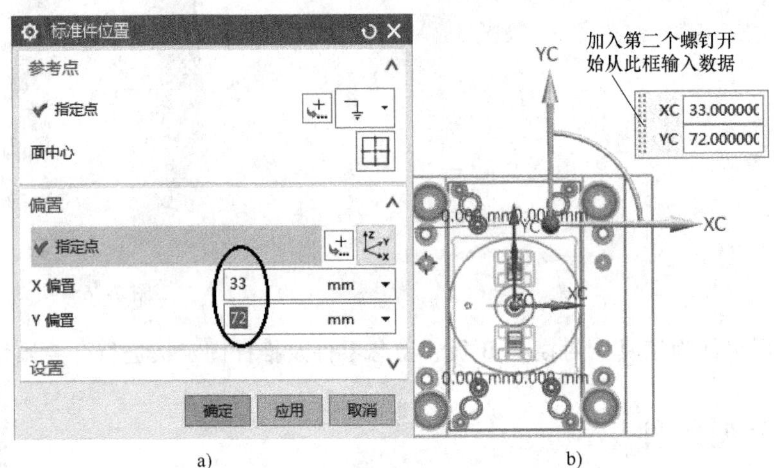

a)　　b)

图 7-38

图 7-39

的底面，再单击“应用”按钮，弹出“标准件位置”对话框，分别捕捉拉杆螺钉的圆心，每一次捕捉圆心后单击“应用”按钮一次，最后单击“取消”按钮，完成 4 根分型拉杆的加入，结果如图 7-41 所示。

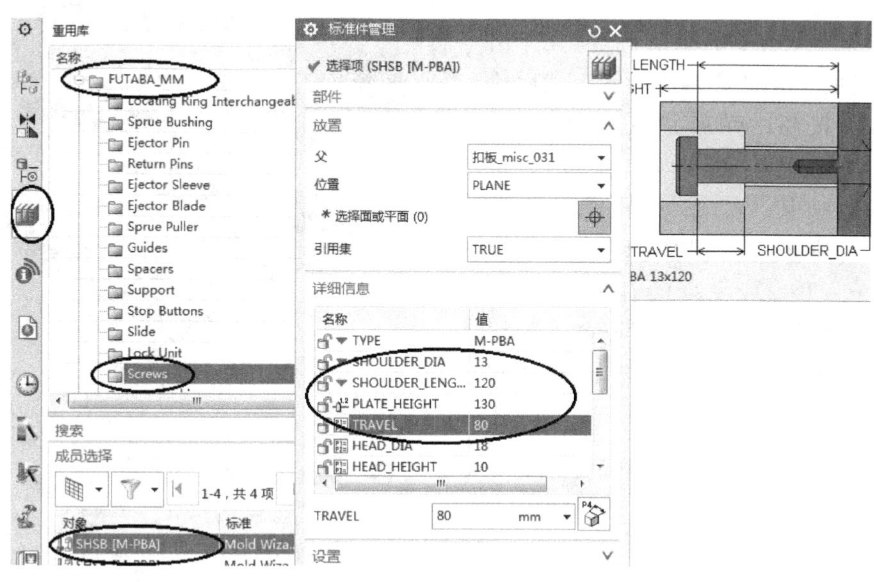

图 7-40

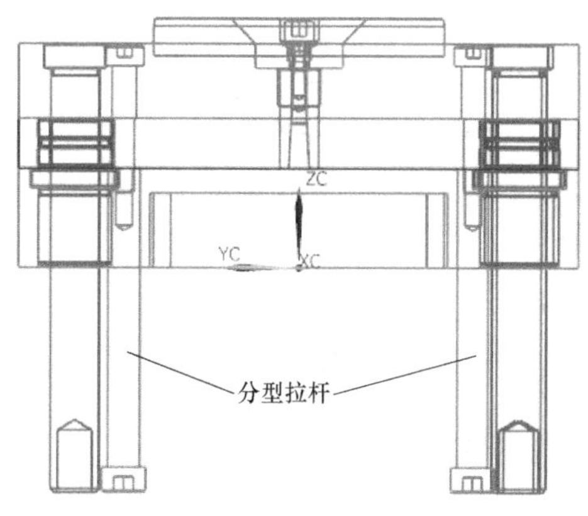

图 7-41

以模架定模各板及动模的 B 板为目标体，以拉杆螺钉及分型拉杆为工具进行开腔操作。

7.6　加入顶杆及树脂开闭器

1. 加入顶杆

单击“装配导航器”图标，将 moldbase 节点下的 movehalf 节点组件打开，将 moldbase 节点下的 fixhalf 节点和 misc 节点下的所有项目关闭，另外，关闭 layout 节点下的 prod 节点中的 parting 节点和 cavity 节点，打开 core 节点，将图形设置为“正等轴测图”状态，结果如图 7-42 所示。

单击注塑模向导菜单条中的小图标，出现“标准件管理”对话框；再单击左侧资源工具条中的小图标，弹出选择框，选项设定如图 7-43 所示，然后单击“应用”按钮，弹出“点”对话框；如图 7-44 所示，输入坐标（23，27），单击“确定”按钮，完成 1 根顶杆的添加；重复上述步骤，在坐标（23，0）、（23，-27）、（-23，-27）、（-23，0）、（-23，27）处也加入顶杆。共计在 6 处加入 6 根 ϕ5mm 的顶杆，结果如图 7-45 所示。

图 7-42

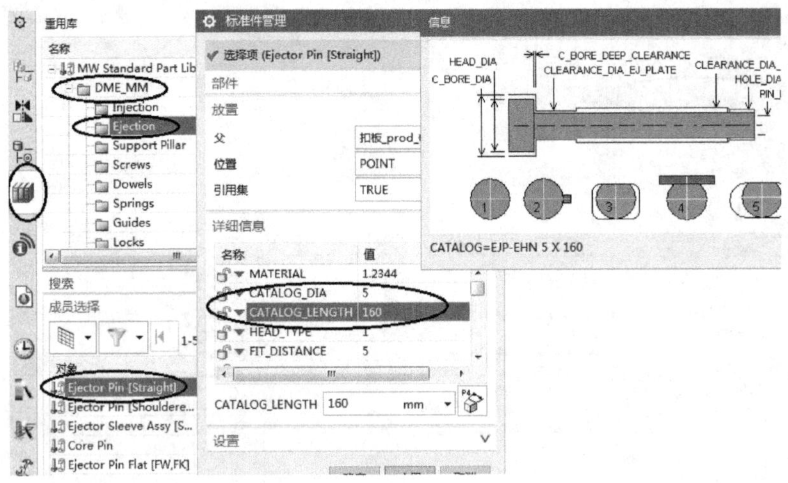

图 7-43

图 7-44

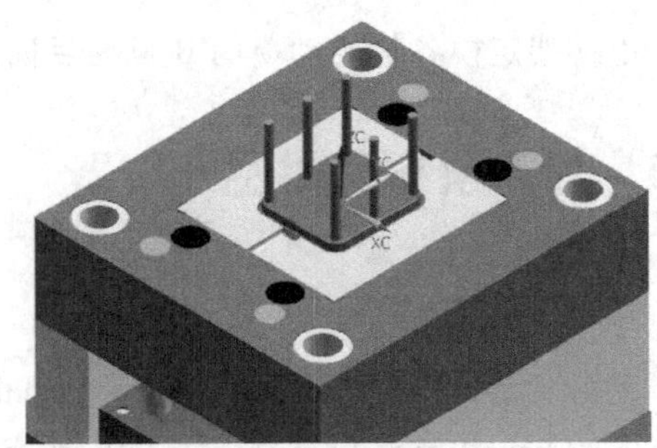

图 7-45

单击注塑模向导菜单条中的小图标，对加入的顶杆进行修剪操作；然后使用开腔命令，以 6 根顶杆为工具，对型芯、模架 B 板、e 板进行开腔操作，结果如图 7-46 所示。

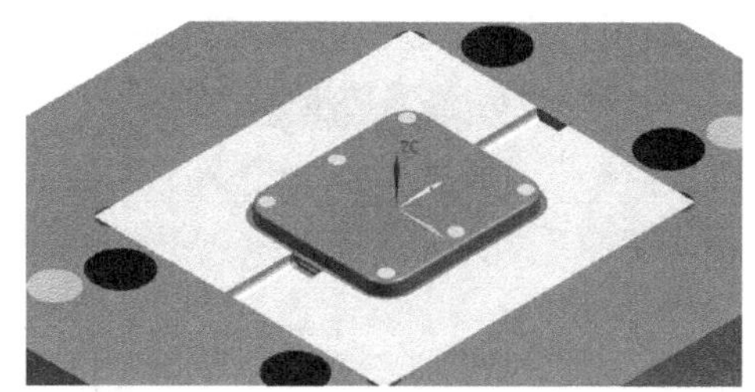

图 7-46

2. **加入树脂开闭器**

再次打开“标准件管理”对话框及选择框，选项设定如图 7-47 所示，点选 B 板上表面后单击“应用”按钮，弹出“标准件位置”对话框，输入坐标值，在（80，0）和（-80，0）位置处加入两个树脂开闭器，如图 7-48 所示。

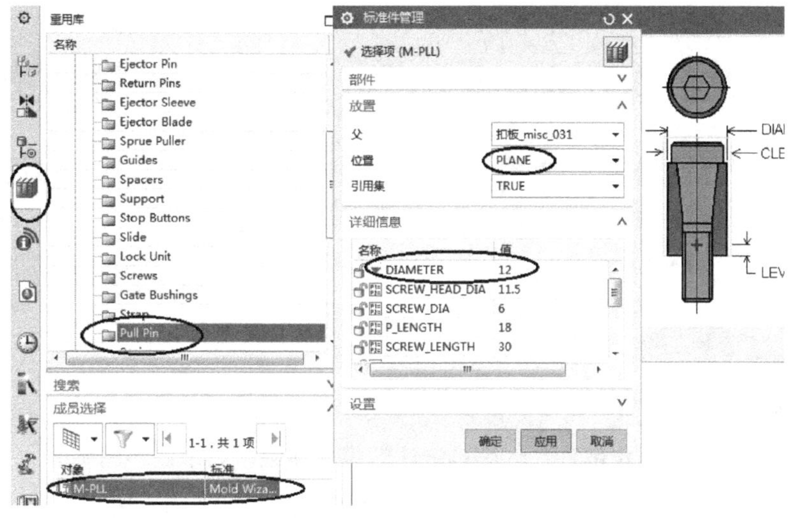

图 7-47

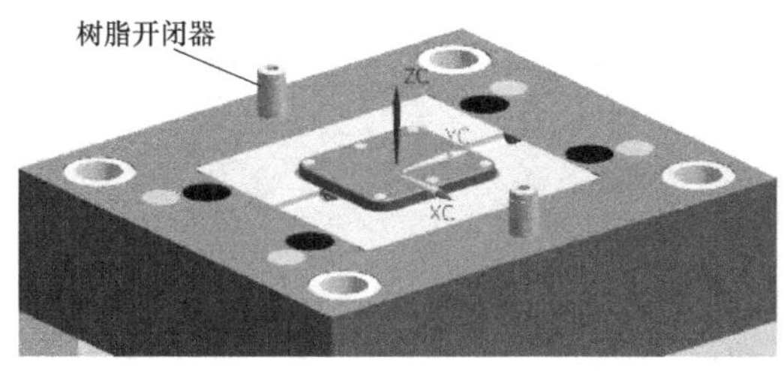

图 7-48

以模架 A 板、B 板为目标体，以树脂开闭器为工具进行开腔操作。

7.7　浇注系统设计

1. 添加点浇口套

单击注塑模向导菜单条中的小图标，出现“浇口设计”对话框，选项设定如图 7-49 所示，单击“应用”按钮；如图 7-50 所示，在弹出的“点”对话框中输入坐标值，单击“确定”按钮，弹出“矢量”对话框；如图 7-51 所示，“类型”项下拉选择“-ZC 轴”，单击“确定”按钮，完成点浇口的添加，如图 7-52 所示。

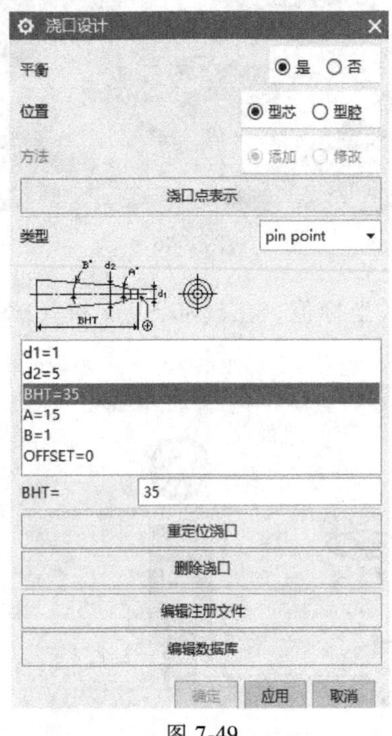

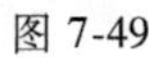

图 7-49

图 7-50

2. 添加流道

首先将 fill 节点设为工作部件，然后单击注塑模向导菜单条中的小图标，出现“流道”对话框；选项设定如图 7-53 所示，单击对话框中“选择曲线”旁的小图标，弹出“创建草图”对话框；选项设定如图 7-54 所示，单击“确定”按钮后进入草图绘制界面，绘制如图 7-55 所示的草图。

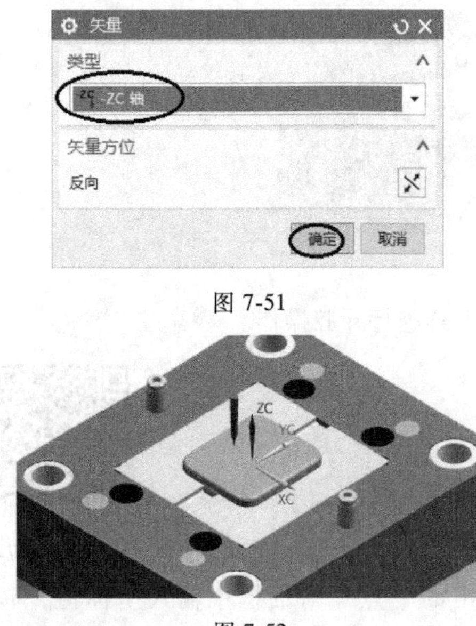

图 7-51

图 7-52

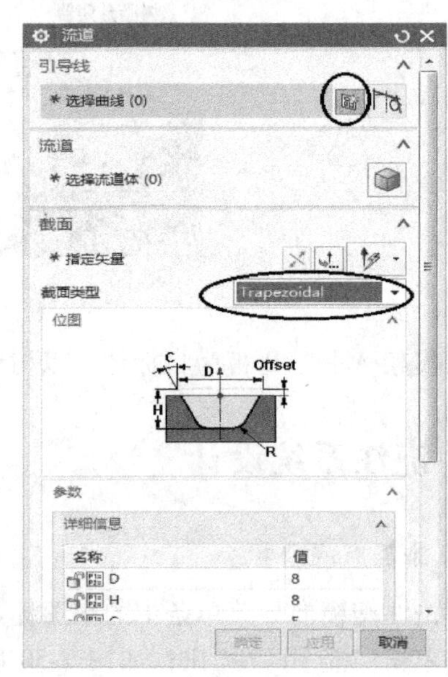

图 7-53

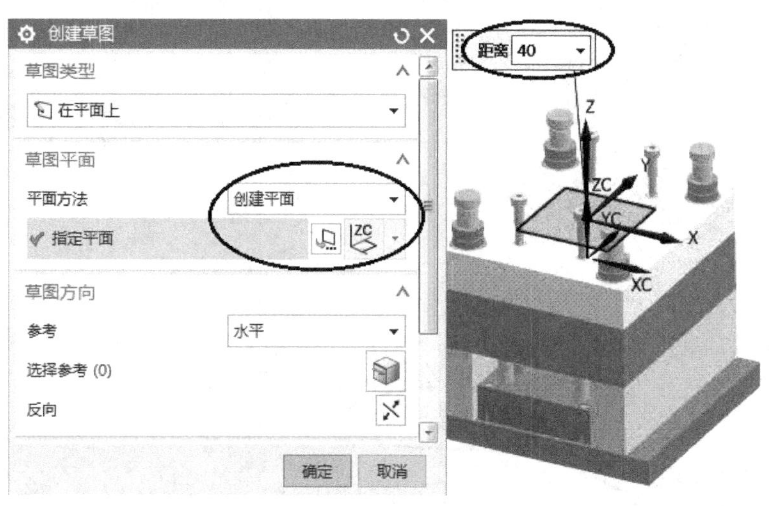

图 7-54

完成草图后，单击“流道”对话框中的“确定”按钮，完成流道的创建，结果如图 7-56 所示。

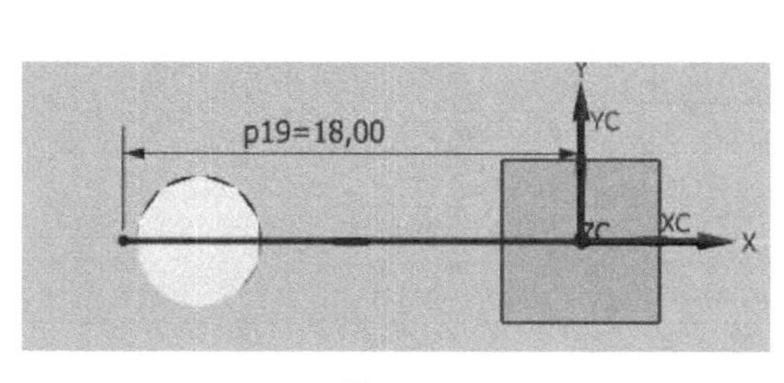

图 7-55

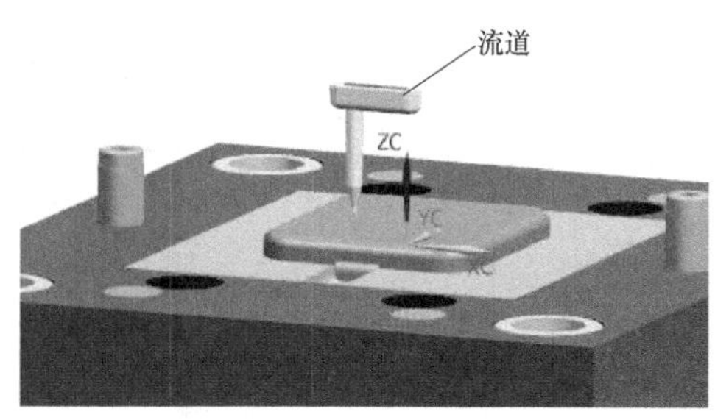

图 7-56

以 A 板及型腔零件为目标体，以流道为工具，对 A 板及型腔零件进行开腔操作，然后将流道抑制掉。

3. 添加拉断浇口的销钉

为了使浇注系统在模具开模初期留在刮料板上，需在点浇口对应处设拉钉，以便第一次开模分型时将浇口拉断。

在“装配导航器”中打开 a_ plate 节点、t_ plate 节点、r_ plate 节点，关闭其余节点。

单击注塑模向导菜单条中的小图标，出现“标准件管理”对话框；再单击左侧资源工具条中的小图标，弹出选择框，选项设定如图 7-57 所示，选择定模座板的顶面（浇口套头部下表面）为放置面，然后单击“应用”按钮，弹出“标准件位置”对话框；捕捉某浇口的圆心后单击“确定”按钮，完成 1 个销钉的加入。

将图形线框化显示，如图 7-58 所示。

以拉断浇口的销钉为工具对相关模具零件进行开腔操作。

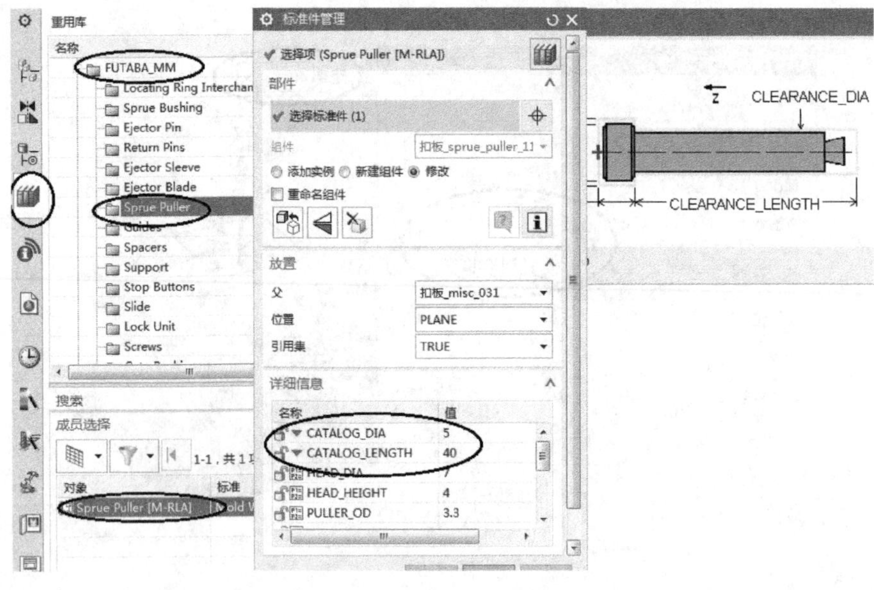

图 7-57

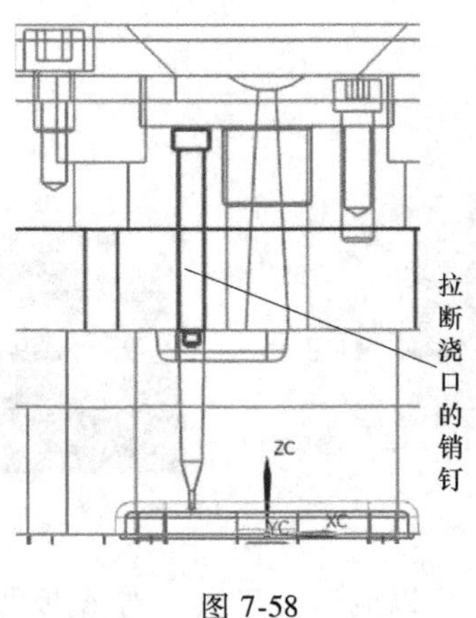

图 7-58

7.8 添加紧固螺钉及零件修整

1. 添加型腔零件与A板间的紧固螺钉

在“装配导航器”中打开A板及型腔零件相关节点，关闭其他节点。

单击注塑模向导菜单条中的小图标，出现“标准件管理”对话框；再单击左侧资源工具条中的小图标，弹出选择框，选项设定如图7-59所示，然后点选A板的顶面，再单击“应用”按钮，弹出图7-60a所示对话框；如图7-60a所示设置X偏置、Y偏置数据，单击“应用”按钮，此时在视窗图形中A板顶面的点坐标（43，48）处出现了螺钉；然后在图7-60b所示的坐标数据框里修改位置坐标为（-43，48），再单击“应用”按钮；重复上述步骤，在坐标（-43，-48）、（43，-48）处也加入螺钉，最后单击“取消”按钮关闭对话框，垫板上出现 4 个紧固螺钉。最后，以螺钉为工具对 A 板和型腔零件进行开腔操作，可见 4 个紧固螺钉的清晰结构。

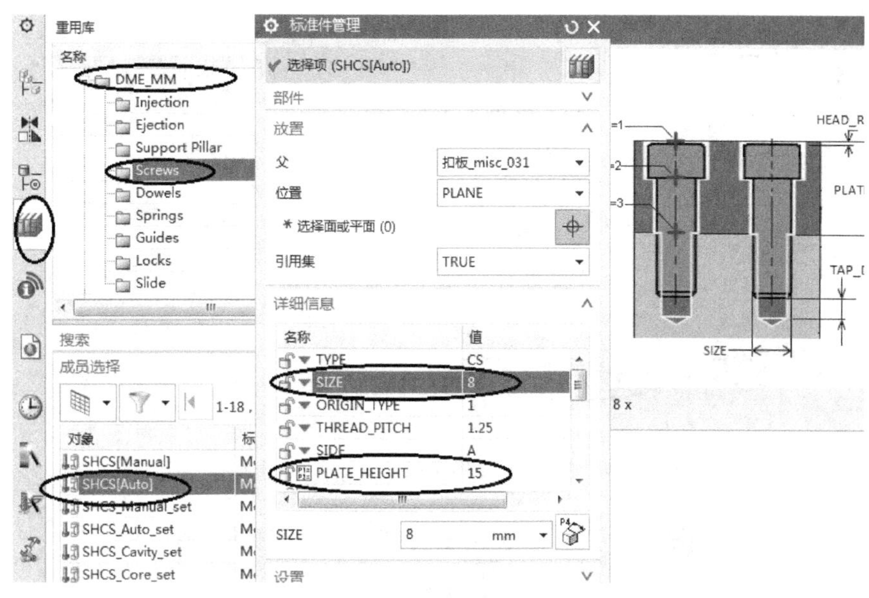

图 7-59

2. 添加型芯零件与 B 板间的紧固螺钉

以同样的方法在型芯零件的 4 个角落处加入连接型芯零件与 B 板的 4 个 M8 螺钉，需要注意的是，在设定标准件参数时，“PLATE_ HEIGHT”的值为“30”。

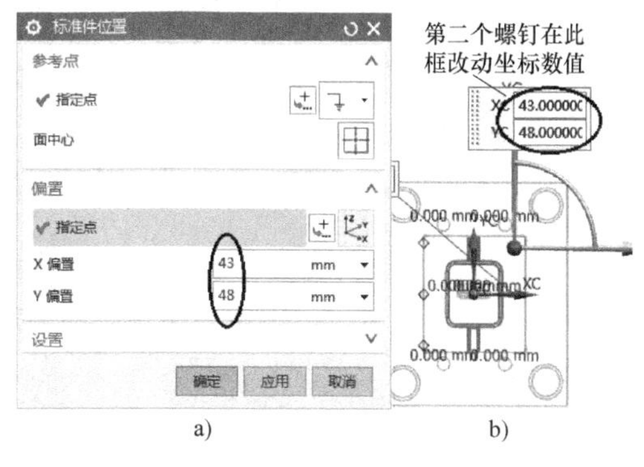

a)　b)

图 7-60

使用开腔命令，以螺钉为工具对 B 板和型芯零件进行开腔操作。

3. 添加斜顶组件与模架间的紧固螺钉

（1）添加导轨与 B 板间的紧固螺钉　单击注塑模向导菜单条中的小图标，出现“标准件管理”对话框；再单击左侧资源工具条中的小图标，弹出选择框；选项设定如图 7-61 所示，点选 B 板底面为安装平面，单击“应用”按钮，弹出“标准件位置”对话框；在“标准件位置”对话框中依次输入 8 个绝对点坐标（9，43）、（-9，43）、（-9，-43）、（9，-43）、（9，24）、（-9，24）、（-9，-24）、（9，-24），注意每改变一次坐标值需单击“应用”按钮一次，完成 8 个 M4 紧固螺钉的添加。开腔后的结果如图 7-62 所示。

（2）添加导轨与 f 板间的紧固螺钉　单击注塑模向导菜单条中的小图标，出现“标准件管理”对话框；再单击左侧资源工具条中的小图标，弹出选择框；选项设定如图 7-63 所示，点选斜顶导轨盖板上平面为安装平面，单击“应用”按钮，弹出“标准件位置”对话框；在“标准件位置”对话框中依次输入 8 个绝对点坐标（12，25）、（-12，25）、（-12，-25）、（12，-25）、（12，41）、（-12，41）、（-12，-41）、（12，-41），注意每改变一次坐标值需单击“应用”

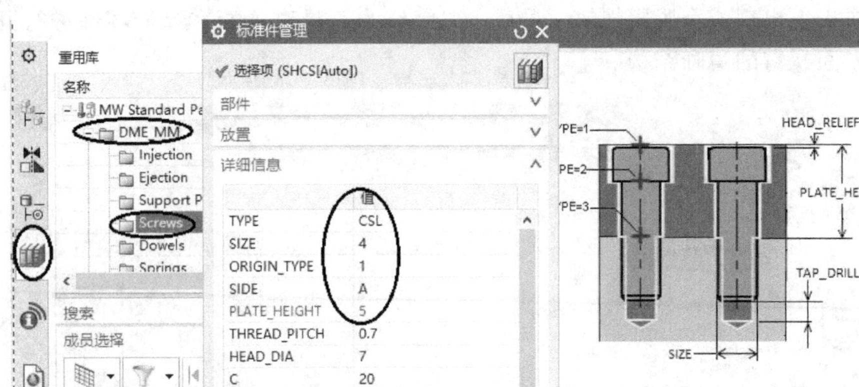

图 7-61

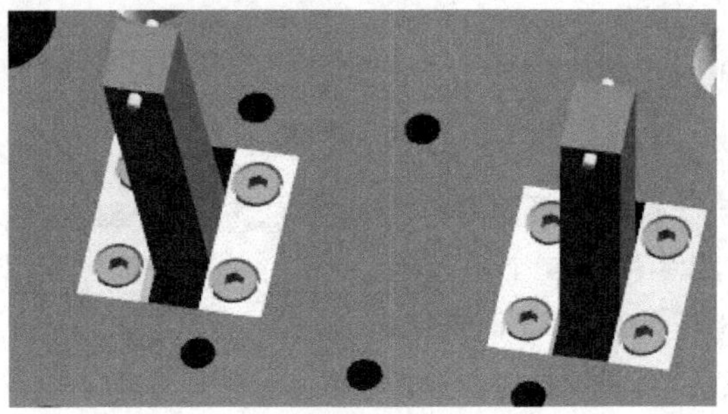

图 7-62

按钮一次，完成 8 个 M4 紧固螺钉的添加。以添加的螺钉为工具对模具相关零件进行开腔操作，结果如图 7-64 所示。

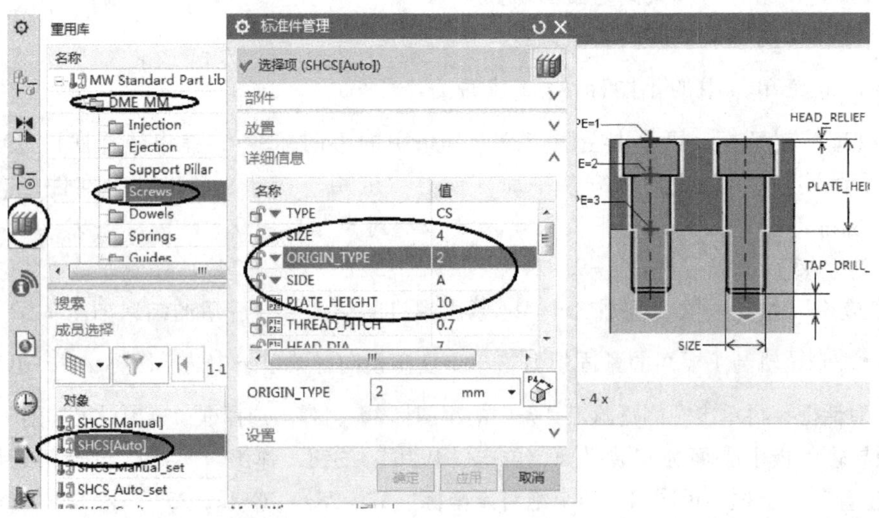

图 7-63

4. 修整模架底板

由于注塑机顶杆要通过模架底板才能推动模具的顶出机构，所以要在模架底板打孔。

将 l_ plate 节点设置为工作部件，利用“挖孔”命令在底板中心处开设直径为 30mm 的孔，结果如图 7-65 所示。

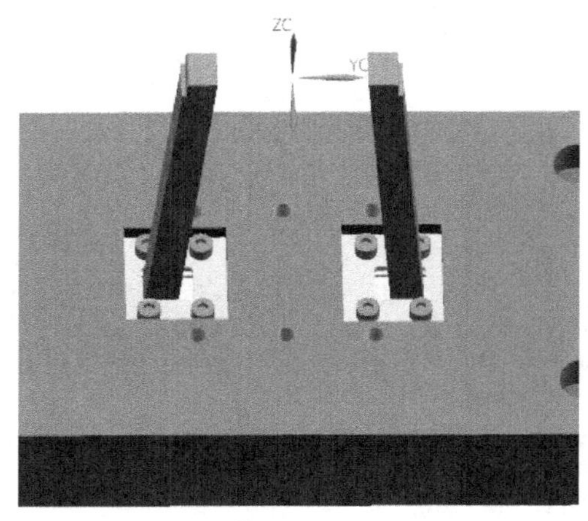

图 7-64

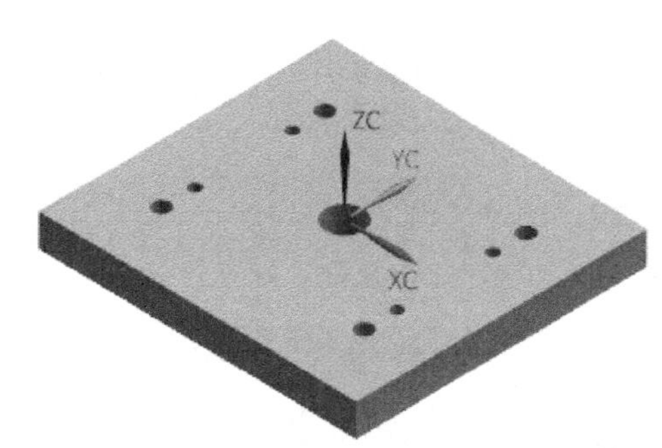

图 7-65

7.9　冷却系统设计

1. 建立动模水道

在“装配导航器”中勾选 core 节点、cavity 节点，并将 cool_ side_ a 节点设为工作部件，如图 7-66 所示。

单击注塑模向导菜单条中的小图标，出现模具冷却工具条，如图 7-67 所示。

图 7-66

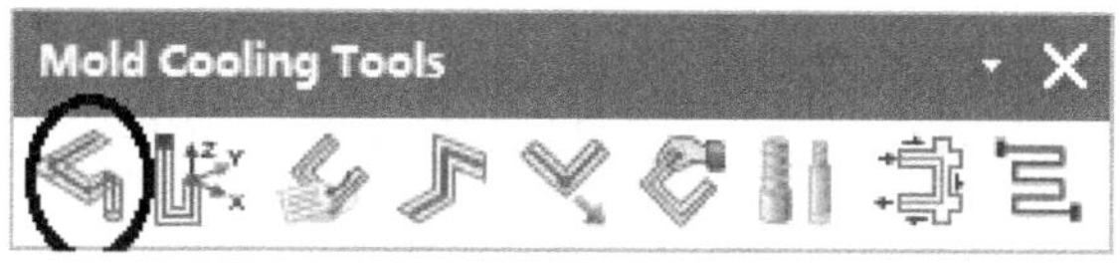

图 7-67

单击模具冷却工具条中的小图标，弹出“图样通道”对话框；如图 7-68 所示，设置通道直径后单击“选择曲线”图标，又弹出“创建草图”对话框；选项设定如图 7-69 所示，单击“确定”按钮后在分型面下 13mm 处绘制如图 7-70 所示的草图。

完成草图绘制后，单击“确定”按钮，完成水道的建立，如图 7-71 所示。

单击模具冷却工具条中的小图标，将水道修改成图 7-72 所示的式样。

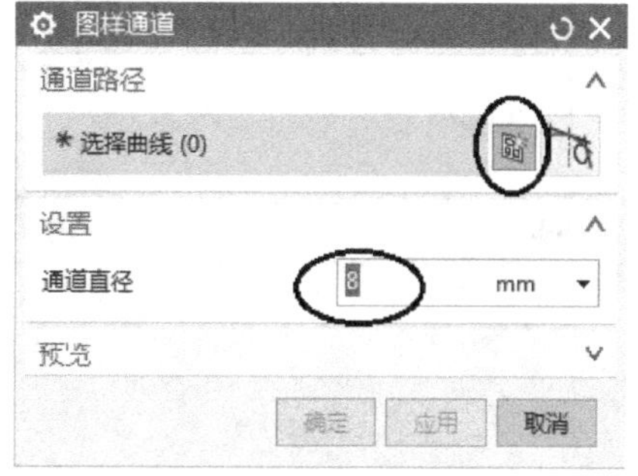

图 7-68

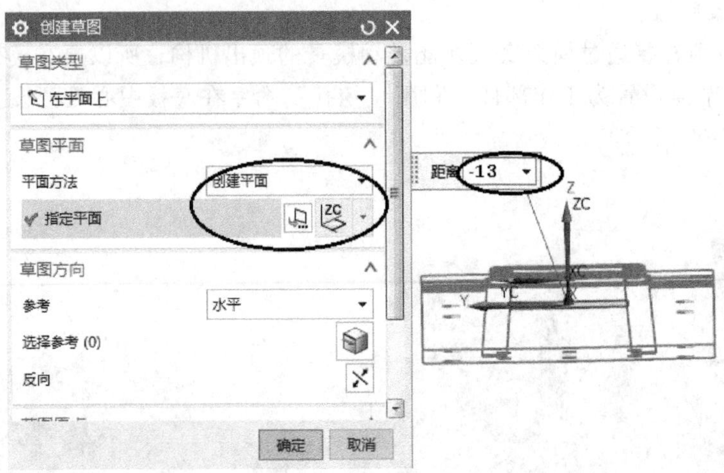

图 7-69

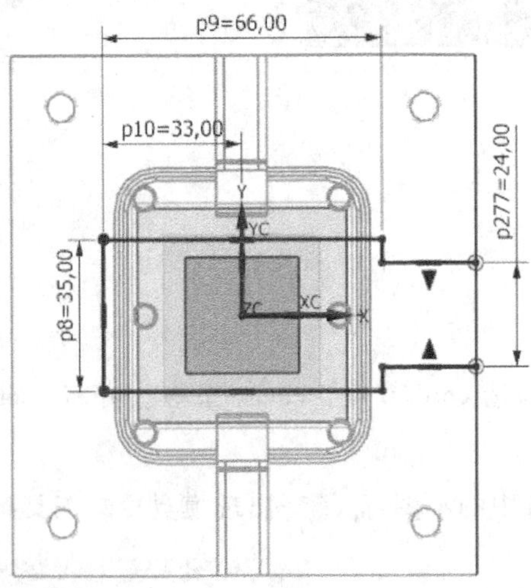

图 7-70

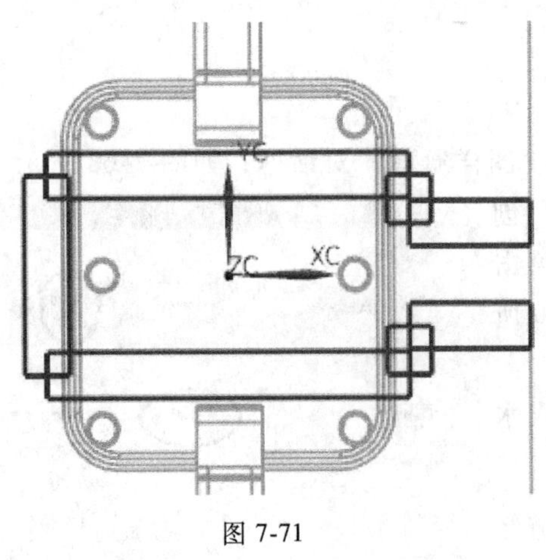

图 7-71

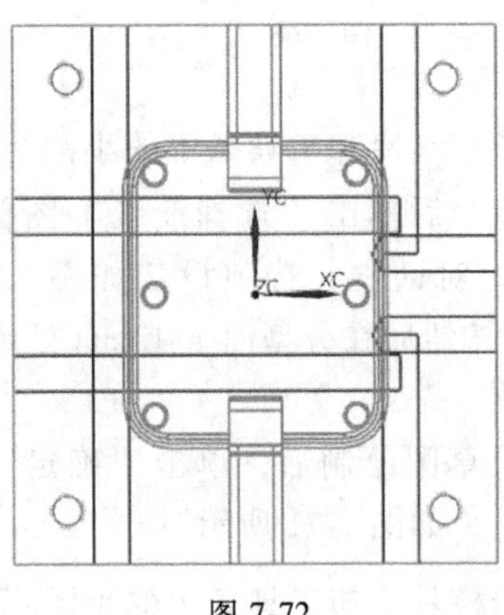

图 7-72

2. 加入管接头

单击模具冷却工具条中的小图标，弹出“冷却组件设计”对话框；再单击左侧资源工具条中的小图标，出现选择框，选项设定如图 7-73 所示；点选安装平面，然后单击“应用”按钮，弹出“标准件位置”对话框；再分别点选进、出水道的圆心（每点选一次圆心单击一次“应用”按钮），最后单击“取消”按钮关闭对话框，完成进、出水道管接头的加入，结果如图 7-74 所示。

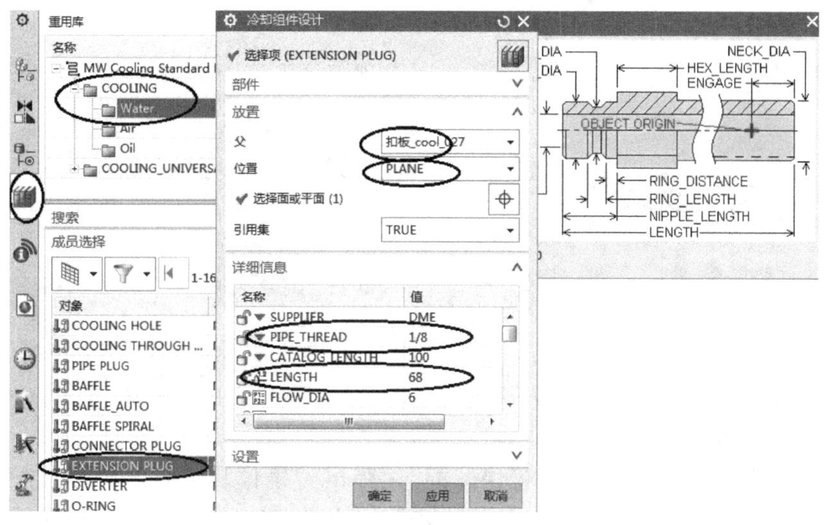

图 7-73

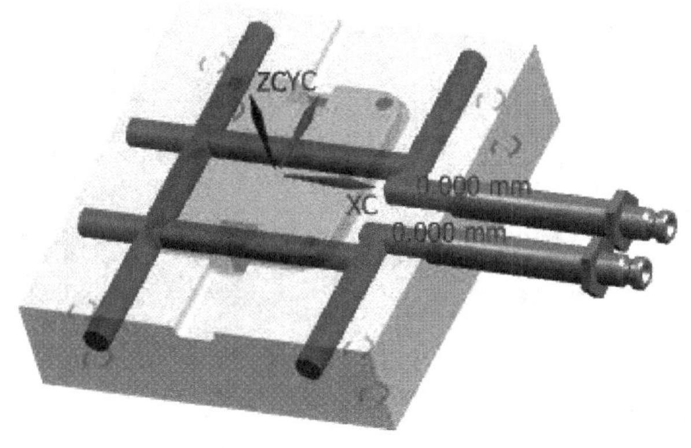

图 7-74

3. 加入堵头

单击模具冷却工具条中的小图标，弹出“冷却组件设计”对话框；再单击左侧资源工具条中的小图标，出现选择框；选项设定如图 7-75 所示，然后点选具有水道口的一个端面，再单击“应用”按钮，弹出“标准件位置”对话框；在视图窗口中点选端面上的水道口的圆心，再单击“确定”按钮，加入一个堵头；若另一个堵头在同一端面上，则继续点选另一个水道口的圆心，再单击“应用”按钮，加入另一个堵头，最后单击“取消”按钮关闭对话框，完成一个端面上堵头的加入。

重复上述步骤，完成各个端面上堵头的加入。

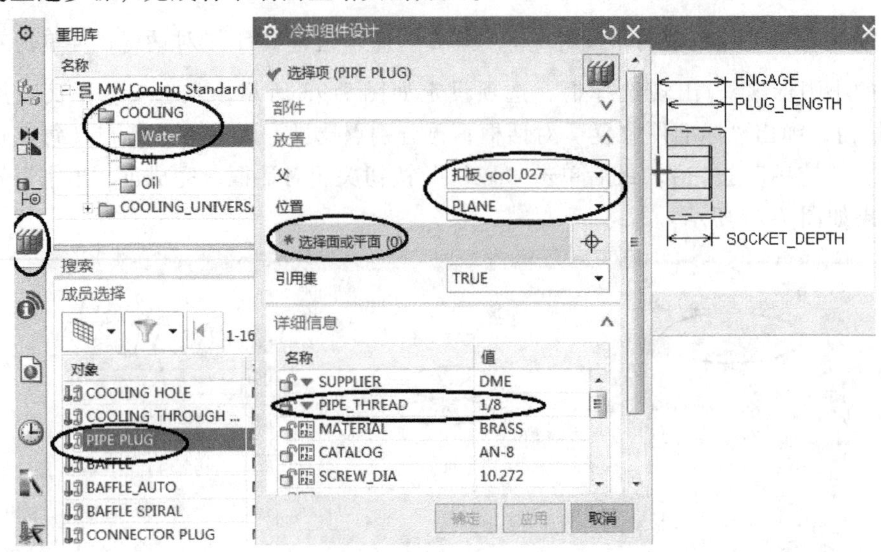

图 7-75

完整的动模冷却系统结构如图 7-76 所示。

4. 建立定模水道

单击“装配”→“组件”→“镜像装配”，弹出“镜像装配向导”对话框；单击“下一步”→点选动模的冷却系统组件→“下一步”→点选 XC-YC 基准面为镜像平面，然后连续单击三个“下一步”→“完成”，结果如图 7-77 所示。

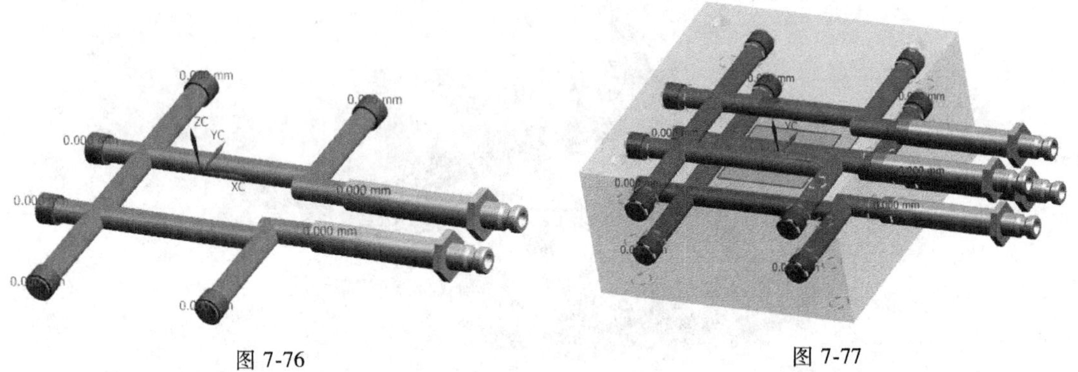

图 7-76　　图 7-77

5. 开腔

使用开腔命令，以全部冷却系统组件为工具对型芯、型腔、模架 A 板、B 板进行开腔操作；操作完成后将冷却水道抑制掉。

7.10　绘制模具二维总装配图

1. 三维模型转换为二维工程图

“抑制”所有非模具零件的节点，例如水道、流道等，再勾选模具所有的零部件节点，并将最高一级 top 节点设为工作部件模具图的俯视图通常需去掉定模部分，即直接从动模部分画俯视图，以利于清楚地展示型腔及浇注系统。因此需要将动、定模组件分别显示。

首先，关闭模架以及动模上的所有组件，此时视窗中的图形如图 7-78 所示。

单击注塑模向导菜单条中的小图标，弹出模具画图工具条；单击模具画图工具条中的第 1 个小图标，弹出“装配图纸”对话框；选项设定如图 7-79 所示，然后框选图 7-78 中的定模组件，再单击“应用”→“取消”，将所有定模组件属性指派为“A”。

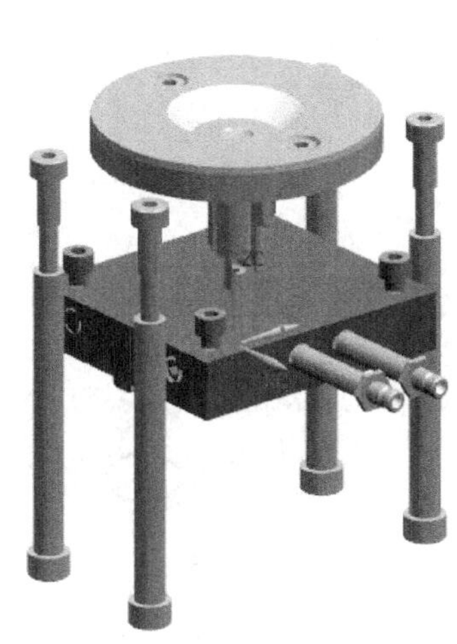

图 7-78

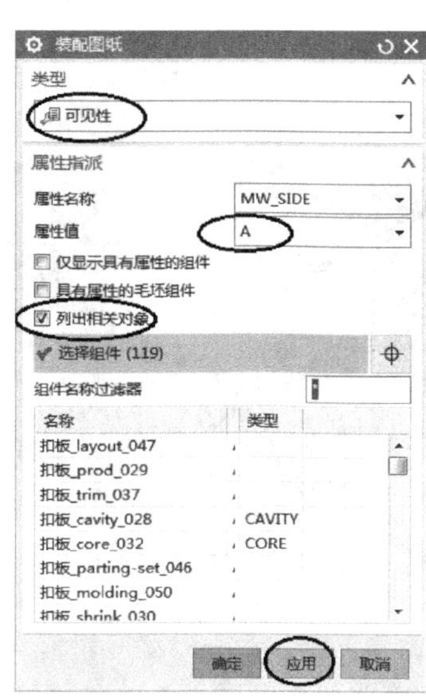

图 7-79

再关闭所有定模组件，打开动模组件，结果如图 7-80 所示；重复前述步骤，打开“装配图纸”对话框，选项设定如图 7-81 所示，“属性值”为“B”，然后框选图 7-80 中的动模组件，再单击“应用”→“取消”，将所有动模组件属性指派为“B”。

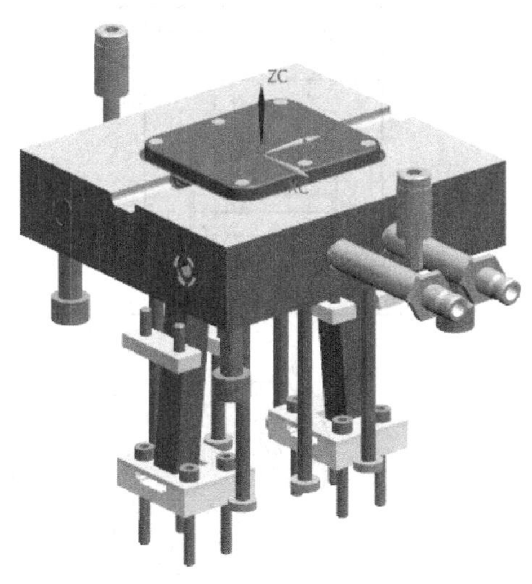

图 7-80

图 7-81

打开包括模架在内的所有模具组件，结果如图 7-82 所示。

单击模具画图工具条中的第 1 个小图标，弹出“装配图纸”对话框，选项设定如图 7-83 所示，然后单击“应用”→“取消”，进入 A0 图纸界面，如图 7-84 所示。

图 7-82

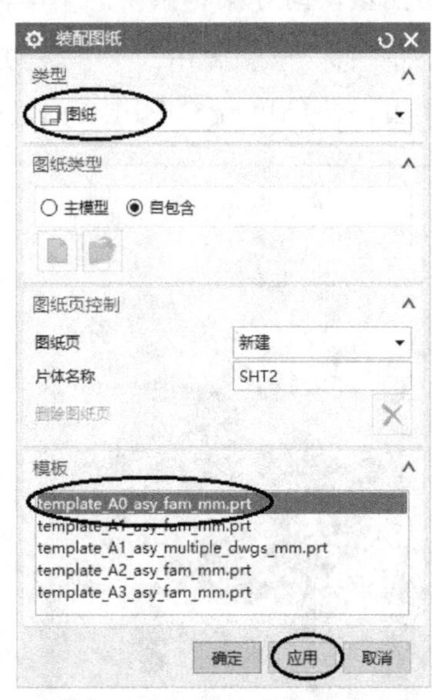

图 7-83

单击主菜单条“启动”→“制图”，弹出“视图创建向导”对话框，单击“取消”按钮，进入制图模块。

单击小图标，弹出“基本视图”对话框，首先添加前视图为基本视图，再投影俯视图，结果如图 7-85 所示。

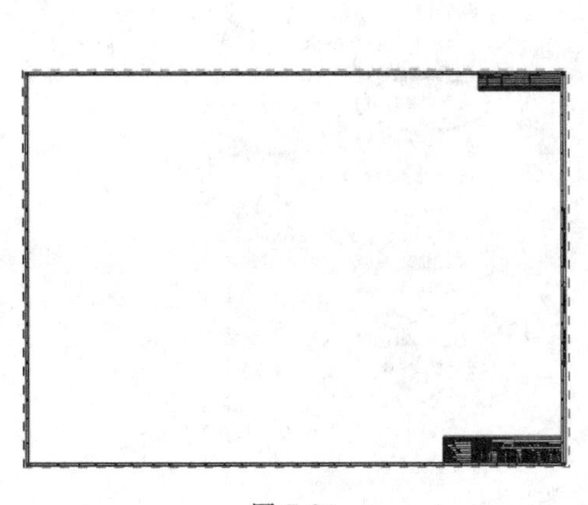

图 7-84

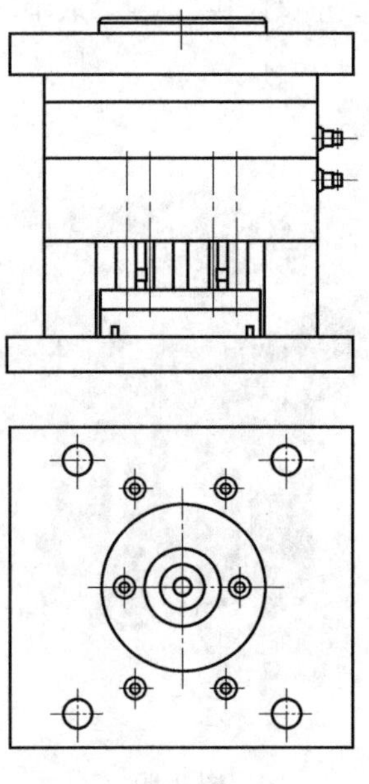

图 7-85

为了在主视图里反映模具的型芯、型腔、侧抽芯滑块、顶杆及模架特征，俯视图中的剖切位置必须经过导柱、拉杆、成型零件、侧抽芯滑块、浇口、顶杆等。

双击俯视图，弹出“设置”对话框，选项设定如图 7-86 所示，然后单击“确定”按钮，俯视图即可显示内部的零件轮廓，如图 7-87 所示。

图 7-86

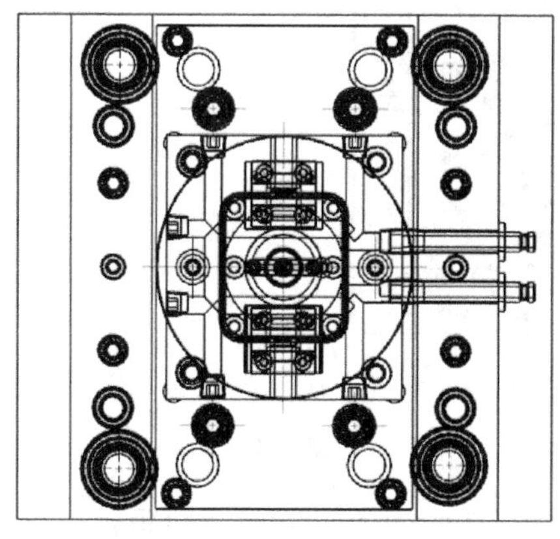

图 7-87

使用“剖视图”命令，指定剖切位置经过模架的拉杆、导柱、顶杆、成型零件、浇口等，如图 7-88 所示 *A*—*A* 剖切线，并投影出相应的主视图；删除原主视图，再将主视图沿 *B*—*B* 剖切线投影得到左视图，如图 7-88 所示。

双击主视图，弹出“设置”对话框，将“隐藏线”设为“不可见”，将“光顺边”中“显示光顺边”的勾选去掉，如图 7-89 所示。以同样的方法将左视图及俯视图中的隐藏线设为“不可见”，并去掉“显示光顺边”的勾选。

单击模具画图工具条中的第 1 个小图标，弹出“装配图纸”对话框，选项设定如图 7-90 所示，最后单击“确定”按钮，三视图如图 7-91 所示。

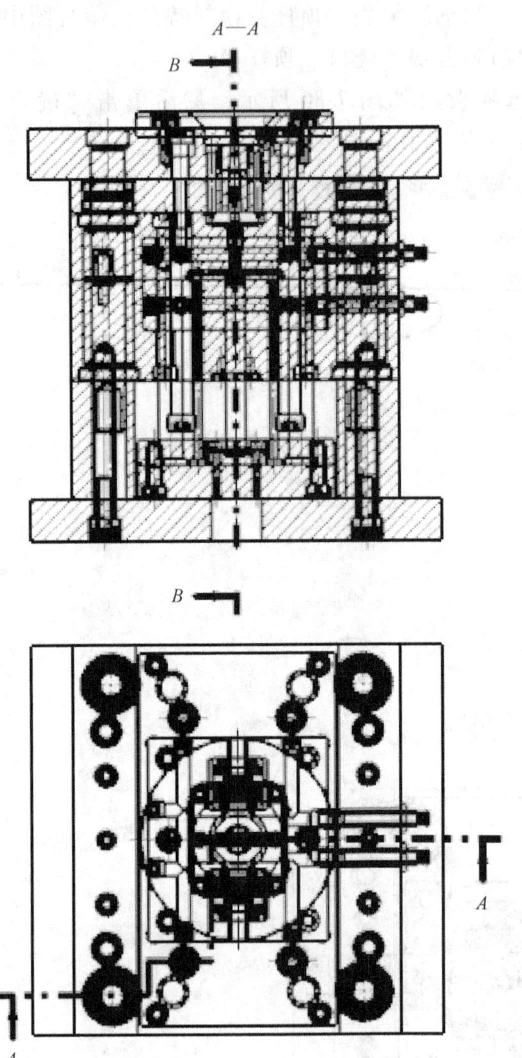

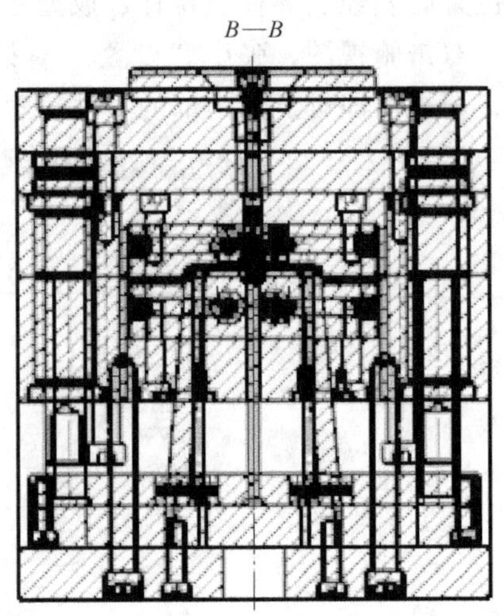

图 7-88

图 7-91 所示剖视图中各个零件的剖面线方向及间距都一样，需要修改，使相邻零件的剖面线方向或间距不一致。

双击要修改的剖面线，弹出“剖面线”对话框，剖面线“距离”和“角度”的设置如图 7-92 所示，按需修改后单击“确定”按钮。

UG NX 制图模块绘制各个不同剖面的二维图还是不太方便，对于较复杂的图形，在生成各向视图后，可转换成 AutoCAD 文件，利用 AutoCAD 软件修改和标注尺寸比较方便。

2. UG 二维工程图转换为 AutoCAD 文件

在 UG NX 制图模块中画好二维工程图后，单击主菜单“文件”→“导出”→“AutoCAD DXF/DWG...”，出现图 7-93 所示对话框；在“输出 DWG 文件”栏里设置 AutoCAD 文件要存放的路径，单击“完成”按钮；稍后，出现“导出转换作业”对话框，再单击该对话框中的“是”按钮，将 UG 二维工程图转换成 AutoCAD 图形文件。

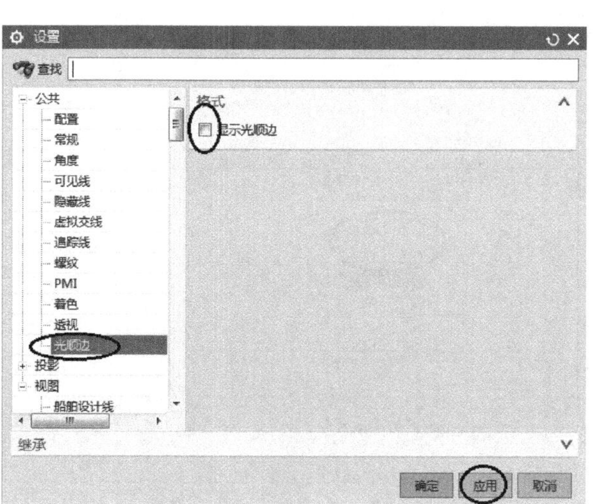

图 7-89

图 7-90

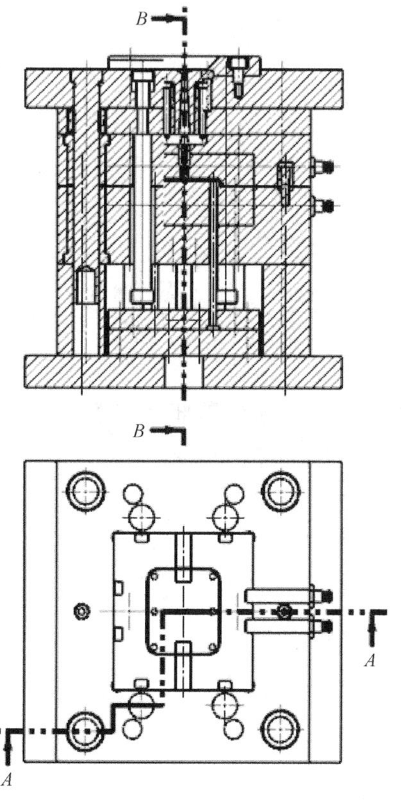

图 7-91

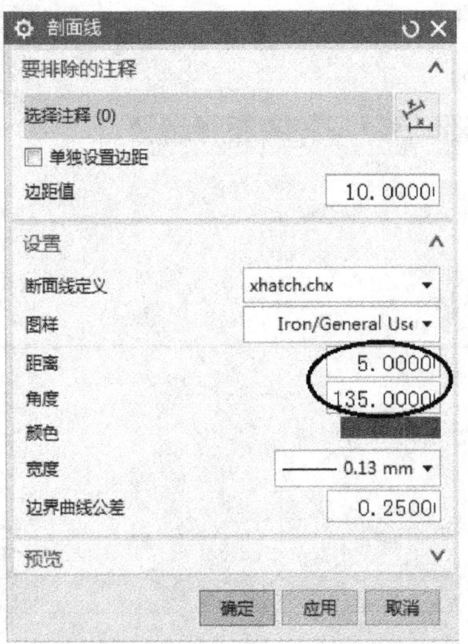

图 7-92

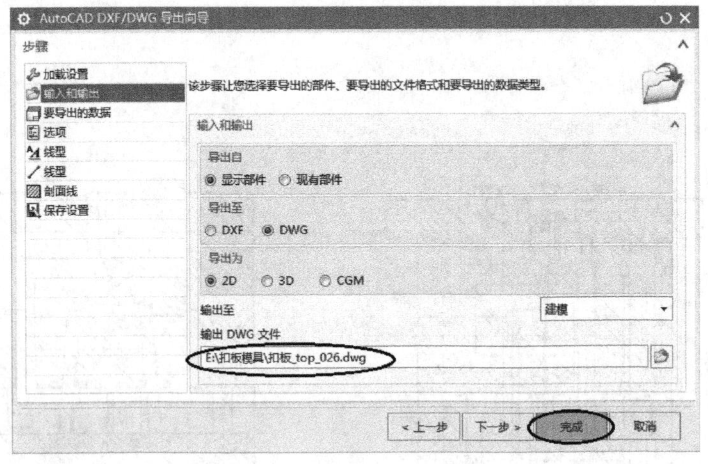

图 7-93

最后，根据我国的制图标准以及简单清楚地呈现各个零部件装配关系的表达原则，在AutoCAD 软件中将模具二维工程图绘制成模具二维总装配图。

第 8 章

江西省模具数字化设计与制造工艺技能大赛题解

8.1 大赛要求

1）依据赛场提供的温度监测器的不完整三维模型，如图 8-1 所示，设计产品缺少的部分，设计的产品制件高度不低于 18mm，产品材料为 PS，材料收缩率为 0.5%，要求与已提供的模型相配合，组成一个完整的产品，能满足实际使用需要；同时要求设计定位与固定结构，需要和现场提供的模架及各机构位置相匹配。

图 8-1

2）根据优化的设计方案完成并细化模具三维结构设计和模具二维装配工程图、指定零件二维工程图的绘制；设计模具采用一模一腔结构。

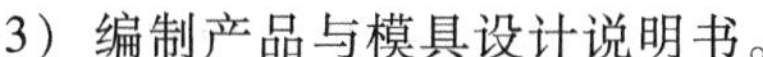

3）编制产品与模具设计说明书。

4）加工模具型芯、型腔，以及斜顶、滑块等零件。

赛场提供下列毛坯件：

1）一块型腔镶块，尺寸为 110mm×110mm×35mm，已六面磨光。

2）两块型芯镶块，尺寸为 110mm×110mm×40mm，已六面磨光。其中一块已加工斜顶孔；另一块为方料，未加工斜顶孔。

3）两块滑块，毛坯尺寸为 40mm×56mm×35mm，已六面磨光，相关尺寸如图 8-2 所示。

4）一块斜顶，毛坯尺寸为 12mm×12mm×120mm，相关装配尺寸如图 8-3 所示。

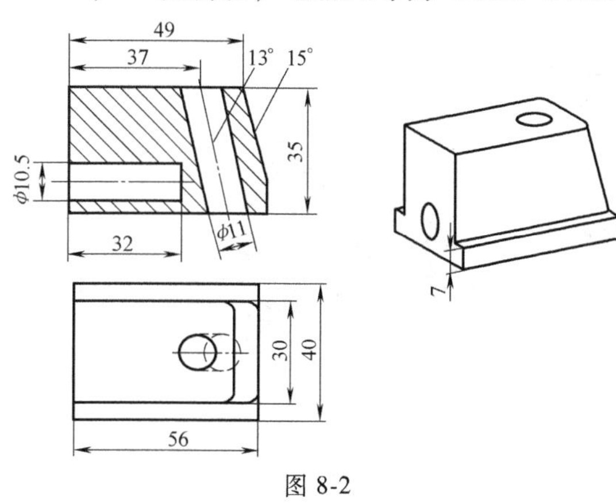

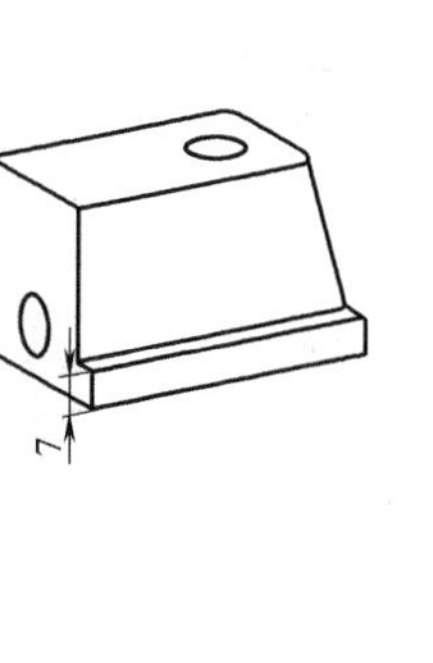

图 8-2

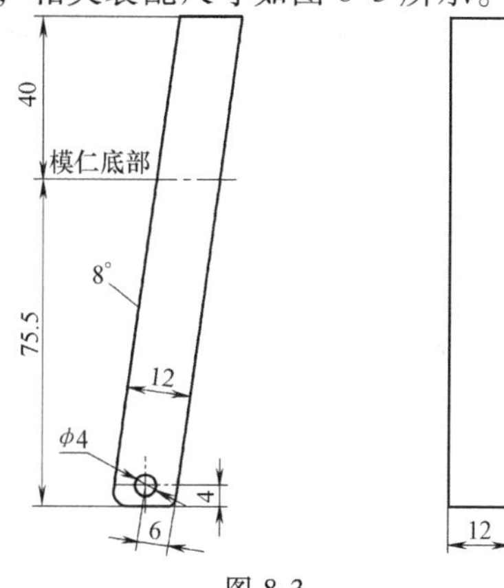

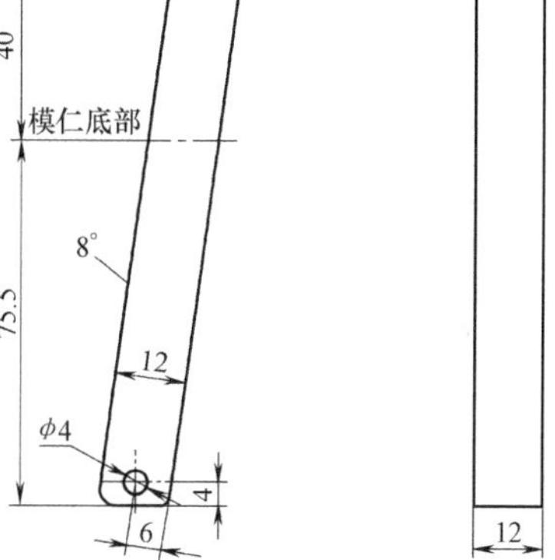

图 8-3

8.2 产品建模

1. 建立产品装配文件

建立一个产品装配文件夹，命名为“温度监测器”，将温度监测器文件复制到该文件夹内，然后在 UG NX10.0 软件中打开该文件，如图 8-4 所示。

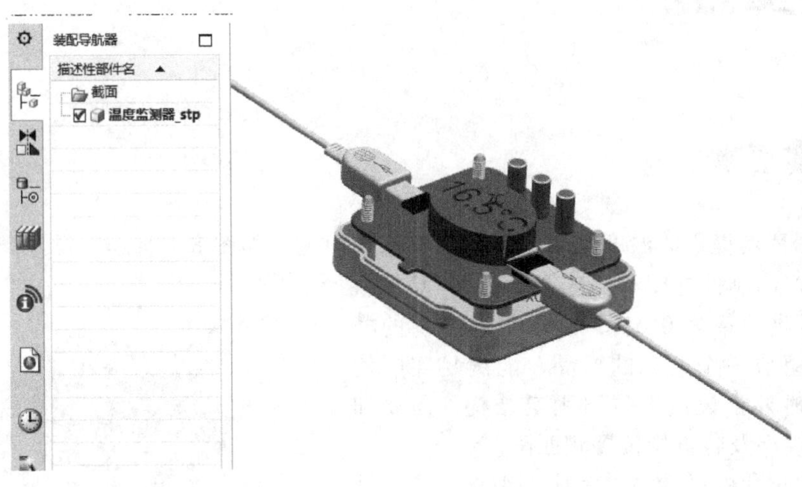

图 8-4

右击“装配导航器”里的组件节点，单击“WAVE”→“新建级别”，如图 8-5 所示，弹出“新建级别”对话框，如图 8-6 所示；单击“指定部件名”按钮，然后找到已建立的文件夹，命名一个文件为“温度监测器外壳”，如图 8-7 所示，单击“OK”→“确定”，完成组件的建立。在“装配导航器”中可以看到对应节点，如图 8-8 所示。

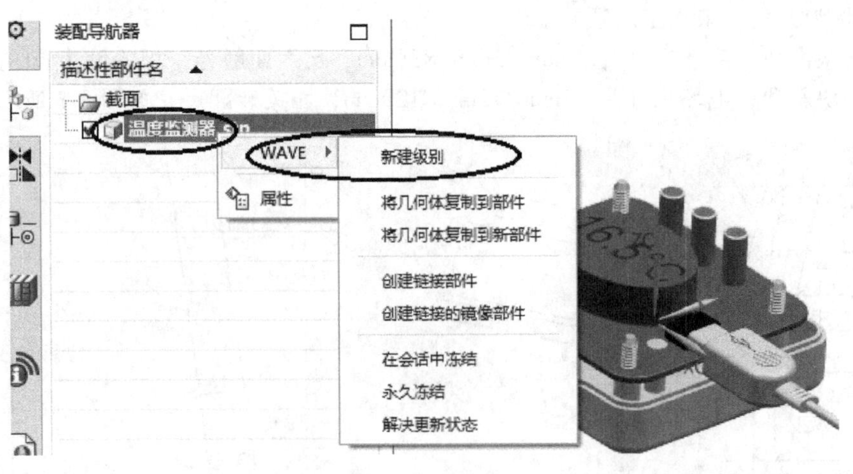

图 8-5

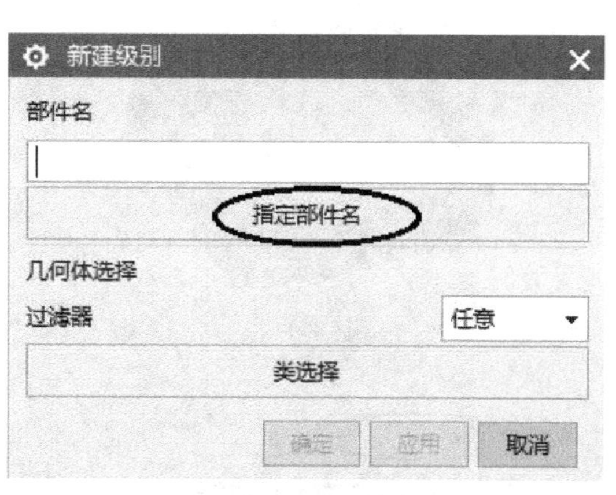

图 8-6

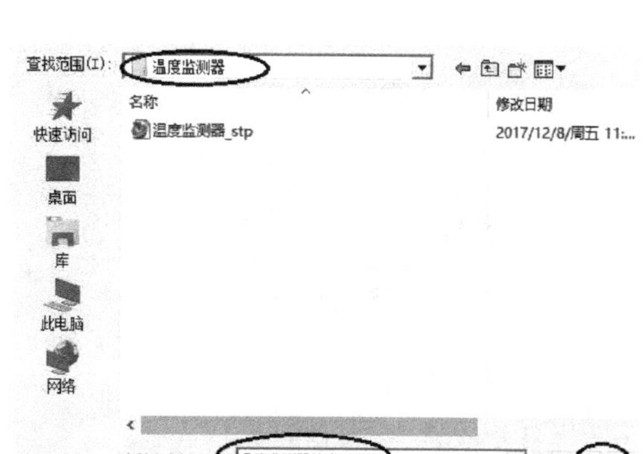

图 8-7

2. **构建装配配套的零件**

在“装配导航器”中双击“温度监测器外壳”节点，使之成为工作部件。

使用“拉伸”命令，将温度监测器的外周轮廓线拉伸为高 20mm 的实体，如图 8-9 所示，注意相关选项的设定。

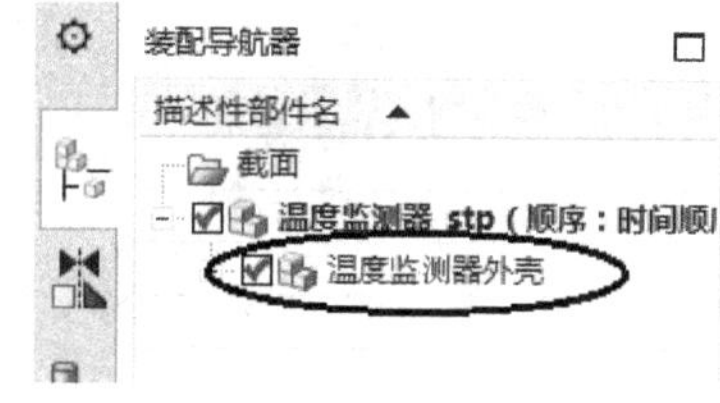

图 8-8

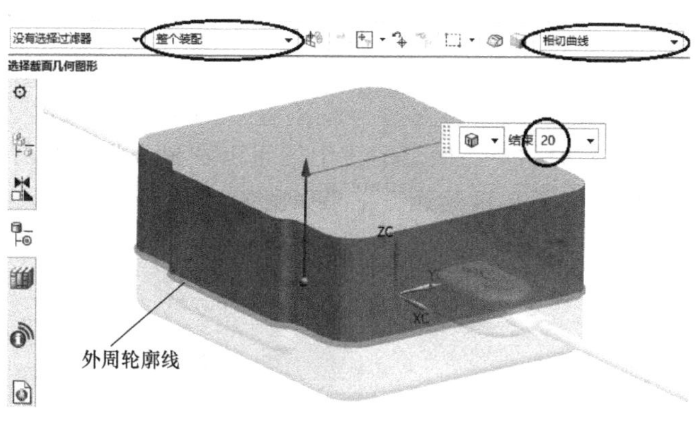

图 8-9

测量原底壳的圆角半径为 2.85mm，以同样的尺寸对外壳倒圆角，结果如图 8-10 所示。

测量原底壳的壁厚为 2mm，使用“抽壳”命令，以同样的尺寸对外壳实体抽壳，结果如图 8-11 所示。

使用“拉伸”命令，拉伸底壳的止口边成实体并与外壳“求差”，选项设定如图 8-12 所示，使外壳得到相配套的止口，结果如图 8-13 所示。

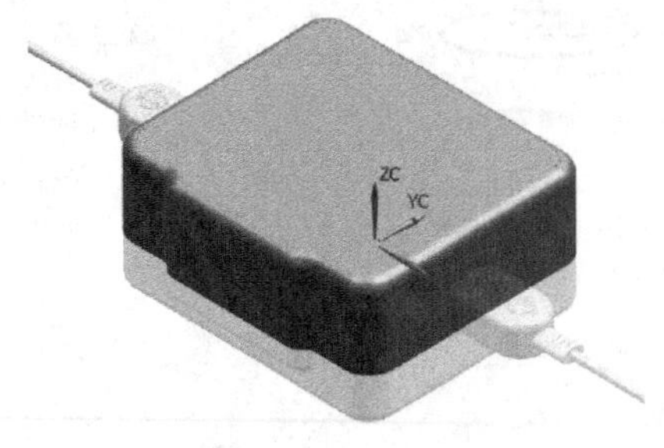

图 8-10

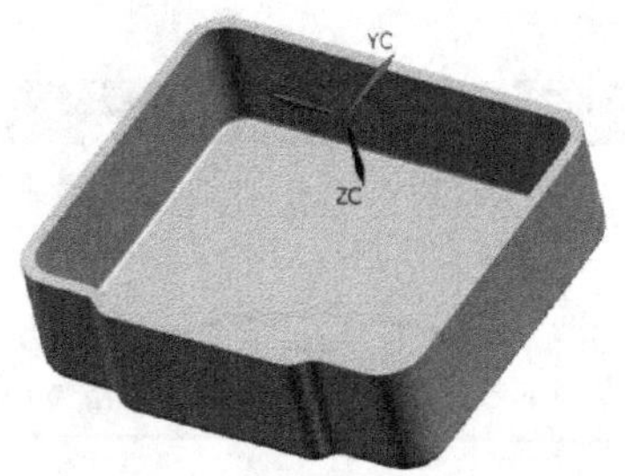

图 8-11

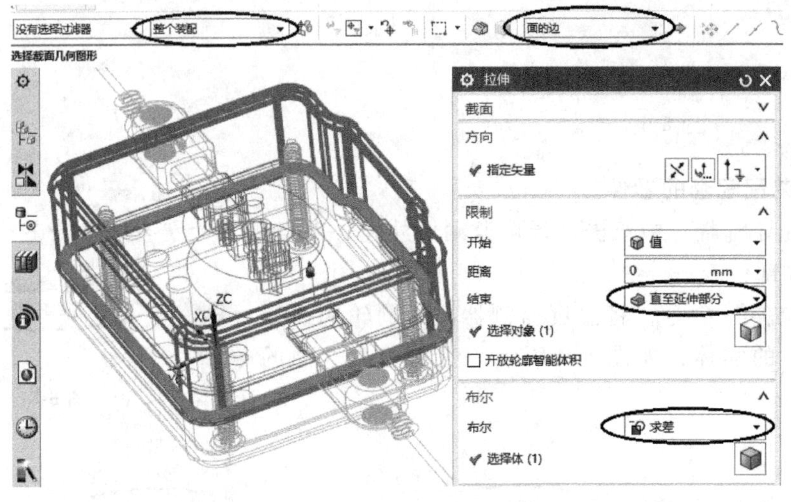

图 8-12

使用“拉伸”命令，对原始产品模型的三个按钮以及温度显示盘的轮廓线进行拉伸并与外壳“求差”，选项设定如图 8-14 所示，结果如图 8-15 所示。

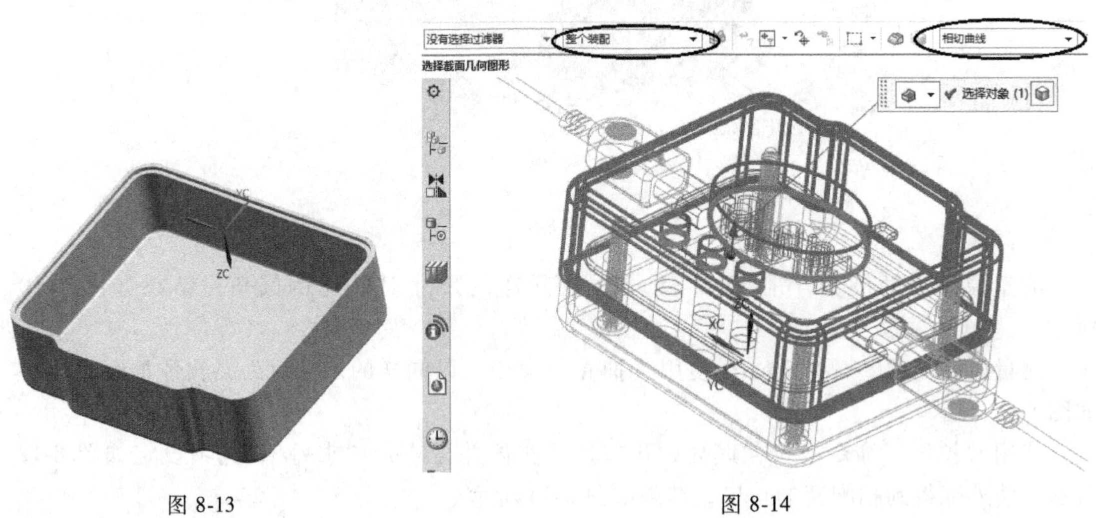

图 8-13

图 8-14

使用“拉伸”命令，拉伸底壳上的四个紧固螺钉安装柱，点选柱子的圆环面，从固定板的上平面拉伸到外壳的内底面并与外壳“求和”，结果如图 8-16 所示。

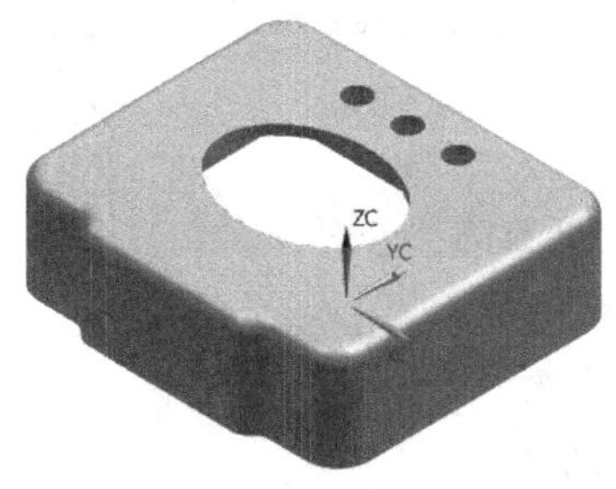

图 8-15

图 8-16

使用“拉伸”命令，对外壳侧面接口处轮廓曲线进行拉伸并与外壳“求差”，分别获得两侧面上的方孔（需注意两侧面上的方孔不在同一高度上），结果如图 8-17 所示。

图 8-17

使用“拉伸”命令，弹出“拉伸”对话框，选项设定如图 8-18 所示，在产品模型内（绿色）“舌头”侧壁中间绘制图 8-19 所示的草图并拉伸实体，再将该实体作为工具与外壳“求差”，完成外壳零件内部凹槽的构建，结果如图 8-20 所示。此时得到的模型即为需要设计模具的产品模型，最后保存文件（选择“全部保存”）。

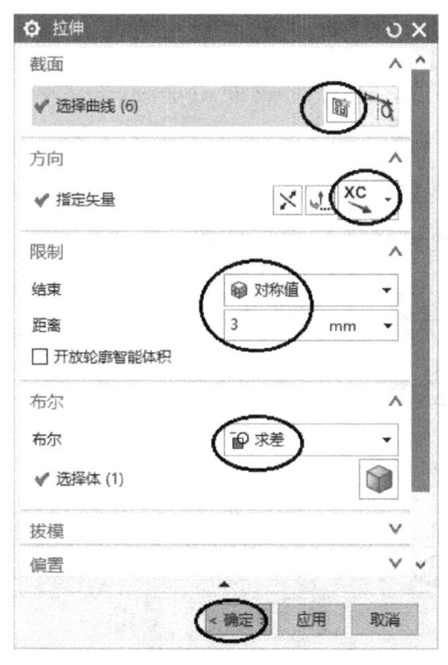

图 8-18

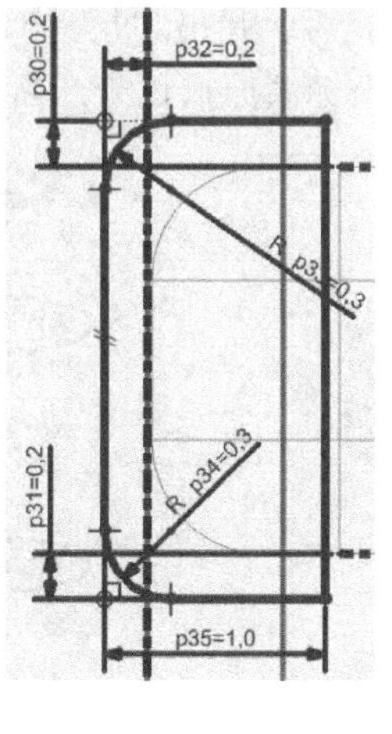

图 8-19

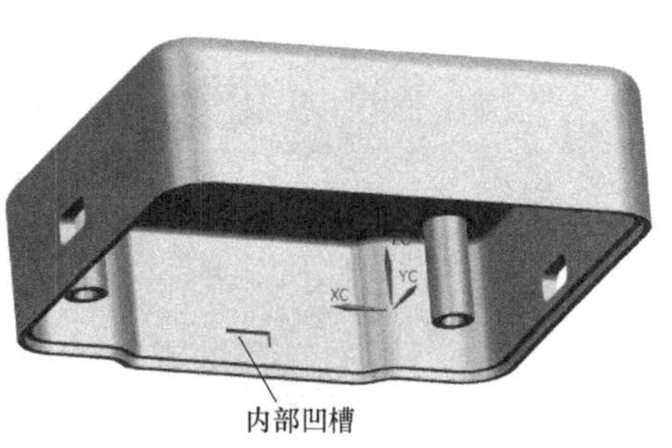

图 8-20

8.3 模具设计

如图 8-21 所示为注塑成型温度监测器外壳产品模型，其成型模具采用一模一腔结构及大水口浇注系统。

1. 模具分型设计

(1) 加载产品　首先建立一个文件夹，命名为“温度监测器外壳模具”，将温度监测器外壳产品模型文件复制到该文件夹内。

单击注塑模向导菜单条中的小图标，弹出“打开”对话框；在“温度监测器外壳模具”文件夹里选择需要加载的产品零件文件“温度监测器外壳.prt”，出现“初始化项目”对话框；选项设定如图 8-22 所示，单击“确定”按钮，视窗中出现图8-23所示产品模型。

图 8-21

图 8-22

图 8-23

(2) 定义模具坐标系　先将工件坐标系原点移至模型最大横截面处，如图 8-24 所示。

单击注塑模向导菜单条中的小图标，弹出“模具 CSYS”对话框；选项设定如图8-25所示，单击“确定”按钮，此时模具坐标系原点位于产品最大截面的中间位置。

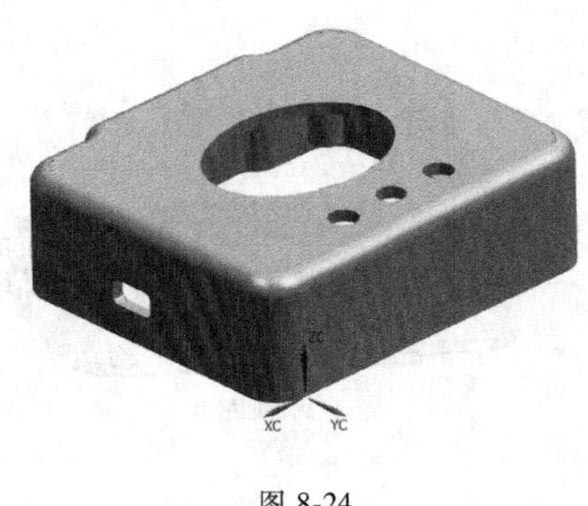

图 8-24

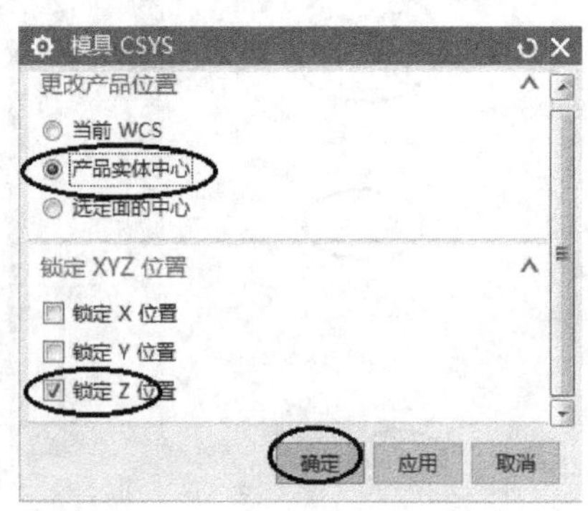

图 8-25

（3）定义成型镶件（模仁）　单击注塑模向导菜单条中的小图标，弹出“工件”对话框；根据赛场提供的镶块尺寸，数据设定如图 8-26 所示；单击“选择曲线”图标进入草图绘制界面，尺寸改动如图 8-27 所示，完成后回到“工件”对话框，单击“确定”按钮，完成模仁的加入。

单击注塑模向导菜单条中的小图标，出现“型腔布局”对话框；单击“编辑插入腔”图标，弹出“刀槽”对话框，选择“R”值为“5”，“type”值为“2”，单击“确定”→“关闭”，加入开腔用的腔体，视窗图形如图 8-28 所示。

（4）分型设计

① 为产品表面指派区域。单击注塑模向导菜单条中的小图标，弹出模具分型工具条，视窗中出现产品模型。

使用“拔模”命令（单击“插入”→“细节特征”→“拔模”），对产品模型内、外竖直面进行拔模，需要注意的是，产品外侧面拔模时，以底面止口面为固定面，向内拔 0.50°；产品内侧面拔模时，以内顶面为固定面，向外拔 10°。

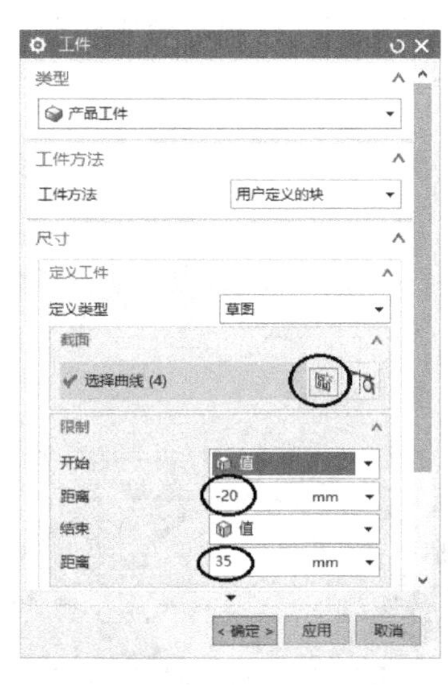

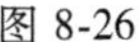
图 8-26

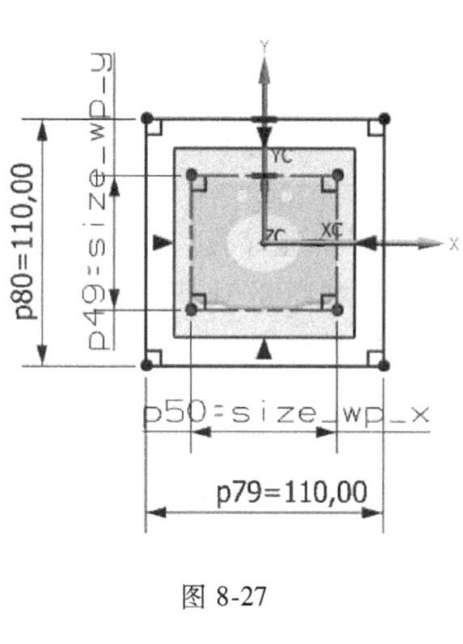

图 8-27

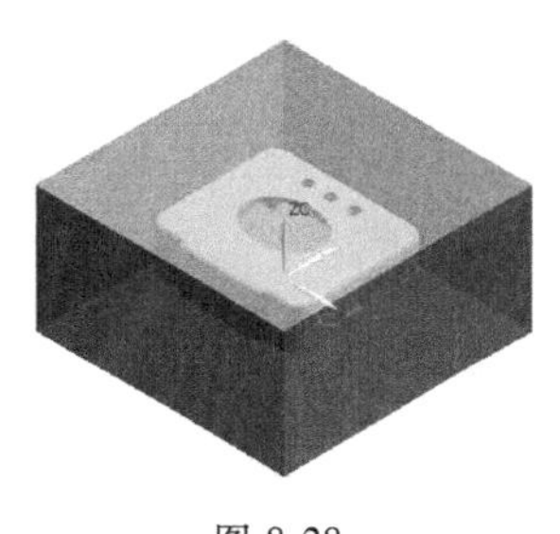

图 8-28

单击模具分型工具条中的第 1 个小图标，弹出图 8-29 所示“检查区域”对话框，单击“计算”选项卡中的“计算”图标。

单击“区域”选项卡，对话框如图 8-30 所示，单击“设置区域颜色”图标，将产品的各个面设置为不同颜色。勾选“交叉竖直面”，再点选侧孔的蓝色面，单击“应用”按钮，将这些区域指派到“型腔区域”。最后单击“确定”按钮，此时产品只呈现橙、蓝两种颜色。

图 8-29

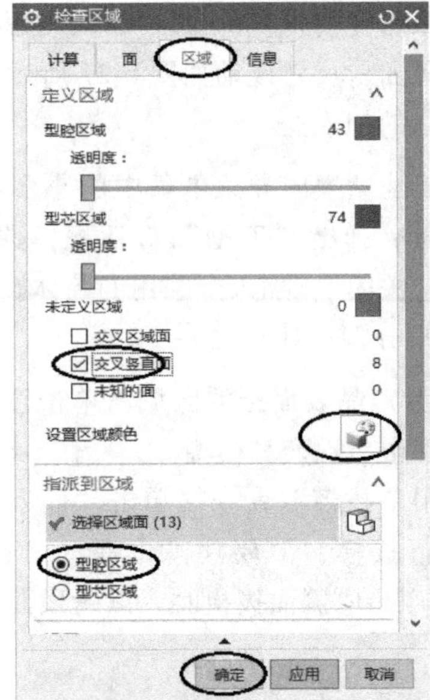

图 8-30

② 修补产品碰穿孔。单击模具分型工具条中的第 2 个小图标，弹出“边修补”对话框，选项设定如图 8-31 所示，然后点选产品模型，单击“确定”按钮，完成修补产品碰穿孔的操作，结果如图 8-32 所示。

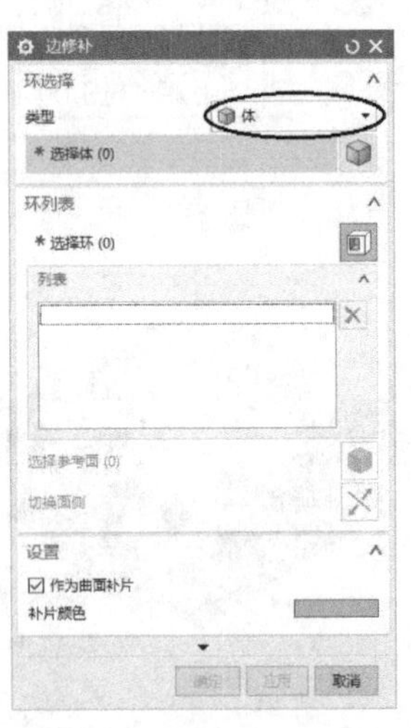

图 8-31

图 8-32

③ 获取分型线。单击模具分型工具条中的第 3 个小图标，出现“定义区域”对话框，选项设定如图 8-33 所示，单击“确定”按钮。在“分型导航器”里将分型线之外的其他节点关闭，视窗中的图形如图 8-34 所示。

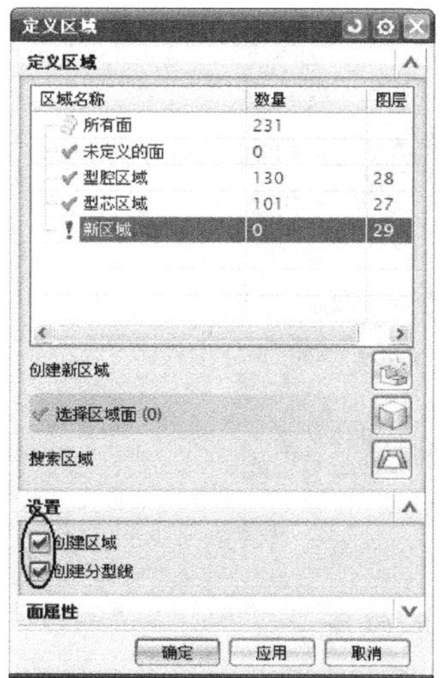

图 8-33

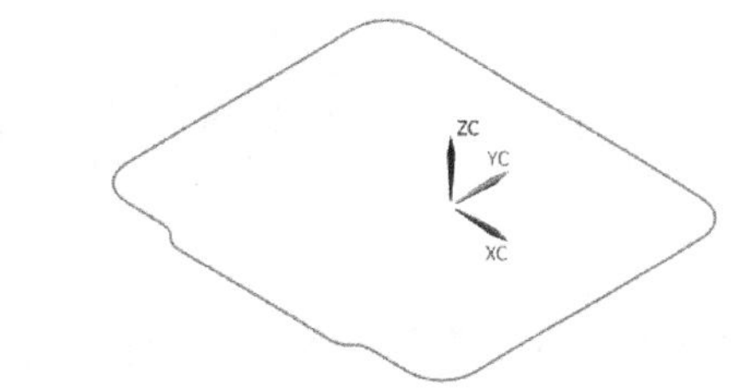

图 8-34

④ 创建分型面。单击模具分型工具条中的第 4 个小图标，出现“设计分型面”对话框，按需进行选项设定后单击“确定”按钮，分型面如图 8-35 所示。

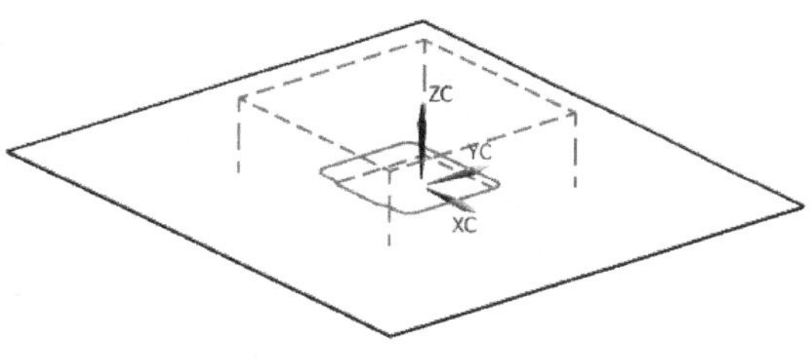

图 8-35

⑤ 创建型芯、型腔。单击模具分型工具条中的第 6 个小图标，在“定义型腔和型芯”对话框的“区域名称”中选择“所有区域”，然后单击“确定”→“确定”→“确定”，完成型芯、型腔的创建。

右击“装配导航器”中的 parting 节点，选择“显示父项”→top 节点，双击“装配导航器”中的 top 节点，使此节点成为工作部件。关闭所有其他节点，再打开 layout 节点下的 core 节点，并使图形处于 top 视图和着色状态，此时图形如图 8-36 所示；若只打开 cavity 节点，图形如图 8-37 所示。

图 8-36

图 8-37

⑥ 制作侧抽芯滑块。将型腔节点设置为显示部件，在设有方孔的一个侧面上绘制草图，如图 8-38 所示。

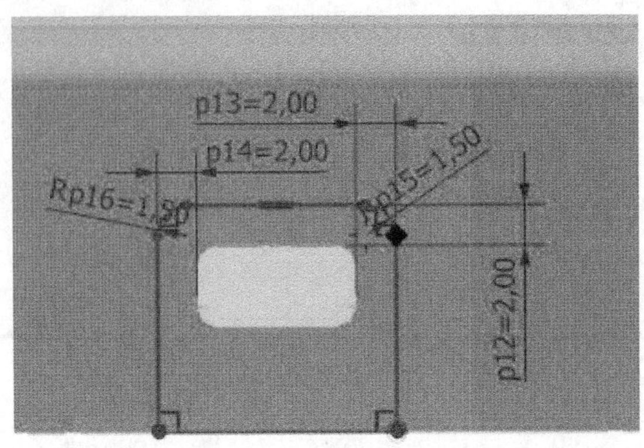

图 8-38

使用“拉伸”命令，将草图拉伸至内凸起面，如图 8-39 所示。

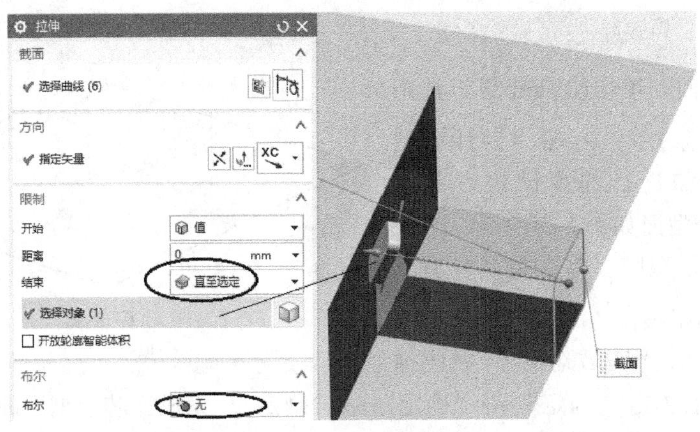

图 8-39

以同样的方法制作另一侧面的侧抽芯滑块。

使用“求差”命令（单击“插入”→“组合”→“减去”），以两个侧抽芯滑块为工具对型腔进行“求差”操作，选项设定如图 8-40 所示，注意勾选“保持工具”选项，完成后隐藏型腔即可看到侧抽芯滑块。图 8-41 所示为放大了的侧抽芯滑块。

图 8-40

图 8-41

2. 加入标准件

(1) 加载标准模架　单击注塑模向导菜单条中的小图标，出现图 8-42 所示对话框。

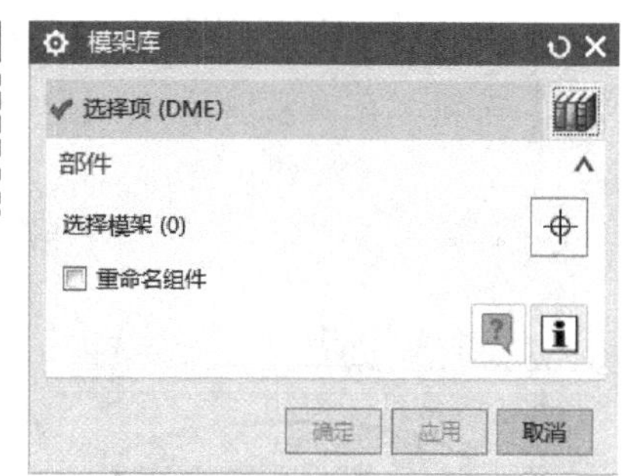

图 8-42

单击左侧资源工具条中的小图标，弹出选择框，选项设定如图 8-43 所示，然后单击“确定”按钮，稍后完成标准模架的加载，出现图 8-44 所示图形。

使用注塑模向导菜单条中的开腔命令，完成对模架 A、B 板的开腔操作，再将 pocket 节点抑制掉。

(2) 加入定位环　单击注塑模向导菜单条中的小图标，弹出“标准件管理”对话框，如图 8-45 所示。

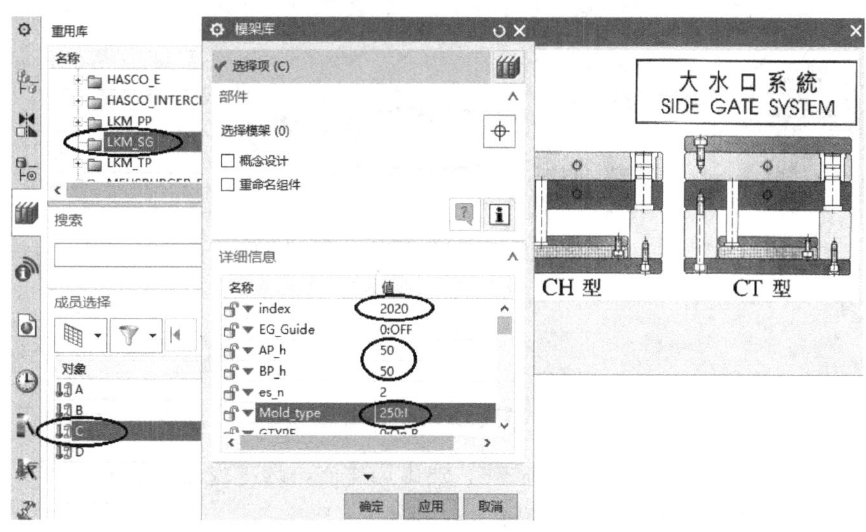

图 8-43

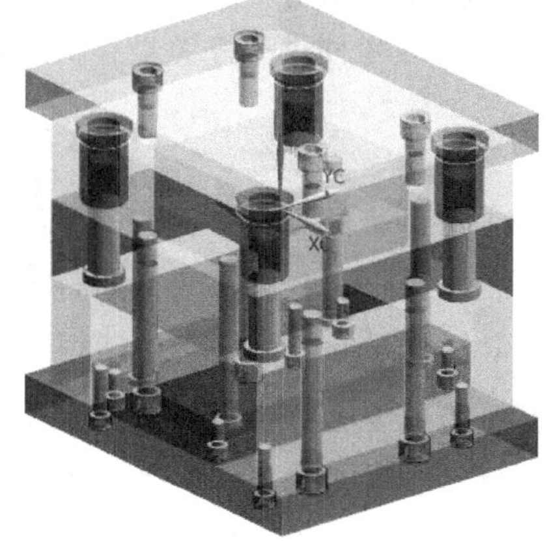

图 8-44

图 8-45

单击左侧资源工具条中的小图标，弹出选择框，选项设定如图 8-46 所示，然后单击“确定”按钮，在模架顶部加入 ϕ100mm 的定位环。

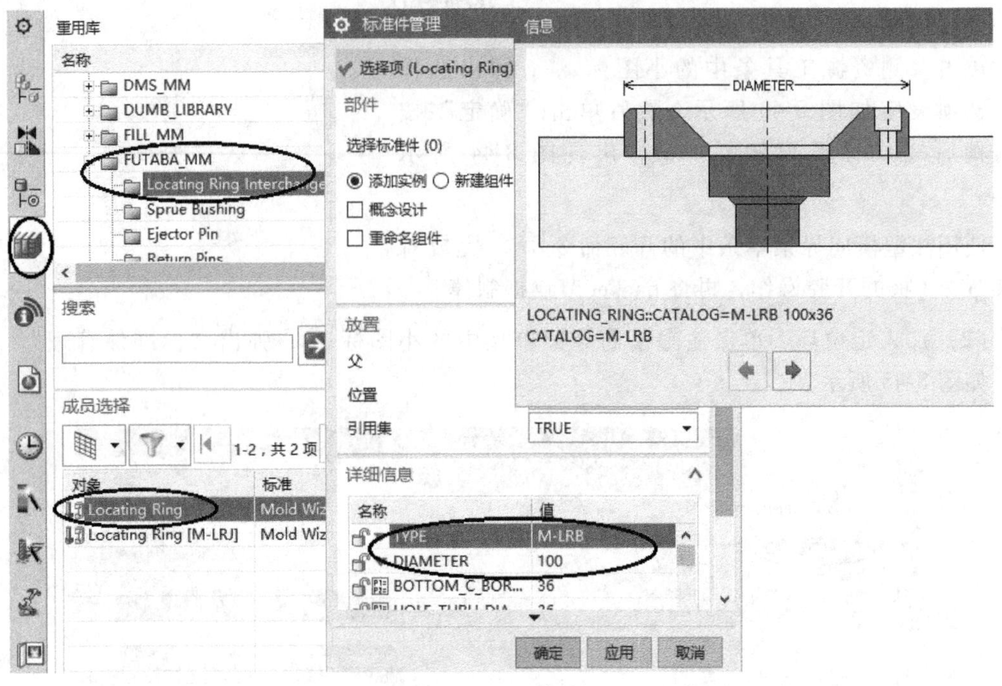

图 8-46

（3）加入浇口套　单击注塑模向导菜单条中的小图标，出现“标准件管理”对话框；再单击左侧资源工具条中的小图标，弹出选择框，选项设定如图 8-47 所示，然后单击“确定”按钮，在模架顶部加入浇口套。

单击注塑模向导菜单条中的小图标，弹出“修边模具组件”对话框，选项设定如图 8-48 所示，然后点选浇口套为目标体，再单击“确定”按钮，完成对浇口套的长度修剪。

以定位环、浇口套为工具对模架定模座板、B 板及型腔零件进行开腔操作，结果如图 8-49所示。

3. 创建内外抽芯组件

（1）加入侧滑块组件　关闭模架的定模节点，将坐标系原点移到侧抽芯滑块侧边中点并使 Y 轴朝里，如图 8-50 所示。

单击注塑模向导菜单条中的小图标，出现“滑块和浮升销设计”对话框；单击左侧资源工具条中的小图标，弹出选择框；根据赛场组委会提供的斜滑块数据，选项设定如图 8-51 所示，然后单击“确定”按钮，完成一侧滑块组件的加入，如图 8-52 所示。

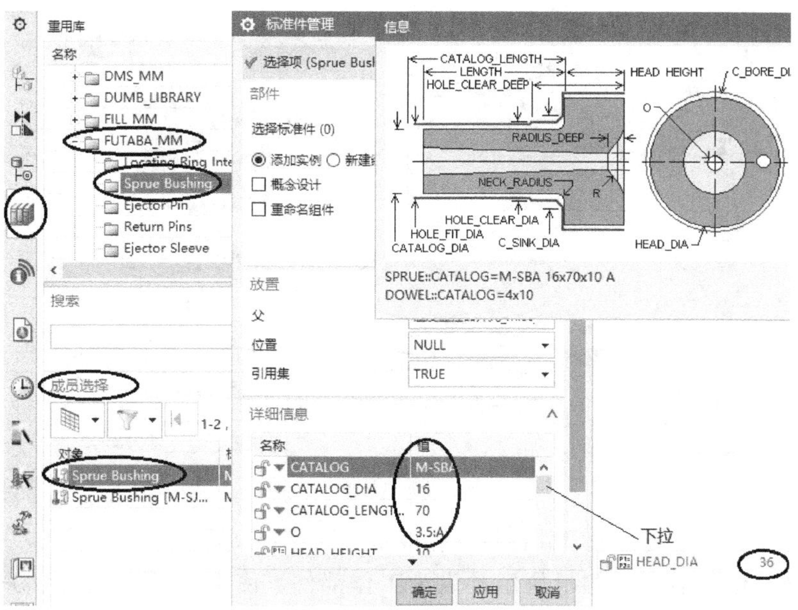

图 8-47

图 8-48

图 8-49

以同样的方法在另一侧加入滑块组件（尺寸数据相同，需注意由于两边的侧滑块不等高，因而不能够镜像装配滑块组件），如图 8-53 所示。

接下来在导轨底板上加入一个滑块侧滑动定位螺钉。调用标准件库，方法同前，选项设定如图 8-54 所示；然后点选滑块滑动的底面，再单击“确定”按钮，在弹出的“标准件位置”对话框中输入“X 偏置”和“Y 偏置”的数据，如图 8-55 所示，单击“应用”按钮后重新设置坐标（−96，0），单击“确定”按钮，完成定位螺钉的加入，结果如图 8-56 所示。

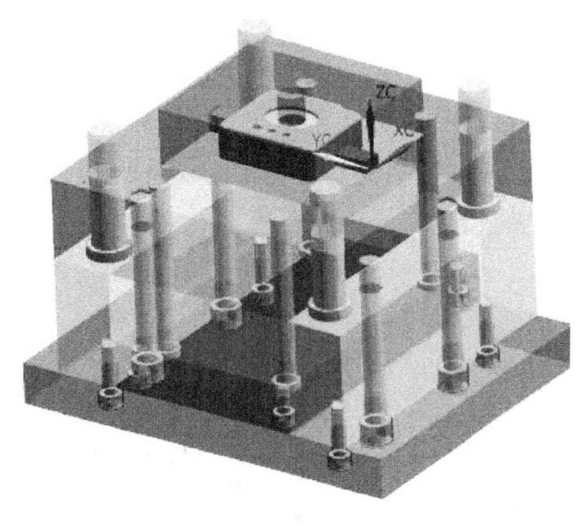

图 8-50

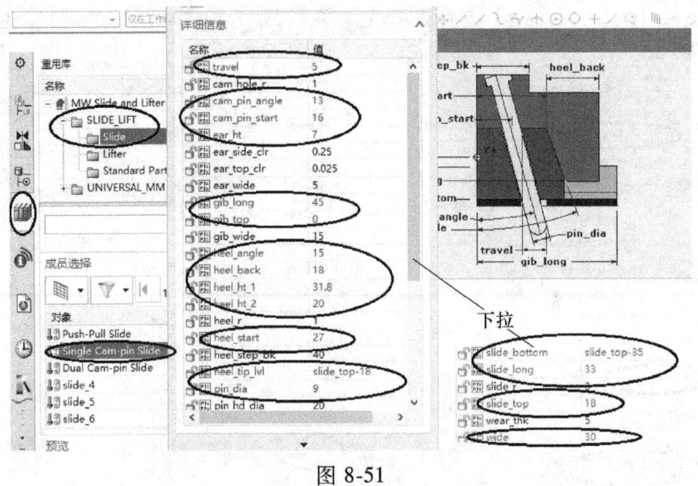
图 8-51

以螺钉为工具对模具相关零件进行开腔操作。

加入侧滑块组件后，将侧滑块组件设为工作部件，使用“插入”→“关联复制”→“WAVE 几何链接器”命令，将侧抽芯滑块链接到侧滑块组件中；再使用“插入”→“组合”→“合并”命令，将侧抽芯滑块与侧滑块组件合为一体。

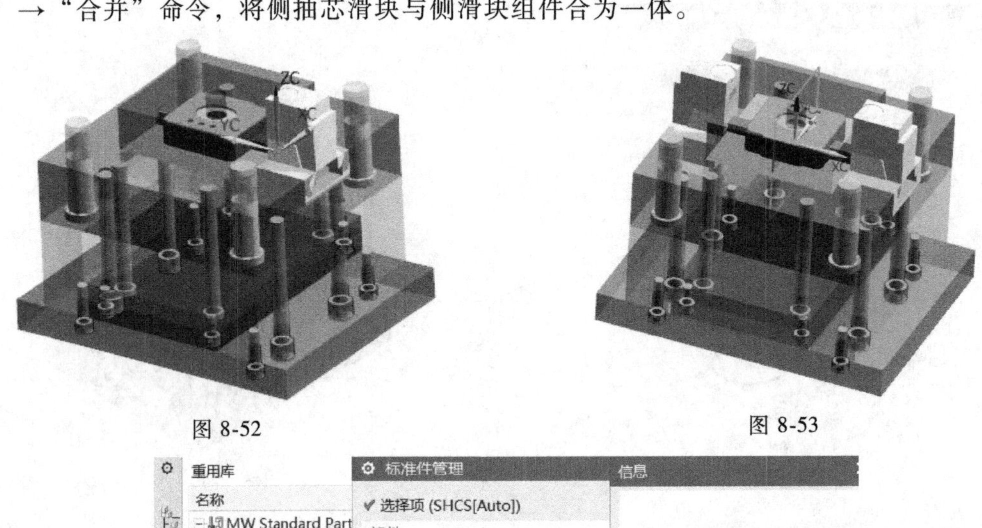
图 8-52

图 8-53

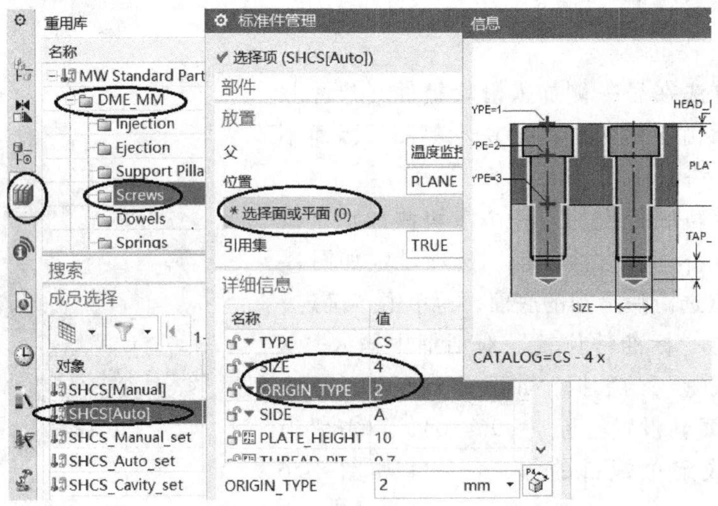
图 8-54

图 8-55

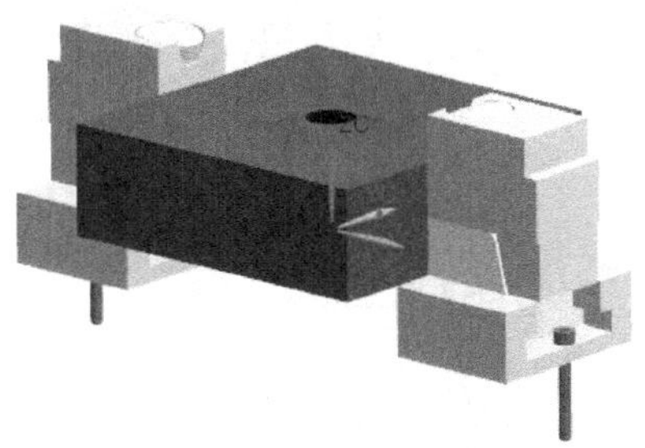

图 8-56

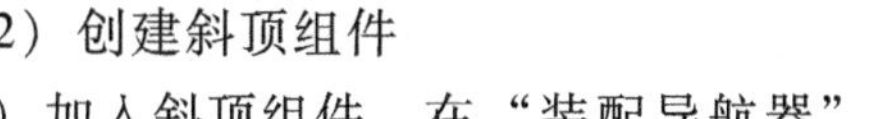

（2）创建斜顶组件

1）加入斜顶组件。在“装配导航器”中关闭其他组件节点，再打开型芯节点，并将坐标系原点移至侧凸附近位置，且 Y 轴朝外，如图 8-57 所示。

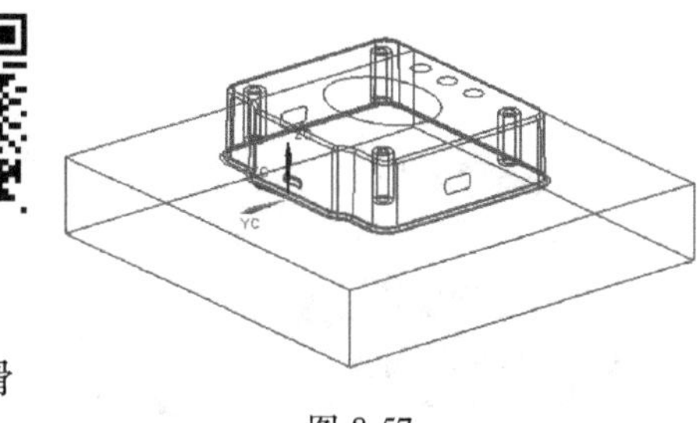

图 8-57

单击注塑模向导菜单条中的小图标，弹出“滑块和浮升销设计“对话框；单击左侧资源工具条中的小图标，弹出选择框；根据赛场组委会提供的斜顶块数据，选项设定如图 8-58 所示，然后单击“确定”按钮，加入斜顶组件，如图 8-59 所示。

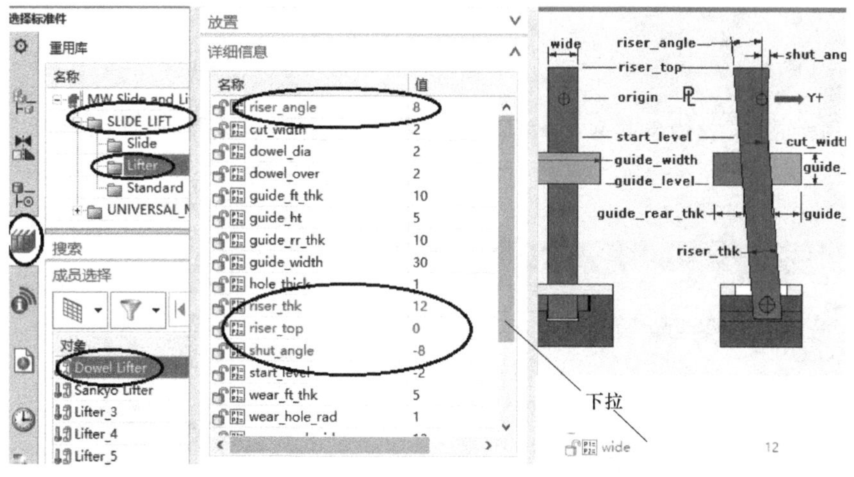

图 8-58

2）构建斜顶型芯块。首先将型芯组件设为工作部件，使用“拉伸”命令，在 YC-ZC 面绘制图 8-60 所示草图并对称拉伸 6mm，结果如图 8-61 所示。

使用“求交”命令，在弹出的“求交”对话框中勾选“保存目标”，如图 8-62 所示；点选型芯为目标体，点选拉伸体为工具，再单击“确定”按钮。

使用“减去”命令，在“求差”对话框中勾选“保存工具”，完成斜顶型芯块的创建。

将斜顶组件中的斜杆体设为工作部件，使用建模命令，单击“插入”→“关联复制”→

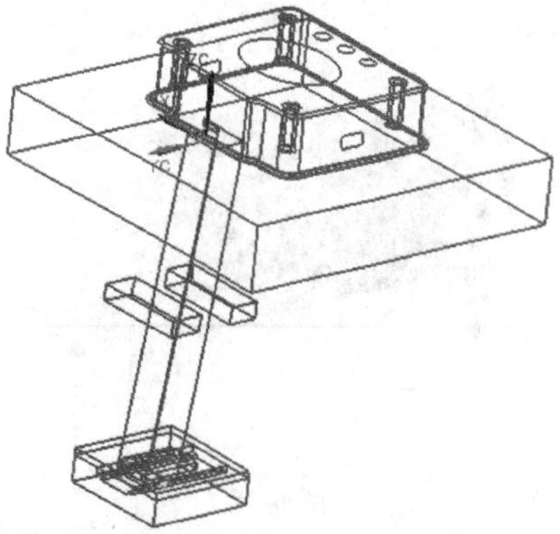

图 8-59

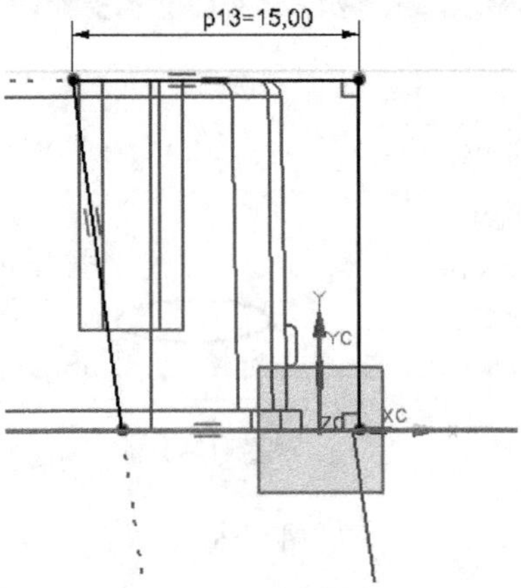

图 8-60

图 8-61

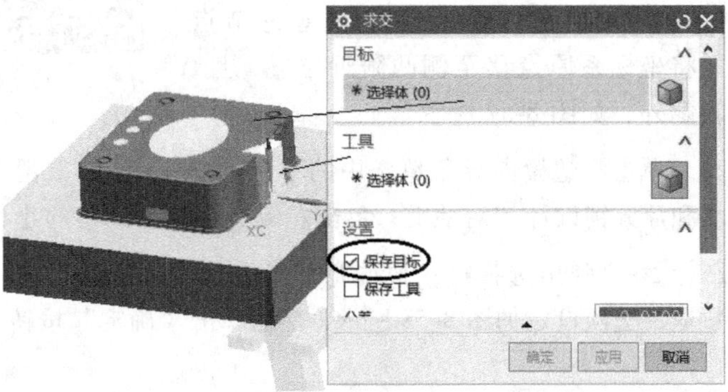

图 8-62

“WAVE 几何链接器”，弹出“WAVE 几何链接器”对话框；选项设定如图 8-63 所示，然后点选斜顶型芯块，单击“确定”按钮；再使用“合并”命令，将斜杆体与斜顶型芯块合成一体，结果如图 8-64 所示。

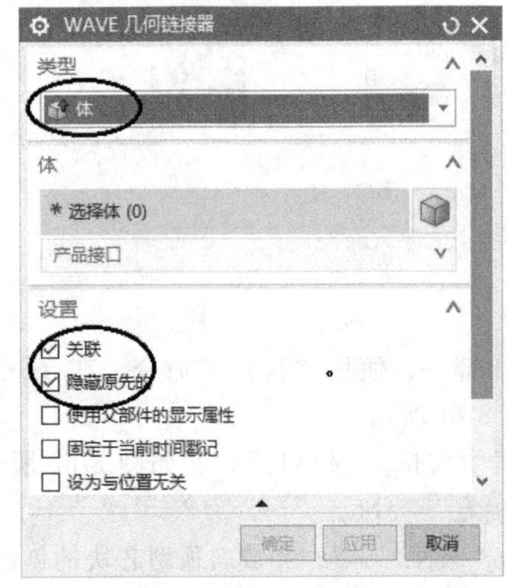

图 8-63

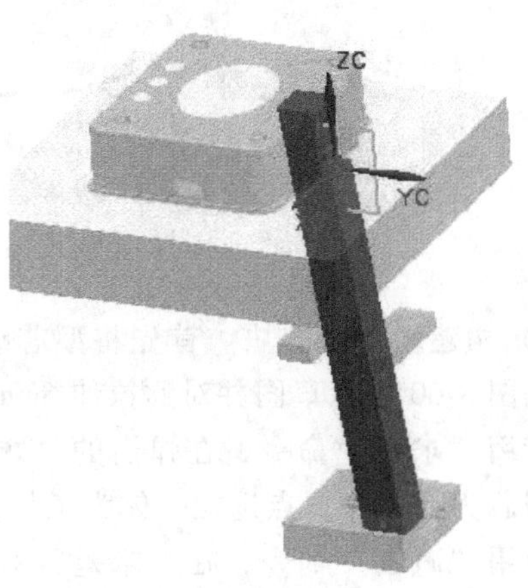

图 8-64

最后以侧滑块组件和斜顶组件为工具，对模架和型芯、型腔进行开腔操作，结果如图 8-65 所示。

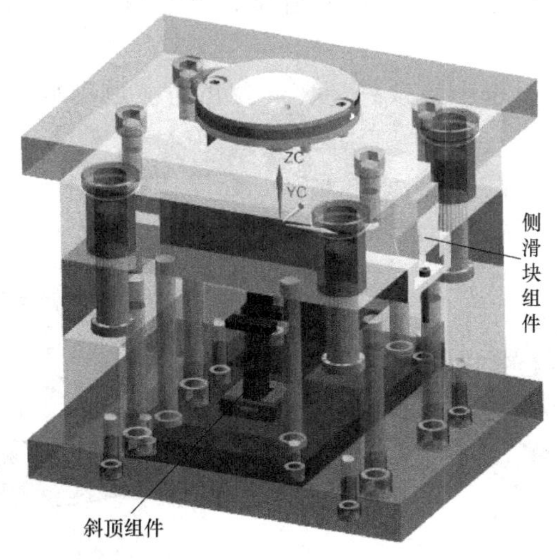

图 8-65

4. 顶出机构设计

（1）加入司筒（推管）顶出组件及中心顶杆　单击注塑模向导菜单条中的小图标，弹出“标准件管理”对话框；再单击左侧资源工具条中的小图标，弹出选择框；选项设定如图 8-66 所示，然后单击“应用”按钮，弹出“点”对话框；点选型芯零件上的 4 个圆柱孔中心，再单击“取消”→“取消”，完成 4 个司筒的加入，结果如图 8-67 所示。

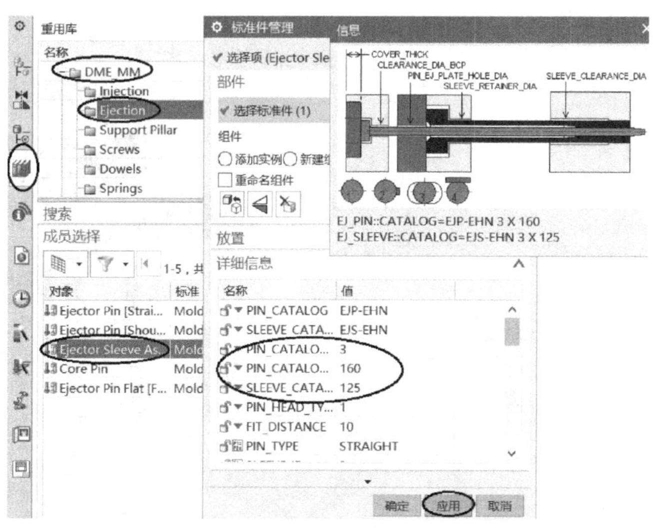

图 8-66

单击注塑模向导菜单条中的小图标，弹出“顶杆后处理”对话框，选项设定如图 8-68 所示，对司筒进行修剪；另外，以相同的方法加入一根 ϕ5mm 的中心顶杆，“标准件管理”对话框参数设定如图 8-69 所示，然后修剪中心顶杆并开腔，结果如图 8-70 所示。

(2) 修剪中心顶杆　由于中心顶杆还要起拉出主流道凝料的作用，所以要进行如下修剪。

将中心顶杆设为显示部件，绘制如图 8-71 所示草图并拉伸成片体，再以拉伸片体为工具对顶杆进行修剪，结果如图 8-72 所示。

图 8-67

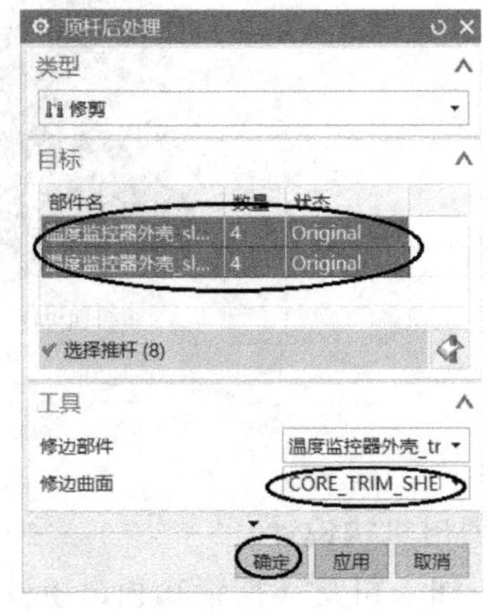

图 8-68

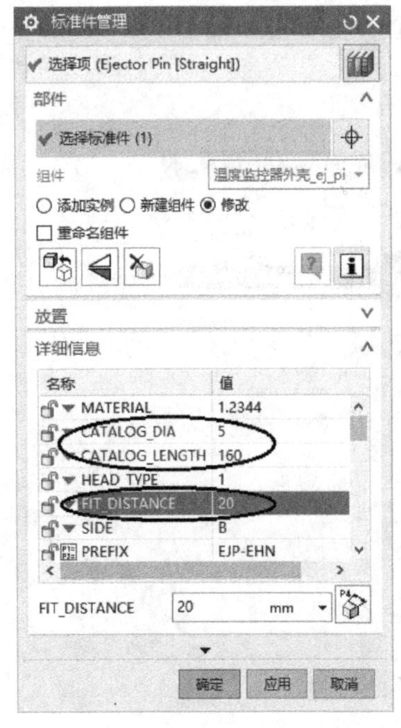

图 8-69

图 8-70

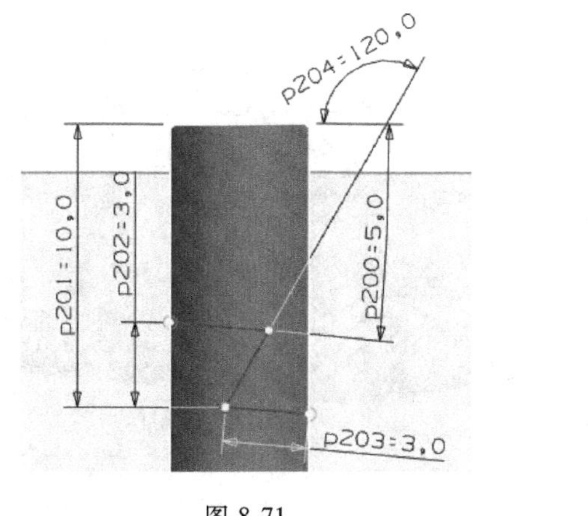

图 8-71

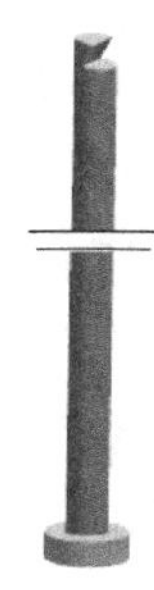

图 8-72

（3）加入司筒固定螺钉　单击注塑模向导菜单条中的小图标，弹出“标准件管理”对话框；再单击左侧资源工具条中的小图标，弹出选择框；选项设定如图 8-73 所示，点选模架底面后单击“应用”按钮，弹出“标准件位置”对话框；点选一个司筒的底面圆心，然后单击“应用”按钮，在司筒底面加入固定螺钉。以同样的方法加入其他 3 个司筒固定螺钉。

最后以固定螺钉及顶杆为工具对模具相关零件进行开腔操作，结果如图 8-74 所示。

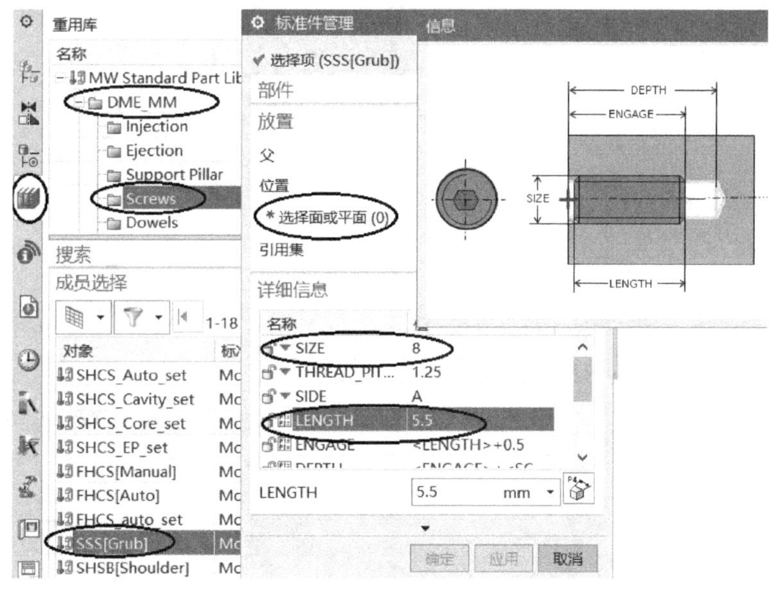

图 8-73

5. 浇注系统设计

（1）添加浇口　单击注塑模向导菜单条中的小图标，出现“浇口设计”对话框，选项设定如图 8-75 所示，单击“应用”按钮；如图 8-76 所示，在弹出的“点”对话框中输入坐标值，单击“确定”按钮，弹出“矢量”对话框；如图 8-77

所示，“类型”项下拉选择“YC 轴”，单击“确定”按钮，完成点浇口的添加；回到“浇口设计”对话框，点选“添加”选项，如图 8-78 所示，单击“应用”按钮后又弹出“点”对话框，将“Y”坐标值改为负值，如图 8-79 所示，单击“确定”按钮；在弹出的“矢量”对话框中，“类型”项下拉选择“-YC 轴”，单击“确定”按钮，产生另一个点浇口，图形如图 8-80 所示。

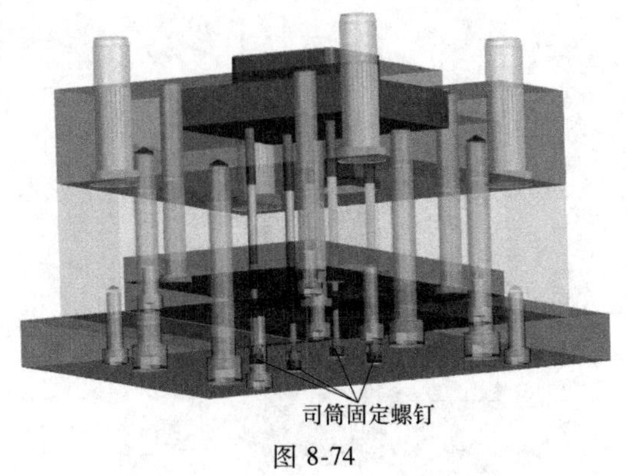

图 8-74

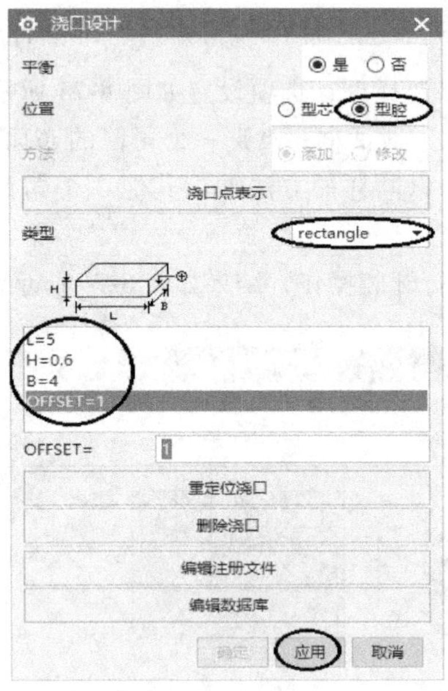

图 8-75

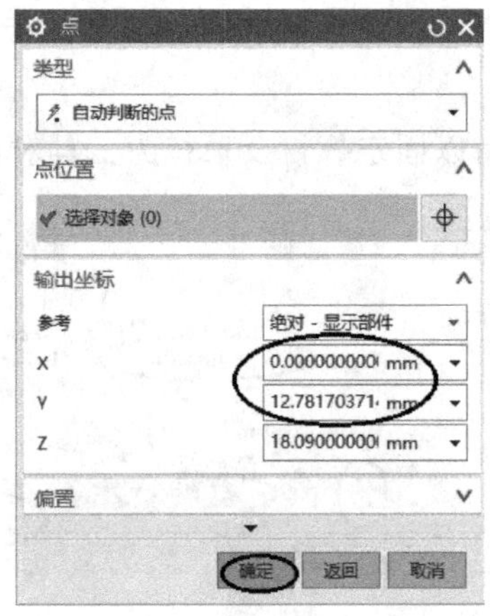

图 8-76

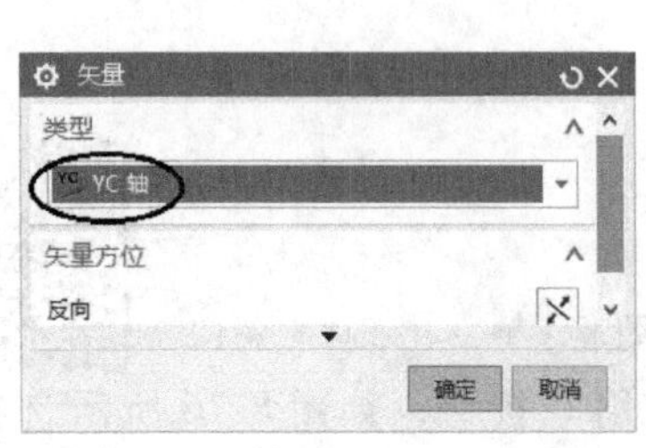

图 8-77

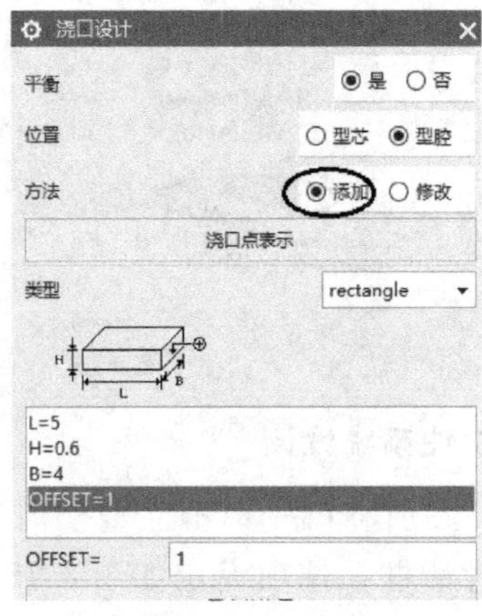

图 8-78

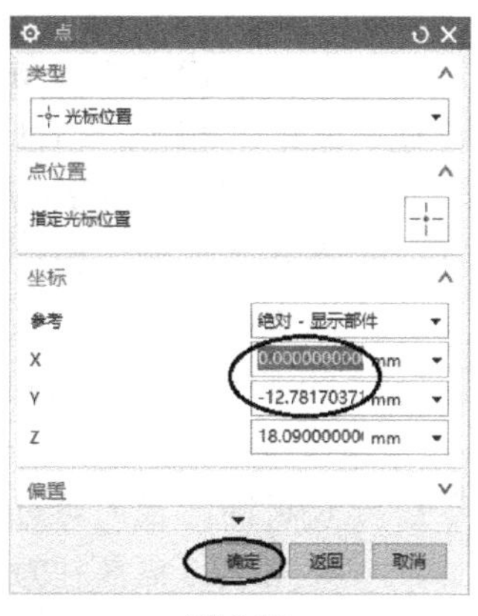

图 8-79

图 8-80

（2）添加流道　首先将 fill 节点设为工作部件，然后单击注塑模向导菜单条中的小图标，出现“流道”对话框；选项设定如图 8-81 所示，单击对话框“选择曲线”中的小图标，点选型芯顶面为草图绘制面，绘制如图 8-82 所示的草图；完成草图绘制后回到“流道”对话框，单击“确定”按钮，完成流道的创建，结果如图 8-83 所示。

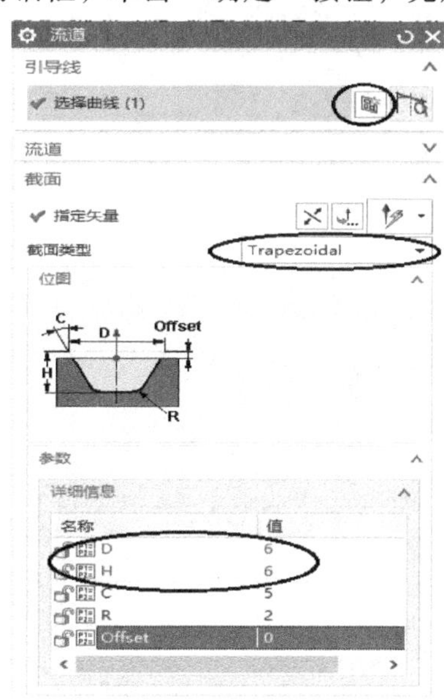

图 8-81

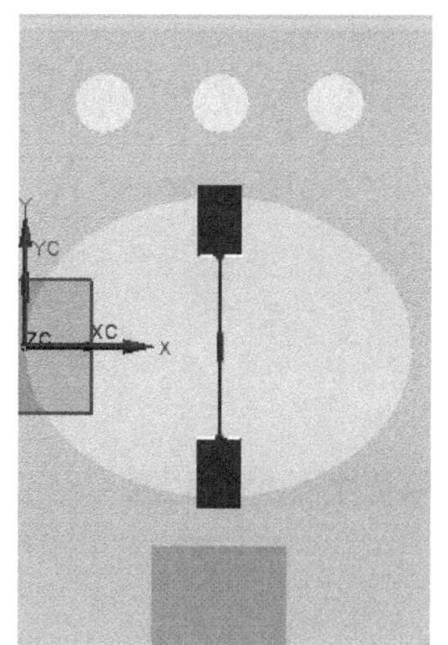

图 8-82

以浇注系统为工具对型芯、型腔零件进行开腔操作，然后将浇注系统抑制掉。

6. 添加紧固螺钉

（1）添加型腔零件与 A 板间的紧固螺钉　在“装配导航器”中打开 A 板及型腔零件相关节点，关闭其他节点。

单击注塑模向导菜单条中的小图标，出现“标准件管理”对话框；再单击左侧资源

图 8-83

工具条中的小图标，弹出选择框；选项设定如图 8-84 所示，然后点选 A 板的顶面，再单击“确定”按钮，弹出图 8-85a 所示对话框；如图 8-85a 所示设置 X 偏置 、Y 偏置数据，单击“应用”按钮，此时在视窗图形上 A 板顶面点坐标（40，40）处出现了螺钉；然后在图 8-85b 所示的坐标数据框里修改位置坐标为（-40，40），再单击“应用”按钮；重复上述步骤，在坐标（-40，-40）、（40，-40）处也加入螺钉，最后单击“取消”按钮，A 板上出现 4 个紧固螺钉。最后以螺钉为工具对 A 板和型腔零件进行开腔操作，可见 4 个紧固螺钉的清晰结构，A 板结构如图 8-86 所示。

（2）添加型芯零件与 B 板间紧固螺钉　以添加型腔零件与 A 板间的紧固螺钉同样的方法，在型芯零件的 4 个角落处加入连接型芯零件与 B 板的 4 个 M8 螺钉，需要注意的是，在设定“标准件管理”参数时，“PLATE_ HEIGHT”的值为“30”。

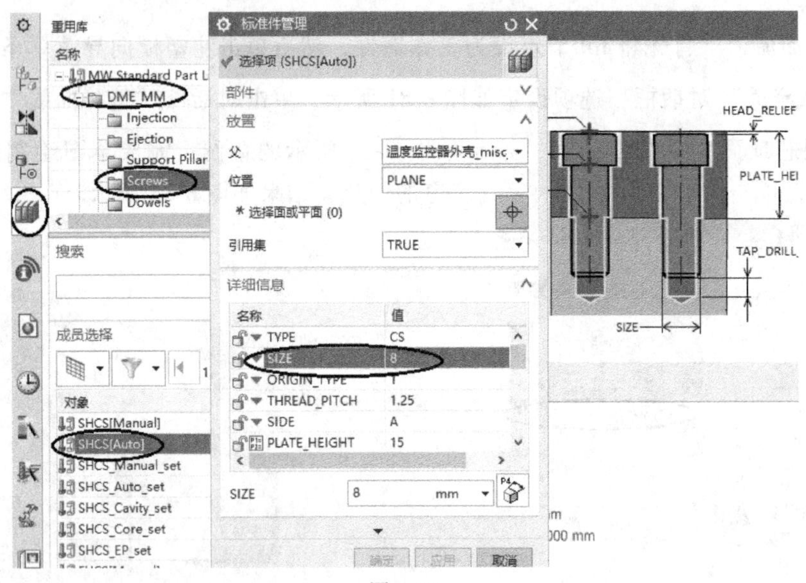

图 8-84

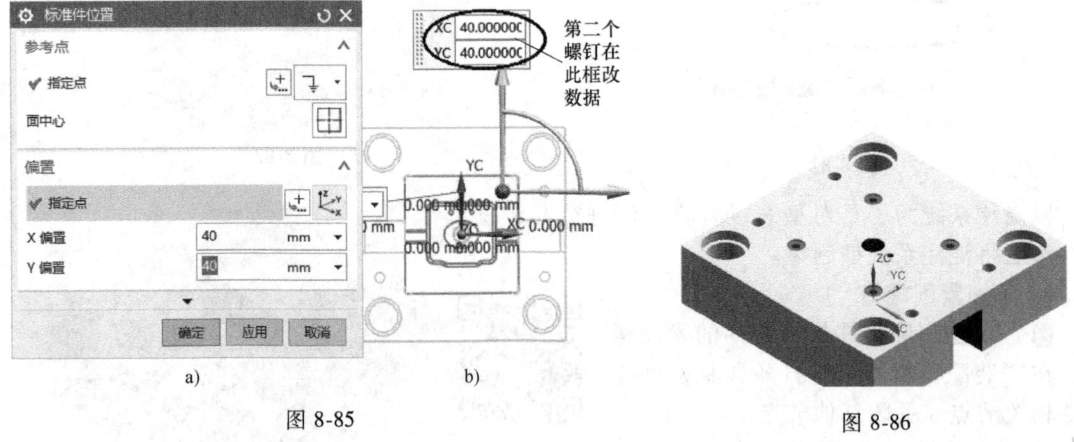

图 8-85　　　　图 8-86

（3）添加斜顶组件与模架间的紧固螺钉

① 添加导轨与 B 板间的紧固螺钉。单击注塑模向导菜单条中的小图标，出现“标

准件管理”对话框；再单击左侧资源工具条中的小图标，弹出选择框；选项设定如图 8-87所示，然后点选 B 板底面为安装平面，单击“确定”按钮，弹出“标准件位置”对话框；在“标准件位置”对话框中依次输入 4 个绝对点坐标（10，44）、（10，22）、（-10，44）、（-10，22），注意每改变一次坐标值需单击“应用”按钮一次，完成 4 个 M4 紧固螺钉的添加。最后以螺钉为工具对导轨和 B 板进行开腔操作，结果如图 8-88 所示。

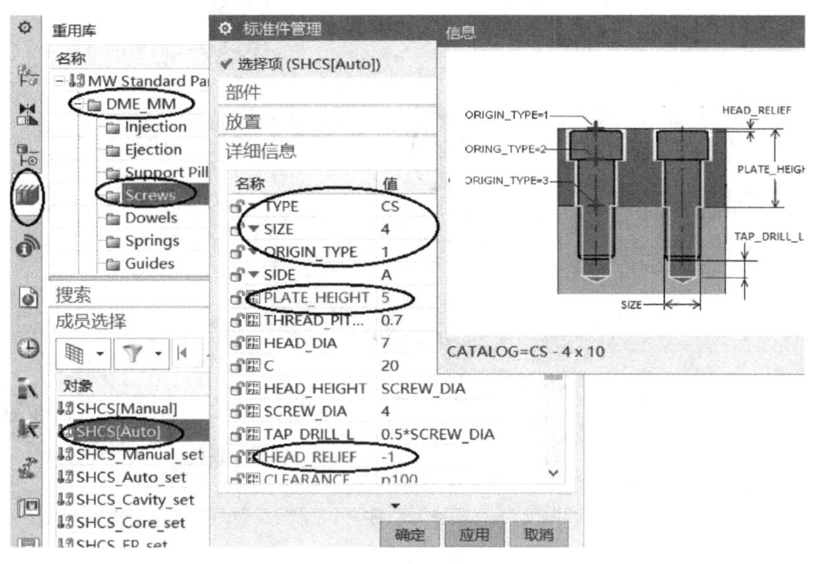

图 8-87

② 添加导轨与 f 板间的紧固螺钉。单击注塑模向导菜单条中的小图标，出现“标准件管理”对话框；再单击左侧资源工具条中的小图标，弹出选择框；选项设定如图 8-89 所示，然后点选斜顶导轨盖板上平面为安装平面，单击“确定”按钮，弹出“标准件位置”对话框；在“标准件位置”对话框中依次输入 4 个绝对点坐标（13，43）、（-13，43）、（13，23）、（-13，23），注意每改变一次坐标值需单击“应用”按钮一次，完成 4 个 M4 紧固螺钉的添加。最后以螺钉为工具对 f 板和导轨进行开腔操作，结果如图 8-90 所示。

图 8-88

（4）添加滑块组件与模架间的紧固螺钉

① 添加导轨与 B 板间紧固螺钉。单击注塑模向导菜单条中的小图标，出现“标准件管理”对话框；再单击左侧资源工具条中的小图标，弹出选择框；选项设定如图 8-91 所示，然后点选滑块导轨的上平面为安装平面，单击“应用”按钮，弹出“标准件位置”对话框；在“标准件位置”对话框中依次输入 4 个绝对点坐标（92，22）、（92，-26）、（68，-26）、（68，22），注意每改变一次坐标值需单击“应用”按钮一次，完成 4 个 M4 紧固螺钉的添加，结果如图 8-92 所示。

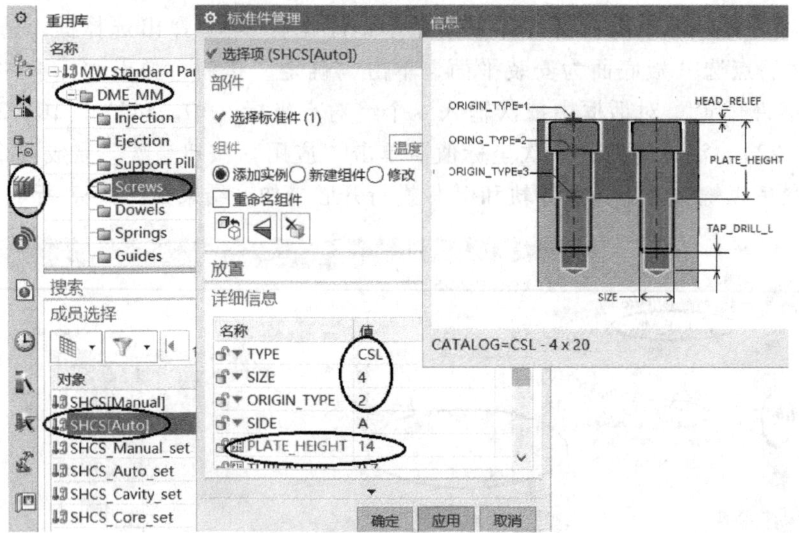

图 8-89

再通过 YC-ZC 面镜像设置另一侧滑块的 4 个紧固螺钉。

② 添加锁紧块与定模架 T 板间紧固螺钉。以同样的方法调用标准件库，选项设定如图 8-93 所示，单击“应用”按钮后，点选定模架的 t 板上平面为安装平面；在“标准件位置”对话框中依次输入坐标（85，6）、（85，-9），注意每改变一次坐标值需单击“应用”按钮一次，完成 2 个 M5 紧固螺钉的添加，结果如图 8-94 所示。

图 8-90

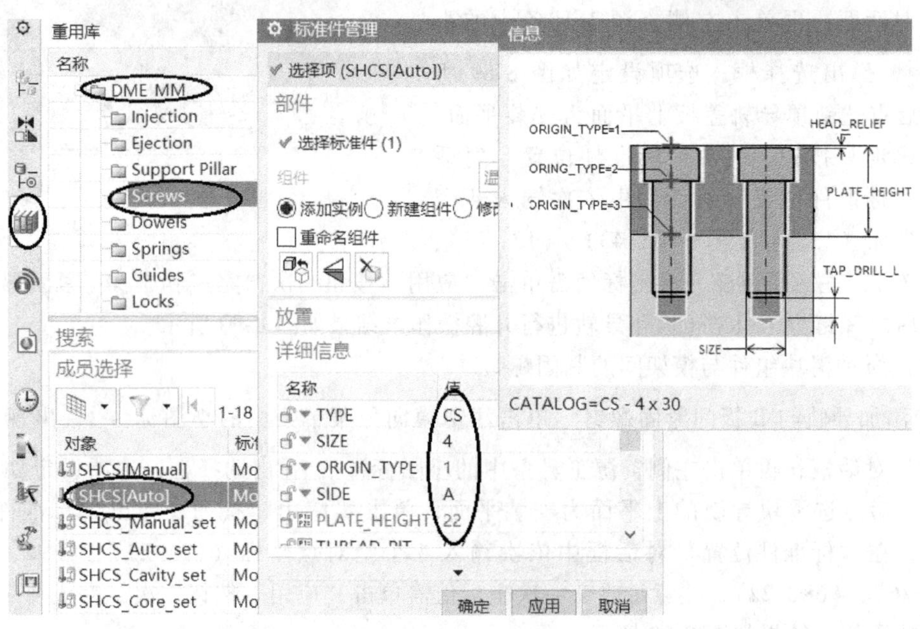

图 8-91

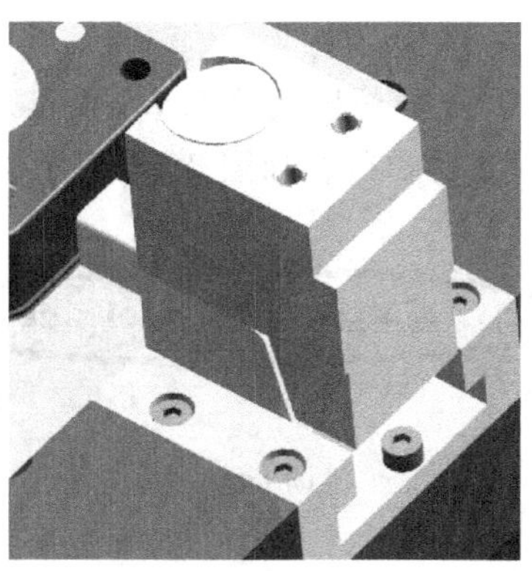

图 8-92

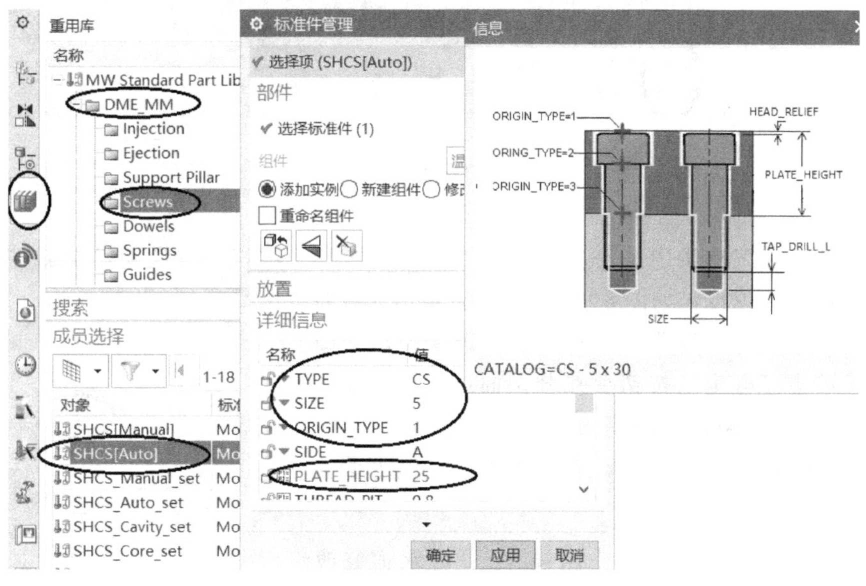

图 8-93

（5）修剪模架底板　由于注塑机顶杆要通过模架底板才能推动模具的顶出机构，所以要在模架底板打孔。

将 l_ plate 节点设置为显示部件，利用“挖孔”命令在底板中心处开设直径为 30mm 的孔，结果如图 8-95 所示。

图 8-94

图 8-95

7. 冷却系统设计

(1) 建立定模水道　在“装配导航器”中只勾选 core 节点、cavity 节点，并将 cool_ side_ a 节点设为工作部件，如图 8-96 所示。

图 8-96

单击注塑模向导菜单条中的小图标，出现模具冷却工具条，如图 8-97 所示。

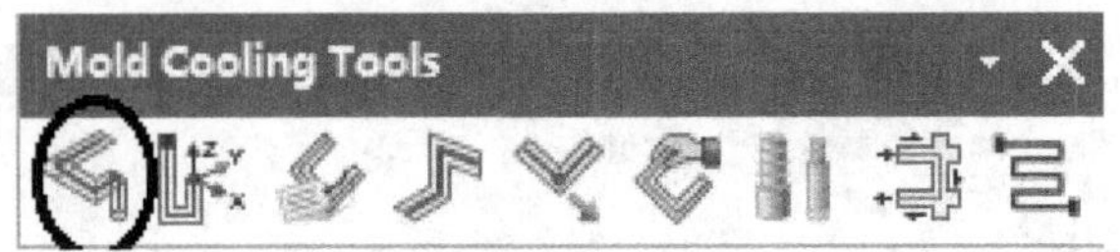

图 8-97

单击模具冷却工具条中的小图标，弹出“图样通道”对话框；选项设定如图 8-98 所示，单击“选择曲线”图标，又弹出“创建草图”对话框；选项设定如图 8-99 所示，单击“确定”按钮后在分型面以上 27mm 的平面内绘制如图 8-100 所示的草图。

完成草图绘制后，单击“确定”按钮，完成水道的建立，如图 8-101 所示。

单击模具冷却工具条中的小图标，将水道修改成图 8-102 所示的式样。

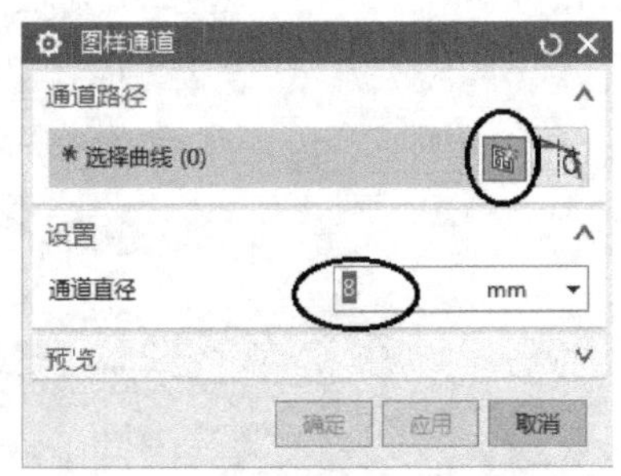

图 8-98

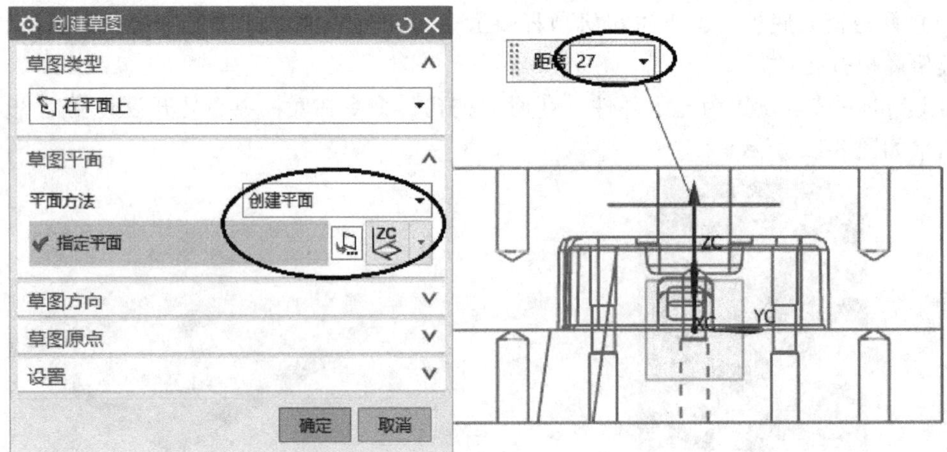

图 8-99

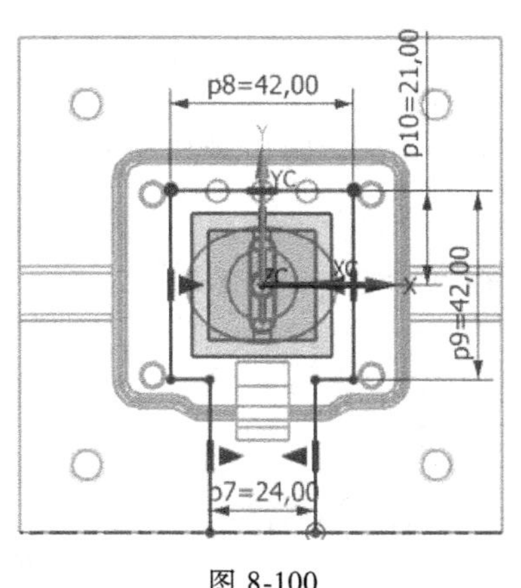

图 8-100

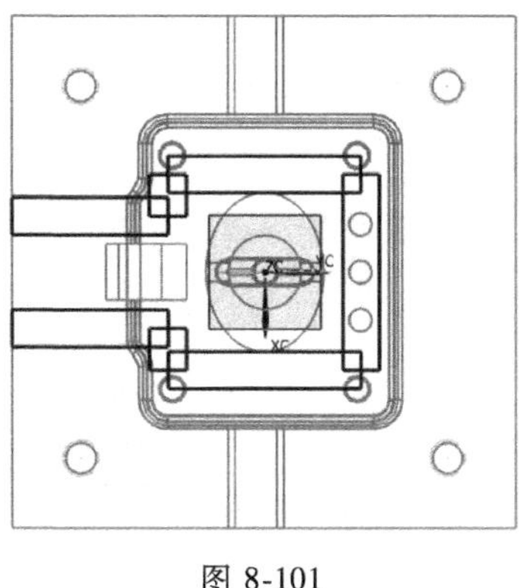

图 8-101

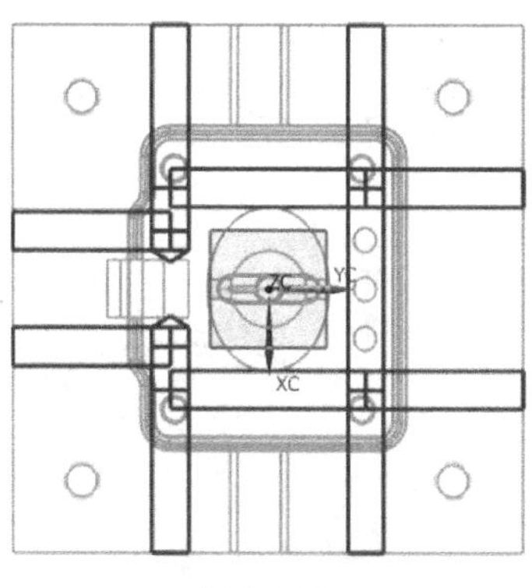

图 8-102

（2）加入定模水道管接头　单击模具冷却工具条中的小图标，弹出“冷却组件设计”对话框；再单击左侧资源工具条中的小图标，出现选择框；选项设定如图 8-103 所示，然后点选安装平面，单击“应用”按钮，弹出“标准件位置”对话框；再分别点选进、出水道口的圆心（每点选一次圆心单击一次“应用”按钮），最后单击“取消”按钮关闭对话框，完成进、出水道管接头的加入，如图 8-104 所示。

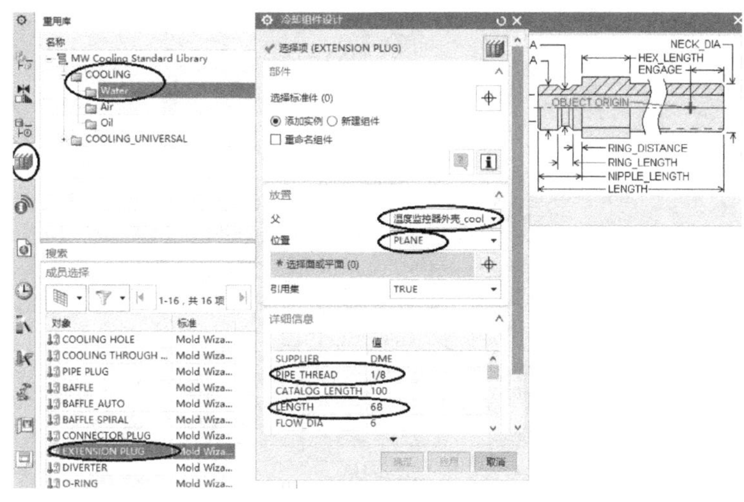

图 8-103

（3）加入定模水道堵头　单击模具冷却工具条中的小图标，弹出“冷却组件设计”对话框；再单击左侧资源工具条中的小图标，出现选择框；选项设定如图 8-105 所示，然后点选具有水道口的一个端面，单击“应用”按钮，弹出“标准件位置”对话框；通过圆心捕捉方式点选水道口圆心，单击“确定”按钮，加入一个堵头；若另一个堵头在同一端

图 8-104

面上，则继续点选另一个水道口圆心，单击“应用”按钮，加入另一个堵头，最后单击“取消”按钮，完成一个端面上堵头的加入。

重复上述步骤，完成各个端面上堵头的加入。完整的定模冷却系统的结构如图 8-106 所示。

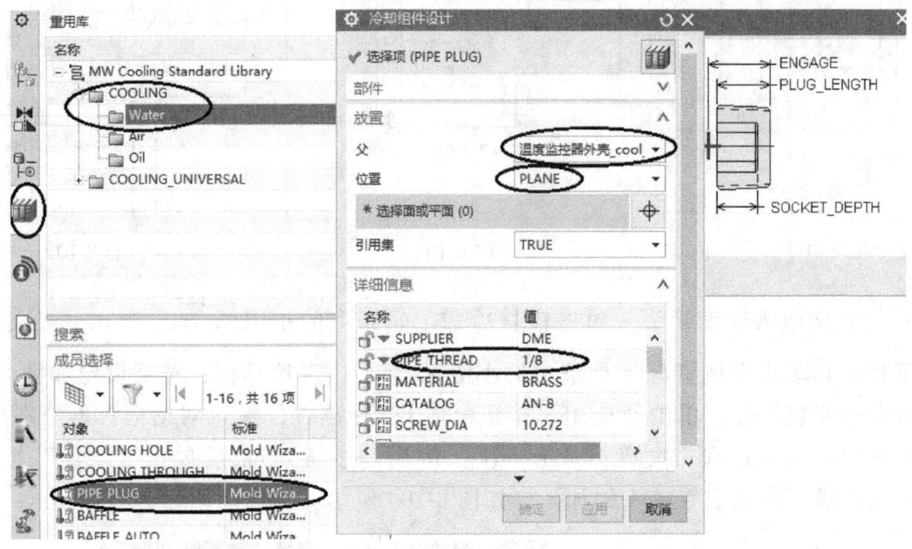

图 8-105

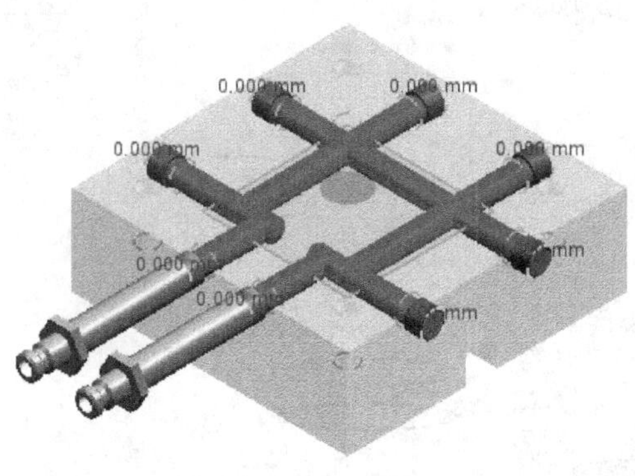
图 8-106

(4) 建立动模水道　“装配导航器”中关闭所有节点，再打开型芯节点，并将 cool_ side_ b 节点设为工作部件，如图 8-107 所示。

图 8-107

单击注塑模向导菜单条中的小图标，出现模具冷却工具条，如图 8-108 所示。

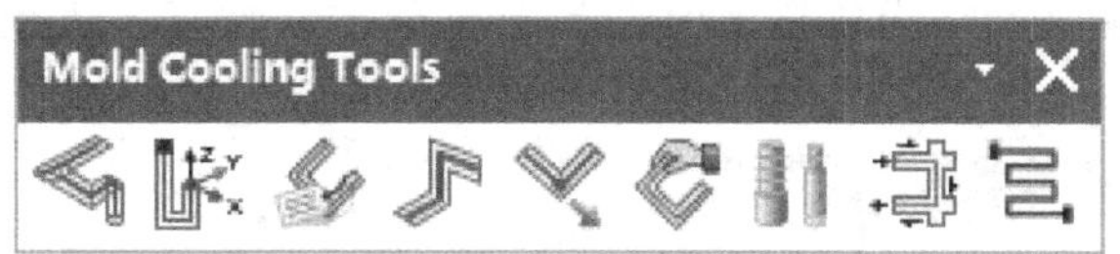

图 8-108

单击模具冷却工具条中的小图标，采用前述方法，在基准面以下 10mm 的平面内绘制如图 8-109 所示的草图，生成的水道如图 8-110 所示。

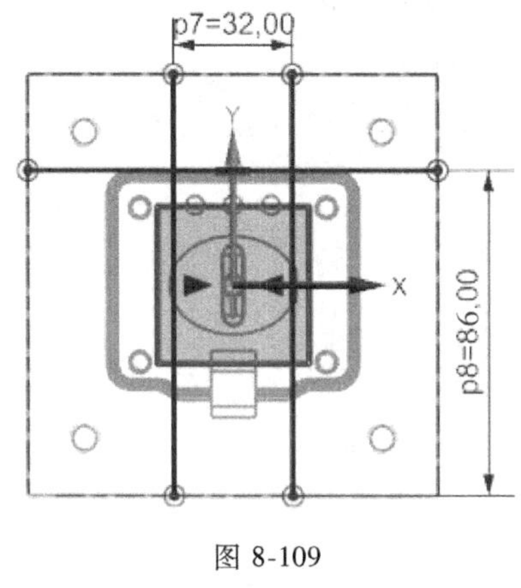

图 8-109

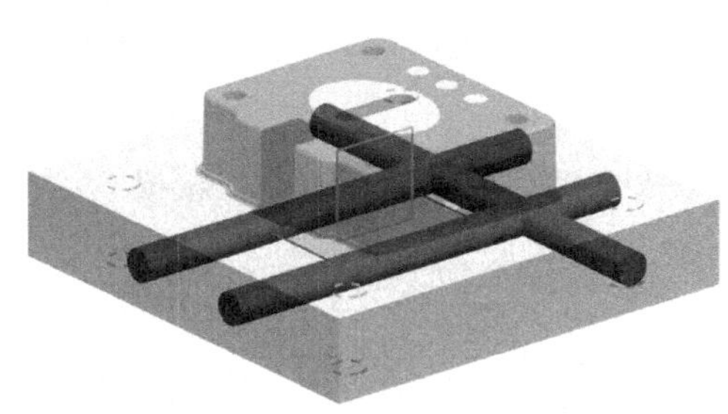

图 8-110

打开模架 B 板，再单击模具冷却工具条中的小图标，在基准面以下 30mm 的平面内绘制如图 8-111 所示的草图，生成的水道如图 8-112 所示。

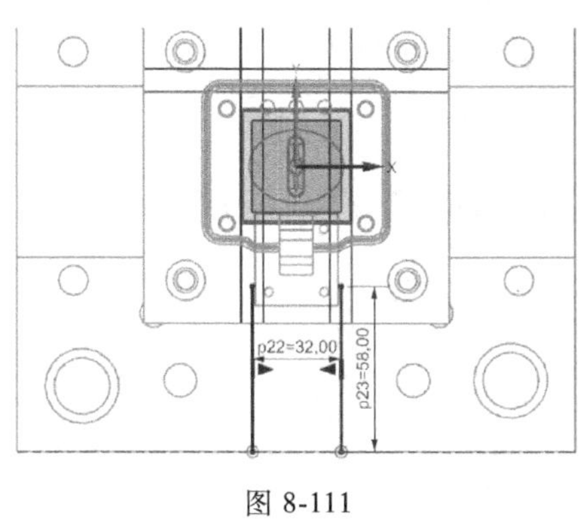

图 8-111

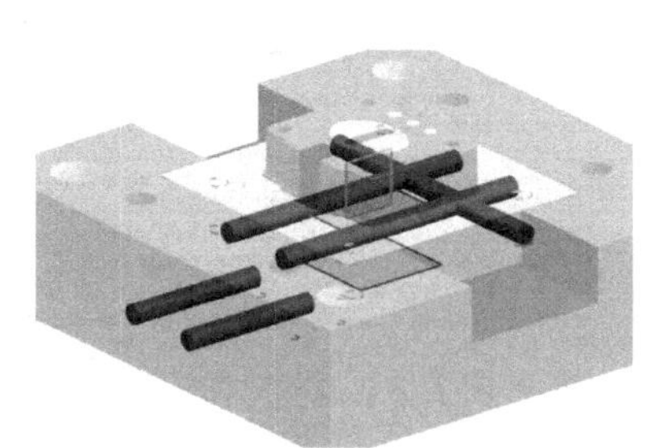

图 8-112

单击模具冷却工具条中的小图标，弹出图 8-113 所示“连接水路”对话框，选择 B 板上的水道为第一通道，型芯上的水道为第二通道，使得水道相连，结果如图 8-114 所示。

单击模具冷却工具条中的小图标，弹出“延伸水路”对话框，选项设定如图 8-115 所示，将 B 板上的水道向内延伸 5mm，结果如图 8-116 所示。

（5）加入密封圈　单击模具冷却工具条中的小图标，弹出“冷却组件设计”对话框；再单击左侧资源工具条中的小图标，出现选择框；选项设定如图 8-117 所示，然后点选型芯与 B 板的接触平面作为放置平面，单击“确定”按钮，出现“标准件位置”对话框；捕捉连接管的圆心并单击“应用”按钮，加入密封圈，结果如图 8-118 所示。

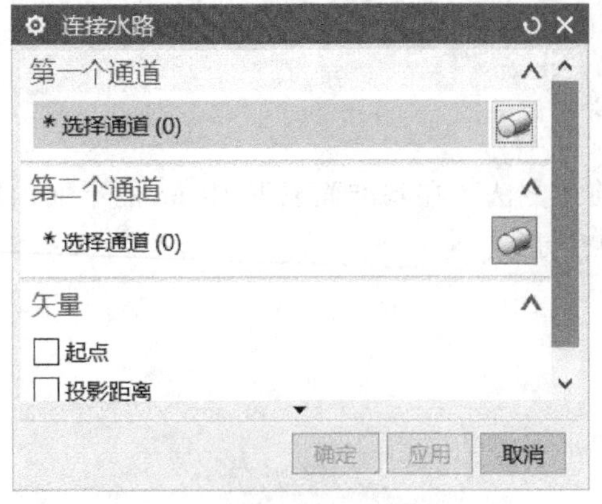

图 8-113

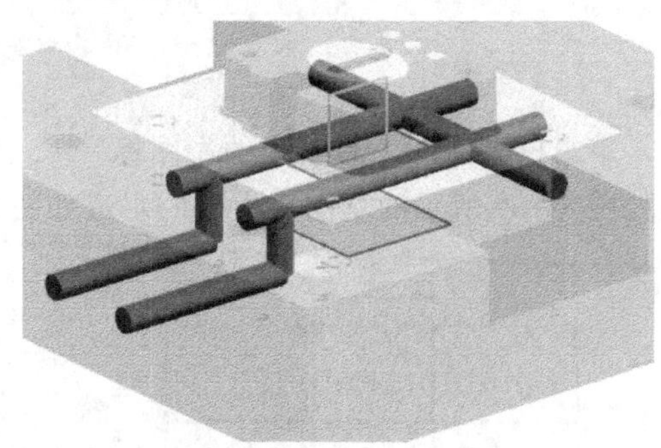

图 8-114

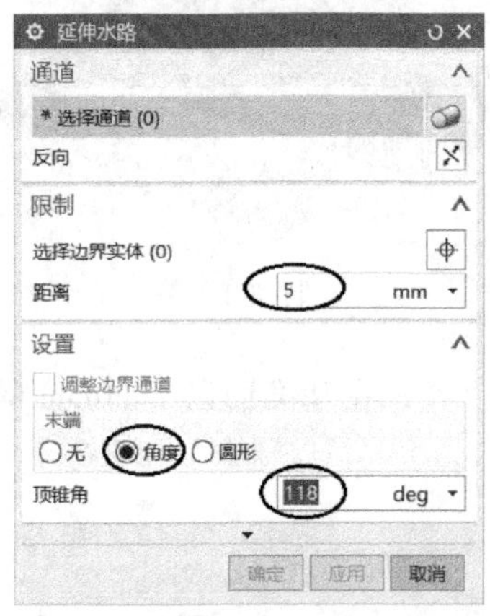

图 8-115

图 8-116

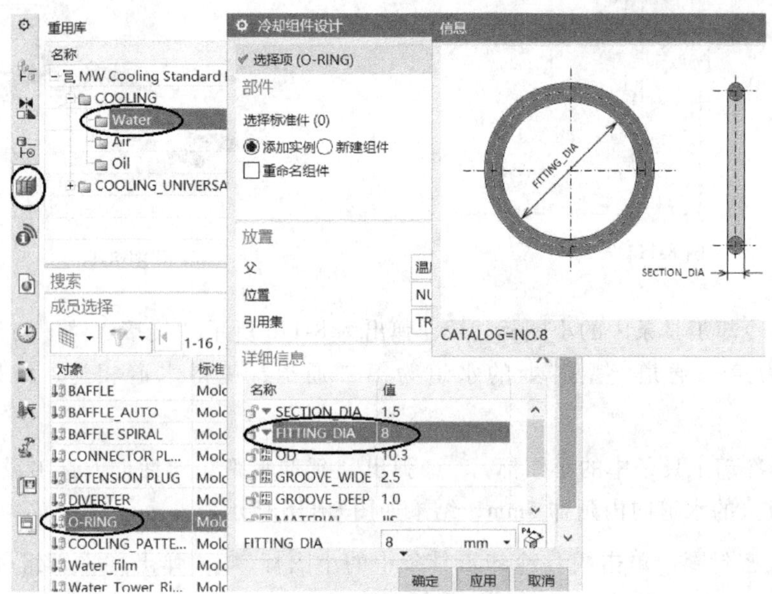

图 8-117

（6）加入动模水道管接头　打开 B 板，单击模具冷却工具条中的小图标，弹出“冷却组件设计”对话框；再单击左侧资源工具条中的小图标，出现选择框；选项设定如图 8-119所示，然后点选 B 板的水道口面，单击“确定”按钮，出现“标准件位置”对话框；捕捉水道口圆心并单击“应用”按钮，加入动模水道管接头，结果如图 8-120 所示。

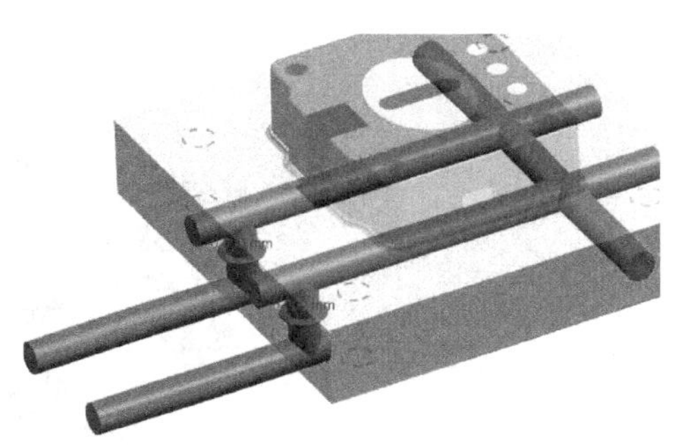

图 8-118

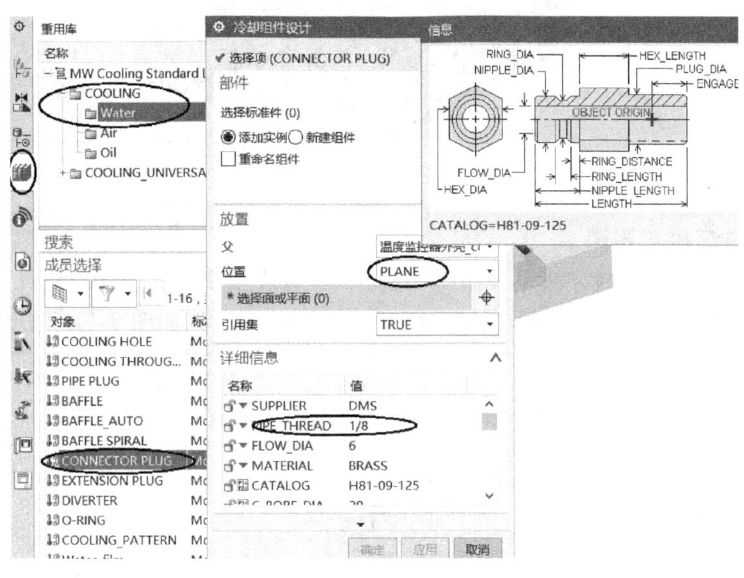

图 8-119

（7）加入动模水道堵头　采用前述加入定模水道堵头的方法，加入动模水道堵头，结果如图 8-121 所示。

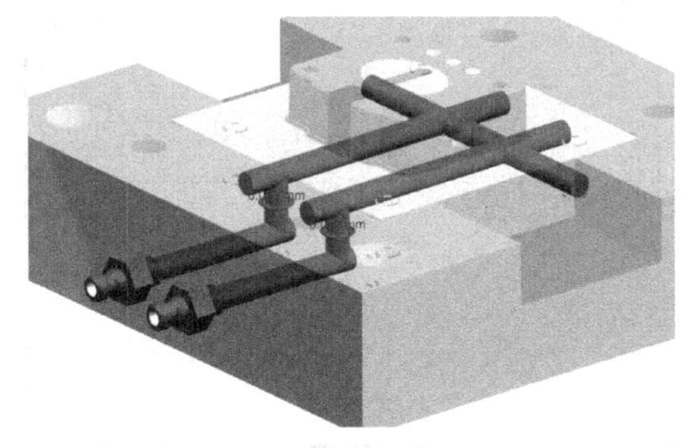

图 8-120

图 8-121

（8）开腔　使用开腔命令，以冷却系统为工具对型芯、型腔、模架 A 板、B 板进行开腔操作，完成后将冷却水道抑制掉。

完整的模具三维图形如图 8-122 所示。

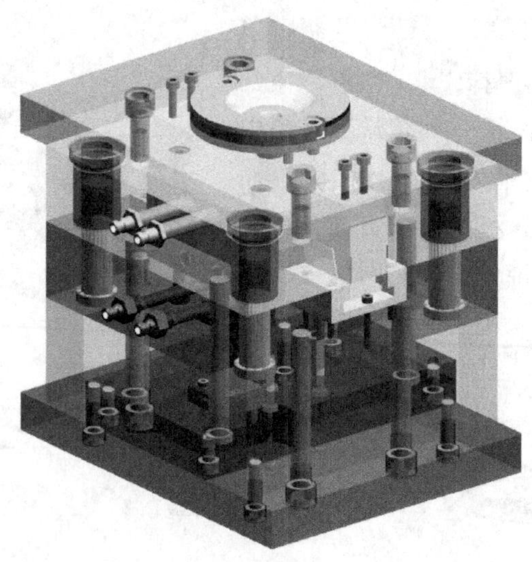

图 8-122

8. 绘制零件二维工程图

零件二维工程图的绘制方法参见第 1 章的 1. 10 节或第 2 章的 2. 10 节。

本模具的型芯、型腔零件二维工程图绘制方法从略，结果如图 8-123 和图 8-124 所示。

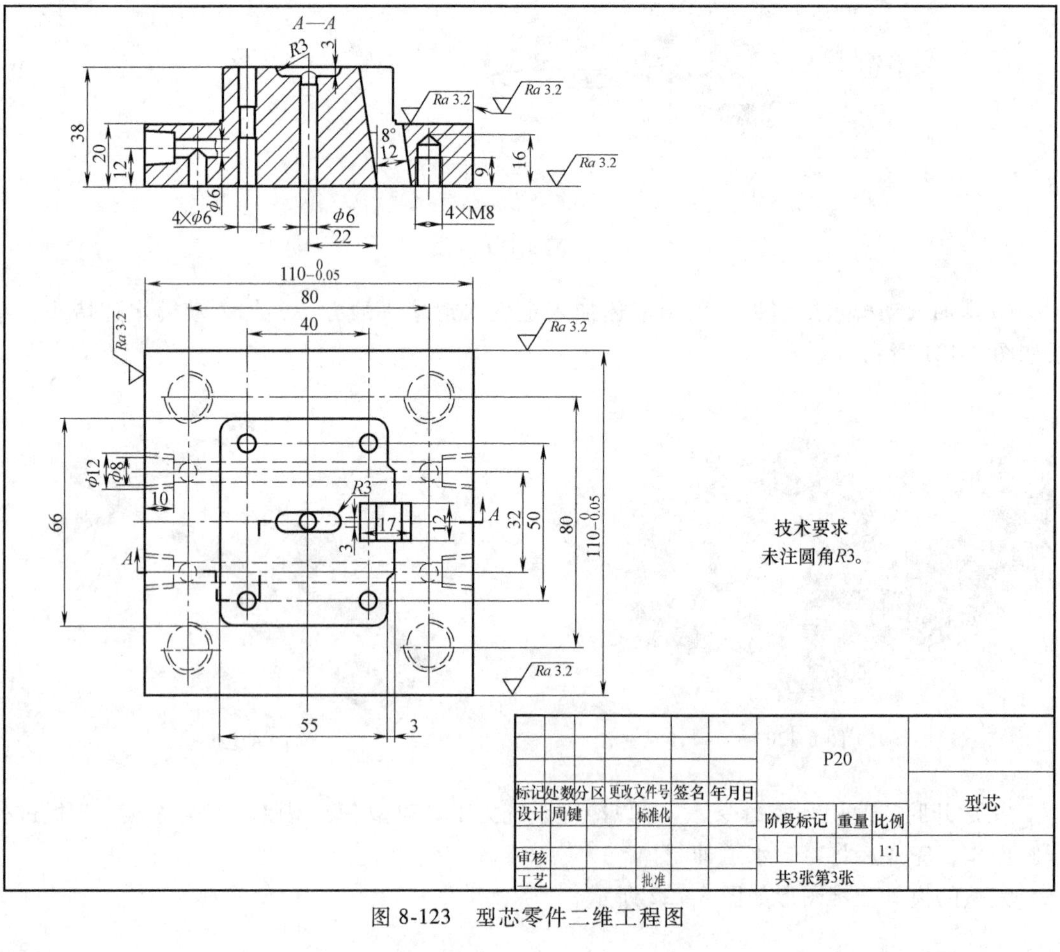

A—A
R3
3
Ra 3.2
38
20
12
8°
12
16
9
4×φ6
φ6
φ6
22
4×M8
110-0.05
80
40
φ12
φ8
10
66
R3
17
12
3
A
32
50
80
110-0.05
55
3
技术要求
未注圆角R3。
P20
型芯
标记 处数 分区 更改文件号 签名 年月日
设计 周键 标准化
阶段标记 重量 比例
审核
1:1
工艺 批准
共3张第3张

图 8-123　型芯零件二维工程图

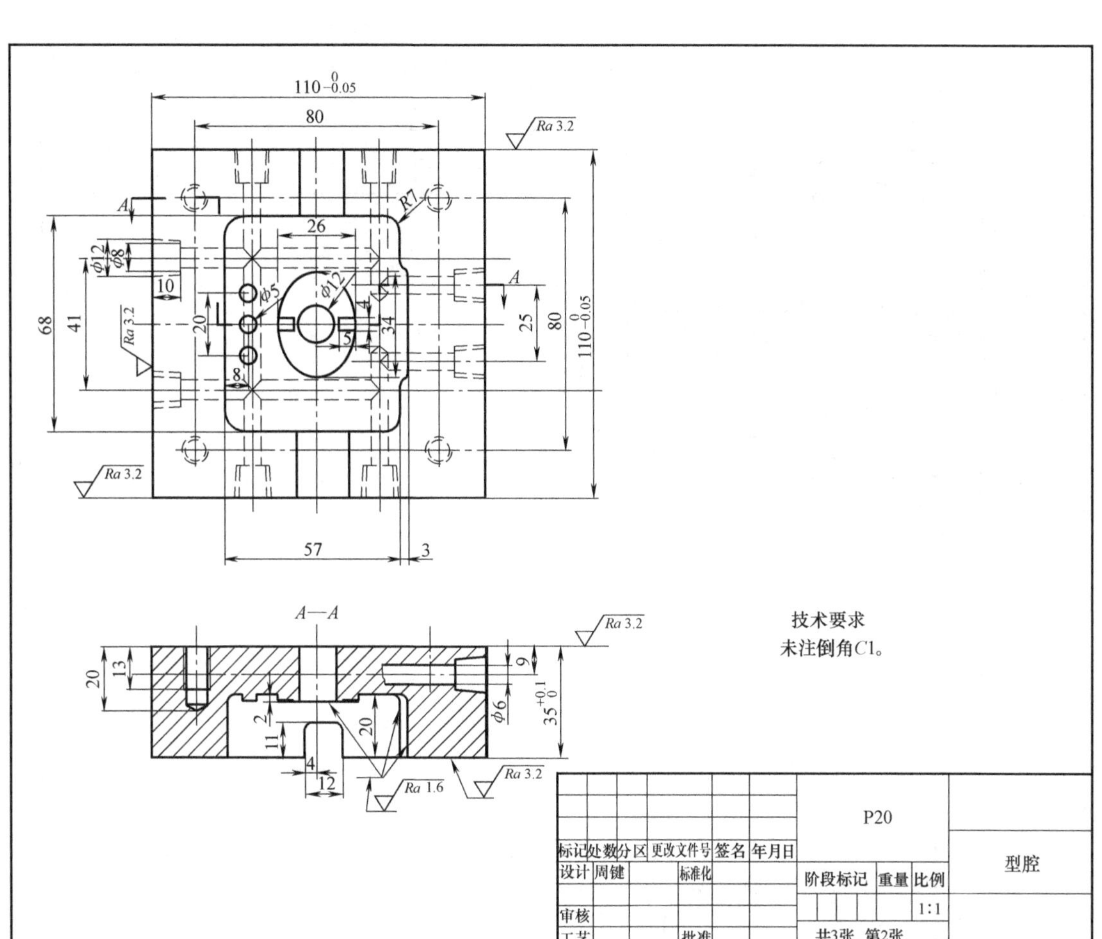

图 8-124 型腔零件二维工程图

9. 绘制模具二维总装配图

模具二维总装配图的绘制方法参见第 2 章的 2.11 节或第 3 章的 3.9 节。

本模具二维总装配图绘制步骤从略，结果如图 8-125 所示。

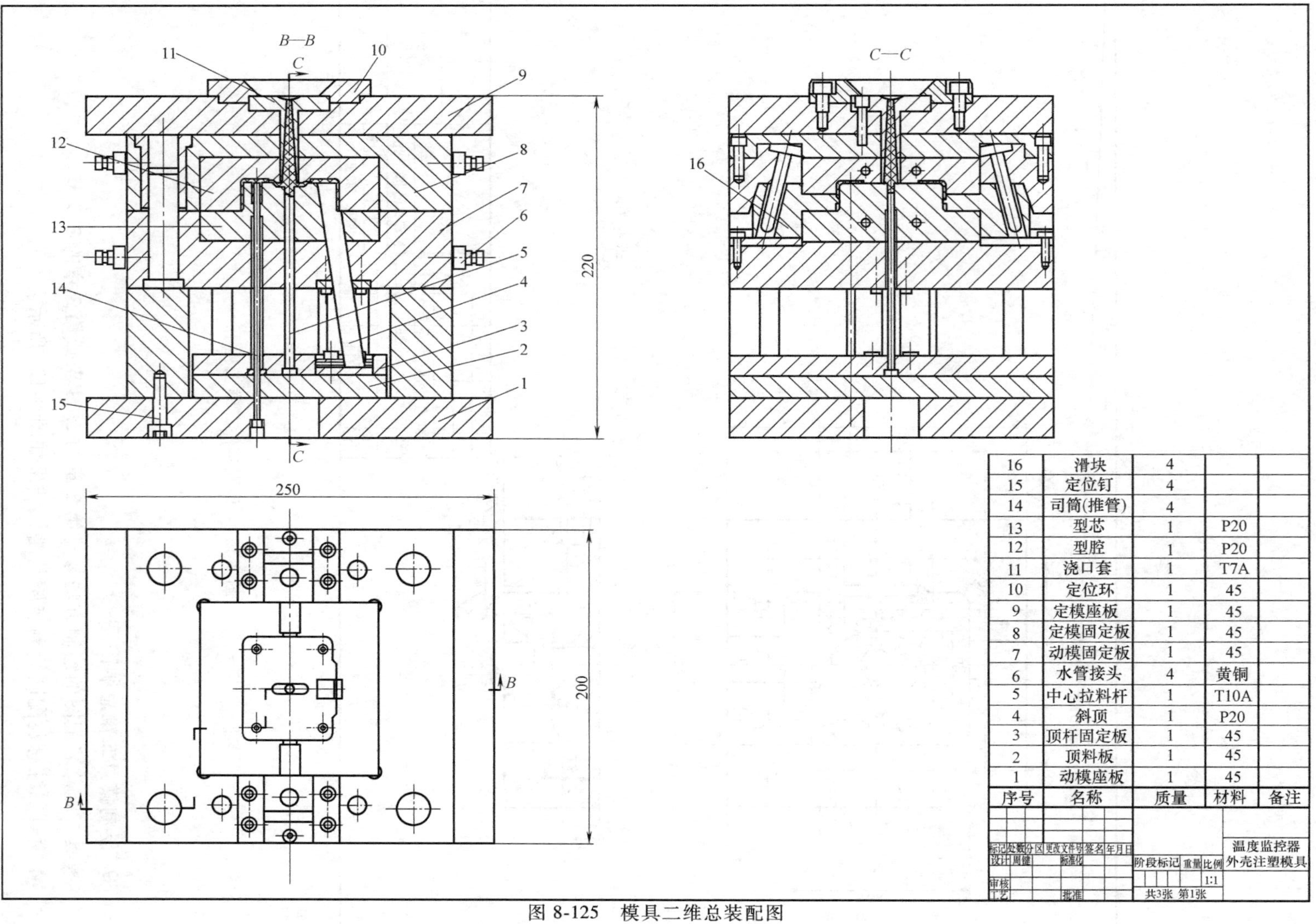

序号	名称	质量	材料	备注
16	滑块	4		
15	定位钉	4		
14	司筒(推管)	4		
13	型芯	1	P20	
12	型腔	1	P20	
11	浇口套	1	T7A	
10	定位环	1	45	
9	定模座板	1	45	
8	定模固定板	1	45	
7	动模固定板	1	45	
6	水管接头	4	黄铜	
5	中心拉料杆	1	T10A	
4	斜顶	1	P20	
3	顶杆固定板	1	45	
2	顶料板	1	45	
1	动模座板	1	45	

图 8-125 模具二维总装配图

8.4　竞赛样题（扫描二维码查看相关解答）

题一：

玩具小车模型如图 8-126 所示，设计玩具小车缺少的零件，要求与提供的模型相配合，组成一个完整的产品，并设计该缺少零件的注塑模具。

图 8-126

解答：

1. 产品零件设计

2. 产品零件模具分型设计

题二：

行车记录仪模型如图 8-127 所示，设计行车记录仪缺少的零件，要求与提供的模型相配合，组成一个完整的产品，并设计该缺少零件的注塑模具。

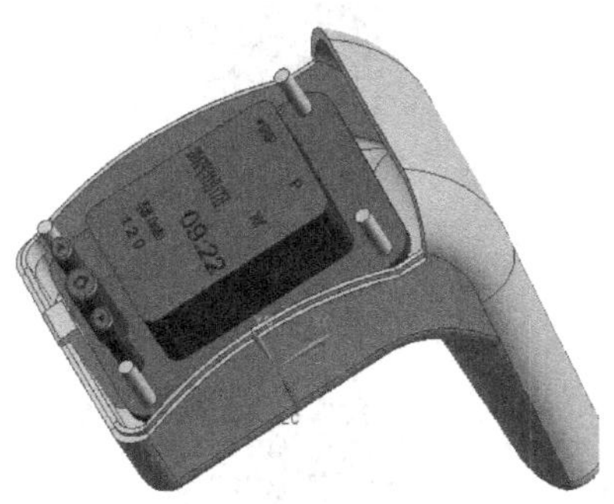

图 8-127

解答：

1. 产品零件设计

2. 产品零件模具分型设计

题三：

秒表模型如图 8-128 所示，设计秒表缺少的零件，要求与提供的模型相配合，组成一个完整的产品，并设计该缺少零件的注塑模具。

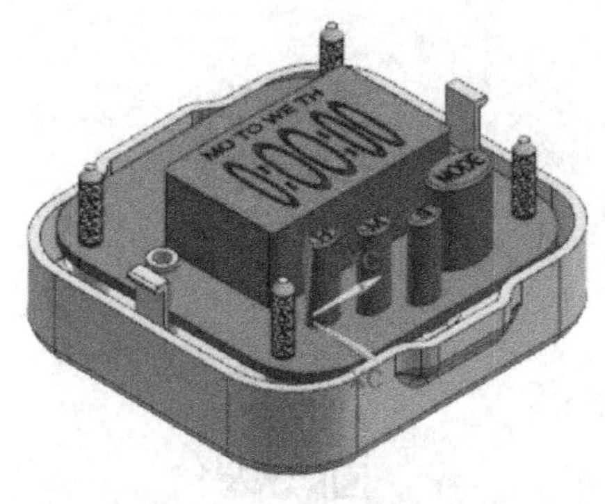

图 8-128

解答：

1. 产品零件设计

2. 产品零件模具分型设计

题四：

散热器模型如图 8-129 所示，设计散热器缺少的零件，要求与提供的模型相配合，组成一个完整的产品，并设计该缺少零件的注塑模具。

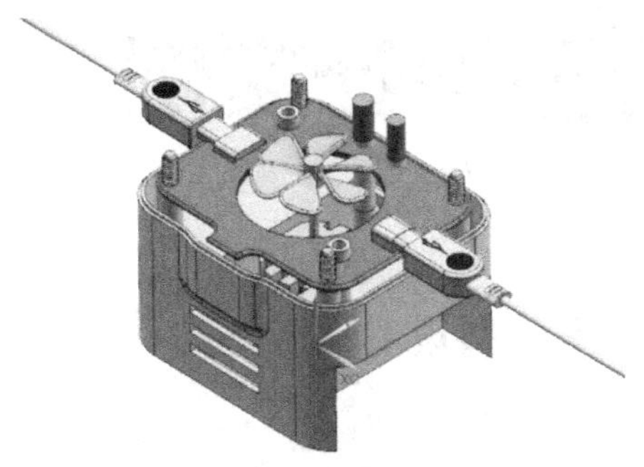

图 8-129

解答：

1. 产品零件设计

2. 产品零件模具分型设计

第 9 章

注塑模具分型设计实例

9.1　线路盒盖注塑模具分型设计

1. 加载产品

启动 UG NX10.0，进入 UG NX 软件操作界面，单击 启动 →“所有应用模块”→“注塑模向导”，在视窗上方出现注塑模向导菜单条。

单击菜单条中的小图标，在弹出的“打开”对话框里选择文件“线路盒 . prt”；接着弹出“初始化项目”对话框，输入项目存放的“路径”，在“材料”项的下拉菜单中选所需要的材料，然后单击“确定”按钮，视窗中出现图 9-1 所示图形。

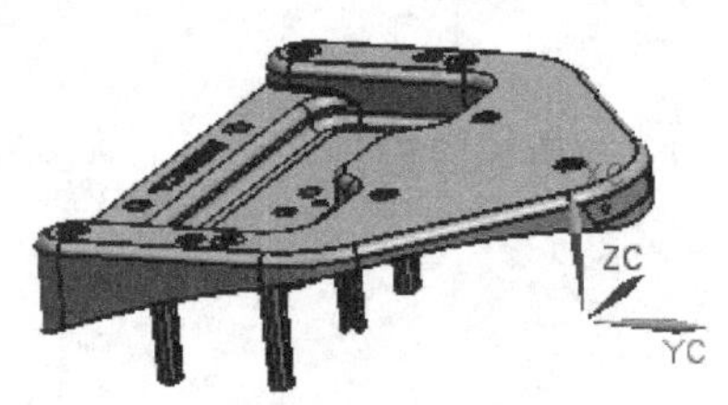

图 9-1

2. 定义模具坐标系

首先，利用建模工具将坐标轴绕 Y 轴旋转 90°，使得 Z 轴朝向注塑机喷塑嘴的方向，然后单击菜单条中的小图标，出现“模具 CSYS”对话框；选项设定如图 9-2 所示，单击“应用”按钮，采用当前工作坐标为模具坐标，然后再点选“产品实体中心”选项及“锁定 Z 位置”选项，如图 9-3 所示，单击“确定”按钮，完成模具坐标系的设定。

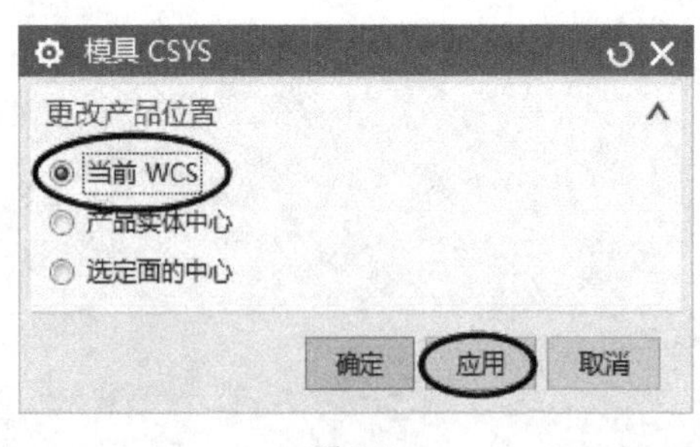

图 9-2

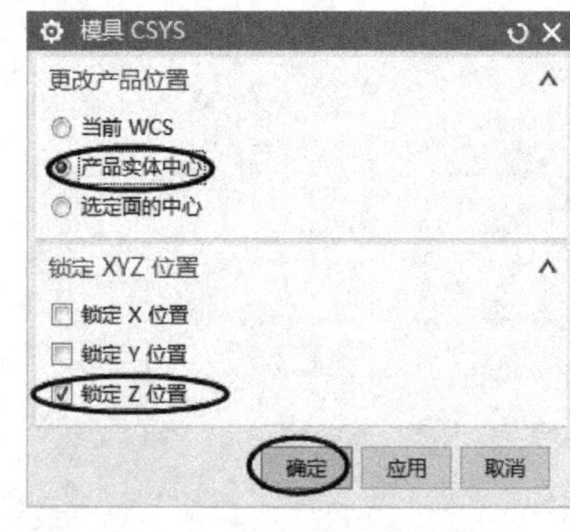

图 9-3

3. 定义成型镶件（模仁）

单击菜单条中的小图标，出现“工件”对话框。默认对话框中的各个参数，单击“确定”按钮，完成型腔镶件的加入，如图 9-4 所示。

4. 采用实体补侧面孔

单击菜单条中的小图标，出现如图 9-5 所示注塑模工具条。

首先，单击注塑模工具条中的小图标，弹出图 9-6 所示“实体补片”对话框；接着单击视窗上部工具条中的小图标，视窗图形如图 9-7 所示，再单击注塑模工具条中的小图标，出现图 9-8 所示“创建方块”对话框。

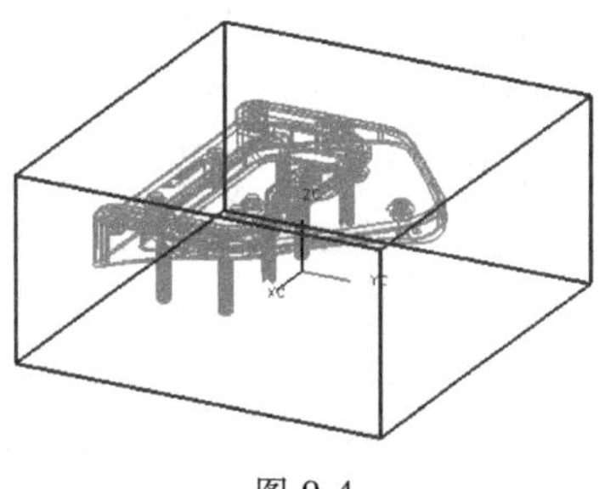

图 9-4

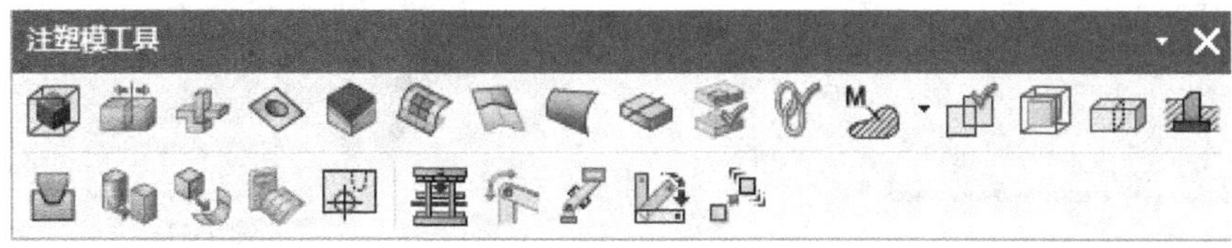

图 9-5

实体补片
补片
类型　实体补片
✔ 选择产品实体 (1)
* 选择补片体 (0)
目标组件
线路盒盖1_core_131
线路盒盖1_cavity_127
设置
结果
确定　应用　取消

图 9-6

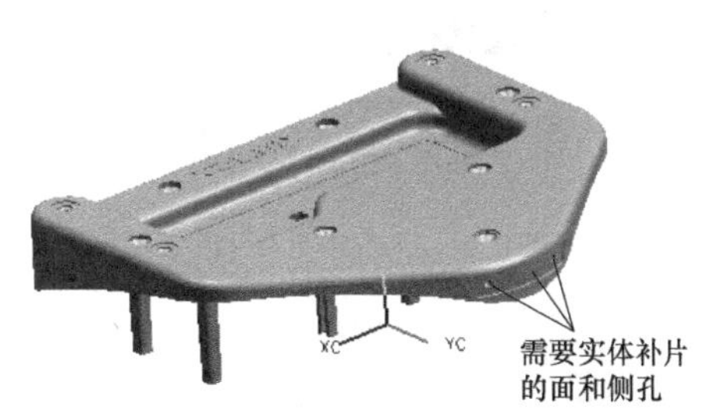

图 9-7

点选图 9-7 所示的需要补片的圆弧面，出现一个补块将该侧面及侧孔封住。单击图 9-8 所示对话框中的“确定”按钮，完成侧面创建箱体的操作，结果如图 9-9 所示。

创建方块
类型
有界长方体
对象
✔ 选择对象 (1)
参考 CSYS
参考　WCS
✔ 指定方位
设置
间隙　1　mm
大小精度　0
位置精度　0
颜色
确定　应用　取消

图 9-8

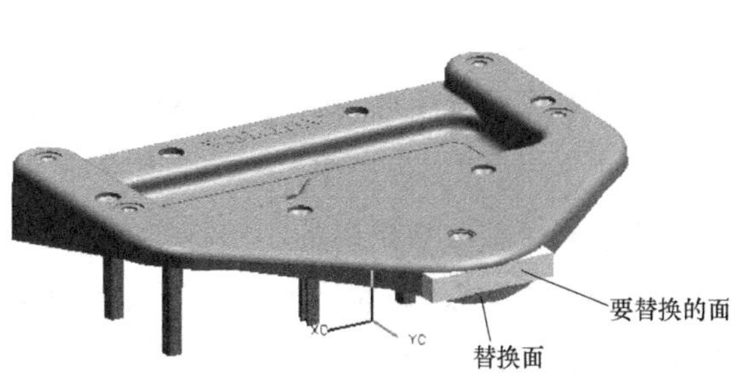

图 9-9

单击“插入”→“同步建模”→“替换面”，出现“替换面”对话框，如图 9-10 所示，先点选图 9-9 所示的“要替换的面”，单击鼠标中键，再点选图 9-9 所示的“替换面”，最后单击“应用”按钮，结果如图 9-11 所示。

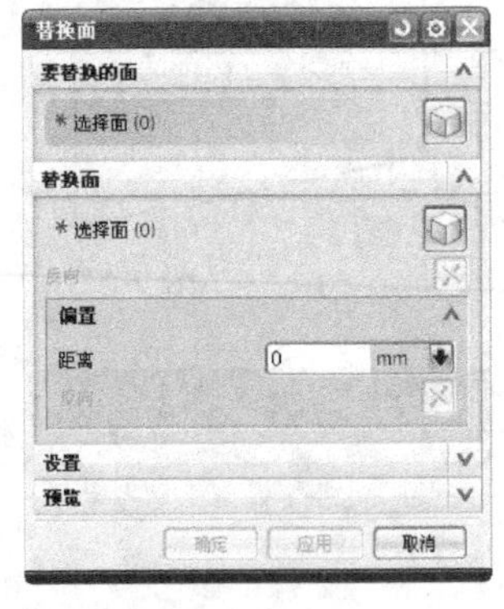

图 9-10

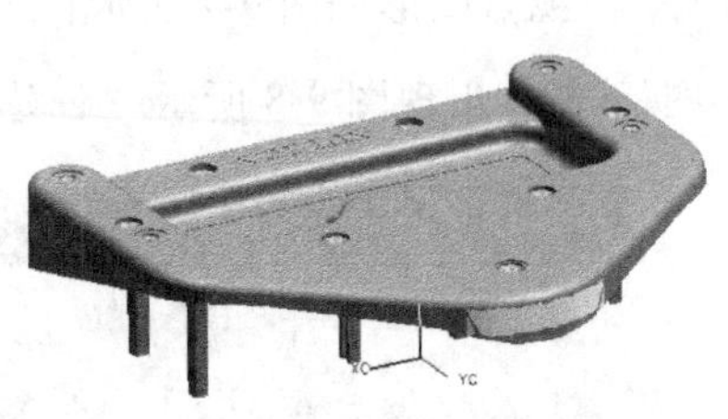

图 9-11

以同样的方法将补块的后侧及上、下侧都修整成与产品一样的表面。

单击“插入”→“组合”→“求差”，出现图 9-12 所示“求差”对话框，勾选“保存工具”选项，然后点选补块为目标体，点选产品模型为工具，单击“确定”按钮，完成补块的模型创建工作，结果如图 9-13 所示。

图 9-12

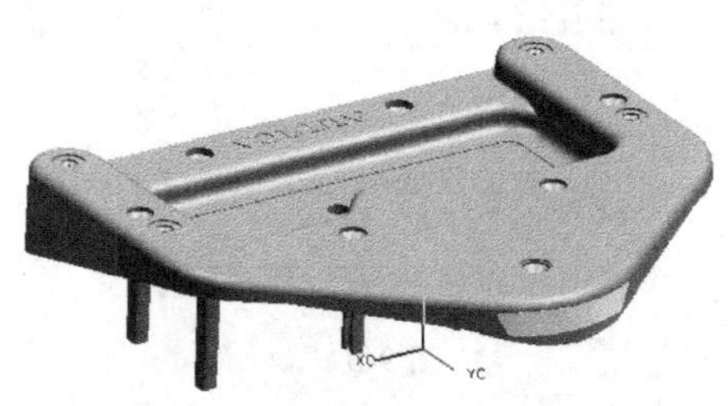

图 9-13

单击注塑模工具条中的小图标，弹出“实体补片”对话框后，直接点选补块，再单击“确定”按钮，即完成实体补片工作。此时补块自动存入了第 25 层，以后可作为侧抽芯的镶件使用。

5. 创建分型面、型腔、型芯

单击注塑模向导菜单条中的小图标，出现模具分型工具条。

单击模具分型工具条中的小图标，出现图 9-14 所示“检查区域”对话框；单击“计算”选项卡中的“计算”图标，然后单击“区域”选项卡，出现图 9-15 所示对话框；单击“设置区域颜色”图标，并勾选

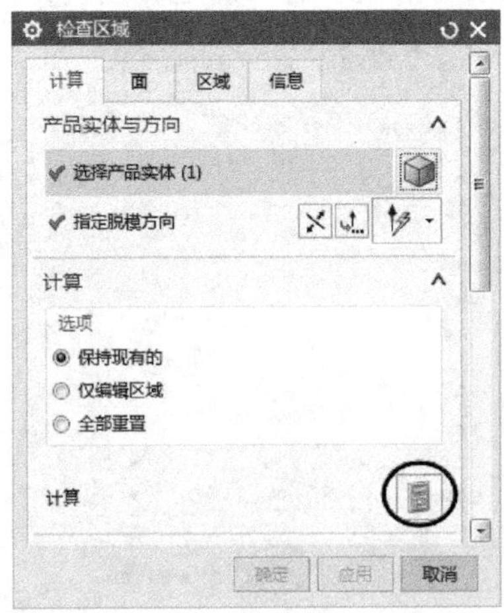

图 9-14

“交叉竖直面”选项，单击“确定”按钮，完成型芯、型腔区域面颜色的设置。

单击模具分型工具条中的小图标，弹出图 9-16 所示“边修补”对话框，“类型”下拉选择“体”，然后点选模型实体，再单击“确定”按钮，完成模型上所有孔的补片操作。

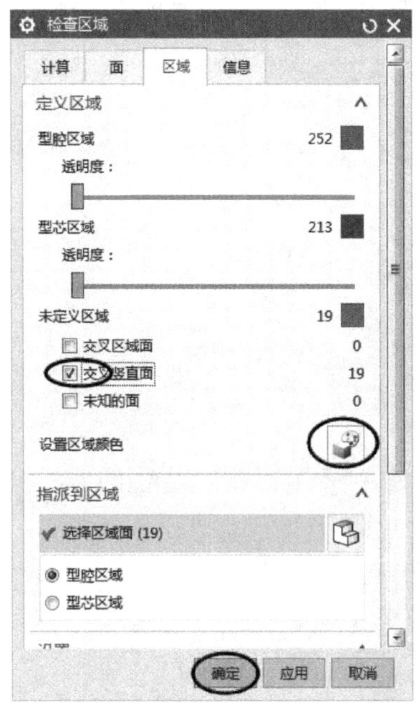

图 9-15

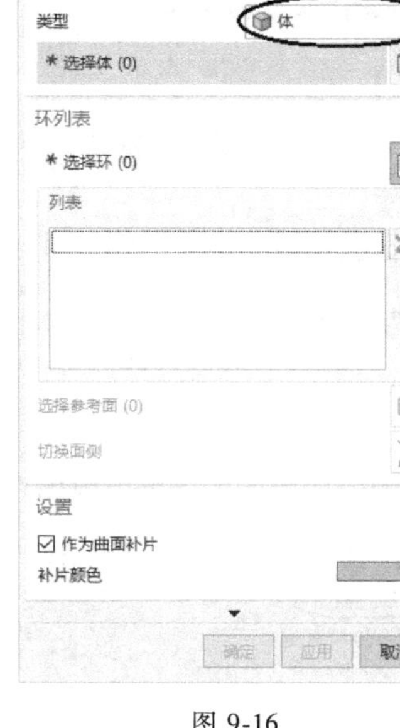

图 9-16

单击模具分型工具条中的小图标，出现图 9-17 所示“定义区域”对话框，在“设置”栏中勾选“创建区域”和“创建分型线”选项，单击“确定”按钮，完成分型线的创建。关闭图 9-18a 所示“分型导航器”中的“产品实体”及“曲面补片”节点，此时视窗中显示分型线的图形，如图 9-18b 所示。

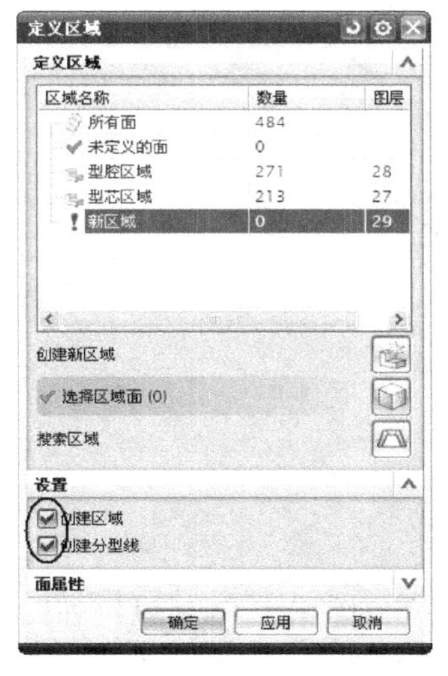

图 9-17

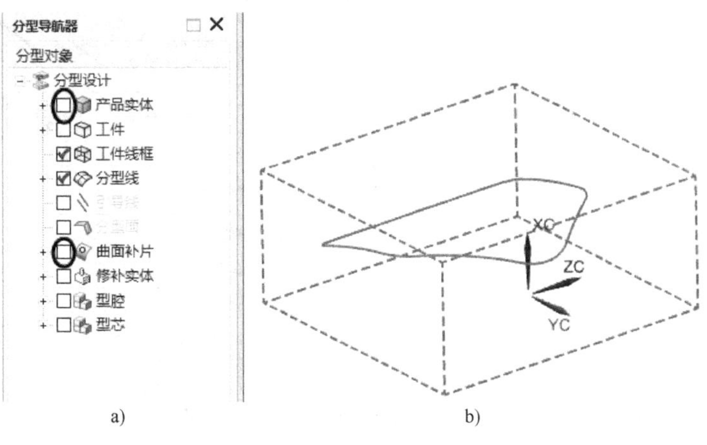

a)

b)

图 9-18

单击模具分型工具条中的小图标，弹出图9-19所示“设计分型面”对话框，首先单击“编辑分型段”栏中的“选择过渡曲线”图标，并在分型线上点选两段对称过渡曲线，如图9-20所示。单击“应用”按钮后，如图9-21所示设定第一方向和第二方向，然后单击“应用”按钮；接着出现图9-22所示界面，选定目标选项后，再单击“确定”按钮，完成分型面的构建，结果如图9-23所示。

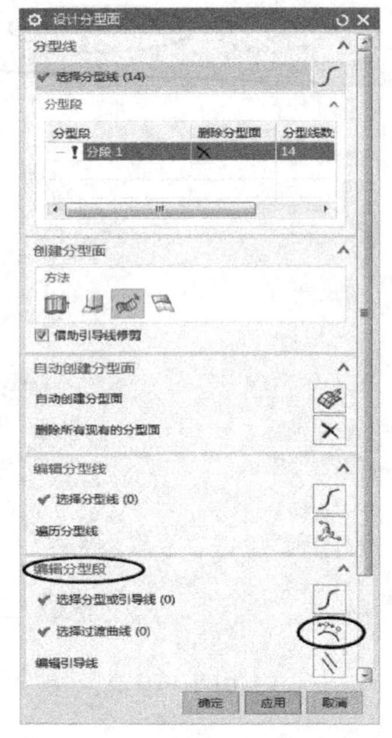

图9-19

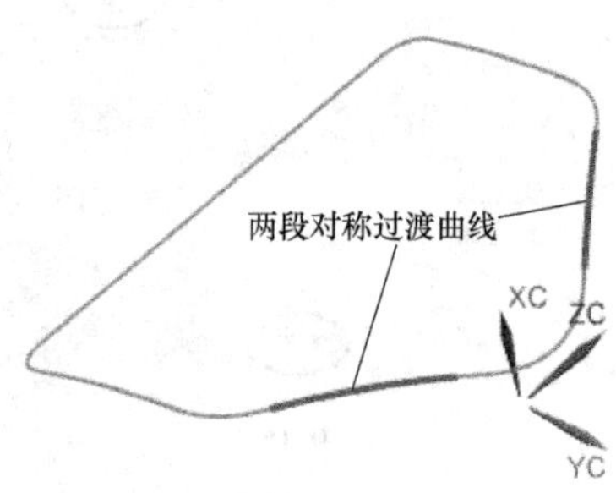

图9-20

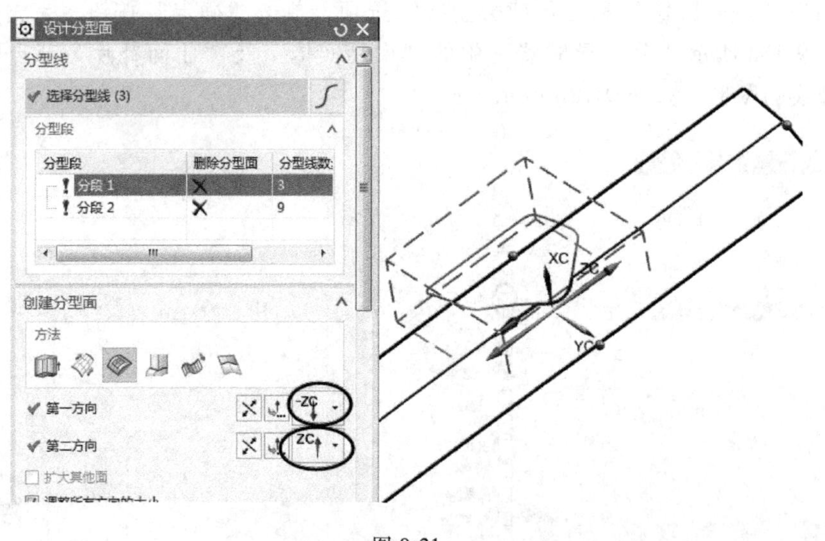

图9-21

单击模具分型工具条中的小图标，弹出“定义型腔和型芯”对话框，选项设定如图9-24所示，单击“确定”→“确定”→“确定”，完成型芯、型腔的创建。此时视窗图形仍如图9-23所示。

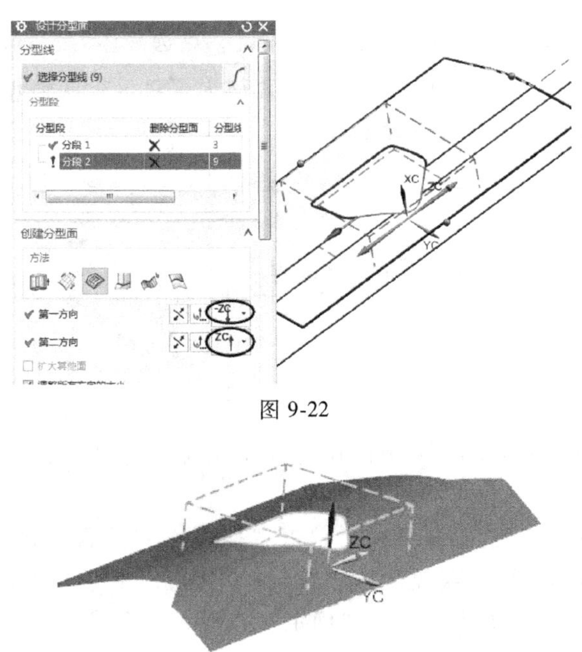

图 9-22

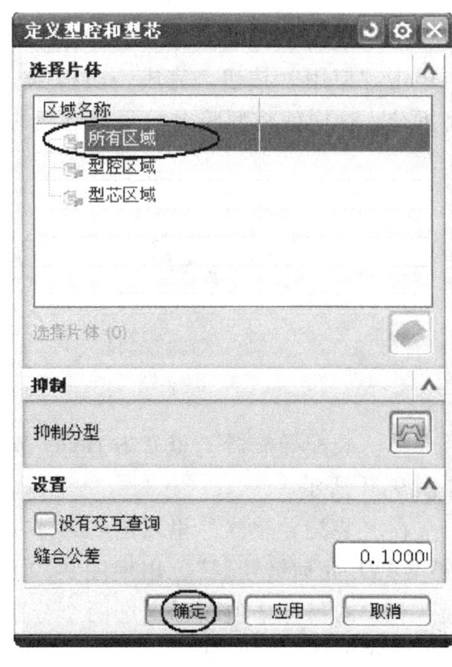

图 9-23

图 9-24

单击视窗左侧竖直工具条中的“装配导航器”图标，如图 9-25 所示，右击 parting 节点→“显示父项”→top 节点，回到根目录。双击 top 节点，并将图形线框化，结果如图 9-26 所示。

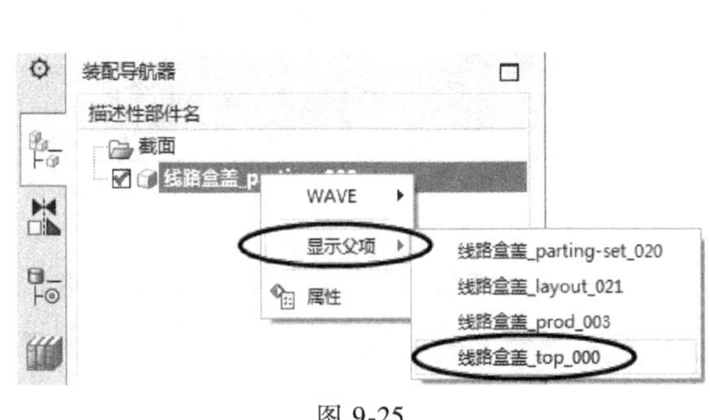

图 9-25

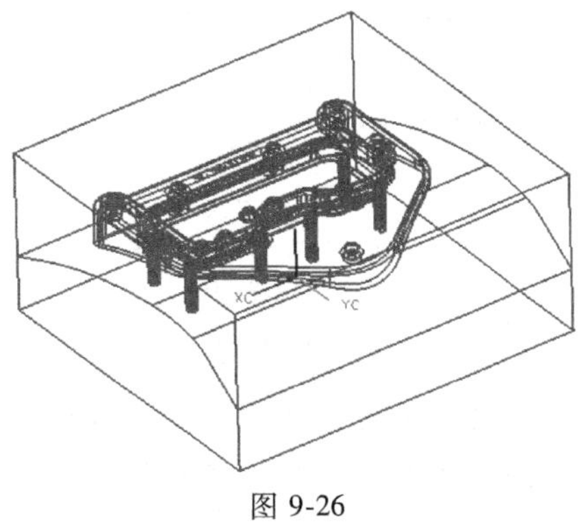

图 9-26

在“装配导航器”中关闭所有的节点，再打开 cavity 节点，分型后的型腔如图 9-27 所示。

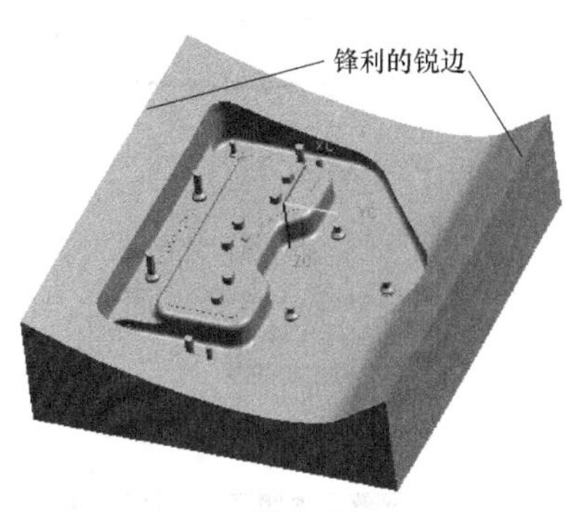

图 9-27

6. 修整型腔、型芯

由于分型形成的型腔锐边锋利，应当进行修整。在“装配导航器”里先将 cavity 节点设为显示部件。

单击“插入”→“设计特征”→“拉伸”，在型腔侧面绘制如图 9-28 所示的草图。完成草图后拉伸成如图 9-29 所示的片体。

单击“插入”→“修剪”→“拆分体” （小图标

）, 出现图 9-30 所示对话框，点选实体模型为目标体，单击鼠标中键，点选片体为工具，再单击“应用”按钮，完成一次拆分；再重复一次操作，以另一个片体为工具进行实体模型拆分，这样就将型腔上的两个锋利的锐角块与型腔零件分割开了。

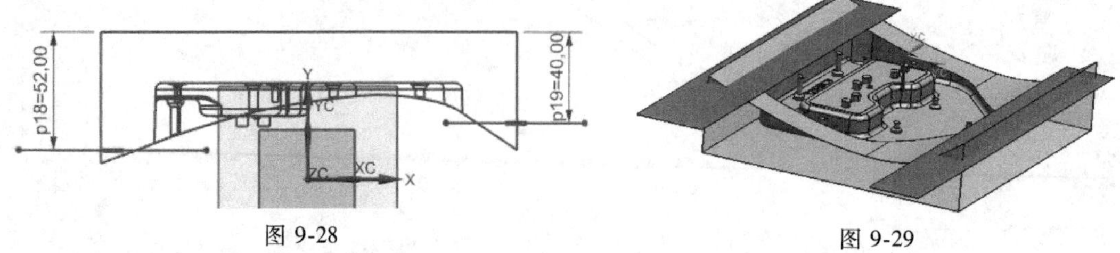

图 9-28　　图 9-29

在“装配导航器”里右击 cavity 节点→“显示父项”→top 节点，并打开 core 节点，图形如图 9-31 所示。

在“装配导航器”里双击 core 节点，将其设为工作部件。单击“插入”→“关联复制”→“WAVE 几何链接器”，出现图 9-32 所示对话框，“类型”项下拉选择“体”，并勾选“设置”栏中的目标选项，再点选两个分割出来的锐角块，单击“确定”按钮，从而将两个锐角块链接到型芯零件上。

图 9-30

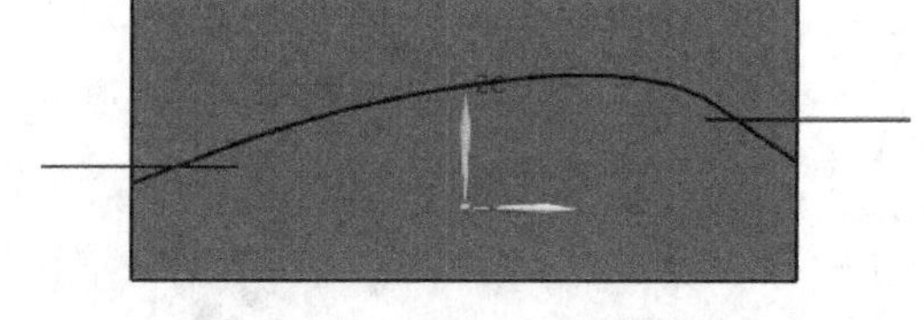

图 9-31

单击“插入”→“组合”→“合并”，出现“合并”对话框，点选型芯零件（目标体）以及两个锐角块（工具），单击“确定”按钮，将型芯与两个锐角块合为一体。在“装配导航器”里关闭型腔节点，此时视窗中的图形如图 9-33 所示。

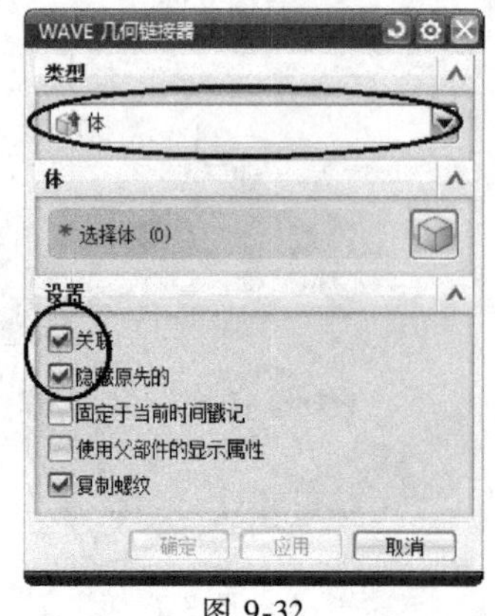

图 9-32

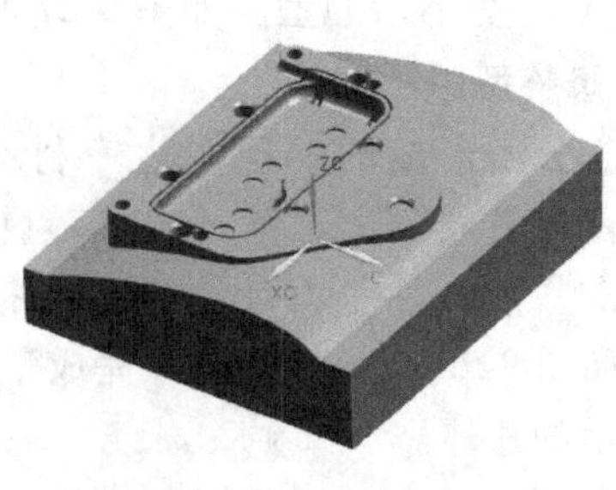

图 9-33

在“装配导航器”里关闭型芯节点，将型腔节点打开并设为工作部件，如图 9-34 所示。

使用“格式”→“移至图层”命令，将两片体移至一个独立图层，此时图形如图 9-35 所示。

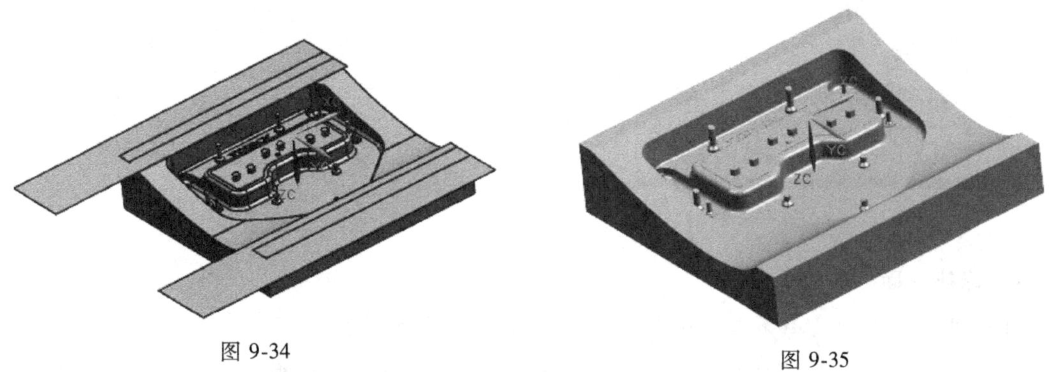

图 9-34　　　　图 9-35

9.2　仪器罩注塑模具分型设计

1. 加载产品

单击注塑模向导菜单条中的小图标，在弹出的“打开”对话框里选择文件“仪器罩.prt”；接着弹出“初始化项目”对话框，输入项目存放的“路径”，并选定材料，如图9-36 所示，然后单击“确定”按钮，视窗中出现图 9-37 所示图形。

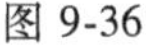
图 9-36

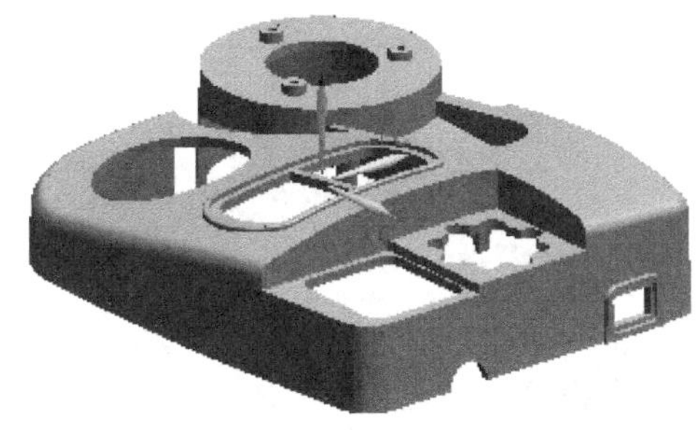

图 9-37

2. 定义模具坐标系

单击注塑模向导菜单条中的小图标，弹出“模具 CSYS”对话框，选项设定如图 9-38 所示，单击“确定”按钮，完成模具坐标系的设定。

3. 定义成型镶件（模仁）

单击注塑模向导菜单条中的小图标，弹出“工件”对话框，默认对话框中的各个参数，单击“确定”按钮，完成型腔镶件的加入，结果如图 9-39 所示。

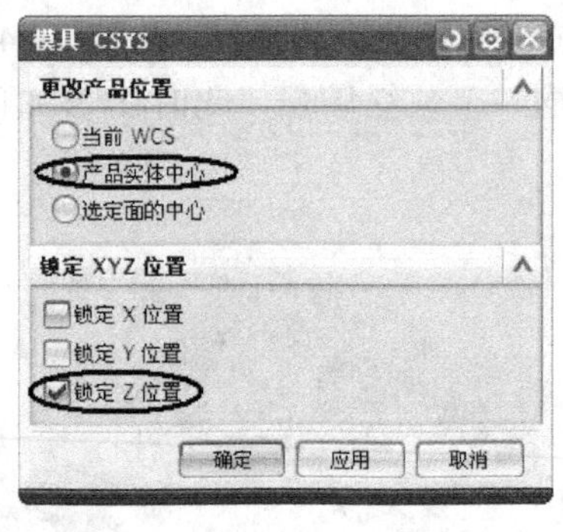

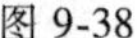
图 9-38

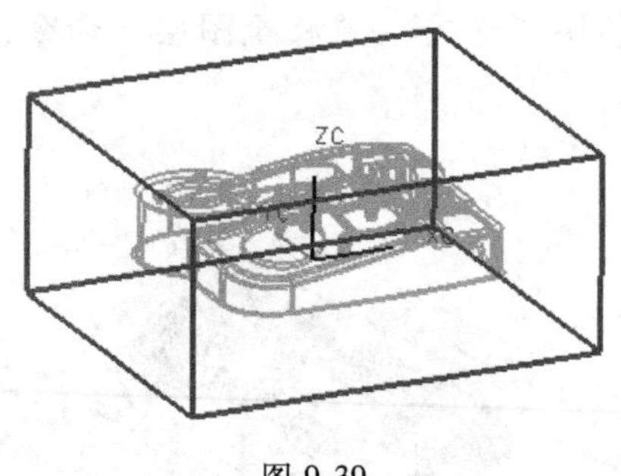

图 9-39

4. 修补曲面

单击注塑模向导菜单条中的小图标，出现模具分型工具条。

单击“插入”→“网格曲面”→“直纹”，弹出图 9-40a 所示对话框，选定目标选项后，点选图 9-40b 所示图形中的“截面线串 1”，然后单击鼠标中键，再点选“截面线串 2”（注意视窗上部选择“相切曲线”），最后单击“确定”按钮，在产品模型的缺口处构建一个片体。

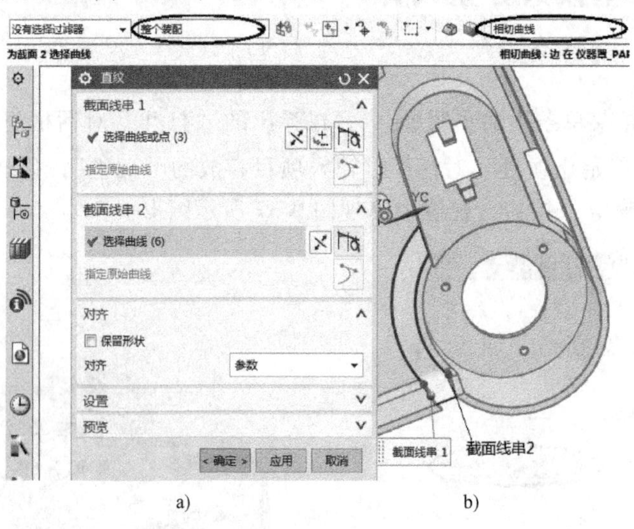

a)　　　　b)

图 9-40

单击模具分型工具条中的小图标，出现“编辑分型面和曲面补片”对话框，点选刚建好的片体，然后单击“确定”按钮，完成缺口的曲面补片操作。

5. 分型设计

（1）区域分析　单击模具分型工具条中的小图标，出现图 9-41 所示对话框，单击“计算”选项卡中的“计算”图标；然后单击“面”选项卡，对话框如图 9-42 所示。

单击“设置所有面的颜色”图标，则模型中拔模斜度为零的面呈现灰白色，如图 9-43 所示。对于较深长的灰白色面，应该设置拔模斜度。

单击“插入”→“细节特征”→“拔模”，出现图 9-44 所示对话框，输入拔模“角度”为

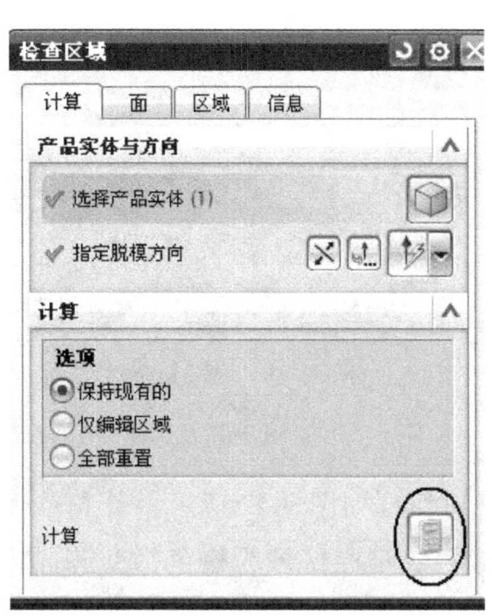

图 9-41

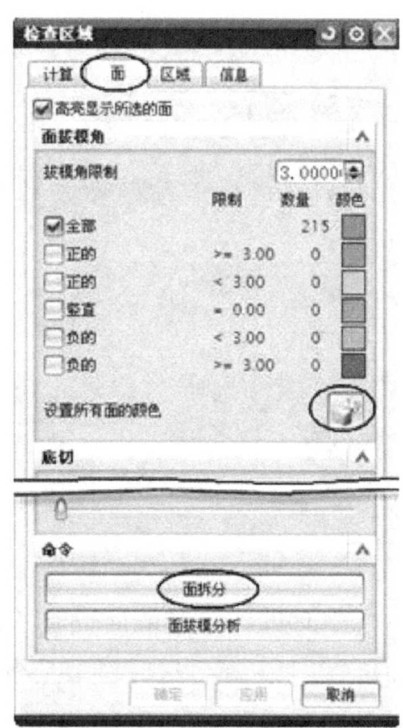

图 9-42

"1°"，点选图 9-43 所示各面，分别对内、外环面创建拔模斜度。

再次单击模具分型工具条中的小图标，在"检查区域"对话框中单击"计算"选项卡中的"计算"图标；然后单击"面"选项卡，再单击"面拆分"按钮，弹出图 9-45 所示对话框；先点选图 9-46 所示的"需分割的面"，单击鼠标中键后点选图 9-46 所示的"分割线"，最后单击"确定"按钮，完成面的分割。

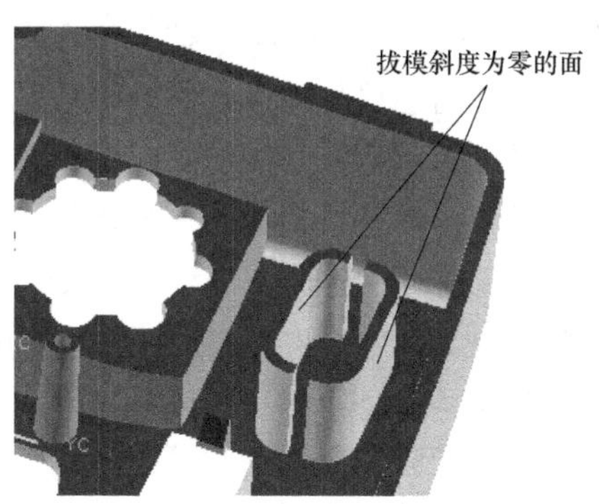

图 9-43

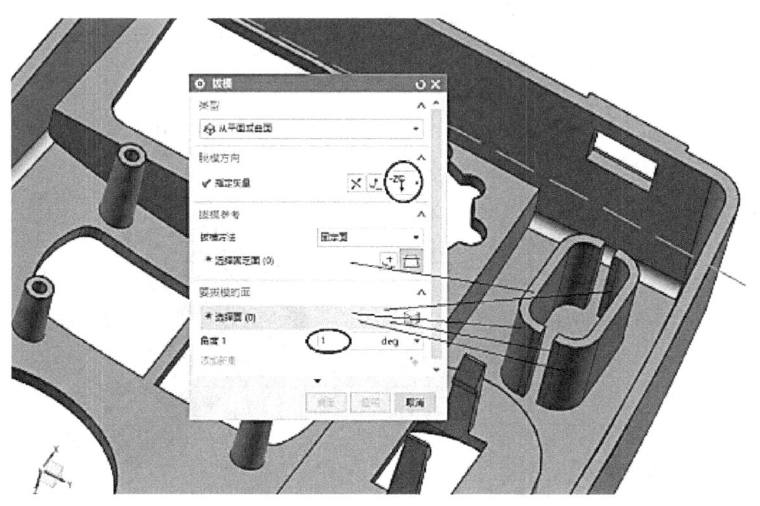

图 9-44

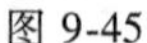
图 9-45

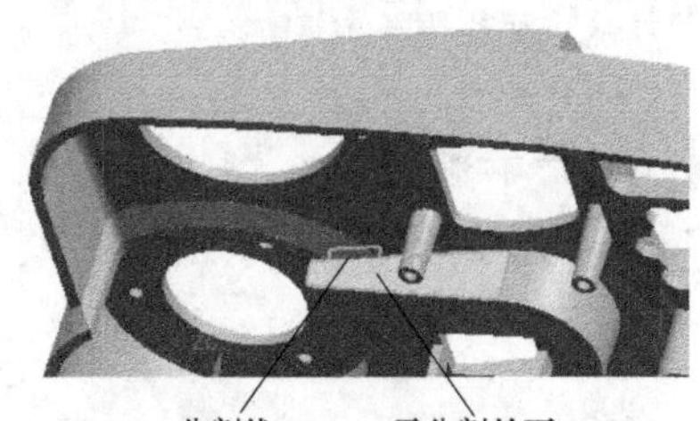

图 9-46

单击“检查区域”对话框中的“区域”选项卡，对话框如图 9-47 所示，首先单击“设置区域颜色”图标，这时模型呈橙、蓝、青三种颜色；型腔区域为橙色，型芯区域为蓝色，未定义区域为青色，须消除青色区域。

如图 9-47 所示，勾选“区域”选项卡中的“交叉竖直面”和“未知的面”选项，点选“指派到区域”栏中的“型芯区域”，然后单击“应用”按钮，从而将这些未定义的区域消除。

另外，蓝色区域没有连成一个区域，所以点选“指派到区域”栏中的“型腔区域”，然后点选模型上部的蓝色区域及模型侧方孔的蓝色区域，单击“应用”→“取消”。这样，模型的橙、蓝色区域都各自成为连通区域。

（2）破口补片　单击模具分型工具条中的小图标，弹出“边修补”对话框，“类型”下拉选择“体”，然后点选模型实体图形，再单击“确定”按钮，完成模型上所有孔的补片操作（有可能会留下 1~2 处没补上），如图 9-48 所示。

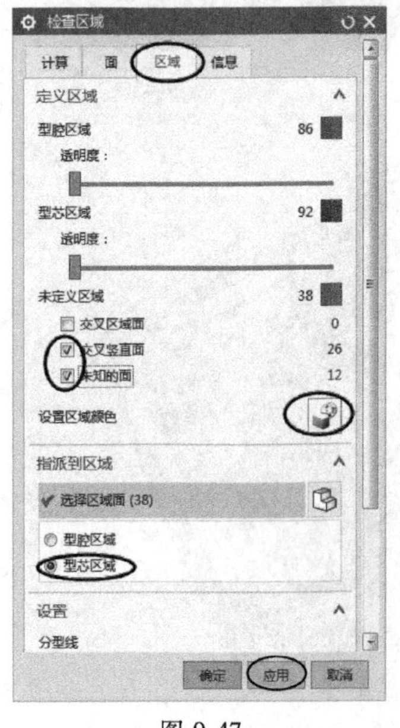

图 9-47

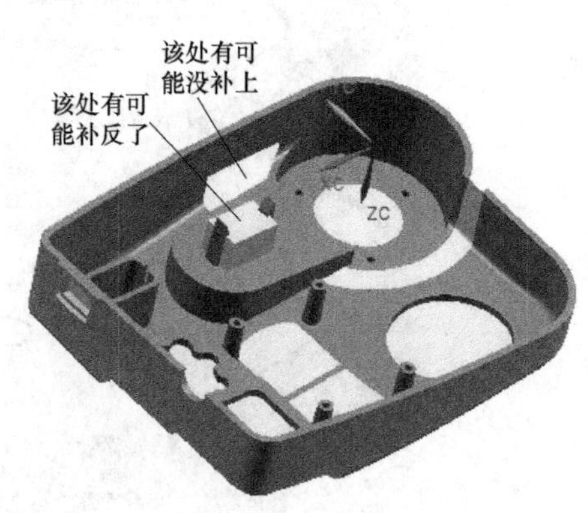

图 9-48

如图 9-48 所示，若出现没补上或补反的情况，则删除补反了的片体，再使用一次“边修补”命令，选项设定如图 9-49 所示（注意点选“切换面侧”的“反向”图标），这样就能补好全部破口，结果如图 9-50 所示。

（3）提取分型线　单击模具分型工具条中的小图标，弹出图 9-51 所示“定义区域”对话框，在“设置”栏中勾选“创建区域”和“创建分型线”，单击“确定”按钮，完成分型线的提取。关闭“装配导航器”中的产品实体节点，视窗中的分型线如图 9-52 所示。

（4）创建分型面　单击模具分型工具条中的小图标，弹出图 9-53a 所示“设计分型面”对话框，单击“编辑分型线”栏中的“选择分型线”图标，然后点选图 9-53b 所示的小段线，再单击“应用”按钮。

图 9-49

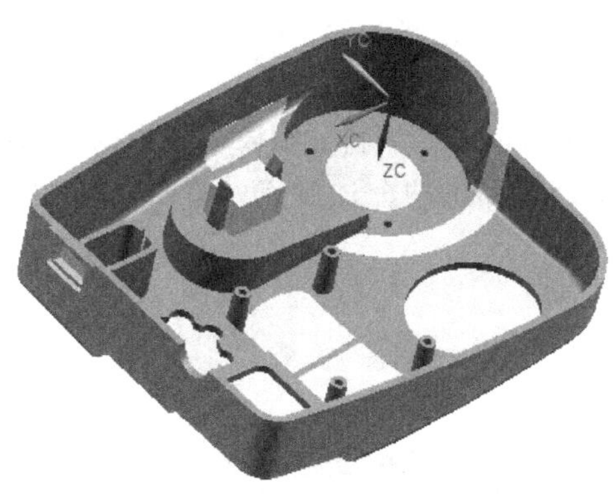

图 9-50

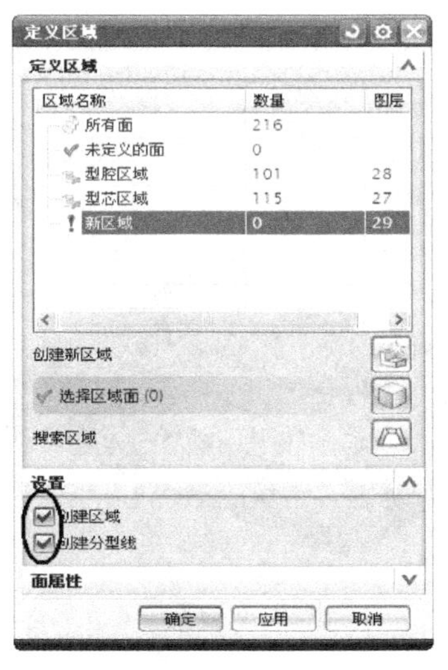

图 9-51

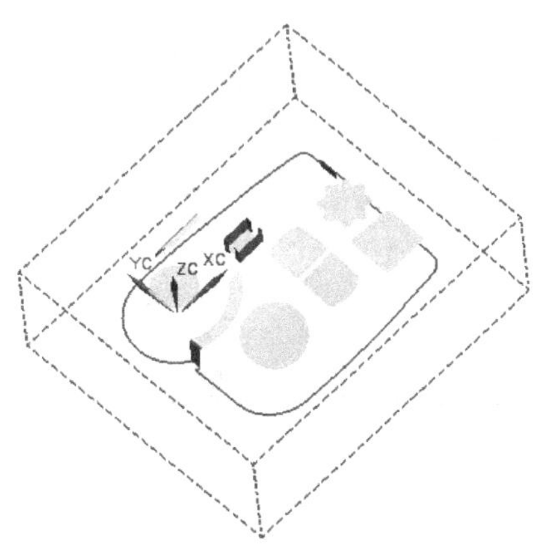

图 9-52

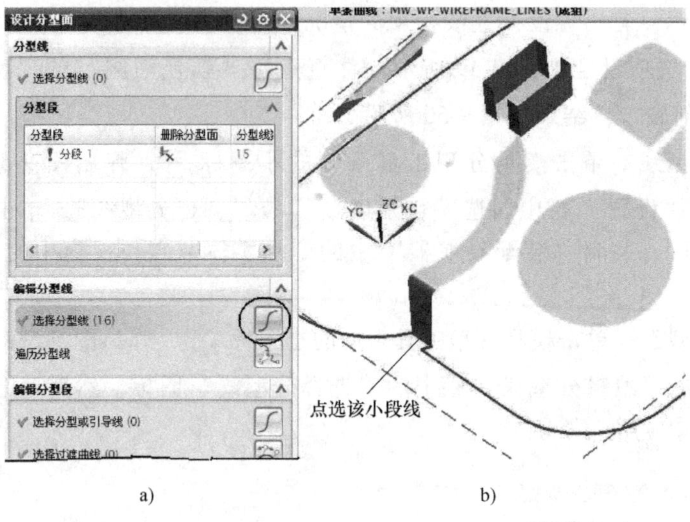

a) b)

图 9-53

然后单击“编辑分型段”栏中的“选择分型或引导线”图标，如图 9-54 所示，再点选图 9-55 所示的两个过渡点，单击“应用”→“确定”，完成分型面的创建，结果如图 9-56 所示。

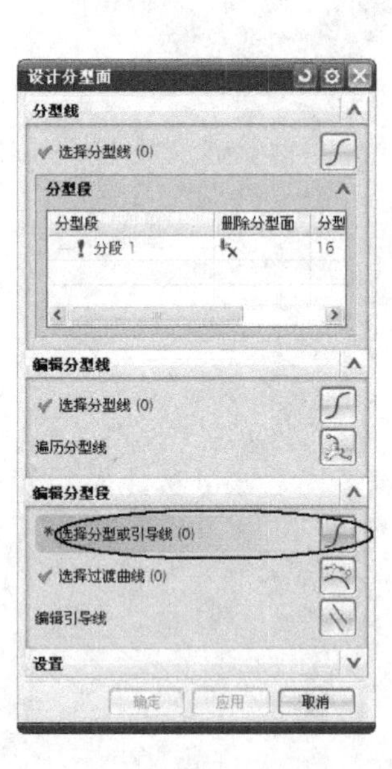

图 9-54

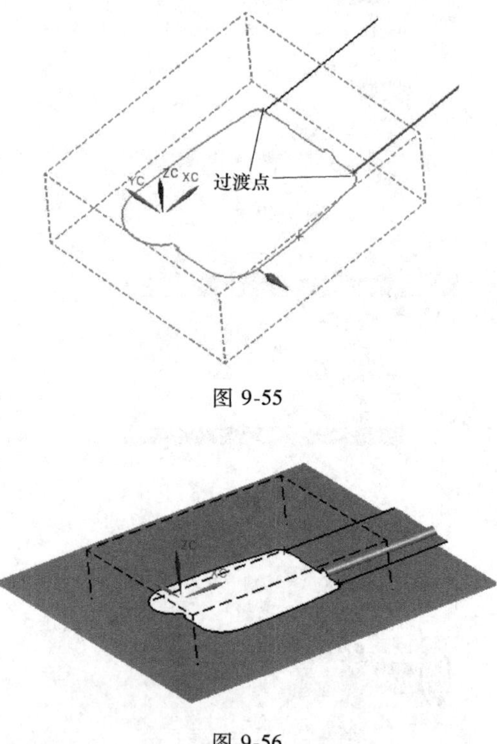

图 9-55

图 9-56

（5）创建型芯、型腔　单击模具分型工具条中的小图标，弹出如图 9-57 所示的“定义型腔和型芯”对话框，在“区域名称”栏中选择“所有区域”，单击“确定”→“确定”→

“确定”，完成型芯、型腔的创建。

单击主菜单“窗口（O）”→top 节点，并将图形线框化显示，结果如图 9-58 所示。

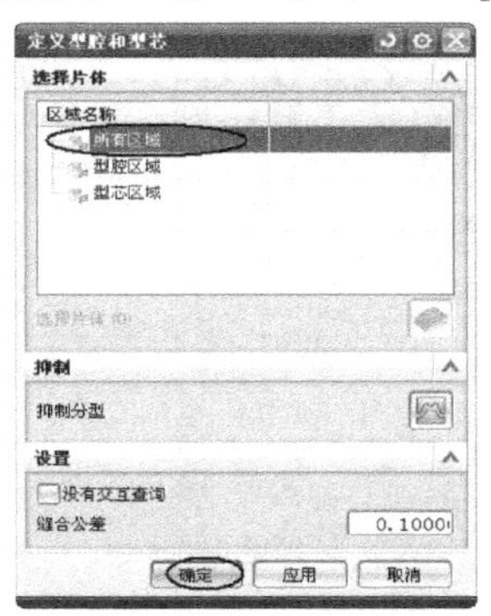

图 9-57

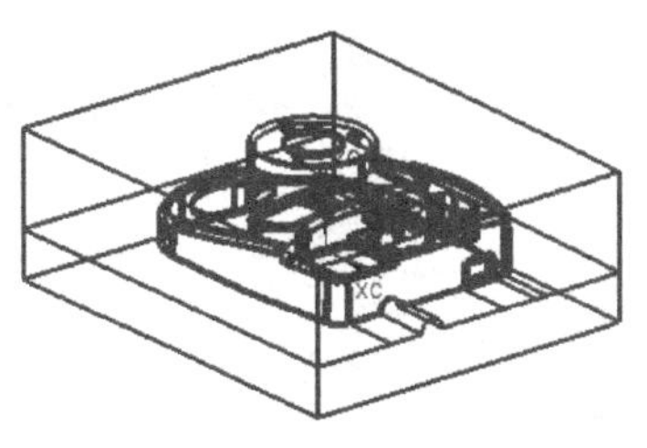

图 9-58

6. 抽取侧滑块

将型腔（cavity）零件设为单独工作部件。

单击“插入”→“设计特征”→“拉伸”，然后点选有侧方孔的面绘制草图。进入草图绘制环境后，使用“投影曲线”命令，将侧方孔轮廓投影到草图上，如图 9-59 所示。

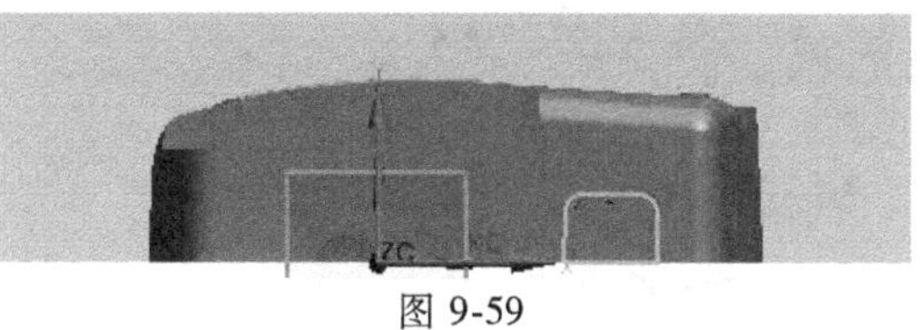

图 9-59

完成草图绘制后回到“拉伸”对话框，“限制”栏中的“结束”项选择“直至选定”，然后点选型腔零件的侧凸台面，单击“确定”按钮，结果如图 9-60 所示。

单击“插入”→“组合”→“减去”，在弹出的“求差”对话框中勾选“保存工具”，然后点选型腔零件为目标体、新创建的侧滑块为工具，完成“求差”运算。

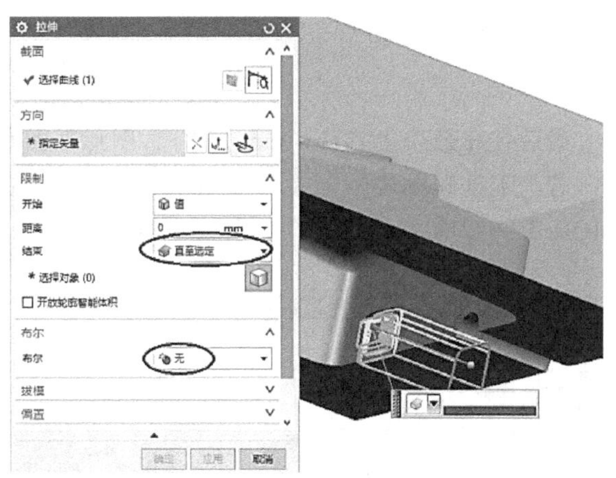

图 9-60

双击 prod 节点，使之成为工作部件，再单击“装配”→“组件”→“新建组件”，弹出图 9-61 所示“新组件文件”对话框；输入新组件文件名（例如侧滑块）后，单击“确定”按钮，弹出图 9-62 所示“新建组件”对话框；再单击“确定”按钮，这样在 prod 节点下建立了新的组件节点，如图 9-63 所示。

双击新建组件节点，使之成为工作部件。单击“插入”→“关联复制”→“WAVE 几何链接器”，弹出“WAVE 几何链接器”对话框；选项设定如图 9-64 所示，然后点选侧滑块，单击“确定”按钮，完成将侧滑块复制到新节点的操作。

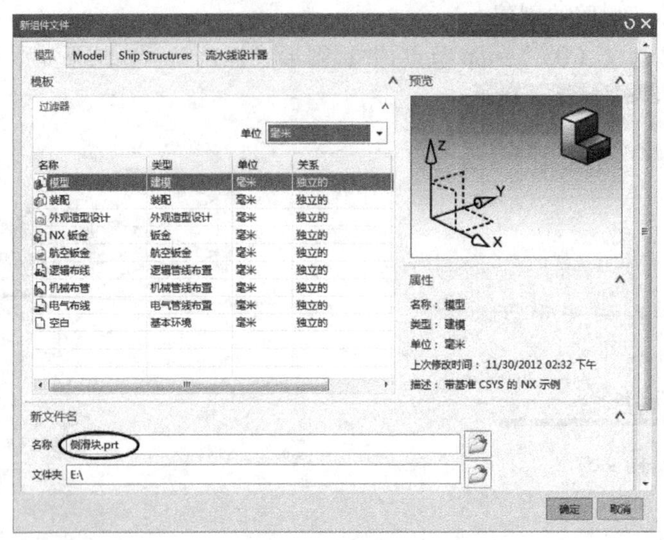

图 9-61

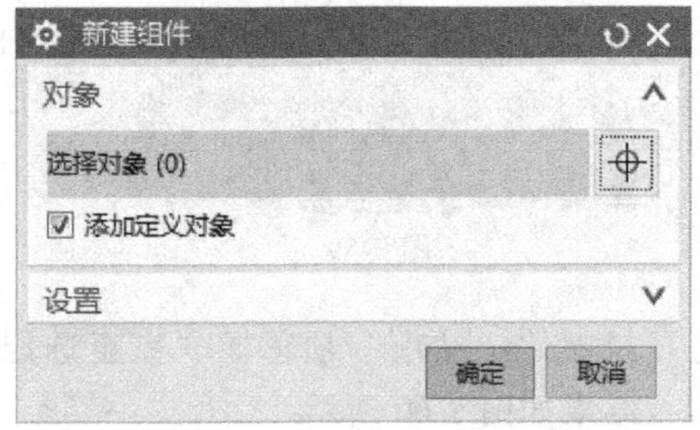

图 9-62

图 9-63

最后打开最高父节点（top 节点），图形如图 9-65 所示。

若仍不见侧滑块，则在“装配导航器”里右击侧滑块节点，选择“替换引用集”→“MODEL”，即可显现侧滑块，如图 9-66 所示。

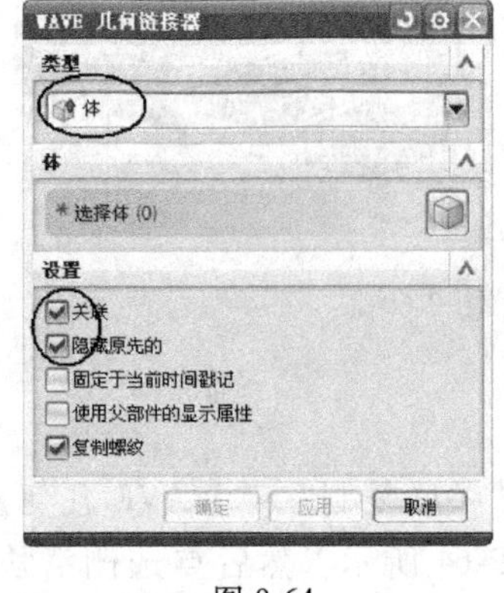

图 9-64

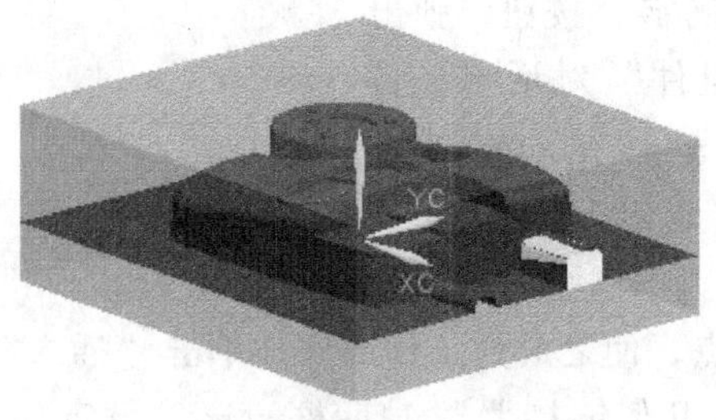

图 9-65

图 9-66

9.3　玩具盒注塑模具分型设计

1. 加载产品

单击注塑模向导菜单条中的小图标，在弹出的“打开”对话框中选择文件“玩具盒.prt”；接着在弹出的“初始化项目”对话框中输入项目存放的“路径”，并选定材料，再单击“确定”按钮，视窗中出现图 9-67 所示图形。

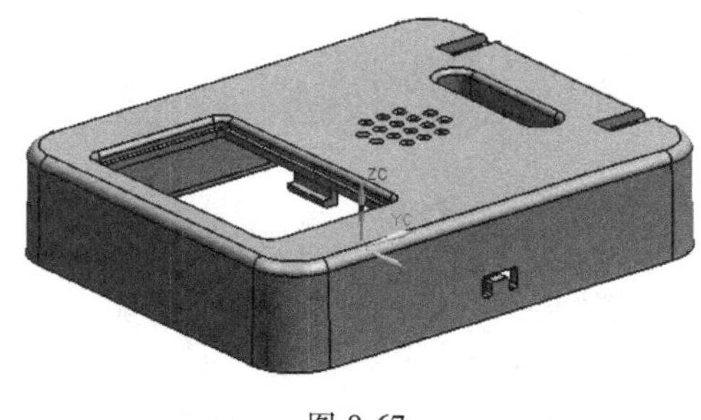

图 9-67

2. 定义模具坐标系

单击注塑模向导菜单条中的小图标，弹出“模具 CSYS”对话框；默认对话框中的选项设定，单击“确定”按钮，完成模具坐标系的设定。

3. 定义成型镶件（模仁）

单击注塑模向导菜单条中的小图标，出现“工件”对话框；默认对话框中的各个参数，单击“确定”按钮，完成型腔镶件的加入。

4. 分型设计

（1）区域分析　单击注塑模向导菜单条中的小图标，出现模具分型工具条。

单击模具分型工具条中的小图标，出现图 9-68 所示“检查区域”对话框，单击“计算”选项卡中的“计算”图标；稍后单击“区域”选项卡，如图 9-69 所示，单击“设置区域颜色”图标，然后勾选“交叉竖直面”，点选“型芯区域”，再单击“应用”按钮，将未定义的区域指派到型芯区域。

图 9-68

在图 9-69 所示对话框中点选“型腔区域”，然后点选模型 X 轴正向侧口的各个侧面，单击“确定”按钮，将其指派到型腔区域。

（2）破口自动补片　单击模具分型工具条中的小图标，弹出“边修补”对话框，“类型”下拉选择“体”，然后点选模型实体图形，再单击“确定”按钮，完成模型上大部分破口的补片操作，结果如图 9-70 所示。

（3）手动补片　单击注塑模向导菜单条中的小图标，弹出注塑模工具条；使用“扩大曲面补片”命令，弹出图 9-71 所示对话框，首先选择要生成的面，然后点选剪切的边界，最后选择保留的区域。若面不够大，在选择生成面时可通过设置手动拉伸生成面，从而将破口封住，如图 9-72 所示，详细步骤参见本书配套二维码资源。

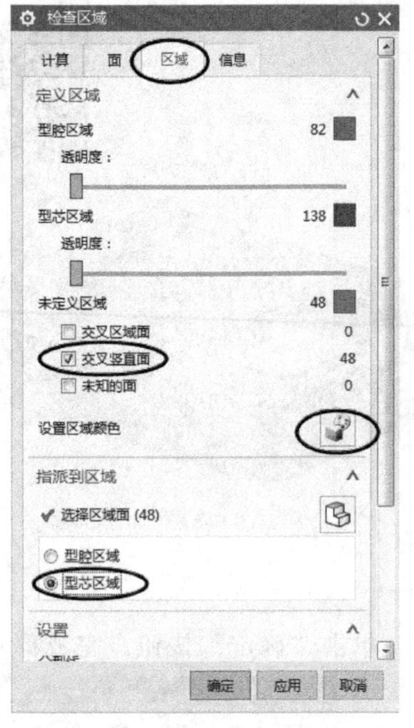

图 9-69

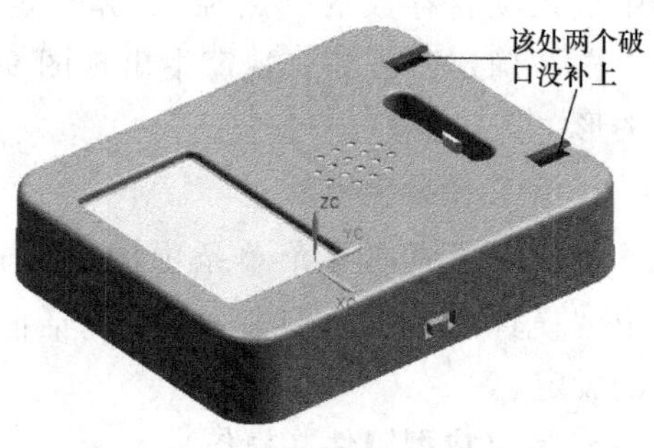

图 9-70

图 9-71

图 9-72

以同样的方法手动修补另一处破口。

（4）提取分型线　单击模具分型工具条中的小图标，出现图 9-73 所示“定义区域”对话框，在“设置”栏中勾选“创建区域”和“创建分型线”，然后单击“确定”按钮，完成分型线的提取。关闭“装配导航器”中的产品实体节点，视窗中的分型线如图 9-74 所示。

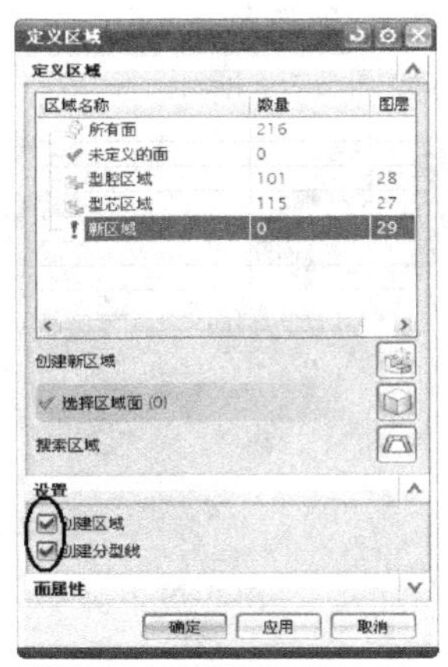

图 9-73

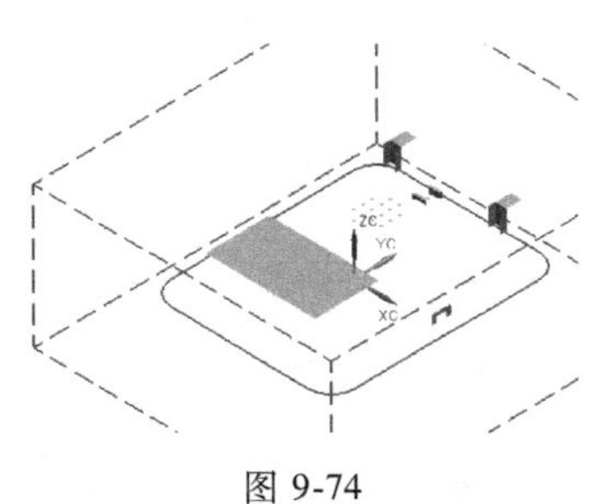

图 9-74

（5）创建分型面　单击模具分型工具条中的小图标，弹出“设计分型面”对话框，默认对话框中的选项设定，然后单击“确定”按钮，产生的分型面如图 9-75 所示。

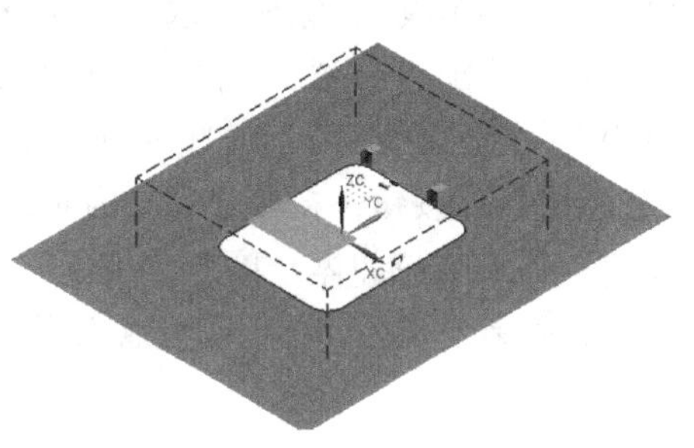

图 9-75

（6）创建型芯、型腔　单击模具分型工具条中的小图标，弹出如图 9-76 所示的“定义型腔和型芯”对话框，在“区域名称”栏中选择“所有区域”，然后单击“确定”→“确定”→“确定”，完成型芯、型腔的创建。

单击主菜单“窗口（O）”→top 节点，并将图形线框化显示，结果如图 9-77 所示。

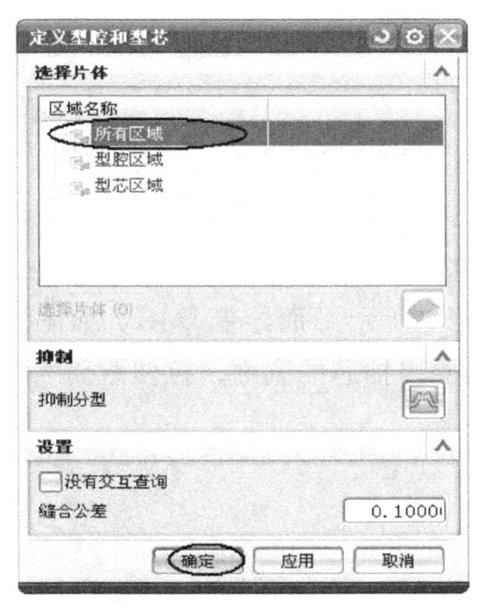

图 9-76

图 9-77

5. 抽取侧滑块

（1）抽取型腔外滑块　将型腔（cavity）零件设为工作部件。

单击“插入”→“设计特征”→“拉伸”，然后点选有侧方孔的侧面绘制草图，草图为图 9-78 所示的 15mm×13mm 的矩形。

完成草图后回到“拉伸”对话框，“限制”栏中的“结束”项选择“直至选定”，然后点选型腔零件的内侧凸块内表面，单击“确定”按钮，结果如图 9-79 所示。

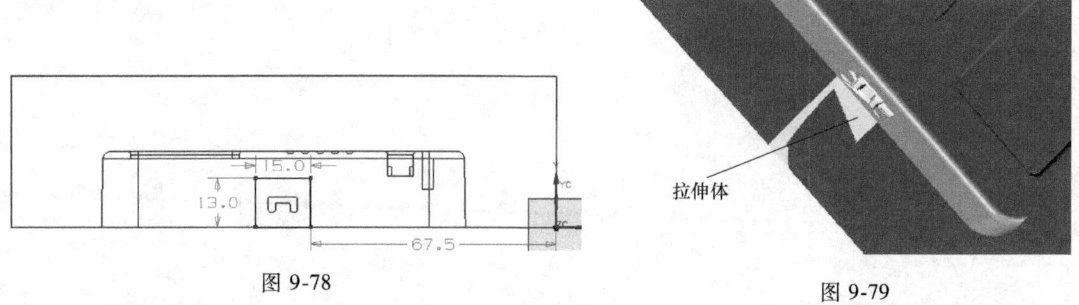

图 9-78　　图 9-79

单击“插入”→“组合”→“减去”，以型腔零件为目标体，新创建的拉伸实体为工具，并勾选“保存工具”，完成“求差”运算。

打开“装配导航器”，右击空白处，勾选“WAVE 模式”；再右击 cavity 节点，选择“WAVE”→“新建级别”，如图 9-80 所示，弹出“新建级别”对话框。如图 9-81 所示，单击“指定部件名”按钮，在接着弹出的对话框里选择路径及输入文件名（例如命名“外侧抽芯滑块”）；再点选拉伸体，单击“确定”按钮，从而将拉伸体复制到新的节点“外侧抽芯滑块”中，而新节点位于 cavity 节点之下，同时将原始拉伸体隐藏。

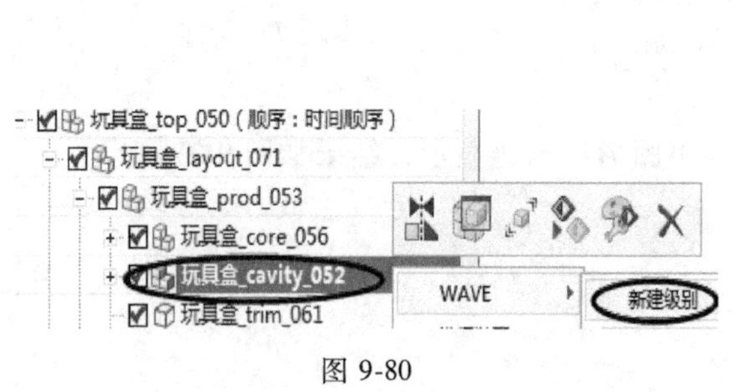

图 9-80

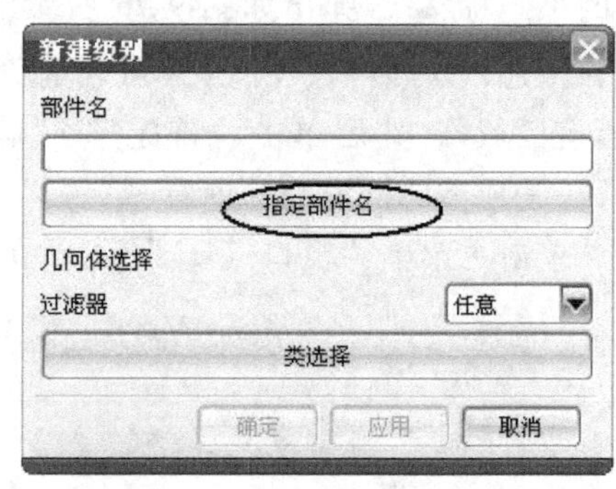

图 9-81

（2）抽取型芯内抽芯块　将型芯零件设定为工作部件。

单击“插入”→“设计特征”→“拉伸”，点选图 9-82 所示平面绘制草图。如图 9-83 所示，草图形状为长方形，高 15mm，宽度为模型中间需要内抽芯的宽度，拉伸距离为 10mm。

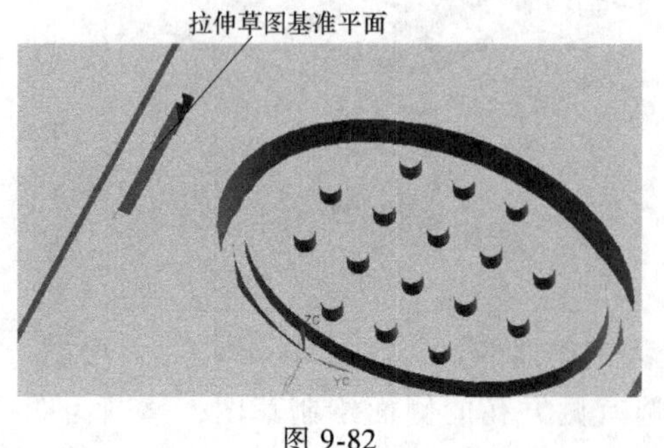

图 9-82

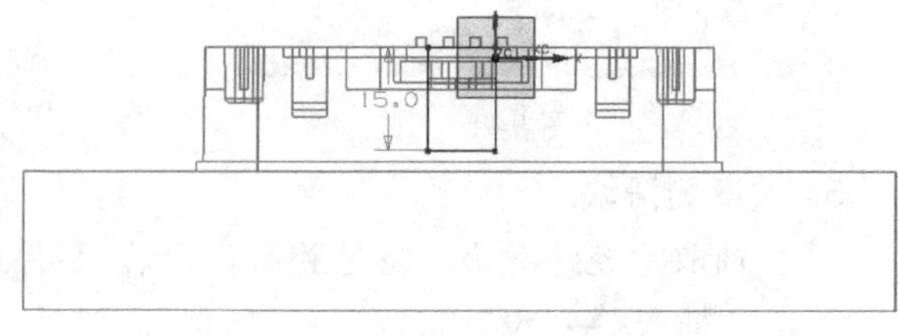

图 9-83

使用“相交”命令，以型芯零件为目标体，新拉伸体为工具，并勾选“保存目标”，完成“求交”操作。

使用“减去”命令，以型芯零件为目标体，新相交体为工具，并勾选“保存工具”，完成“求差”操作，结果如图 9-84 所示。

以建立型腔零件外滑块同样的方法，在 core 节点下建立新节点，例如命名为“inslide”，并将内抽芯块复制到该节点中，同时将原始拉伸体隐藏。

将型芯零件，型腔零件及内、外抽芯块分离开，结果如图 9-85 所示。

图 9-84

图 9-85

9.4　按摩器配对件注塑模具分型设计

1. 加载产品

（1）加载按摩器的上盖部件　单击注塑模向导菜单条中的小图标，在弹出的“打开”对话框中选择文件“按摩器上盖 . prt”；接着弹出“初始化项目”对话框，输入项目存放的“路径”，在“材料”项的下拉菜单中选择所需材料，然后单击“确定”按钮，视窗中出现图 9-86 所示图形。

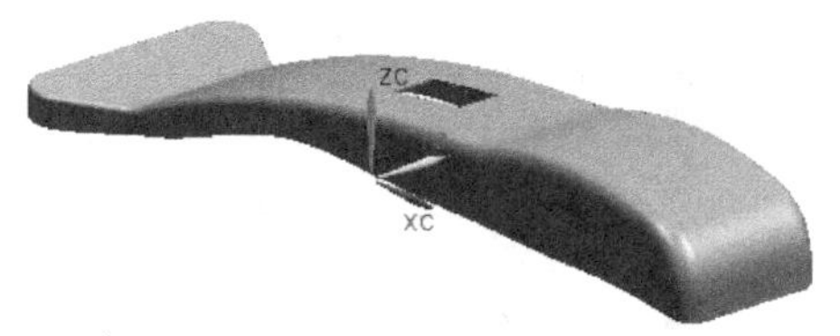

图 9-86

（2）加载按摩器的下盖部件　单击注塑模向导菜单条中的小图标，在弹出的“打开”对话框中选择文件“按摩器下盖 . prt”；接着弹出图 9-87 所示“部件名管理”对话框，单击“确定”按钮，视窗中出现图 9-88 所示图形。

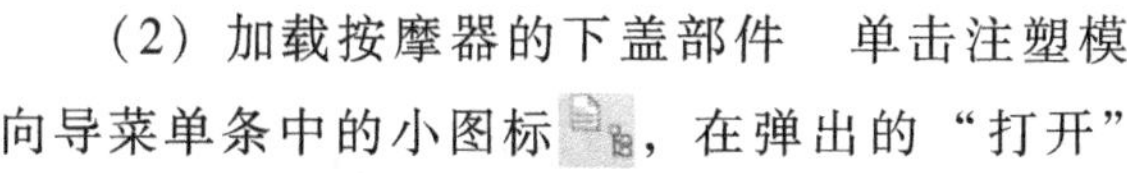

2. 定义模具坐标系

（1）定义上盖部件的模具坐标系　单击注塑模向导菜单条中小图标，出现“多腔模设计”对话框，选项设定如图 9-89 所示，然后单击“确定”按钮，将上盖部件设为工作部件；在“装配导航器”中将下盖部件关闭。

单击“格式”→“WCS”→“原点”，将坐标系原点移至图 9-90 所示位置。

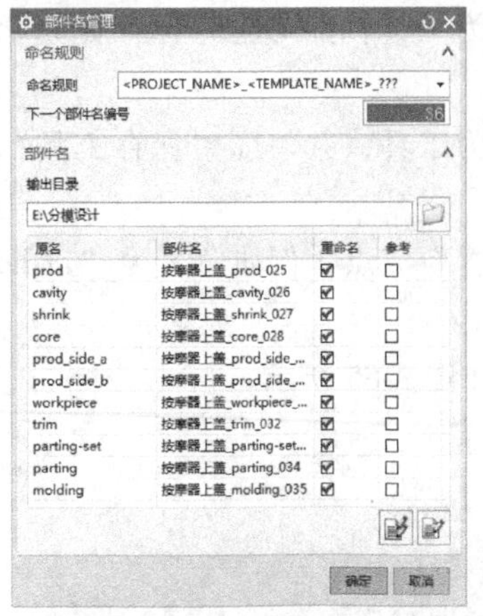

图 9-87

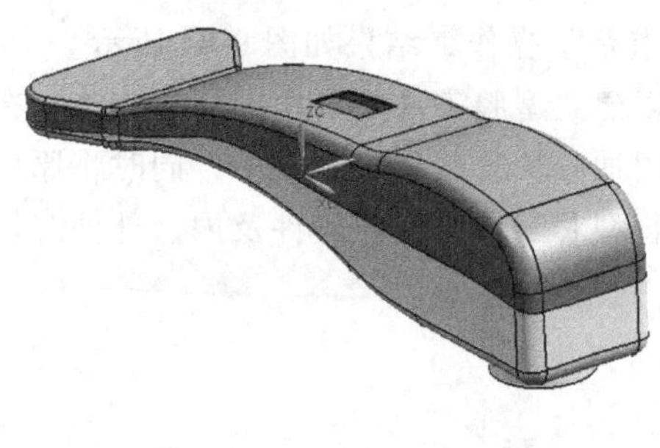

图 9-88

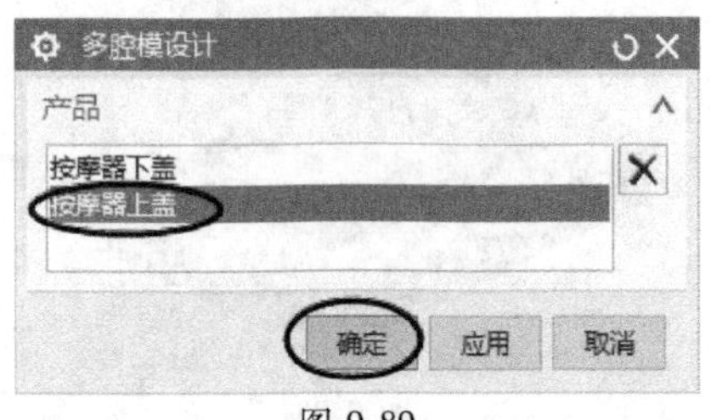

图 9-89

图 9-90

单击注塑模向导菜单条中的小图标，出现“模具 CSYS”对话框，选项设定如图9-91所示，然后单击“确定”按钮，完成上盖部件模具坐标系的定义，结果如图 9-92 所示。

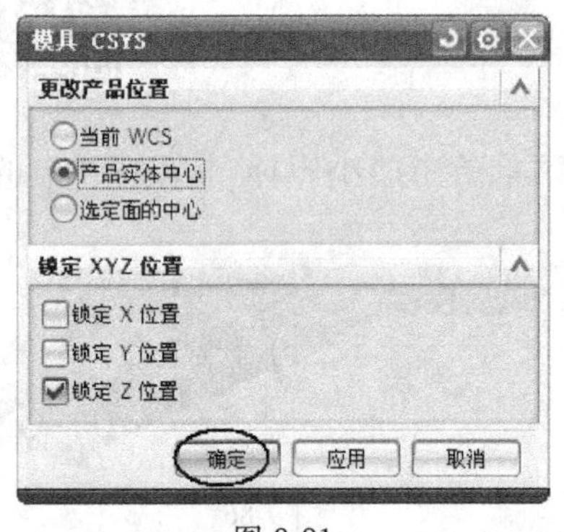

图 9-91

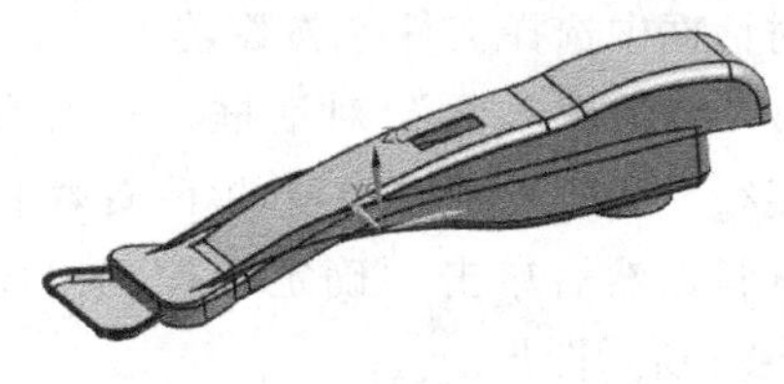

图 9-92

（2）定义下盖部件的模具坐标系　单击注塑模向导菜单条中的小图标，出现“多腔模设计”对话框，如图 9-93 所示选择“按摩器下盖”，然后单击“确定”按钮，将下盖部件设为工作部件；在“装配导航器”中将上盖部件关闭，如图 9-94 所示。注意“装配导航器”里有两个按摩器上盖 prod 节点，其中一个实际上是下盖。

以同样的方法进行坐标轴旋转（图标）和坐标系原点移动（图标），结果如图9-95所示。

单击注塑模向导菜单条中的小图标，采用前述方法完成下盖部件模具坐标系的定义，结果如图 9-96 所示。

图 9-93

图 9-94

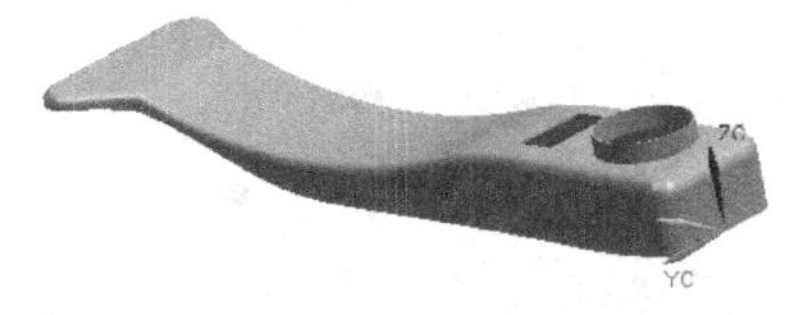

图 9-95

图 9-96

3. 定义成型镶件（模仁）

（1）定义上盖部件的成型镶件　单击注塑模向导菜单条中的小图标，选择“按摩器上盖”为工作部件。

单击注塑模向导菜单条中的小图标，出现“工件”对话框。默认对话框中的各个参数，单击“确定”按钮，完成上盖部件成型镶件的加入，如图 9-97 所示。

（2）定义下盖部件的成型镶件　单击注塑模向导菜单条中的小图标，选择“按摩器下盖”为工作部件。

单击注塑模向导菜单条中的小图标，出现“工件”对话框。默认对话框中的各个参数，单击“确定”按钮，完成下盖部件成型镶件的加入，此时视窗中上、下两块成型镶件尺寸一致并重叠在一起，如图 9-98 所示。

（3）定义布局　单击注塑模向导菜单条中的小图标，出现图 9-99 所示“型腔布局”

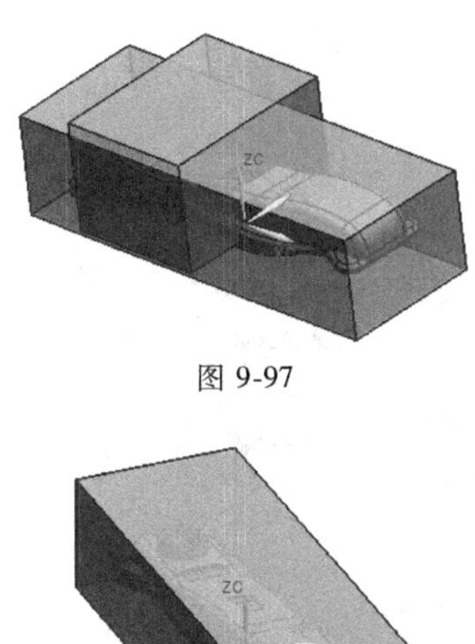

图 9-97

图 9-98

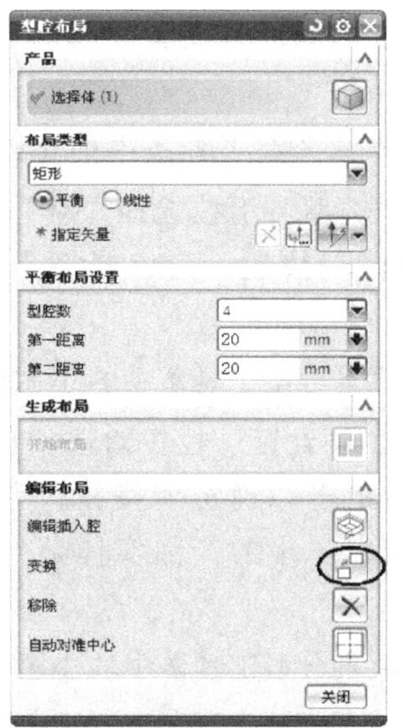

图 9-99

对话框；单击“变换”图标，出现图 9-100 所示“变换”对话框；“变换类型”下拉选“点到点”，然后点选“指定出发点”和“指定终止点”，再单击“确定”→“关闭”，完成型腔的布局，结果如图 9-101 所示。

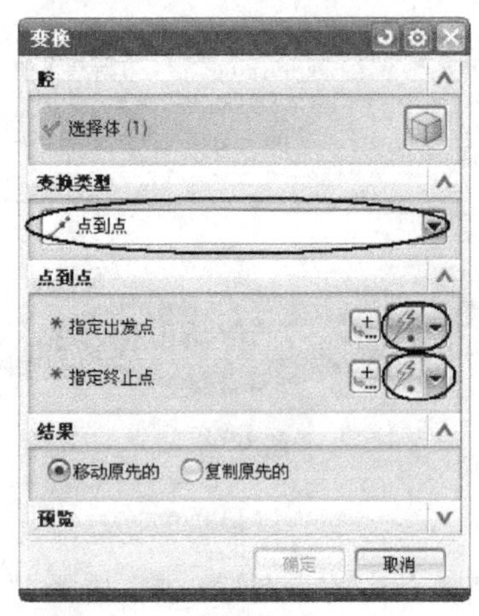

图 9-100

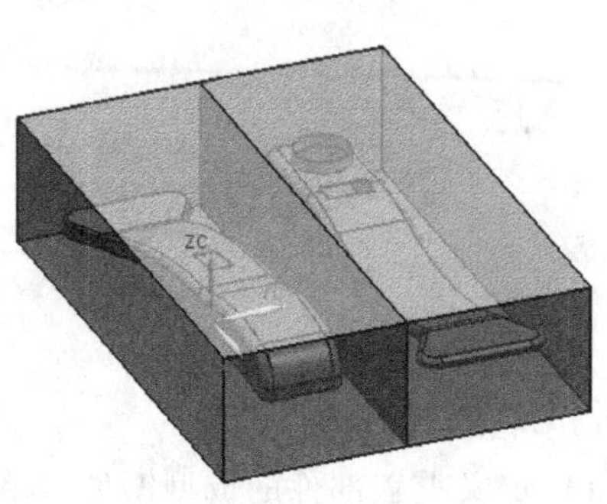

图 9-101

4. 创建型芯、型腔

(1) 创建上盖部件模型的型芯、型腔　单击注塑模向导菜单条中的小图标，选择“按摩器上盖”为工作部件。

单击注塑模向导菜单条中的小图标，出现模具分型工具条。

单击模具分型工具条中的小图标，弹出图 9-102 所示“检查区域”对话框，单击“计算”选项卡中的“计算”图标；稍后单击“区域”选项卡，先单击“设置区域颜色”图标，再勾选“交叉竖直面”及点选模型外表面，单击“应用”按钮；然后点选模型方孔侧面，将其指派到“型芯区域”。

单击模具分型工具条中的小图标，弹出“边修补”对话框，“类型”下拉选择“体”，然后点选模型实体，再单击“确定”按钮，完成模型上方孔的补片，结果如图 9-103所示。

单击模具分型工具条中的小图标，弹出“定义区域”对话框，在“设置”栏中勾选“创建区域”和“创建分型线”，然后单击“确定”按钮，完成分型线的提取。关闭“装配导航器”中的产品实体节点，视窗中的分型线如图 9-104所示。

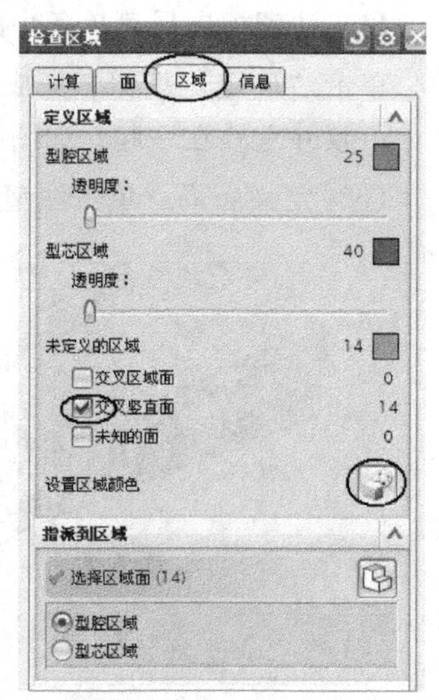

图 9-102

单击模具分型工具条中的小图标，弹出“设计分型面”对话框，默认对话框中的选项设定，单击“确定”按钮，完成分型面的创建，结果如图 9-105 所示。

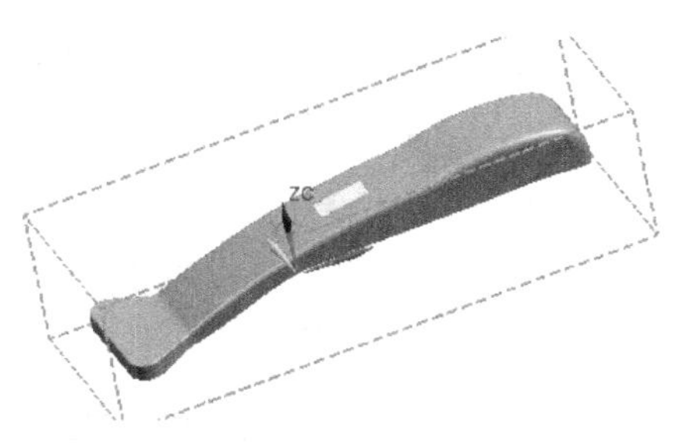

图 9-103

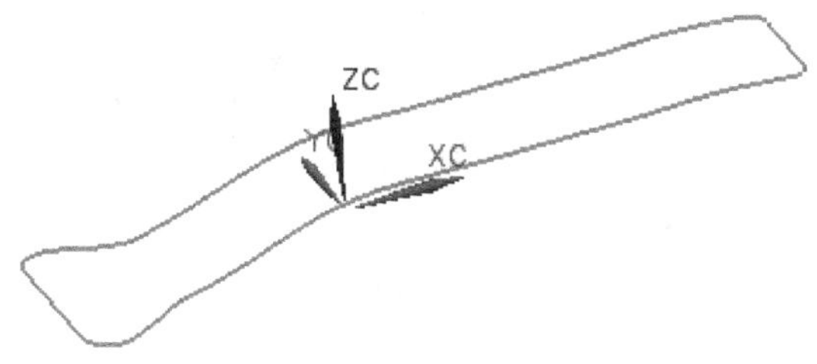

图 9-104

单击模具分型工具条中的小图标，弹出“定义型腔和型芯”对话框，在“区域名称”栏中选择“所有区域”，然后单击“确定”→“确定”→“确定”，完成上盖部件模型型芯、型腔的创建。

单击主菜单“窗口”→“top 节点”，视窗中的图形如图 9-106 所示。

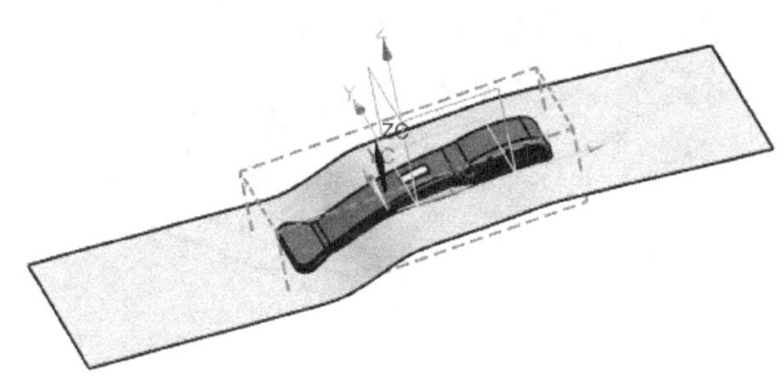

图 9-105

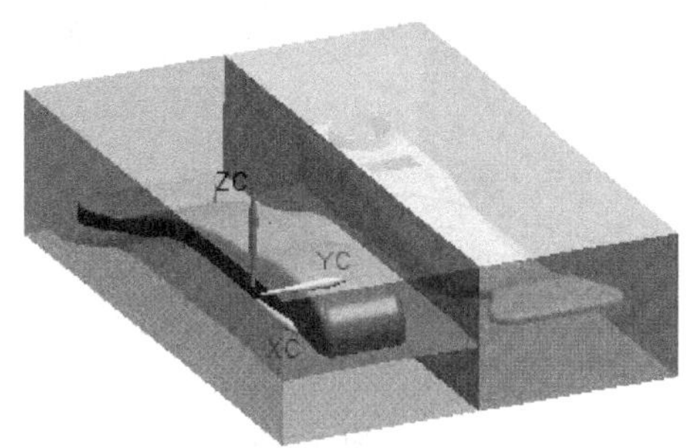

图 9-106

（2）创建下盖部件模型的型芯、型腔　单击注塑模向导菜单条中的小图标，选择“按摩器下盖”为工作部件。

单击模具分型工具条中的小图标，弹出“检查区域”对话框，单击“计算”选项卡中的“计算”图标；稍后单击“区域”选项卡，先单击“设置区域颜色”图标，再勾选“交叉竖直面”及点选模型外表面，单击“应用”按钮；然后点选模型方孔侧面及圆孔侧面，将其指派到“型芯区域”。

单击模具分型工具条中的小图标，弹出“边修补”对话框，“类型”下拉选择“体”，然后点选模型实体，再单击“确定”按钮，完成模型上方孔及圆孔的补片，结果如图9-107所示。

单击模具分型工具条中的小图标，弹出“定义区域”对话框，在“设置”栏中勾选“创建区域”和“创建分型线”，然后单击“确定”按钮，完成分型线的提取。关闭“装配导航器”中的产品实体节点，视窗中的分型线如图 9-108 所示。

单击模具分型工具条中的小图标，弹出“设计分型面”对话框，默认对话框中的选项设定，单击“确定”按钮，完成分型面的创建，结果如图 9-109 所示。

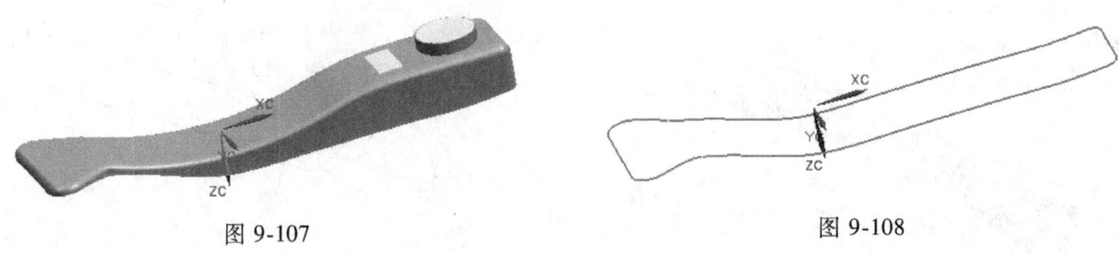

图 9-107　　　　图 9-108

单击模具分型工具条中的小图标，弹出“定义型腔和型芯”对话框，在“区域名称”栏中选择“所有区域”，然后单击“确定”→“确定”→“确定”，完成下盖部件模型型芯、型腔的创建。

单击主菜单“窗口”→top 节点，视窗中的图形如图 9-110 所示。

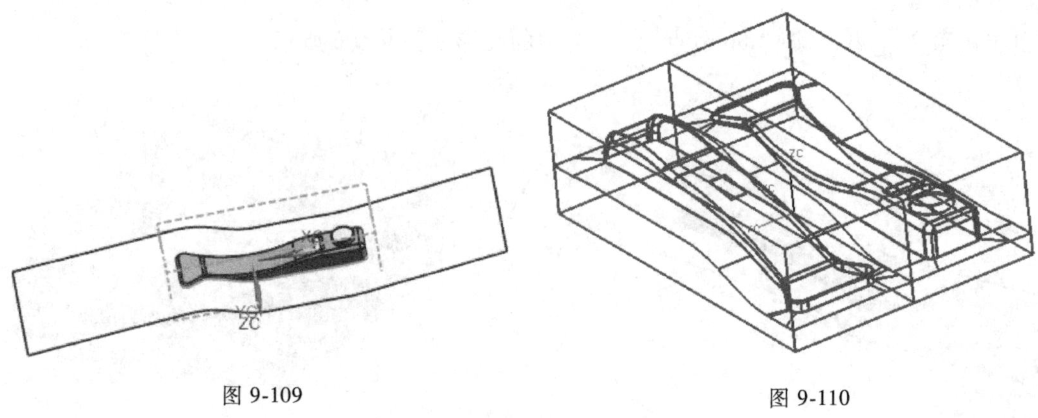

图 9-109　　　　图 9-110

9.5　轮毂注塑模具分型设计

1. 加载产品

单击注塑模向导菜单条中的小图标，在弹出的“打开”对话框中选择文件“轮毂.prt”；接着弹出“初始化项目”对话框，输入项目存放的“路径”，并选定材料，然后单击“确定”按钮，视窗中出现图 9-111 所示图形。

图 9-111

2. 定义模具坐标系

单击“格式”→“WCS”→“旋转”，弹出图 9-112 所示对话框，选定目标选项后，单击“应用”→“应用”→“取消”，视窗中出现图 9-113 所示图形。

单击注塑模向导菜单条中的小图标，出现“模具 CSYS”对话框，选项设定如图 9-114 所示，然后单击“确定”按钮，完成模具坐标系的定义。

3. 定义成型镶件（模仁）

单击注塑模向导菜单条中的小图标，出现

“工件”对话框。默认对话框中的各个参数，单击“确定”按钮，完成型腔镶件的加入，如图 9-115 所示。

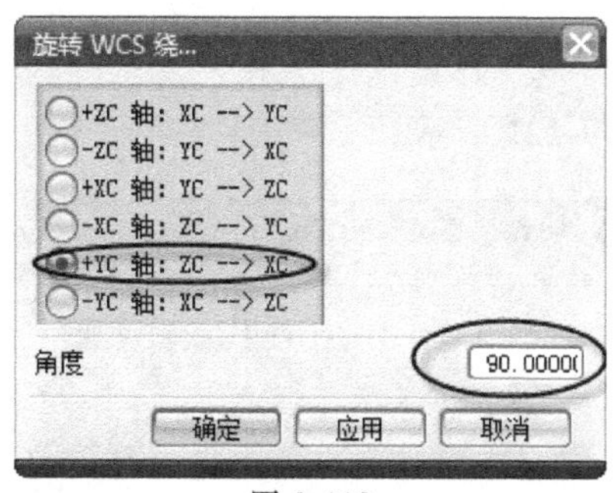

图 9-112

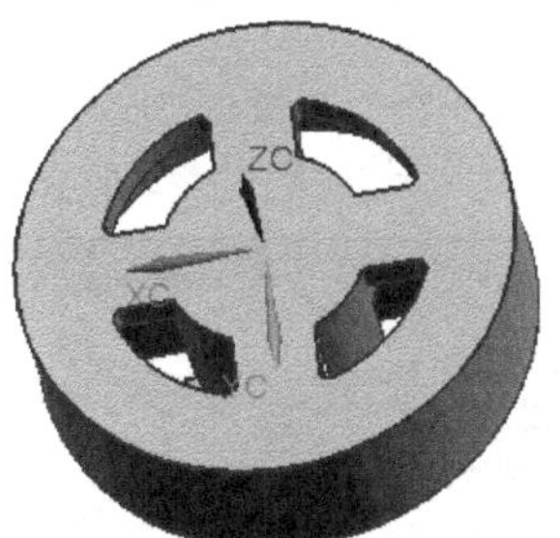

图 9-113

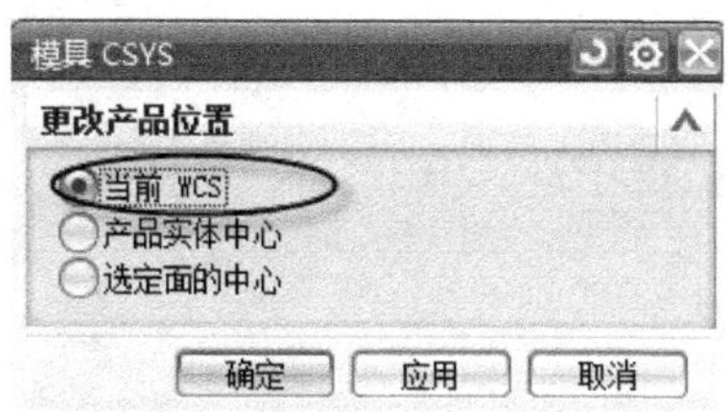

图 9-114

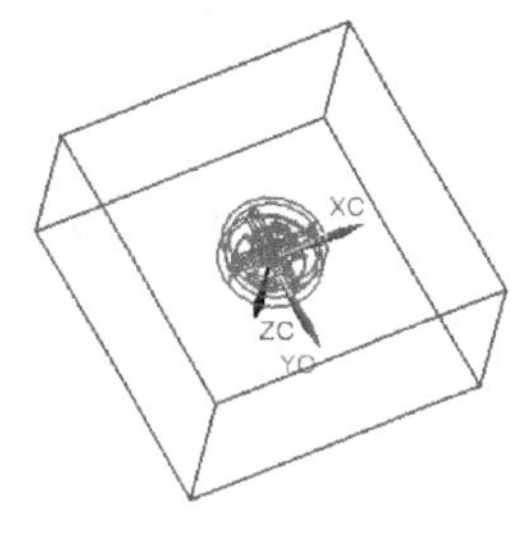

图 9-115

4. 分型设计

（1）区域分析　单击注塑模向导菜单条中的小图标，出现模具分型工具条。

单击模具分型工具条中的小图标，出现图 9-116 所示“检查区域”对话框，单击“计算”选项卡中的“计算”图标（注意要点选“反向”图标）；然后单击“面”选项卡，对话框如图 9-117 所示。

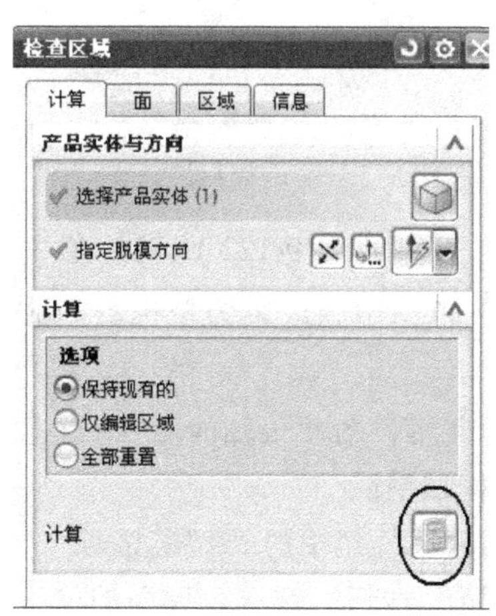

图 9-116

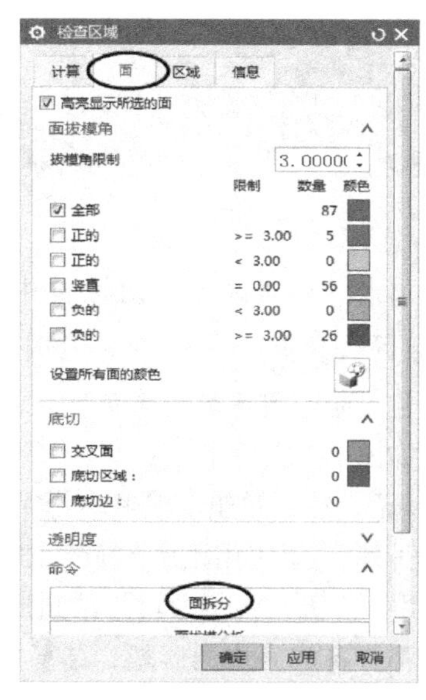

图 9-117

单击“面拆分”按钮，出现图 9-118 所示对话框；点选要分割的面，再点选“添加直线”图标，弹出图 9-119 所示对话框；如图 9-120 所示，在要分割的面上画一条直线，单击“确定”按钮后再画另一条直线，单击“确定”按钮，然后单击“应用”按钮，完成第一个面的拆分。

以同样的方法完成其他三个面的拆分。结果如图 9-121 所示。

图 9-118

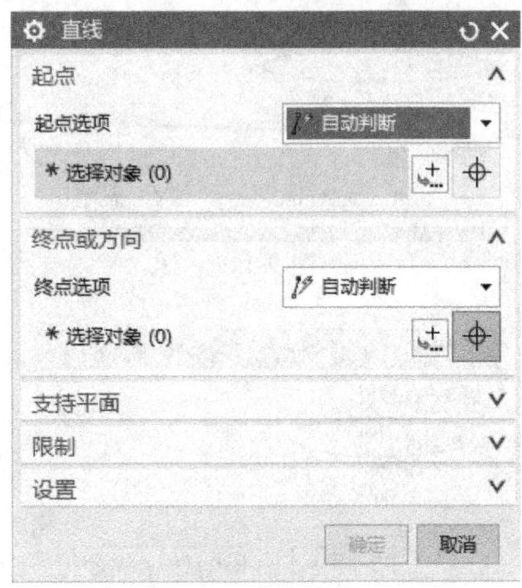

图 9-119

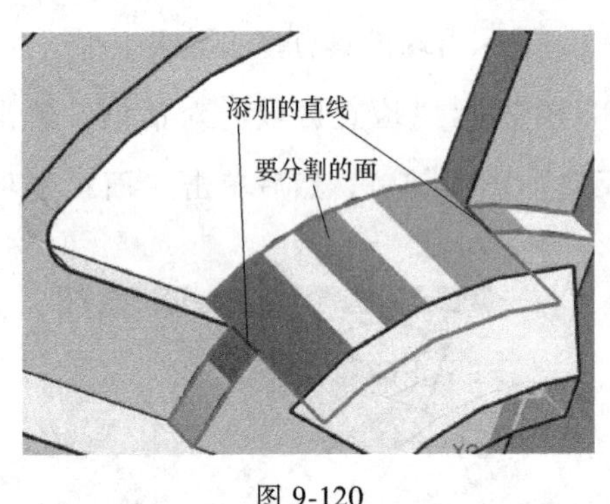

图 9-120

图 9-121

单击“检查区域”对话框中的“区域”选项卡，对话框如图 9-122 所示。首先单击“设置区域颜色”图标，这时模型呈橙、蓝、青三种颜色；型腔区域为橙色，型芯区域为蓝色，未定义区域为青色，须消除青色区域。

如图 9-122 所示，在“区域”选项卡中勾选“交叉竖直面”和“未知的面”，点选“型腔区域”，然后单击“应用”按钮，从而将这些未定义的区域消除。

另外，选中刚刚拆分好的小矩形块，再点选“指派到区域”栏中的“型芯区域”，单击“应用”按钮，将矩形块指派到型芯区域；最后单击“确定”按钮。这样，模型的橙、蓝色区域都各自成为连通区域，结果如图 9-123 所示。

（2）创建片体　使用“拉伸”命令，选项设定如图 9-124 所示，在线条选择器中选择“相切曲线” 相切曲线 ，然后点选图 9-125 所示的边线，拉伸结果如图 9-126 所示。

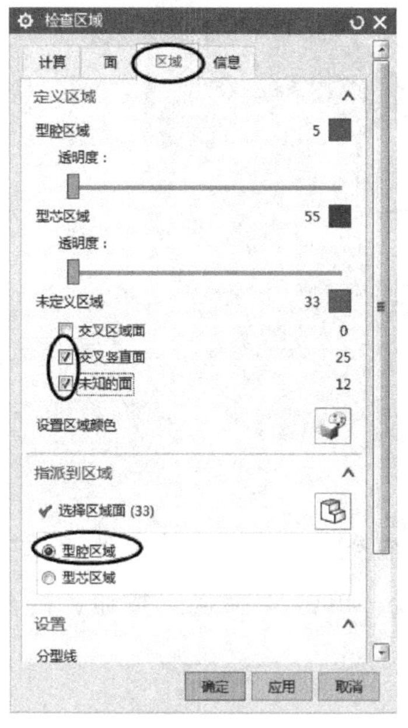

图 9-122

图 9-123

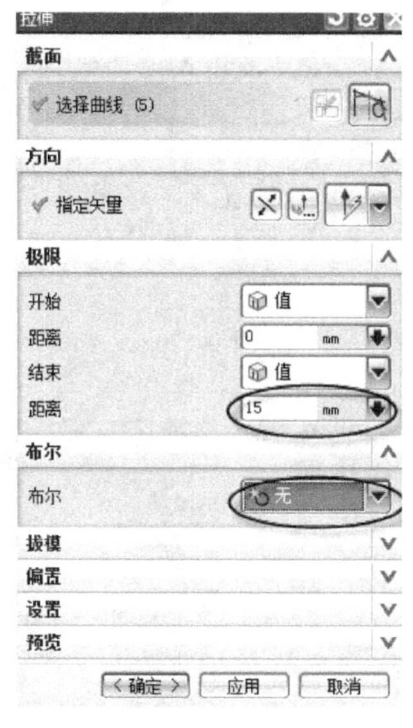

图 9-124

图 9-125

图 9-126

单击“插入”→“修剪”→“修剪体”，以拉伸的片体为目标体，以图 9-127 所示小平面为工具（注意点选“反向”图标），完成修剪操作，结果如图 9-128 所示。

单击“插入”→“曲面”→“有界平面”，弹出“有界平面”对话框，利用生成的有界平

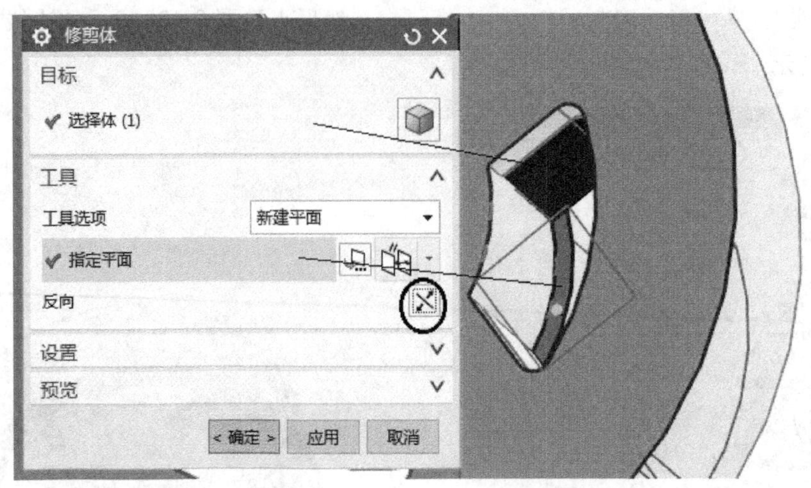

图 9-127

面封闭拉伸的面。在线条选择器中选择“相切曲线”，并将打断线条图标点亮 相切曲线 。然后点选图 9-129 所示边界线，单击“确定”按钮，视窗中出现图 9-130 所示图形。

图 9-128

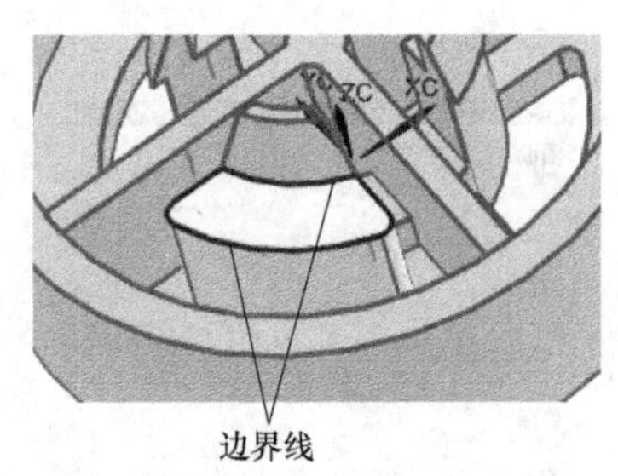

图 9-129

单击“插入”→“组合”→“缝合”，弹出“缝合”对话框，然后点选刚完成的两个片体，单击“确定”按钮，将两个片体缝合成一个片体。

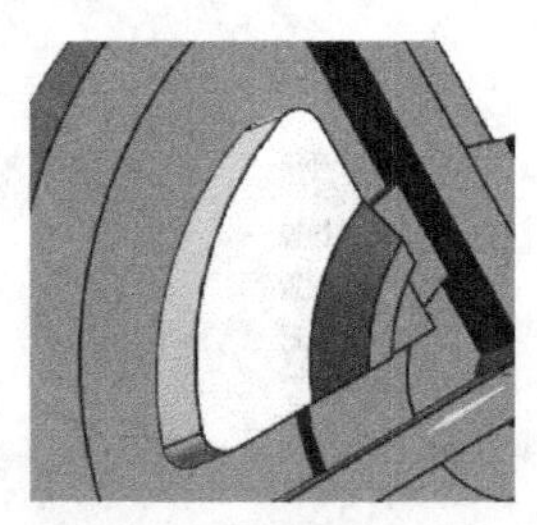

图 9-130

单击“插入”→“关联复制”→“阵列几何特征”，弹出“阵列几何特征”对话框；选项设定如图 9-131 所示，对象选择缝合好的片体，“指定点”为（0，0，0）坐标点，然后单击“确定”按钮，结果如图 9-132 所示。

单击模具分型工具条中的小图标，弹出“编辑分型面和曲面补片”对话框；点选所有的片体，然后单击“确定”按钮，将生成的片体转化成曲面补片。

（3）提取分型线　单击模具分型工具条中的小图标，在弹出的“定义区域”对话框中勾选“创建区域”和“创建分型线”，然后单击“确定”按钮，完成分型线的提取。关闭“装配导航器”中的产品实体节点，视窗中的分型线如图 9-133 所示。

图 9-131

图 9-132

（4）创建分型面　单击模具分型工具条中的小图标，弹出图 9-134 所示对话框，单击“有界平面”图标，然后单击“确定”按钮，完成分型面的创建，如图 9-135 所示。

图 9-133

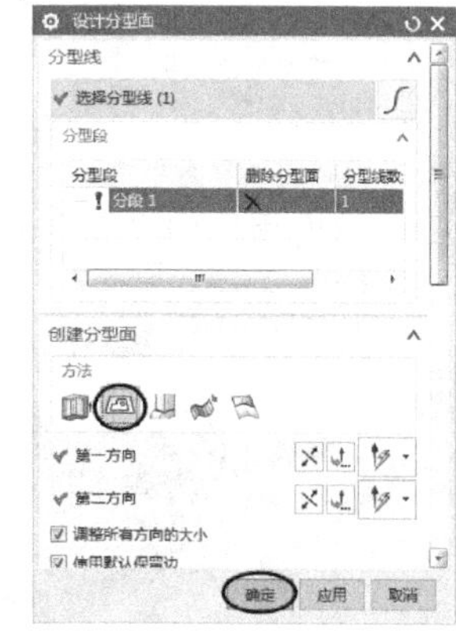

图 9-134

（5）创建型芯、型腔　单击模具分型工具条中的小图标，弹出“定义型腔和型芯”对话框，在“区域名称”栏中选择“所有区域”，然后单击“确定”→“确定”→“确定”，完成型芯、型腔的创建。

在“装配导航器”中分别打开型芯、型腔零件节点，图形如图 9-136 和图 9-137 所示。

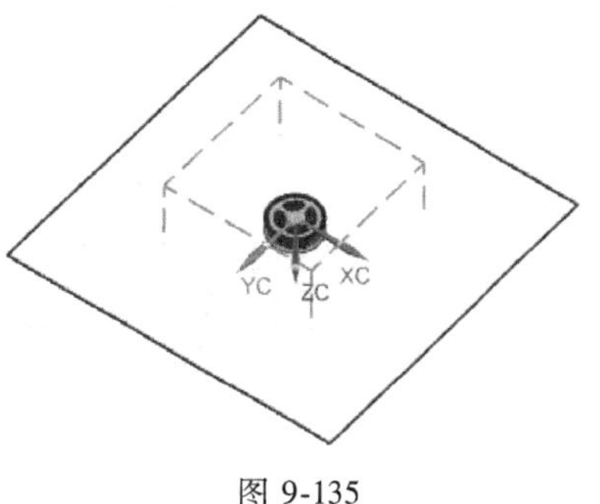

图 9-135

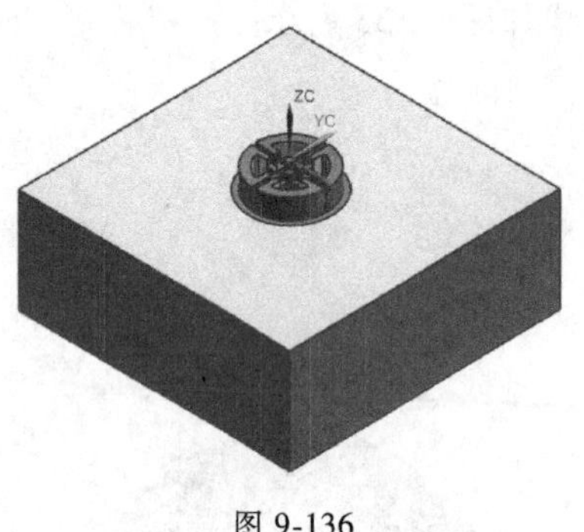

图 9-136

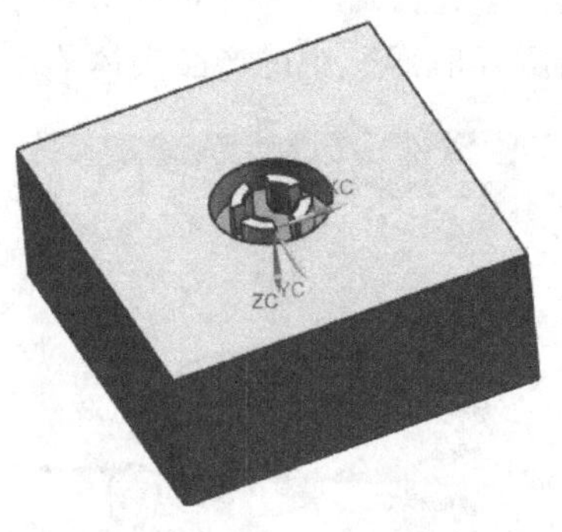

图 9-137

9.6 练习题（扫描二维码查看相关解答）

针对下列产品模型进行注塑模具分型设计练习。

习题 1：产品模型如图 9-138 所示。

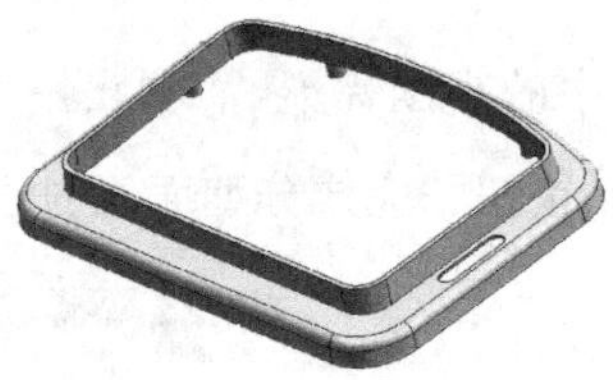

图 9-138

习题 2：产品模型如图 9-139 所示。

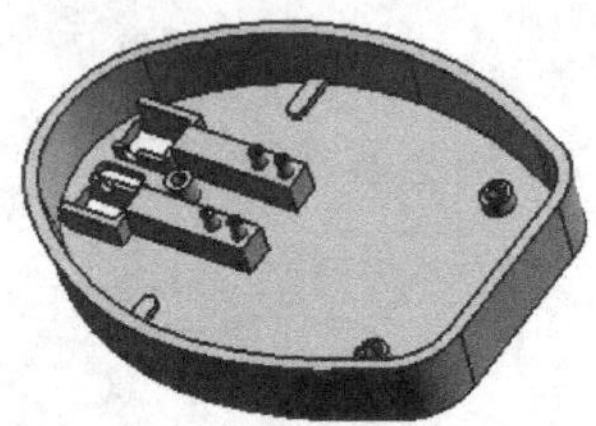

图 9-139

习题 3：产品模型如图 9-140 所示。

图 9-140

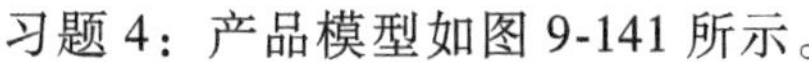

习题 4：产品模型如图 9-141 所示。

图 9-141

习题 5：产品模型如图 9-142 所示。

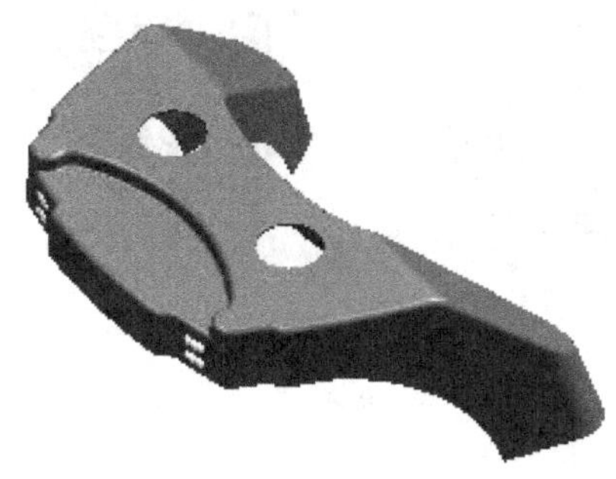

图 9-142

习题 6：产品模型如图 9-143 所示。

图 9-143

习题 7：产品模型如图 9-144 所示。

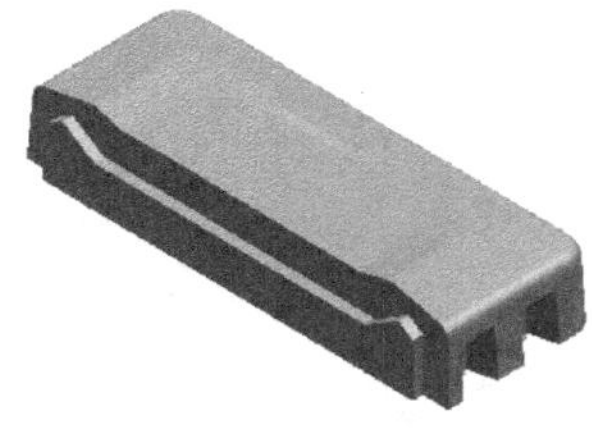

图 9-144

习题 8：产品模型如图 9-145 所示。

图 9-145

习题 9：产品模型如图 9-146 所示。

图 9-146

习题 10：产品模型如图 9-147 所示。

图 9-147

参 考 文 献

[1] 刘平安，谢龙汉，骆兆. UG NX5 中文版模具设计应用实例［M］. 北京：清华大学出版社，2007.

[2] 凯德设计. 精通 UG NX5 中文版-模具设计篇［M］. 北京：中国青年出版社，2008.

[3] 杨培中. UG NX7.0 实例教程［M］. 北京：机械工业出版社，2011.

[4] 展迪优. UG NX8.0 模具设计教程［M］. 北京：机械工业出版社，2012.